材料学シリーズ

堂山 昌男　小川 恵一　北田 正弘
監　修

演習X線構造解析の基礎
必修例題とその解き方

早稲田嘉夫
松原英一郎　著
篠田　弘造

内田老鶴圃

材料学シリーズ刊行にあたって

科学技術の著しい進歩とその日常生活への浸透が 20 世紀の特徴であり，その基盤を支えたのは材料である．この材料の支えなしには，環境との調和を重視する 21 世紀の社会はありえないと思われる．現代の科学技術はますます先端化し，全体像の把握が難しくなっている．材料分野も同様であるが，さいわいにも成熟しつつある物性物理学，計算科学の普及，材料に関する膨大な経験則，装置・デバイスにおける材料の統合化は材料分野の融合化を可能にしつつある．

この材料学シリーズでは材料の基礎から応用までを見直し，21 世紀を支える材料研究者・技術者の育成を目的とした．そのため，第一線の研究者に執筆を依頼し，監修者も執筆者との討論に参加し，分かりやすい書とすることを基本方針にしている．本シリーズが材料関係の学部学生，修士課程の大学院生，企業研究者の格好のテキストとして，広く受け入れられることを願う．

監修　　堂山昌男　小川恵一　北田正弘

「演習X線構造解析の基礎」によせて

レントゲンが 1895 年に X 線を発見してから 100 年余りが経過し，X 線は物質・材料から医療，各種の検査機器に至る多くの分野で，その発展に寄与している．著者らの「X 線構造解析」は本シリーズの名著として愛読され，幾多の技術者・研究者を育ててきた．最近はハードとともに解析ソフトが充実し，試料を装置にセットするだけで既知物質の同定が可能である．このため，X 線構造解析の知識が十分でなくても，答えが容易に得られる．これは便利なことではあるが，創造的な仕事の備えには不十分である．

本書は，X 線構造解析に関する基礎ならびに応用力を充実させるために，演習を通して真の力が蓄えられるように問題を精選し，丁寧に指導している．本書で学ぶことにより，さらなる力が身につくであろう．広く薦めたい良書である．

北田正弘

まえがき

先進の物質科学，材料化学あるいは材料工学の推進には，研究対象の注目すべき機能の発現メカニズムを，原子・分子(いわゆるナノメートル)レベルで解明し，その情報を基にさらなる展開が不可欠である．これによって偶然に依存しない新素材・新材料開発の方法論が確立できる．“X 線構造解析”は，物質あるいは材料の構造を原子・分子レベルで解明する有力手段のひとつである．しかも“X 線構造解析”は，物質・材料に関わる科学および工学分野において，今後も基本的で不可欠な研究手法であり続けると考えられる．このような観点から，X 線に関する基礎知識がほとんど皆無である学生・技術者の入門書，あるいは研究者・技術者が本格的な材料開発研究を実践する際の手引き書になればと考え，筆者らは 1998 年に「X 線構造解析―原子の配列を決める―」と題する著書を提供した．幸い版を重ねられるほど多くの方々に利用いただいている様子が認められ，教育機関に席を置く著者らとしては，少しでも社会貢献できたかもしれないと喜びを感じている．

X 線構造解析の基本的事項をよく理解し，与えられた課題に適切に対処できるようになるためには，いくつかの課題について具体的な値を求めてみるなどの「演習」が欠かせない．これは，例えば試料をセットして所定のボタンさえ押せば，構造情報を導いてしまうほど高度に発展した最近の汎用 X 線回折装置に使われることなく，使いこなすためにも大切な訓練のひとつと考えられる．このような理由から，筆者らの著書にも，約 70 題の演習問題が付されているが，X 線構造解析分野の初学者にとって，演習は，なかなかてごわいようである．自分で解いた結果に一抹の不安を持つような場合もあろう．

本書は，演習をとおして X 線構造解析の基本的事項を学ぶことを支援することを目的に，代表的な 90 の例題について解き方を解説したものである．さらに，苦心して多くの問題を解くことが真の修得に役立つと思われるので，95 題の演習問題を集録し，簡単な解答をつけた．前述の「X 線構造解析―原子の配列を決める―」にある演習問題とともに，読者自身で解いてみることによって理解力・実力のアップにつなげていただきたい．また本書は，物質・材料に関する構造解析分野の講義の教科書・参考図書として，あるいは構造解析の実務に携わる研究者・技術者の手引き書として，各自の理解度を確認し，不足しがちな自習研鑽を補うために使用されれば，著者ら望外の幸せである．なお，X線構造解析がカバーする範囲はかなり広いので，あえてすべての領域を網羅するのではなく，本書はあくまでも基礎知識の習得に重点を絞る構成とした．特定分野については，必要に応じて別の著書等を各自参照されたい．

本書の内容は，東北大学および京都大学の工学部の学部生を対象とした「結晶工学」，「結晶回折学」あるいは東北大学および京都大学の大学院工学研究科博士課程前期(修士)の院生を対象とした「構造評価学」，「材料評価学」などの講義を通じて検討を重ねたとはいえ，著者らの思い違い，あるいは微力に起因する誤りもあるかもしれない．誤りについては遠慮なく御指摘いただいて，漸次改めていきたい．

北田正弘先生，堂山昌男先生，小川恵一先生には，本書執筆の機会を与えていただき，かつ原稿に対して有益な御助言をいただきました．本書の原稿整理には，江口紀子さん，検算などには，東北大学多元物質科学研究所の「早稲田研究室」，「鈴木研究室」，京都大学大学院「松原研究室」の皆さん方からのご協力を得ました．著者の一人(早稲田)は2006年11月までの4年の間，国立大学の法人化を挟む大学運営に深く関わっていました．言い換えると教育現場との空白を感じていましたので，率直なところ，本書の執筆を含む現場復帰に少なからず不安がありました．これに対して，多くの先輩，全国の材料関係分野で活躍する同僚・後輩の方々からご親切な激励を頂戴しました．このような心温まる声援がなければ，本書はまだ実現していなかったと思います．記して感謝申し上げます．最後に，本書の出版については内田老鶴圃の内田悟代表取締役，内田学取締役社長ならびに関係者に大変お世話になりました．これらの方々に心から御礼申し上げます．

2007年12月

早稲田嘉夫
松原英一郎
篠田　弘造

なお，本書が，講義あるいはゼミなどで使用される場合を想定し，担当者の負担軽減として「演習問題 解法の手引き」を別途準備した．この演習問題の解法の手引きの入手については，欧米の教科書にしばしば見られる事例と同様に，(個人ではなく)組織として利用する内容を明示して出版社に問い合わせていただきたい．

目　　次

第 1 章

X 線の発生と基本的な性質

1.1 電磁波としての X 線の性質

X 線は，電磁波の一種で，電波や光と波長あるいはエネルギーが異なるのみで，波動性を有する．一方，量子論によって，電磁波は光子（photon）あるいは光量子と呼ばれる粒子として扱えることが明らかにされた．光子のエネルギーおよび運動量などについて要点をまとめると，以下のとおりである．

電磁波の伝播速度（光子の速度）c は，振動数 ν，波長 λ との間に次式の関係がある．

$$c = \nu\lambda \qquad [\text{単位：m/s}] \tag{1.1}$$

真空中における光子の速度は $c = 299792458$ m/s（$\approx 2.998 \times 10^8$ m/s）で与えられる普遍定数である．一方，光子のエネルギー E は，プランク（Planck）定数を h とすれば

$$E = h\nu = \frac{hc}{\lambda} \qquad [\text{単位：J}] \tag{1.2}$$

E の単位を keV，λ の単位を nm にとると，次式の関係がある．

$$E\,[\text{keV}] = \frac{1.240}{\lambda\,[\text{nm}]} \tag{1.3}$$

運動量 p は，通常質点の質量 m と速度 v との積 mv で与えられるが，ド・ブロイ（de Broglie）は運動量 p の物質について，次式で与えられる，「ド・ブロイの物質波の関係」を提唱した．

$$\lambda = \frac{h}{p} = \frac{h}{mv} \tag{1.4}$$

光の速度は物質中で遅くなることはあるが，ゼロにはならない．すなわち，光子は静止しないので，静止質量 m_e を持たないことになる．しかし，「質量がエネルギーに置き替われる」ことを提唱したアインシュタインの関係式 $E = mc^2$ を用いて，次式の形で表現できる．

$$E = \frac{m_e}{\sqrt{1-\left(\frac{v}{c}\right)^2}}c^2 \tag{1.5}$$

この式(1.5)は，光子の速度について，静止している座標から見た場合も，速度vで運動している座標から見た場合も同等に扱える，いわゆるローレンツ変換式から導かれる関係である(ローレンツ変換については，溝口正：電磁気学，裳華房(2001)などに与えられている)．式(1.5)から明らかなように，高速の光子における質量の増加は，静止質量m_eを基準に次式で与えられる．

$$m = \frac{m_e}{\sqrt{1-\left(\frac{v}{c}\right)^2}} \tag{1.6}$$

例えば，加速電圧が100 kVを越えると電子は質量の増加を伴うので，通常の運動エネルギーを表す式$\frac{1}{2}mv^2$を使えない．したがって，電子の速度は相対論的に次式で扱うことになる．

$$E = mc^2 - m_ec^2 = \frac{m_e}{\sqrt{1-\left(\frac{v}{c}\right)^2}}c^2 - m_ec^2 \tag{1.7}$$

$$v = c \times \sqrt{1-\left(\frac{m_ec^2}{E+m_ec^2}\right)^2} \tag{1.8}$$

また，m_eの値は精密なコンプトン散乱実験などにより$m = \frac{h}{c\lambda}$の関係を用いて算出が試みられ，通常電子の静止質量として$m_e = 9.109 \times 10^{-31}$ kgが使われる．このことは，電子は質量9.109×10^{-31} kgを持つ粒子として振る舞い，これをエネルギー換算すると$E = m_ec^2 = 8.187 \times 10^{-14}$ J，eV単位で0.5109×10^6 eVとなる．

質量，エネルギーおよび運動量との間には次式の関係が成立する．

$$\left(\frac{E}{c}\right)^2 - p^2 = (m_ec)^2 \tag{1.9}$$

次に電子と光子との関係を整理しておく．光子は光量子とも呼ばれる光の速度で走る粒子性を有する電磁波で「運動量」と「エネルギー」を持っており，その振動数の大小でエネルギーの大小が決まる．一方，電子は「質量」と「電荷」を持っており，光子と同様に粒子性と波動性の両方の性質を持つすべての物質を構成する基本粒子の1つである．フィラメントを加熱するとその中の電子はエネルギーをもらって原子の外に飛び出すことができるし，負の電荷(電気素量$e = 1.602 \times 10^{-19}$C)を持つため電界中で陽極の向きに走る．また，磁界中で進行方向を曲げられる．

1.2 X線の発生

2つの電極間に数10 kVの高電圧がかけられると，陰極から引き出された十分大きな運動エネルギーを持つ高速の電子が陽極(金属ターゲット)に衝突し，急速に減速されることによってX線を発生する．この場合，電子によって減速され方(運動エネルギーの失い方)が異なるので，種々の波長をもつ連続X線が発生する．もちろん，1回の衝突で電子が持つすべての運動エネルギーを失ってX線を発生する場合，最大のエネルギーのX線が発生する．このX線の波長が短波長端(λ_{SWL})に対応し，電極間の加速電圧Vとの間に次式の関係を有する．

$$eV \equiv h\nu_{\max} \tag{1.10}$$

$$\lambda_{\mathrm{SWL}} = \frac{c}{\nu_{\max}} = \frac{hc}{eV} \tag{1.11}$$

一定時間当たりに放出される全X線の強度は**図1.1**の曲線下の面積に相当し，それは次式で与えられるように陽極(金属ターゲット)の原子番号Z，電流iによって表される．

$$I_{\mathrm{cont}} = AiZV^2 \tag{1.12}$$

ここで，Aは定数である．強い白色X線を得る条件について，式(1.12)は，原子番号Zがなるべく大きなタングステンや金を用い，加速電圧も高くし，単位時間にターゲットに衝突する電子の数に相当する電流iも大きくとることを示唆している．十分大きな運動エネルギーを持つ電子がターゲットに衝突すると，ターゲットを構成する原子の例えばK殻の電子がはじき出され，原子が励起状態になる．このようにK殻に空ができると外殻の電子はエネルギー(X線)を放出してK殻の空を埋めて原子は定常状態に戻る．このプロセスで放出されるエネルギーは原子および関係する殻に固有な値となるので，特性X線と呼ばれる．特性X線の振動数νの平方根と原子番号Zとの間に直線関係にあることが見出され，この関係はモズレー(Moseley)の法則として提唱されている．

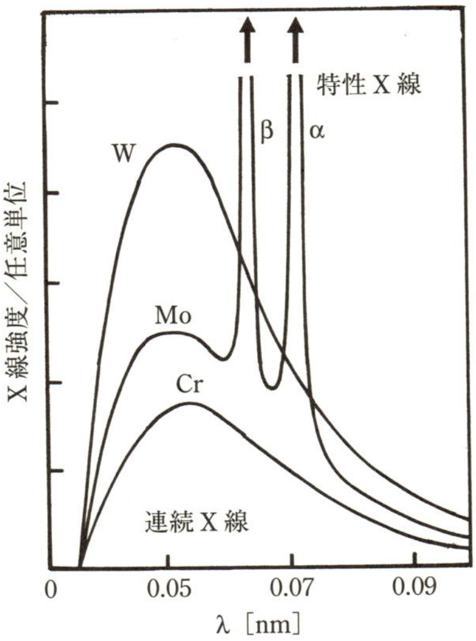

図1.1 X線スペクトル(模式図)

$$\sqrt{\nu} = B_M(Z - \sigma_M) \tag{1.13}$$

ここで，B_M および σ_M は定数である．このモズレーの法則は，特性X線の波長 λ について整理された次式による表現も使われている．

$$\frac{1}{\lambda} = R(Z - S_M)^2\left(\frac{1}{n_1^2} - \frac{1}{n_2^2}\right) \tag{1.14}$$

ここで，R はリュドベリ(Rydberg)定数($1.0973\times10^7\,\mathrm{m^{-1}}$)である．$S_M$ は遮へい定数で，通常Kα線ではゼロ，Kβ線では1としてよい．さらに，n_1 および n_2 は，特性X線の発生に関わる内殻および外殻の主量子数を表し，例えばK殻($n_1=1$)，L殻($n_2=2$)，M殻($n_3=3$)である．特性X線は励起電圧(例 Cu：8.86 kV，Mo：20.0 kV)以上で発生するが，例えばKα線の強度 I_K とX線の管球の電流 i，印加電圧 V および励起電圧 V_K との間に，次式の関係(ストームの近似式と呼ばれる)が成立する．

$$I_K = B_S i(V - V_K)^{1.67} \tag{1.15}$$

ここで，B_S は定数で，通常 $B_S = 4.25\times10^8$ の値が用いられる．式(1.15)から明らかなように，特性X線の強度は印加電圧および電流が大きいほど，強くなる．

式(1.14)の表現にも現れているように，特性X線は，特定の殻(例：K殻)の電子が所属する殻の束縛から解き放たれ，光電子として放出された場合に生ずる．したがって，この特定のエネルギー(波長)で生ずる現象を「光電吸収」ともいう．放出される光電子のエネルギー E_{ej} は，入射X線のエネルギー($h\nu$)と，光電子が所属する殻の電子に対する束縛エネルギー(E_B)との差で与えられる．

$$E_{ej} = h\nu - E_B \tag{1.16}$$

光電吸収に伴って必ず原子の反跳を生ずるが，この現象に伴うエネルギーは，無視できる程度に小さい(問題1.6参照)として，式(1.16)が与えられている．また，束縛エネルギー(E_B)の値を，関係する殻の吸収端(absorption edge)ともいう．

1.3　X線の吸収

物質に入射したX線は，物質を構成する原子の電子に散乱される．通常，この散乱は入射X線の方向と異なる種々の方向に生じるので，結果的に光電吸収が起こらなくても物質を透過したX線の強度は減少する．強度 I_0 のX線が均一な物質中を透過して，透過後のX線強度が I となる場合，X線強度の減少率は，通過した距離 x に比例し，次式で表される．

$$I = I_0 e^{-\mu x} \tag{1.17}$$

ここで，比例定数 μ は線吸収係数と呼ばれ，X線の波長，物質の種類・密度などに依存し，その単位は通常，［距離$^{-1}$］で与えられる．しかし，線吸収係数μは密度ρに比例するので，(μ/ρ)は物質固有の値となり，物質の状態(気体，液体，固体など)に無関係な量である．この(μ/ρ)は質量吸収係数と呼ばれ，使用頻度の高い特性X線について具体的な値が収録されている．式(1.17)は，質量吸収係数を用いて式(1.18)のように書き換えられる．

$$I = I_0 e^{-\left(\frac{\mu}{\rho}\right)\rho x} \tag{1.18}$$

2種類以上の元素を含む物質の質量吸収係数は，各成分の重量比w_jを使用して式(1.19)の関係から算出される．

$$\left(\frac{\mu}{\rho}\right) = \sum_{j=1} w_j \left(\frac{\mu}{\rho}\right)_j \tag{1.19}$$

X線の吸収は，エネルギーが大きく(波長が短く)なるとともに透過能が増大して小さくなる．しかし，**図1.2**に示すように，特定のエネルギー(あるいは波長)近傍になると，例えばK殻の電子を殻外にはじき出す光電吸収を生じ，不連続的に急激な吸収の増大が起こる．このような急激な変化ゆえに，この特定のエネルギー(波長)部分を吸収端と呼ぶ．その後は，再びエネルギー(波長)の変化とともに単調な変化を示す．

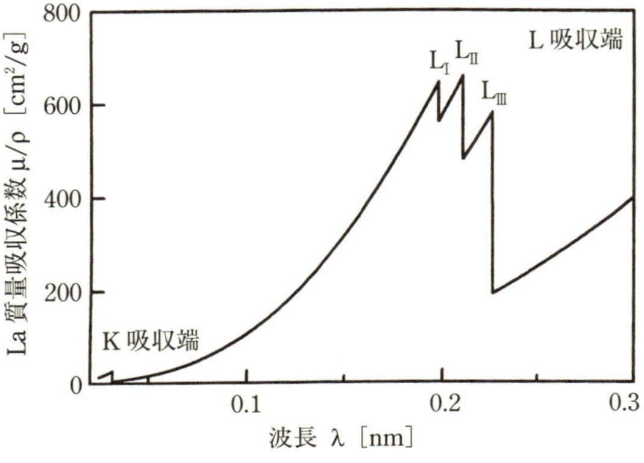

図1.2　X線の質量吸収係数の波長依存性(例：La)

問題と解法1

問題 1.1

炭素1gがエネルギーに変わる場合に放出されるエネルギーを，炭素原子1個当たりについて算出せよ．なお，炭素の1mol当たりの原子量(モル質量)は，12.011gである．

解 質量をm，光の速度をcとすれば，エネルギーEは，アインシュタインの質量とエネルギーとの関係式$E = mc^2$ので表される．この関係式を利用し，SI単位では質量をkgで表すことを考慮すれば，

$$E = 1\times10^{-3}\times(2.998\times10^{10})^2 = 8.99\times10^{13}\ [\mathrm{J}]$$

一方，1gの炭素に含まれる原子数は，炭素1molに含まれる原子数がアボガドロ数0.6022×10^{24}であることを用いれば，$(1/12.011)\times0.6022\times10^{24} = 5.01\times10^{22}$個と求められる．したがって，炭素原子1個当たりの放出エネルギーは，以下のとおりとなる．

$$\frac{(8.99\times10^{13})}{(5.01\times10^{22})} = 1.79\times10^{-9}\ [\mathrm{J}]$$

問題 1.2

間隔が10mmの2つの極板に電圧10kVを負荷した場合について，(1)電界の強さE，(2)電子が受ける力F，(3)電子の加速度αを求めよ．

解 電圧Vのもとで電荷Q(クーロン[C])を運ぶ仕事Wは，$W=VQ$で与えられ，1Vの電位差のもとで電子を加速する場合，電子の得るエネルギーを1電子ボルト[eV]という．電気素量eは1.602×10^{-19} [C]なので，

$$\begin{aligned}1[\mathrm{eV}] &= 1.602\times10^{-19}\times1\ [\mathrm{C}][\mathrm{V}]\\ &= 1.602\times10^{-19}\ [\mathrm{J}]\end{aligned}$$

また，電界Eは，電極間の距離をd，加えられる電圧をVとすれば，$E = V/d$で表され，この場合，電気素量eの電荷を持つ電子が受ける力Fは次式で与えられる．

$$F = eE\ [\mathrm{N}]$$

ここで，Fの単位はニュートンである．また，電子の質量をmとすれば電子が受ける加速度αは，次式で与えられる．

$$\alpha = \frac{eE}{m}\ [\mathrm{N}]$$

(1) $E = \dfrac{10\ [\mathrm{kV}]}{10\ [\mathrm{mm}]} = \dfrac{10^4\ [\mathrm{V}]}{10^{-2}\ [\mathrm{m}]} = 10^6\ [\mathrm{V/m}]$

（2）　$F = 1.602\times10^{-19}\times10^{6} = 1.602\times10^{-13}$ [N]

（3）　$\alpha = \dfrac{1.602\times10^{-13}}{9.109\times10^{-31}} = 1.76\times10^{17}$ [m/s²]

（∵　電子の静止質量 $= 9.109\times10^{-31}$ kg）

問題 1.3

X線は，通常X線管球などを用いて，真空中で十分な運動エネルギーを持つ荷電粒子(例：電子)を対陰極に衝突させて発生させる．発生するX線は，連続X線(白色X線とも呼ばれる)と特性X線の2種類に大別できる．連続X線において，分布する波長と強度との関係は，印加電圧に依存する．また，短波長側に明瞭な限界が認められる．印加電圧が3万ボルトの場合，衝突前における電子の速度は，どの程度になるか，光の速度と比較せよ．また，1回の衝突で全エネルギーを放出するように止められた場合に発生するX線の波長 λ_{SWL} と，電極間に印加された電圧 V との関係を求めよ．

解　真空にしたX線管球の中に設置した2枚の金属電極の間に，数万ボルトの高電圧を印加することで陰極から電子が引き出され，その電子が陽極に高速で衝突する．電子の電荷を e，電極間の電圧を V，電子の質量を m，衝突直前の電子の速度を v とすれば，次式で与えられる関係が成立する．

$$eV = \frac{mv^2}{2} \longrightarrow v^2 = \frac{2eV}{m}$$

電子の質量として静止質量の値 $m_{\mathrm{e}} = 9.110\times10^{-31}$ [kg] を用い，電気素量 $e = 1.602\times10^{19}$[C] および $V = 3\times10^{4}$[V] を代入して v を求める．

$$v^2 = \frac{2\times1.602\times10^{-19}\times3\times10^{4}}{9.110\times10^{-31}}$$
$$= 1.055\times10^{16}$$
$$v = 1.027\times10^{8} \text{ [m/sec]}$$

したがって，電子の衝突直前の速度は光の速度 (2.998×10^{8} m/sec) の約 1/3 である．

すべての電子が1回の衝突で止まるわけではなく，通常は，あちらこちらに跳ね返されながら徐々に減速されて行く場合を含む．そのような場合は，電子が持つエネルギー(eV)は部分的に放出され，生じるX線(光子)は，1回の衝突で止められた場合に発生するX線に比べて，小さいエネルギーを持つ．すなわち，1回の衝突で止められた場合に発生するX線のエネルギー($h\nu_{\max}$)に比べて，小さくなる．このことが，種々の波長のX線が発生し，その強度は印加電圧が高いほうが，どの波長のX線の強度も増大するとともに，最大強度を示すポイントも短波長側に移動する要因である．また，短波長側に明瞭な限界が認められる．これは，以下のように求められる．なお，古典論では波動として扱ってきたX線などの電磁波は，量子論では光子(photon)あるいは光量子と呼ばれる粒子の流れとして扱うことができ，プランク定数を h，振動数を ν とすれば，どの光子も $h\nu$ のエネルギーを有する．

1回の衝突で全エネルギーを放出するように止められた場合は，$eV = h\nu_{\max}$ の関係が成立する．また，振動数(ν)と波長(λ)は，$\lambda = c/\nu$ の関係で結ばれる．ここで，c は光の速度である．したがって，1回の衝突で全エネルギーを放出するように止められた場合に発生するX線の波長 λ_{SWL} と，電極間の電圧 V との関係は以下のように表される．

$$\begin{aligned}\lambda_{\mathrm{SWL}} &= c/\nu_{\max} = hc/eV \\ &= \frac{(6.626\times10^{-34})\times(2.998\times10^{8})}{(1.602\times10^{-19})\,V} \\ &= \frac{(12.40\times10^{-7})}{V}\ [\mathrm{m}]\end{aligned}$$

上記の関係は，一般的に電子などの電荷を持つ粒子の速度を減速し，電磁波(X線)としてエネルギーを放出する場合に成立し，対陰極の種類に依存しない．波長の単位を nm，電圧を kV で表し，$\lambda V = 1.240$ の関係がよく利用されている．

問題 1.4

Fe の $\mathrm{K}\alpha_1$ 線はL殻の電子がK殻の空所に移る場合に放出されるX線で，その波長は 0.1936 nm である．このX線放出プロセスに関わるエネルギー差を求めよ．

解 高速に加速された電子が Fe に衝突してK殻の電子がはじき飛ばされてできた空所にL殻の電子が移るプロセスを考える．このプロセスで放出される光子(photon)の波長を λ(振動数を ν)とすれば，

$$E = h\nu = \frac{hc}{\lambda}$$

ここで，h はプランク定数 (6.626×10^{-34}[Js])，c は光の速度 (2.998×10^{8}[m/s]) で，この関係は1個の光子について成立する．アボガドロ数 N_{A} を用いれば，X線放出プロセスに関わるエネルギー差 ΔE は，以下のとおり求められる．

$$\begin{aligned}\Delta E &= \frac{N_{\mathrm{A}}hc}{\lambda} = \frac{0.6022\times10^{24}\times6.626\times10^{-34}\times2.998\times10^{8}}{0.1936\times10^{-9}} \\ &= \frac{11.9626}{0.1936}\times10^{7} = 6.1979\times10^{8}\ [\mathrm{J/mol}]\end{aligned}$$

参考：26個の電子を持つ Fe のK殻のある電子1個が，電子の衝突エネルギーによって殻外に放出され Fe^{+} イオンになった状態から，L殻の電子の1つがK殻に移

る状態に対応し，X 線放出前後の Fe^+ イオンの電子配列は，以下のとおりである．

放出前　K1　L8　M14　N2

放出後　K2　L7　M14　N2

問題 1.5

原子密度と電子密度について説明せよ．

解　一種類の元素で構成される物質の原子密度 N_a は，原子量 M，アボガドロ数 N_A，密度 ρ を用いれば次式で与えられる．

$$N_a = \frac{N_A}{M}\rho \tag{1}$$

ここで，それぞれの単位は，SI 単位でそれぞれ $N_a[\mathrm{m^{-3}}]$，$N_A = 0.6022 \times 10^{24}[\mathrm{mol^{-1}}]$，$\rho[\mathrm{kg/m^3}]$ および $M[\mathrm{kg/mol}]$ である．

一方，一種類の元素で構成される物質の電子密度 N_e は，1 個の原子内に Z 個（通常原子番号）の電子が存在すると考えて，次式で与えられる．

$$N_e = \frac{N_A}{M}Z\rho \tag{2}$$

N_e の単位も $[\mathrm{m^{-3}}]$ である．式(1)および(2)において密度 ρ を除いた量 $N_a = N_A/M$ あるいは $N_e = (N_A Z)/M$ は，単位質量 [kg] 当たりの原子数および電子数を与えるので，これらもそれぞれ原子密度および電子密度という使われ方をする場合がある．ただし，$1\,\mathrm{m^3}$ 当たりと 1 kg 当たりの数は全く異なるので注意が必要である．例えば，原子番号 13，1 mol の原子量 26.98 g の Al について，単位質量当たりの原子数および電子数は，次のように求められる．

$$N_a = \frac{0.6022 \times 10^{24}}{26.98 \times 10^{-3}} = 2.232 \times 10^{25}\ [\mathrm{kg^{-1}}]$$

$$N_e = \frac{0.6022 \times 10^{24}}{26.98 \times 10^{-3}} \times 13 = 2.9 \times 10^{26}\ [\mathrm{kg^{-1}}]$$

Al の密度は，$2.70[\mathrm{Mg/m^3}] = 2.70 \times 10^3[\mathrm{kg/m^3}]$ だから，単位体積当たりの値は，$N_a = 6.026 \times 10^{28}[\mathrm{m^{-3}}]$ および $N_e = 7.83 \times 10^{29}[\mathrm{m^{-3}}]$ となる．

参考：アボガドロ数は物質 1 mol に含まれる原子（あるいは分子）の数を表し，SI 単位系でも有効であるが，原子量は通常 1 mol 当たりのグラム数で表されるので，SI 単位系で統一するには 10^{-3} の因子が必要である．

類似問題　単元素からなる金属塊 0.5 g に，原子が 3.137×10^{21} 個含まれていることが判明した．この金属塊を構成する元素の原子量を求めよ．

問題 1.6

光電吸収の結果放出される光電子のエネルギー E_{ej} は，殻電子の束縛エネルギー

を E_B とすれば，次式で与えられる．

$$E_{ej} = h\nu - E_B$$

ここで，$h\nu$ は入射X線のエネルギーであり，また，光電吸収に伴って必ず生ずる原子の反跳に伴うエネルギーは通常無視できると考えて，この関係が得られている．Pb板に100 keVのエネルギーを持つX線を照射させてK殻の光電吸収を起こさせた場合について，入射X線の運動量をPbの原子と光電子が半分ずつ分け合ったと考えて，原子の反跳エネルギーを求めよ．なお，Pbのモル質量（原子量）は207.2 gで，原子質量単位 $1\ \text{amu} = 1.66054\times10^{-27}\ \text{kg} = 931.5\times10^3\ \text{keV}$ である．

解　入射X線のエネルギーは100 keVだから，その運動量は光の速度を c とすれば，100 keV/c で表すことができる．Pbの原子および光電子ともその運動量を半分ずつ分け合ったので，Pb原子の反跳運動量は50 keV/c となる．このプロセスを模式的に表すと**図1**のとおりである．

一方，電子の静止質量 m_e のエネルギー相当量（0.5109×10^6 eV）と同様に，原子についても $1\ \text{amu} = 931.5\times10^3$ keVが使われている．Pbのモル質量207.2 gは，207.2 amuに相当するので，1 molのPbの質量は，$207.2\times931.5\times10^3 = 193006.8\times10^3$ keV/c のエネルギーに相当する．

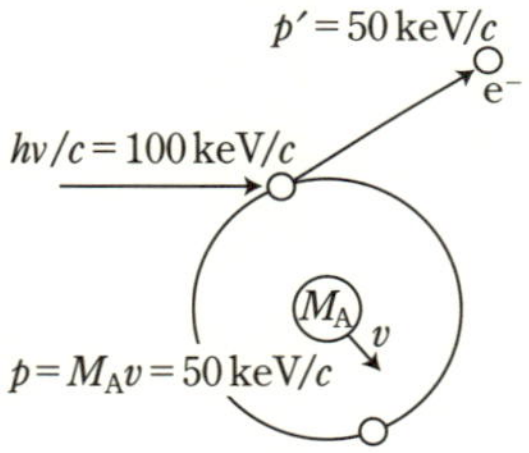

図1　原子と反跳電子がエネルギーを半分ずつ分け合った場合の模式図

反跳したPb原子の速度を v，Pbのモル質量を M_A とすれば，そのエネルギーは $\frac{1}{2}M_Av^2$ で表すことができる．一方，運動量 $p = M_Av$ で与えられることを考慮して，反跳したPb原子のエネルギー E_r^A を求めると，以下のとおりである．

$$E_r^A = \frac{1}{2}M_Av^2 = \frac{p^2}{2M_A}$$

$$= \frac{(50)^2}{2\times(193006.8\times10^3)}$$

$$= 0.0065\times10^{-3}\ \text{[keV]}$$

このように原子の反跳エネルギーは極めて小さな値しか示さないので，光電吸収現象が生じた場合，必ず原子の反跳は起こるがそのエネルギーは無視できる．

参考：1 amuのエネルギー $= \dfrac{1.66054\times10^{-27}\times(2.99792\times10^8)^2}{1.60218\times10^{-19}} = 9.315\times10^8$ [eV]

問題 1.7

特性X線の波長に関するモズレーの法則に使われるリュドベリ定数について説明し，その値を求めよ．

解　モズレーの法則は次式で与えられる．

$$\frac{1}{\lambda} = R(Z-S_n)^2\left(\frac{1}{n_1^2}-\frac{1}{n_2^2}\right) \tag{1}$$

この関係は，量子数 n_2 の殻の状態にある電子が量子数 n_1 の状態に移動した場合，それぞれのエネルギーの差に等しい光量子(X 線)が放出される現象に対応している．ここで，Z は原子番号，S_n は遮へい定数である．電気素量 e を用いると，それぞれの殻(軌道)で，核電荷 Ze の周囲を円運動している電子のエネルギーは，例えば，量子数 n_1 殻の電子について次式で与えられる．

$$E_n = -\frac{2\pi^2 me^4}{h^2}\frac{Z^2}{n_1^2} \tag{2}$$

ここで，h はプランク定数，m は電子の質量を表す．したがって，次式が成立する．

$$h\nu = E_{n_2}-E_{n_1} = \Delta E = \frac{2\pi^2 me^4}{h^2}Z^2\left(\frac{1}{n_1^2}-\frac{1}{n_2^2}\right) \tag{3}$$

ここで，光子の速度 c を用いるとともに，$E = h\nu = \dfrac{hc}{\lambda}$ の関係を利用すれば，次式を得る．

$$\frac{1}{\lambda} = \frac{2\pi^2 me^4}{ch^3}Z^2\left(\frac{1}{n_1^2}-\frac{1}{n_2^2}\right) \tag{4}$$

式(1)および式(4)の比較，および電子の質量として静止質量の値を用いれば，リュドベリ定数 R は次式で与えられる．なお，式(1)に認められる $(Z-S_n)^2$ は，モズレーが種々の特性 X 線に関する測定結果から見出した経験則項である．

$$\begin{aligned} R &= \frac{2\pi^2 me^4}{ch^3} \\ &= \frac{2\times(3.142)^2\times(9.109\times10^{-28})\times(4.803\times10^{-10})^4}{(2.998\times10^{10})\times(6.626\times10^{-27})^3} \\ &= 109.743\times10^3\ [\mathrm{cm^{-1}}] = 1.097\times10^7\ [\mathrm{m^{-1}}] \end{aligned} \tag{5}$$

R の実験値として，水素(H)のイオン化エネルギー(−13.6 eV)を波数で求めた値として 109737.31 $\mathrm{cm^{-1}}$ があるが，よい一致を示す(上記の計算でも小数点以下 5 桁でとれば $R = 109737\ \mathrm{cm^{-1}}$を得る)．なお，上記の計算ではモズレーの法則，実験などがすべて cgs 系(ガウス系)で扱われているので，電気素量 e についても 4.803×10^{-10} esu を用いている．SI 単位との換算は，SI 単位 × 光速 $\times10^{-1}$(岩波理化学辞典第 5 版，p.1526 参照)の関係にある．すなわち電気素量 e について，次のような関係で与えられる．

$$1.602\times10^{-19}[\mathrm{C}]\times2.998\times10^{10}[\mathrm{cm/s}]\times10^{-1} = 4.803\times10^{-10}[\mathrm{esu}]$$

リュドベリ定数は，より厳密には次式で定義されている．

$$R = \frac{2\pi^2 \mu e^4}{ch^3} \tag{6}$$

$$\frac{1}{\mu} = \frac{1}{m} + \frac{1}{m_p} \tag{7}$$

ここで，m は電子の質量，m_p は原子核の質量である．式(6)および(7)より異なる元素では m_p が異なるので，元素によって R の値がわずかではあるが異なることがわかる．ただし，例えば，水素原子で比較すると陽子の質量は $m_p = 1.67 \times 10^{-27}$ kg だから，電子の質量 $m_e = 9.109 \times 10^{-31}$ kg との間に約1800倍の差がある．すなわち，m_p は m に比べて非常に大きいので，式(6)の関係は通常 $\mu = m$ として扱われる．

参考：SI 単位によるリュドベリ定数の定義は，核電荷 Ze との相関について，真空の誘電率 ε_0(8.854×10^{-12} F/m) を考慮する $(1/4\pi\varepsilon_0)$ の因子が入った形で与えられる．

$$\begin{aligned} R &= \frac{2\pi^2 \mu e^4}{ch^3} \times \left(\frac{1}{4\pi\varepsilon_0}\right)^2 = \frac{me^4}{8\varepsilon_0^2 ch^3} \\ &= \frac{9.109 \times 10^{-31} \times (1.602 \times 10^{-19})^4}{8 \times (8.854 \times 10^{-12})^2 \times (2.998 \times 10^8) \times (6.626 \times 10^{-34})^3} \\ &= \frac{9.109 \times (1.602)^4 \times 10^{-107}}{8 \times (8.854)^2 \times (2.998) \times (6.626)^3 \times 10^{-118}} \\ &= 1.097 \times 10^7 \ [\mathrm{m}^{-1}] \end{aligned}$$

問題 1.8

透過法による薄帯状試料を用いたX線回折実験を考えた場合，試料厚さが増加すると吸収が大きくなり回折強度も弱くなることが想定される．回折実験強度を最大にするような薄帯試料の厚さを求め，Al における具体的な値を Cu-Kα 線について算出せよ．

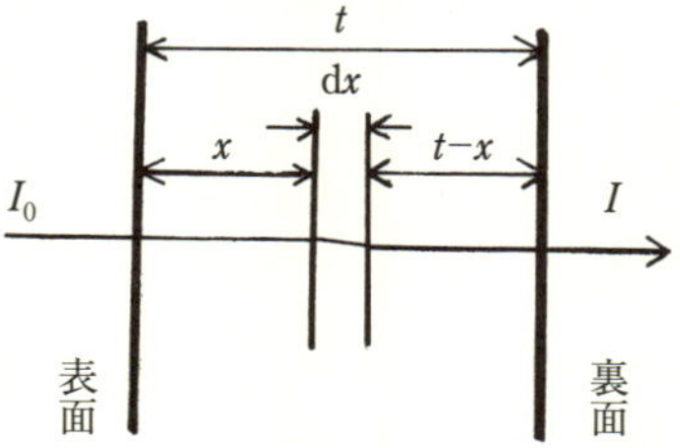

図 A　X線が厚さ t の板状試料を透過する場合の幾何学

解　透過法によるX線回折実験では，吸収と散乱が同時に起こる．そこで，試料の厚さを t，吸収係数を μ，散乱係数を S とし，強度 I_0 のX線が入射する場合を考える(**図 A** 参照)．

試料の表面から x の位置にある薄い層 dx に到達するX線の強度は，$I_0 e^{-\mu x}$ で与えられるので，薄い層 dx(散乱係数 S)によって散乱されるX線の強度 $\mathrm{d}I'_x$ は次式で与えられる．

$$\mathrm{d}I'_x = SI_0 e^{-\mu x}\,\mathrm{d}x$$

このX線強度 $\mathrm{d}I'_x$ は，試料中を $(t-x)$ の厚さだけ通過する．この通過中に $e^{-\mu(t-x)}$ だけ吸収を受けることになる．したがって，試料を通過後の薄い層 dx の散乱X線強度は，次式となる．

$$\mathrm{d}I_x = (SI_0 e^{-\mu x}\mathrm{d}x)e^{-\mu(t-x)}$$
$$= SI_0 e^{-\mu t}\mathrm{d}x$$

試料全体の散乱強度は，薄い層 dx による強度を試料厚さゼロから t までについて足し合わせた結果(積分)に等しい．

$$I = \int_0^t SI_0 e^{-\mu t}\mathrm{d}x = SI_0 t\cdot e^{-\mu t}$$

I の最大値は $\mathrm{d}I/\mathrm{d}t = 0$ の条件によって与えられる．

$$\frac{\mathrm{d}I}{\mathrm{d}t} = SI_0(e^{-\mu t} - t\mu e^{-\mu t}) = 0$$

$$t\mu = 1 \longrightarrow t = \frac{1}{\mu}$$

付録 2 より，Al の密度(ρ)および Cu-Kα 線に対する質量吸収係数(μ/ρ)の値を求めると，(ρ)＝2.70 g/cm^3，(μ/ρ)＝49.6 cm^2/g である．これらの値から Al の線吸収係数を求める．

$$\mu = \left(\frac{\mu}{\rho}\right)\rho = 49.6\times 2.70 = 133.92\ [\mathrm{cm}^{-1}]$$

したがって，求める試料の厚さ t は，

$$t = \frac{1}{\mu} = \left(\frac{1}{133.92}\right) = 7.47\times 10^{-3}\ [\mathrm{cm}] = 74.7\ [\mu\mathrm{m}]$$

問題 1.9

線吸収係数 μ の物質がある．透過 X 線量を半減するために必要な厚さ x を示す関係式を求めよ．得られた関係式を利用して 17 mass% の Cr を含む Fe-Cr 合金(密度 7.76×10^6 g/m^3)で，Mo-Kα 線について透過 X 線量を半減できる厚さを求めよ．

解　入射 X 線の強度を I_0，透過 X 線の強度を I とすれば次式が成立する．

$$I = I_0 e^{-\mu x}$$

$I = \dfrac{I_0}{2}$ の関係を代入して整理する．

$$\frac{I_0}{2} = I_0 e^{-\mu x}$$

$$\frac{1}{2} = e^{-\mu x}$$

両辺の対数をとると $\log 1 - \log 2 = -\mu x \log e$. $\log 1 = 0$, $\log e = 1$ だから，$-\log 2 = -\mu x$. ここで log は自然対数を使用する．したがって，求める関係は，

$$x = \frac{\log 2}{\mu} \simeq \frac{0.693}{\mu}$$

Mo-Kα線に対するFeおよびCrの質量吸収係数の値は，付録2より，それぞれ37.6 cm²/gおよび29.9 cm²/gの値を得る．したがって，17 mass% Crを含む合金の質量吸収係数はそれぞれの成分の重量比をw_{Fe}，w_{Cr}とすれば，

$$\begin{aligned}\left(\frac{\mu}{\rho}\right)_{\mathrm{Alloy}} &= w_{\mathrm{Fe}}\left(\frac{\mu}{\rho}\right)_{\mathrm{Fe}} + w_{\mathrm{Cr}}\left(\frac{\mu}{\rho}\right)_{\mathrm{Cr}} \\ &= 0.83\times(37.6)+0.17\times(29.9) \\ &= 36.3\ [\mathrm{cm^2/g}]\end{aligned}$$

Fe-Cr合金の密度の単位をcgsで表すと，$7.76\times10^6\ \mathrm{g/m^3} = 7.76\ \mathrm{g/cm^3}$である．したがって，

$$\begin{aligned}\mu_{\mathrm{Alloy}} &= 36.3\times7.76\ [\mathrm{cm^{-1}}] \\ &= 281.7\ [\mathrm{cm^{-1}}]\end{aligned}$$

$$x = \frac{0.693}{281.7} = 0.0025\ \mathrm{cm} = 0.025\ \mathrm{mm} = 25\ \mu\mathrm{m}$$

問題 1.10

Cu-Kα線に対するニオブ酸リチウム($LiNbO_3$)の質量吸収係数を算出せよ．

解　付録2よりLi，Nbおよび酸素(O)の原子量およびCu-Kα線に対する質量吸収係数の値を抽出すると以下のとおりである．

	原子量 [g]	質量吸収係数 [cm²/g]
Li	6.941	0.5
Nb	92.906	145
O	15.999	11.5

$LiNbO_3$の1 mol当たりの分子量(モル質量)Mは，次式で与えられる．

$$M = 6.941+92.906+(15.999\times3) = 147.844\ [\mathrm{g}]$$

Li，NbおよびOの重量比w_jを求める．

$$w_{\mathrm{Li}} = \frac{6.941}{147.844} = 0.047,\ w_{\mathrm{Nb}} = \frac{92.906}{147.844} = 0.628,\ w_{\mathrm{O}} = \frac{47.997}{147.844} = 0.325$$

次に，下記の関係式を用いて，ニオブ酸リチウムの質量吸収係数を求める．

$$\begin{aligned}\left(\frac{\mu}{\rho}\right)_{\mathrm{LiNbO_3}} &= \sum w_j\left(\frac{\mu}{\rho}\right)_j \\ &= 0.047\times0.5+0.628\times145+0.325\times11.5 = 94.8\ [\mathrm{cm^2/g}]\end{aligned}$$

問題 1.11

Co-Kα 線のフィルターには純鉄の薄板が適切であるが，空気中で酸化する難点もあるので，代わりにヘマタイト(Fe_2O_3：密度 5.24×10^6 g/m^3)粉末結晶を利用する．Co-Kβ 線の強度を Kα 線の強度の 1/500 にするヘマタイトフィルターを作るために必要な厚さを求めよ．一方，フィルターを使用しない場合の Co-Kα 線と Co-Kβ 線の強度比は 5：1 であった．また，粉末試料の充填率は通常バルク結晶の 70%程度である．

解　付録 2 より，Fe および酸素(O)の原子量と Co-Kα 線と Co-Kβ 線に対する質量吸収係数の値を抽出すると以下のとおりである．

	原子量 [g]	μ/ρ for Co-Kα [cm^2/g]	μ/ρ for Co-Kβ [cm^2/g]
Fe	55.845	57.2	342
O	15.999	18.0	13.3

ヘマタイト結晶における Fe と O の重量比を求める．

$$M_{Fe_2O_3} = 55.845\times2+15.999\times3 = 159.687$$

$$w_{Fe} = \frac{55.845\times2}{159.687} = 0.699,\ w_O = 0.301$$

Co-Kα 線および Co-Kβ 線に対するヘマタイト結晶の質量吸収係数を求める．

$$\left(\frac{\mu}{\rho}\right)^{\alpha}_{Fe_2O_3} = 0.699\times57.2+0.301\times18.0 = 45.4\ [\mathrm{cm^2/g}]$$

$$\left(\frac{\mu}{\rho}\right)^{\beta}_{Fe_2O_3} = 0.699\times342+0.301\times13.3 = 243.1\ [\mathrm{cm^2/g}]$$

粉末試料の充填率を 70%とすれば，ここで用いるフィルター中のヘマタイト密度は，結晶の値の 70% ($\rho_f = 5.24\times0.70 = 3.67$ g/cm^3) 相当と考える必要がある．したがって，ヘマタイト粉末結晶フィルターの Cu-Kα 線および Cu-Kβ 線に対する線吸収係数の値は，それぞれ以下のとおりとなる．

$$\mu_\alpha = \left(\frac{\mu}{\rho}\right)^{\alpha}_{Fe_2O_3}\times\rho_f = 45.4\times3.67 = 166.6\ [\mathrm{cm^{-1}}]$$

$$\mu_\beta = \left(\frac{\mu}{\rho}\right)^{\beta}_{Fe_2O_3}\times\rho_f = 243.1\times3.67 = 892.2\ [\mathrm{cm^{-1}}]$$

ヘマタイト粉末結晶フィルターを通過前後の Cu-Kα 線および Cu-Kβ 線の強度比は次式で与えられる．

$$\frac{I_{\text{Co-K}\beta}}{I_{\text{Co-K}\alpha}} = \frac{I_0^{\beta}e^{-\mu_\beta t}}{I_0^{\alpha}e^{-\mu_\alpha t}}$$

与えられた条件より I_0^α と I_0^β との比は5：1であること，フィルター通過後の強度比を500：1にすることを代入して整理する．

$$\frac{1}{500}=\frac{1}{5}\frac{e^{-\mu_\beta t}}{e^{-\mu_\alpha t}} \longrightarrow \frac{1}{100}=e^{(\mu_\alpha-\mu_\beta)t}$$

両辺の対数をとって，μ_α および μ_β の値を代入して，厚さ t を求める．

$$(\mu_\alpha-\mu_\beta)t=-\log 100 \qquad (\because \ \log e=1,\ \log 1=0)$$

$$(166.6-892.2)t=-4.605$$

$$t=0.0063\ [\mathrm{cm}^{-1}]=63\ [\mu\mathrm{m}]$$

第 2 章

結晶の幾何学および記述法

2.1 格子と結晶系

結晶学は，水晶のような天然鉱物の外形の研究を起源とし，幾何学あるいは群論などを応用して体系化された．周期性をもって無限に並んだ格子(lattice)を考え，この格子点に同じ構造単位(単位格子あるいは単位胞と呼ぶ)を組み合わせて結晶の特徴を表現する方法が「結晶学」ともいえる．

結晶は，対称性によって分類すると 8 つの対称要素からなっており，32 個の点群に分類できる．それらを結晶系に分類すると 7 つあり，それらは 14 種類のブラベー格子(Bravais lattice)からなっている．これらの関係をまとめると**図 2.1** のとおりである．さらに，空間群まで拡張して考えると，点群とブラベー格子，らせん軸および映進軸を加えて 230 個となる．言い換えると，「すべての結晶は，230 個の空間群のどれかに属する」となるが，この点の詳細は別途記述する．

結晶における原子の配列を，周期的に並んだ点の集まりである格子として考えると，すべての配列は，**図 2.2** に例示する 3 本のベクトル $\boldsymbol{a}, \boldsymbol{b}, \boldsymbol{c}$(あるいはそれらの長さ a, b, c)と，それらの 3 本の軸がなす角度 α, β, γ によって表現できる．これらの長さ a, b, c, 角度 α, β, γ を格子定数という．格子点における単位格子のとり方は，**図 2.3** に示すように複数あるので，3 本の軸を最も高い対称性を持つ方向にとることとする．例えば，最も高い対称性を持つ軸が 1 回軸または $\bar{1}$ 回反軸の場合を「三斜晶系」という．実はこの例は図 2.2 の場合であり，長さ a, b, c も，角度 α, β, γ もすべて異なり，最も対称性が低い場合に相当する．また，回反(rotary inversion)とは，ある軸の周りに $360°/n$ 回転した後，軸上の 1 点を対称中心として反転操作を組み合わせて生じる対称要素である．このような検討の結果，すべての原子配列の幾何学的要素は，**表 2.1** に示す 7 種類の結晶系のいずれかで説明できる．結晶における原子の配列の対称性をわかりやすく表現するために，構造単位を単純格子に限るのではなく複数の格子点を含む場合を容認する分類法が，いわゆる 14 種類のブラベー格子である．ブラベー格子を**図 2.4** に示す．複数の格子点を含む単位格子は，対称要素の説明のため便宜上選んでいるので，他の単純格子を用いて表すことができる．図 2.4 あるいは

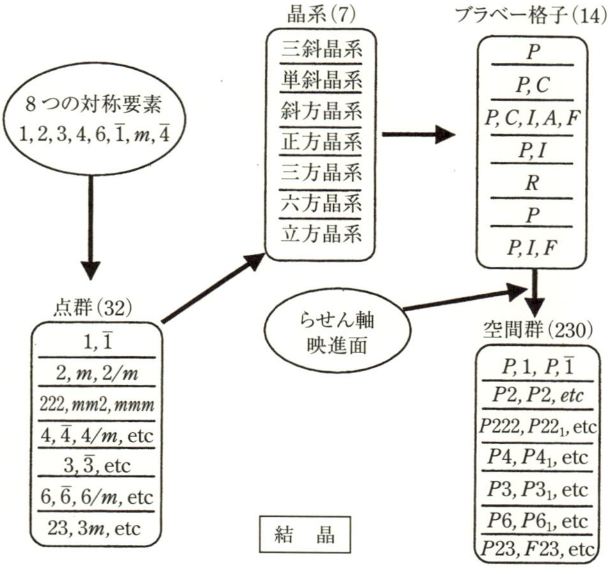

図 2.1　結晶における対称要素と対称性による分類とそれらの関係

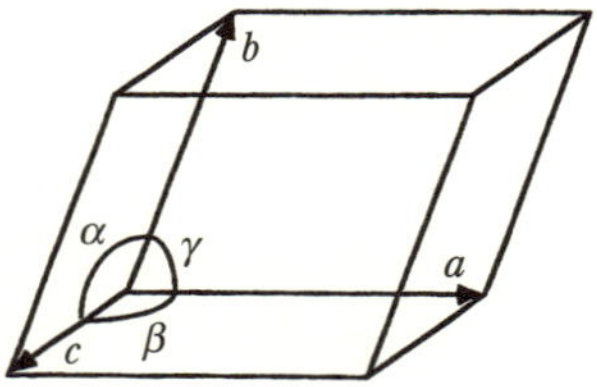

図 2.2　単位格子(単位胞)の例

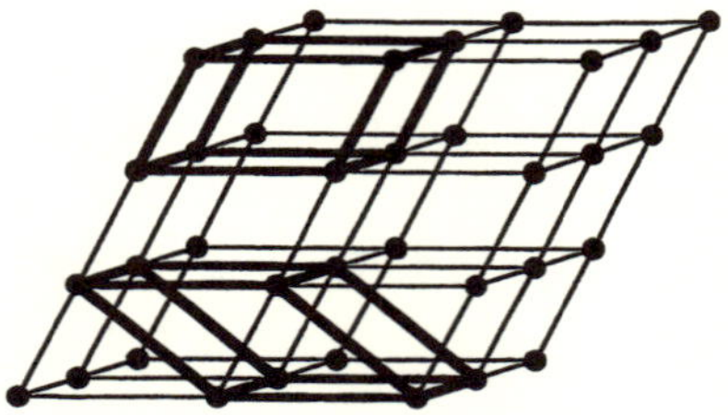

図 2.3　周期的原子配列における構造単位選択の任意性

表 2.1　7 種類の結晶系とブラベー格子に関するまとめ

結晶系	軸長および軸間角	ブラベー格子	格子記号
立方 (cubic)	3 軸等しく，すべて垂直 $a = b = c$，$\alpha = \beta = \gamma = 90°$	単　純 体　心 面　心	P I F
正方 (tetragonal)	2 軸等しく，すべて垂直 $a = b \neq c$，$\alpha = \beta = \gamma = 90°$	単　純 体　心	P I
斜方 (orthorhombic)	3 軸すべて異なり，すべて垂直 $a \neq b \neq c$，$\alpha = \beta = \gamma = 90°$	単　純 体　心 一面心 面　心	P I C F
三方* (trigonal)	3 軸等しく，すべて垂直でない等角 $a = b = c$，$\alpha = \beta = \gamma \neq 90°$	単　純	R
六方 (hexagonal)	2 軸等しく，夾角 120°，第 3 軸は垂直 $a = b \neq c$，$\alpha = \beta = 90°$，$\gamma = 120°$	単　純	P
単斜 (monoclinic)	3 軸すべて異なり，1 軸だけ垂直でない $a \neq b \neq c$，$\alpha = \gamma = 90° \neq \beta$	単　純 一面心	P C
三斜 (triclinic)	3 軸すべて異なり，すべて垂直でない異なった夾角 $a \neq b \neq c$，$\alpha \neq \beta \neq \gamma \neq 90°$	単　純	P

* 菱面体あるいは斜方面体とも呼ぶこともある（$\neq$ は等しくないことを示すが，偶然等しくなることはある）

表 2.1 の記号 P, F, I などは，以下の方法に従って記載されている．単位格子 1 個について 1 個の格子点しか含まない場合を，基本(primitive)あるいは単純(simple)と呼び，通常 P で表す．ただし，三方(菱面体)晶系は基本に分類できるが記号としては R を用いる．単位格子に複数の格子点を含む場合で，面心晶系を F，体心晶系を I，一面心晶系で 1 対の向かい合った面，例えば b 軸と a 軸で決まる C 面の中心に格子点がある場合を C と表す．ここで，一面心晶系で 1 対の向かい合った面，b 軸と c 軸で決まる A 面の中心に格子点がある場合を A と記載する場合も含む．

我々の周囲には多種・多様な物質があり，多くの物質の原子配列は一定の周期性を示す結晶構造を有する．もちろん，すべてを扱うことはできないが，例えば周期表の元素の多くは，金属元素であり，その約 70% は，比較的対称性が高く簡単な結晶構造の体心立方格子(bcc)，面心立方格子(fcc)，六方稠密格子(六方最密格子ともいう：hcp)のいずれかをとる．そこで，これらの 3 種類の結晶構造の特徴をまとめると**図**

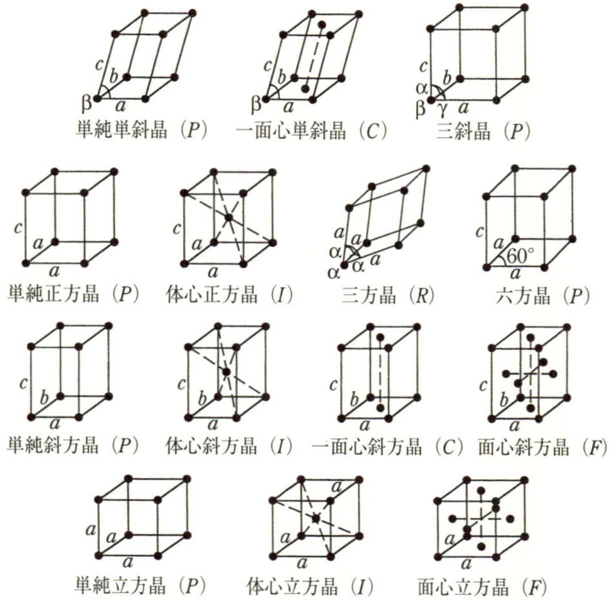

図 2.4 14 種類のブラベー格子

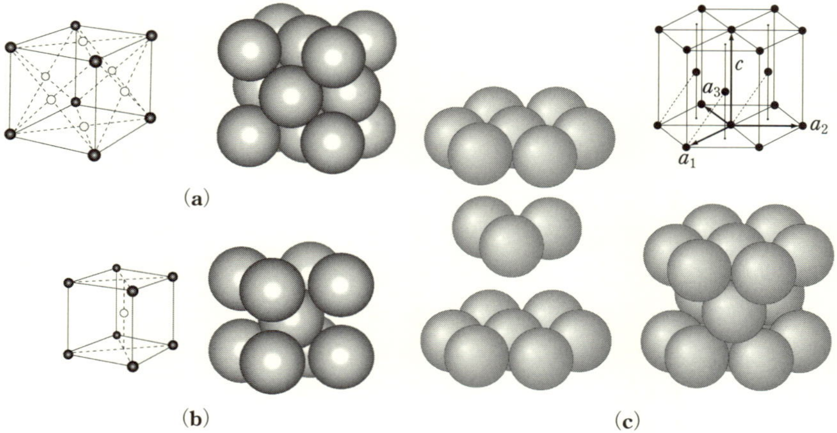

図 2.5 金属元素の代表的な結晶構造

(a)面心立方格子(fcc)，(b)体心立方格子(bcc)，(c)六方稠密格子(hcp)

2.5 のとおりである．

一方，結合状態の視点から，「金属結晶」，「イオン結晶」，「共有結合結晶」などのように，結晶を特徴づける場合もある．例えば，金属結晶では，原子の外殻電子(価電子)が，特定の原子に属することなく，系内を自由に動き回り系全体で共有されている．これに対して，イオン結晶では，固体中に異なる電荷のイオンが共存して結晶を構成しており，その代表例は，塩化ナトリウム，フッ化リチウムなどの金属ハロゲン化物である．塩化ナトリウムでは，Na^+ と Cl^- イオンが，**図 2.6** のような岩塩(NaCl)型構造をとる．イオン結晶では，互いに引力が働く陽イオンおよび陰イオンが共存するので，異種イオンが互いに隣り合って接触するような配置をとりやすい．逆に，同種イオンの直接接触を避ける配置が安定となる．通常大きなサイズの陰イオンが直接接触しない程度に密に配列し，その配列にできる空隙に相当する位置を陽イオンが占めるような配置をとることが多い．したがって，イオン結晶では，結晶構造と陽イオン(r_c)と陰イオン(r_a)のサイズ比(例えば，イオン半径比 r_c/r_a)との間に，相関関係が認められる．例えば，イオン半径比 r_c/r_a の値が 0.225 の場合は配位数が 4 の四面体配置，0.414 では配位数が 6 の八面体配置となる．このように，r_c/r_a はイオン配置に関する臨界値を示す．ただし，実際のイオン結晶では，エネルギー的制約から同種イオンの直接接触が起こらないように配列するので，実際のイオン結晶に認められる r_c/r_a の値は臨界値より，やや大きめの値となる場合が多い．

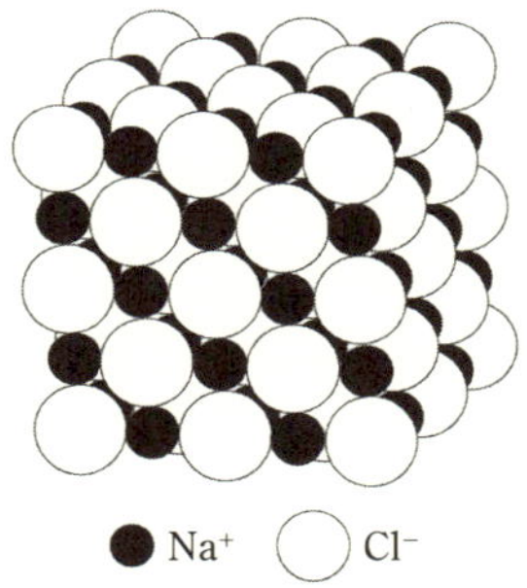

図 2.6　塩化ナトリウムの結晶構造

2.2　結晶面および方向の表し方

結晶面および方位の記述法の要点を，以下にまとめて示す．単位格子内の位置の表現に使用される格子座標(atomic coordinates)は，原点を単位格子のコーナーにおいて，座標軸を 3 つの軸方向にとり，各座標を各軸の格子定数を単位とした分数で表す．例えば，体心立方格子の中心位置は $\frac{1}{2}\frac{1}{2}\frac{1}{2}$，面心の位置は $\frac{1}{2}\frac{1}{2}0;\frac{1}{2}0\frac{1}{2};0\frac{1}{2}\frac{1}{2}$ のように表す．また，面あるいは方向を表すには，次のように一般化された，ミラー指数(Miller index)を用いる．

（1）　対象となる面が，それぞれの結晶軸と交わる点の原点からの距離を，格子定数などの単位長さを基準に求める．**図 2.7** の例で，*a* 軸は単位長さの 1/*h* の長さで交わる．

（2）　得られた3つの数字の逆数をとり，最小整数比(*hkl*)をその面の指数とする．

（3）　もし，対象となる面が，ある軸に平行ならば，その軸における原点からの交点までの距離は無限大となるので，その場合の指数はゼロで表す．例えば，(*h*00) は *b* 軸および *c* 軸に平行な面を表す．

（4）　どの面についてもそれに平行な一組の面が得られるが，ミラー指数は，お互いに平行な面の中で原点に一番近い面で代表させる．

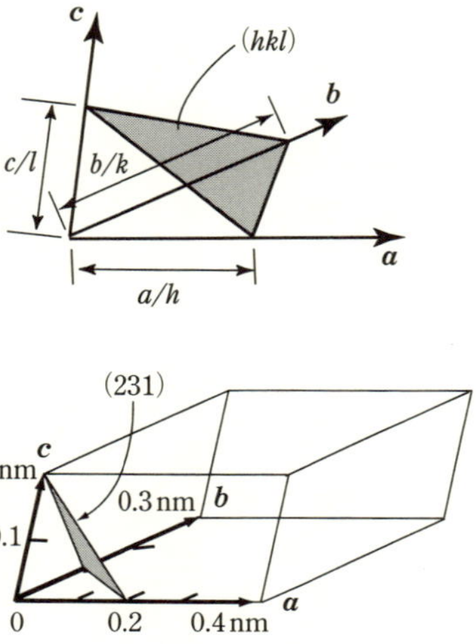

図 2.7　ミラー面指数の例

（5）　負の側で軸と交わる場合にはミラー指数の上にバーを付けて表す．また，通常，(*hkl*) という記述は，単一面あるいは一組の平行面を表す場合に用い，結晶格子内の等価な面をすべてまとめて表す場合は，{*hkl*} と記載し，これらを型面（面形と呼ぶ場合もある：planes of form）という．ある型面(　)の属する格子面の数が多重度因子(multiplicity factor)で，7つの結晶系の多重度因子は**表 2.2** のとおり与えられる．

一方，方向の記述は，ミラー指数に準拠する形で，次の方法が使われている．原点をある点まで平行移動させ，その移動が *a* 軸方向に *ua*，*b* 軸方向に *vb*，*c* 軸方向に *wc* だけ動かして達成される場合，*uvw* が最小整数であれば，その方向の指数を [*uvw*] と表す．負の方向を表すには，座標を表す数字にマイナス記号を付ける代わりに，指数を表す数字の上にバーを付ける．面の場合と同様に，対称操作によって関係づけられる等価な方向をまとめて示す場合は，⟨*uvw*⟩のように記載する．なお，方向を考える際の *uvw* は必ずしも整数である必要はないが，例えば $\left[\frac{1}{2}\frac{1}{2}1\right]$, [112], [224] などはすべて同じ方向を示すので，通常は [112] と記載する．理解の一助として，面指数および方向指数の例を**図 2.8** に示す．

表 2.2　粉末結晶試料における多重度因子

立方晶		hkl	hkk	$hk0$	$hh0$	hhh	$h00$		
		48*	24	24*	12	8	6		
六方晶		$hk{\cdot}l$	$hh{\cdot}l$	$h0{\cdot}l$	$hk{\cdot}0$	$hh{\cdot}0$	$h0{\cdot}0$	$00{\cdot}l$	
		24*	12	12	12*	6	6	2	
三方晶	菱面体晶軸を選択した場合	hkl	$h\bar{k}k$	hkk	$hk0$	$h\bar{h}k$	hhh	$hh0$	$h00$
		12*	12*	6	12*	6	2	6	6
	六方晶軸を選択した場合	$hk{\cdot}l$	$hh{\cdot}l$	$h0{\cdot}l$	$hk{\cdot}0$	$hh{\cdot}0$	$0h{\cdot}0$	$00{\cdot}l$	
		12*	12*	6	12*	6	6	2	
正方晶		hkl	hhl	$hh0$	$hk0$	$h0l$	$h00$	$00l$	
		16*	8	4	8*	8	4	2	
斜方晶		hkl	$hk0$	$h00$	$0k0$	$00l$	$h0l$	$0kl$	
		8	4	2	2	2	4	4	
単斜晶（直交軸 b）		hkl	$hk0$	$0kl$	$h0l$	$h00$	$0k0$	$00l$	
		4	4	4	2	2	2	2	
三斜晶		hkl	$hk0$	$0kl$	$h0l$	$h00$	$0k0$	$00l$	
		2	2	2	2	2	2	2	

* ある結晶ではこれらの指数を持つ面が，面間隔は同じで，異なる二種類の構造因子を持つ．そのような場合，1 つの型の多重度因子は，表に与えられている値の半分である．

六方晶系における面については，ミラー指数ではなく 4 つの軸を用いて，例えば面指数を$(hkil)$で表すミラー-ブラベー(Miller-Bravais)指数と呼ばれる表記法も利用される．ミラー-ブラベー指数の i は，h および k との間に $i=-(h+k)$ の関係が常に成立する．また，六方晶系における方向について，面指数の場合と同様，4 つの指数 $[uvtw]$ を用いる表記法が使われ，この場合 $t=-(u+v)$ の関係がある(問題 2.11 参照)．理解の一助として，六方晶格子のいくつかの面と方向の指数を，**図 2.9** に例示する．六方晶格子における 3 指数と 4 指数との相互関係などの詳細は，問題 2.11 において示す．

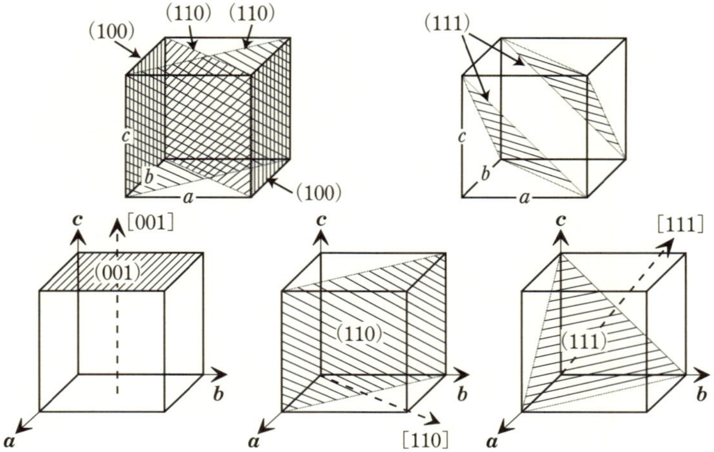

図 2.8 結晶における面および方向を表す指数の例

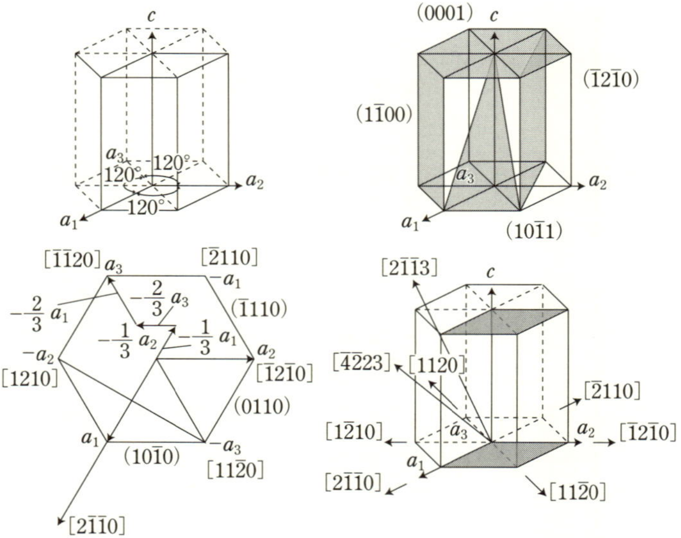

図 2.9 六方晶系における単位胞と面および方向を表す指数の例

2.3　晶帯と面間隔

結晶内の原子は格子面上のみでなく，互いに平行な一群の直線上に配置することができる．この直線を晶帯軸(zone axis)，その直線方向に平行なすべての面を晶帯面(planes of a zone)という．**図 2.10** に，立方晶系における晶帯軸 [001] に属する晶帯面を例示する．指数が $[uvw]$ で与えられる晶帯軸の場合，この晶帯に属するすべての面 (hkl) は，次の条件を満足する．

$$hu+kv+lw=0 \tag{2.1}$$

もし $[uvw]$ に属する晶帯面の 2 つが，$(h_1k_1l_1)$ および $(h_2k_2l_2)$ のようにわかっていれば，晶帯軸の指数は次式の関係から求めることができる．

$$\begin{aligned} u &= k_1l_2-k_2l_1 \\ v &= l_1h_2-l_2h_1 \\ w &= h_1k_2-h_2k_1 \end{aligned} \tag{2.2}$$

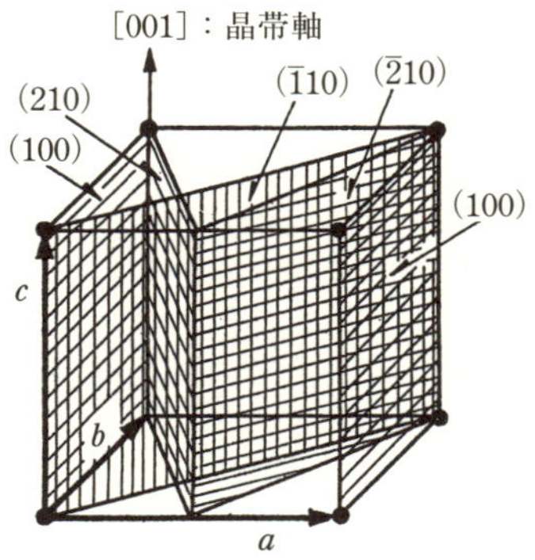

図 2.10　立方晶系における晶帯軸 [001] に属する面の例

各結晶系によって異なるが，面指数 (hkl) と面間隔 d との関係は，例えば，立方晶および六方晶について，それぞれ式(2.3)および式(2.4)で与えられる．

$$d=\frac{a}{\sqrt{h^2+k^2+l^2}} \tag{2.3}$$

$$\frac{1}{d}=\sqrt{\frac{4}{3}\left(\frac{h^2+hk+l^2}{a^2}\right)+\frac{l^2}{c^2}} \tag{2.4}$$

面指数が分母にくる関係式から容易に理解できるように，低い指数の面ほど面間隔は広くなり，面内の格子点の密度も大きくなる．

2.4　ステレオ投影

3 次元に分布している面や方向を表示するため，種々の投影法が用いられているが，結晶学では，球面投影(spherical projection)をもとにしたステレオ投影(stereographic projection)が一般的である．球面投影では，結晶を球の中心において，格子方向は，球の中心を通ってその方向に引いた直線が球面と交わる点となる．また，格子面は，球の中心を通るその格子面の法線と球面の交点で示す．これらの交点をそれぞれの極(pole)と呼び，かつ，球を参考球(reference sphere)あるいは投影球(projection sphere)という．球面投影は，結晶の格子面，格子方向，晶帯などの間の角度関係，方位関係あるいは結晶の対称性などを正確に表現できるが，球面を用いる点に難点がある．これを克服する方法としてさらに平面状に投影する方法の1つに，ステレオ投影がある．

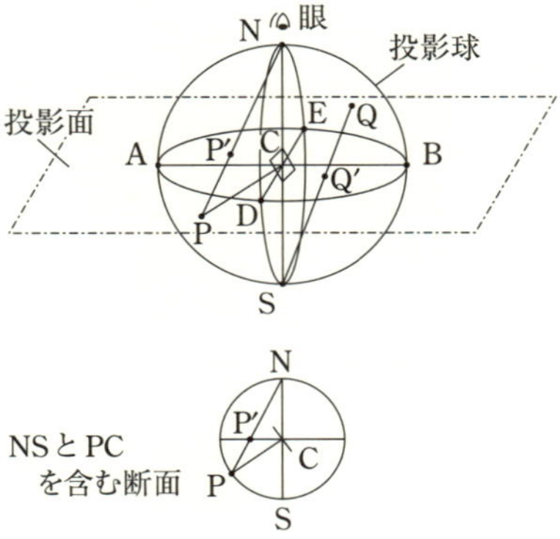

図 2.11 ステレオ投影の基本的関係

ステレオ投影は，透視図法(perspective projection)の一種で，**図 2.11** に示すように，投影球の中心においた結晶Cのある格子面の球面投影による極Pを，投影球の南北両極を結ぶ直線NSに垂直な赤道面(投影面)上に投影する方法である．極Pが南半球であれば，北極を視点とする直線NPと投影面の交点P′をステレオ投影の極とする．球面投影の極Qが北半球上にあれば，南極Sを視点とする直線SQとの交点Q′を考える．この方法によって，すべての極を赤道円(基本円)内にとることができる．この場合Nを視点とした投影点と，Sを視点とした投影点を区別することが必要であるが，例えば，前者を●，後者を×などの異なる記号を使用することで容易に解決できる．また，投影面として赤道面のほか，NSに垂直な任意の平面を選んでもよい．この場合，投影の相対位置に変わりはなく，基本円の直径のみが変わる．

投影球面上に1°または2°おきにとったすべての子午大円(meridian circle)，および等緯度小円(latitude circle)を，赤道面上に投影して得られる網図形を，極ネット(polar net)という．極ネットは，投影球面上の点に関する赤道面上への投影点を求める場合に用いられる．一方，同じ子午大円と等緯度小円を，1つの子午大円上に投影して得られる網図形をウルフネット(Wulff net)という．この場合，経線はNとSを通る大円のステレオ投影を2°おきに描き，10°ごとに太い円弧で示してある．また，緯線はNS軸に垂直な面と投影球との交線である小円のステレオ投影を2°おきに描いたものである．ウルフネットは極ネットと同様に，投影面上に極をとる場合などの基準に用いられる．ウルフネットを使う解析では，使用するウルフネットと同じ直径になるようにステレオ投影図をトレーシングペーパー上に描き，描いたステレオ投影図の中心がウルフネットの中心と常に一致するように重ね合わせて用いる．このウルフネットを使った測角の精度は約 1° 程度であるが，ほとんどの研究目的のためには十分である．ステレオ投影の性質などについて，以下に簡単に記す．

投影球面上にあって，視点を通らない円のステレオ投影図形は，円または２つの円弧である．また，投影球面上にあって視点を通る大円のステレオ図形は，１つの直線である．これを「円円対応の定理」という．一方，２つの大円のステレオ投影円（投影図形が直線の場合も含む）のなす角度は，球面上におけるその２つの大円の交角（球面角）に等しい．これを「等角写像の定理」という．

ステレオ投影面上の大円の極を求めるには，**図 2.12**(a)に示すように，大円 ACB について直径 AOB に垂直な直径 FOG をウルフネットの赤道と重ね，C から 90° のところに P をとる．一方，ステレオ投影面上の小円の極 P を求めるには，**図 2.12**(b)に示すように，小円の中心を O_1 として直径 $AOBO_1CD$ をとり，これをウルフネットの赤道と重ね，BC の間の角を２等分する点 P をとる．

格子面 A，B の間の角度を知りたい場合には，まず，投影をウルフネットに重ね，**図 2.12**(c)に示すように，それを回転して A，B が１本の子午大円上にのるようにする．次に，その子午線の上で角度を読みとれば，それが求めたい角度に相当する．

ステレオ投影における回転は，極ネットとウルフネットを利用することによって行われる．例えば，結晶学的に重要な低指数の格子面である(100)，(110)，(111)あるいは(0001)などを投影面に選ぶ．つまり，[100]，[110]，[111]，[0001] などが図 2.11 の NS 方向に一致するように結晶をおいて，主要な格子面の極を投影したものを，標準投影(standard projection)という．これを利用すると，結晶内の重要な格子面の相対関係が容易にわかるとともに，結晶方位の解析などの問題を取り扱う場合などに極めて便利である．具体例を問題 2.19～2.22 に示す．

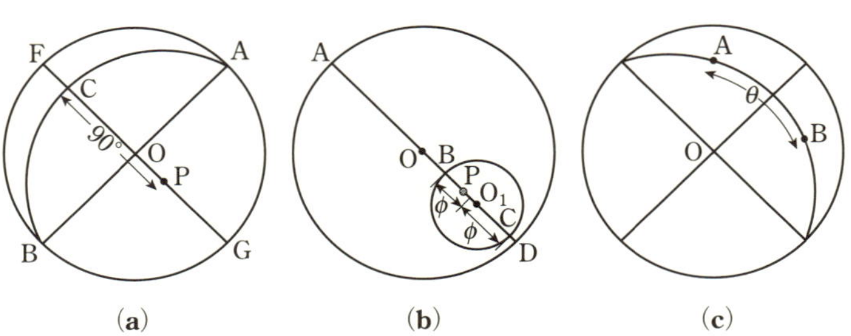

図 2.12　ステレオ投影面上で，(a)大円の極を求める方法，(b)小円の極を求める方法，(c)２つの格子面 A および B のなす角度を求める方法

問題と解法２

問題 2.1

立方格子における(100)，(110)，(111)，(112)面，ならびに方向指数 [010]，[111]，[$\bar{1}$00]，[120] を図示せよ．

解

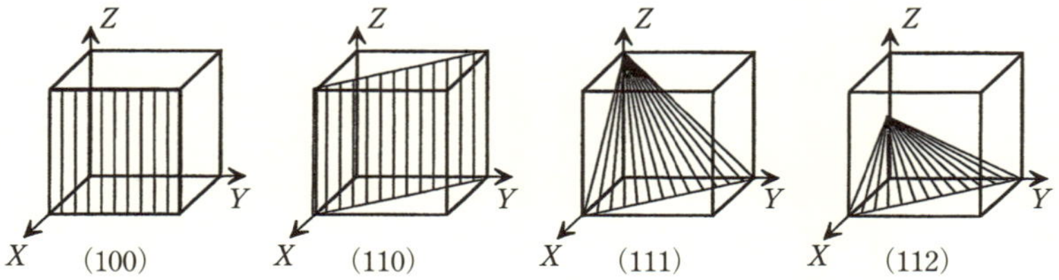

図 1　立方格子における面指数の例

なお，立方格子の面では，(100)，(010)，(001)など全く等価な面が存在する．このような場合，まとめて表すには {001} を用いる．同様に，方向についても [110]，[101]，[011] などに対して⟨110⟩のように表す．

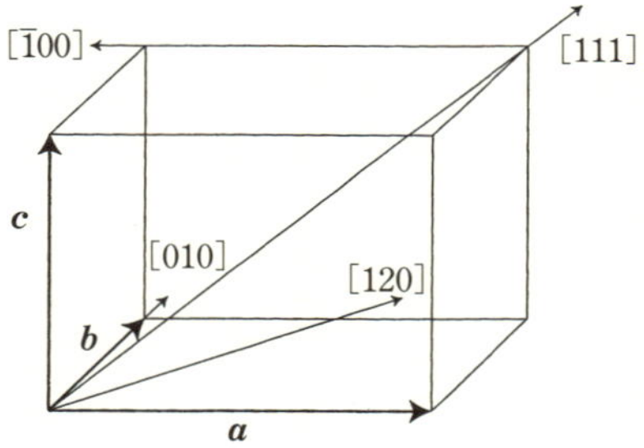

図 2　立方格子における方向指数の例

問題 2.2

格子定数 a の体心立方格子について，次の問いに答えよ．

（１）　各格子点に半径 r_A の球形原子が配列している場合を想定し，空隙の体積を求めよ．

（２）　この体心立方格子における最大の空隙は，四面体位置に相当する

(1/2, 1/4, 0)およびそれに等価な位置である．この空隙位置にぴったり入る最大の球の半径を求めよ．

解　(1)　体心立方格子では対角線上の原子が互いに接している点に着目すると次の関係が成立する．

$$4\times r_{\mathrm{A}}=a\sqrt{3}$$

$$r_{\mathrm{A}}=\frac{\sqrt{3}}{4}a$$

一方，体心立方格子の単位格子には，8 つのコーナーの原子 8×1/8＝1 個と中心の 1 個の合計 2 個の原子が存在する．したがって原子が占める体積を V_{A} とすると

$$V_{\mathrm{A}}=2\times\frac{4}{3}\pi\left(\frac{\sqrt{3}}{4}a\right)^3=\frac{\sqrt{3}\,\pi}{8}a^3$$

単位格子の体積は a^3 で表されるので，空隙の体積 V_{H} は

$$V_{\mathrm{H}}=a^3-V_{\mathrm{A}}=\left(1-\frac{\sqrt{3}}{8}\pi\right)a^3$$

参考：空隙率は，以下のとおりである．

$$\left(\frac{V_{\mathrm{H}}}{a^3}\right)=\left(1-\frac{\sqrt{3}}{8}\pi\right)=0.32,$$ したがって，

体心立方格子の充塡率は，0.68 である．

(2)　空隙にぴったり入る球の半径を r_{X} とすれば，幾何学的条件(**図 1** 参照)より，次式の関係が成立する．

$$(r_{\mathrm{A}}+r_{\mathrm{X}})^2=\left(\frac{a}{4}\right)^2+\left(\frac{a}{2}\right)^2$$

次に，体心立方格子における $r_{\mathrm{A}}=\dfrac{\sqrt{3}}{4}a$ の関係を利用すると，空隙にぴったり入る最大球の半径は次式で与えられる．

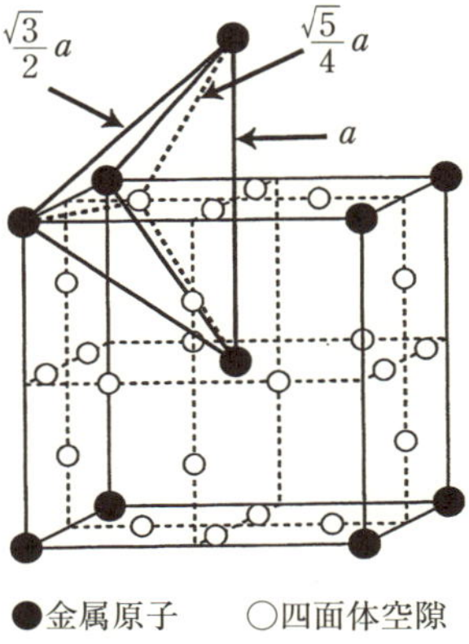

図 1　体心立方格子の四面体空隙

$$\left(\frac{\sqrt{3}}{4}a+r_{\mathrm{X}}\right)^2=\left(\frac{a}{4}\right)^2+\left(\frac{a}{2}\right)^2=\left(\frac{\sqrt{5}}{4}a\right)^2$$

$$r_{\mathrm{X}}=\left(\frac{\sqrt{5}-\sqrt{3}}{4}\right)a$$

参考：体心立方格子中の空隙にぴったり入る最大球の半径は，下記のように整理すれば，格子を構成する原子の半径の約 30%であることが理解できる．

$$\frac{r_X}{r_A}=\frac{\left(\frac{\sqrt{5}-\sqrt{3}}{4}\right)a}{\frac{\sqrt{3}}{4}a}=\frac{\sqrt{5}}{\sqrt{3}}-1=0.29$$

問題 2.3

Fe は 278 K において bcc 構造を持ち，その格子定数は 0.2866 nm である．Fe の密度を求めよ．

解　bcc 構造は単位格子当たり 2 個の原子を含む．アボガドロ数を N_A とすれば，1 mol の Fe にはこのような単位格子が，$N_A/2$ 個存在する．したがって，Fe の 1 mol 当たりの容積(原子容) V は

$$V=(0.2866\times10^{-9})^3\times\frac{0.6022\times10^{24}}{2}$$

Fe 1 mol 当たりの原子量(モル質量) M は，付録 2 より 55.845 g である．したがって，密度を ρ とすれば $V=M/\rho$ の関係より，以下のとおり算出できる．

$$\rho=\frac{55.845\times2}{(0.2866\times10^{-9})^3\times0.6022\times10^{24}}=7.88\times10^6\ \mathrm{g/m^3}$$

参考：実測値 7.87×10^6 g/m^3，実際の結晶には空孔や転位などが含まれるため，X 線構造解析結果を基に算出した密度と実測密度との間には，一般的に若干の差が認められる．

類似問題　Pt は 278 K において fcc 構造を持ち，その格子定数は，0.3924 nm である．Pt の密度を求めよ．

問題 2.4

ベリリウム(Be)鉱物は化学式として($3BeO\cdot Al_2O_3\cdot 6SiO_2$)で表され，その構造は六方晶系，格子定数は a=0.9215 nm および c=0.9169 nm，密度は 2.68×10^6 g/m^3 であることが判明している．単位格子中に含まれる分子の数を求めよ．

解　化学式を参考に，ベリリウム鉱物の分子量を各酸化物成分 1 mol 当たりの分子量より求める．

$$BeO=25.01\ [g],\ Al_2O_3=101.96\ [g],\ SiO_2=60.08\ [g]$$

$$3BeO+Al_2O_3+6SiO_2=537.47\ [g/mol]$$

この分子量をアボガドロ数で割った値は，ベリリウム鉱物分子 1 個の重さに相当する．

次に，格子定数の値からベリリウム鉱物の単位格子の体積を求める．**図 1** から明らかなように，六方晶系の単位格子は，その幾何学的特徴により c の値は一辺の長さ a

の正四面体の高さ$\left(\sqrt{\dfrac{2}{3}}\,a\right)$の2倍，底辺に相当する平行四辺形の面積は$\left(\sqrt{\dfrac{3}{4}}\,a^2\right)$で与えられる．したがって，六方晶系の単位格子の体積Vは，次式で与えられる(付録6参照)．

$$V = \frac{\sqrt{3}}{2}a^2c = 0.866a^2c$$
$$= 0.866\times(0.9215\times10^{-9})^2\times(0.9169\times10^{-9})$$
$$= 0.6743\times10^{-27}\ [\mathrm{m}^3]$$

単位格子の体積と密度との積はベリリウム鉱物分子1個の重さに相当するので，これを前述の分子量から予測されるベリリウム鉱物分子1個の重さと比較すれば，単位格子中の分子数が求められる．

$$\frac{0.6743\times10^{-27}\times2.68\times10^{6}}{\left(\dfrac{537.47}{0.6022\times10^{24}}\right)} = 2.02$$

単位格子中の分子数は2個である．

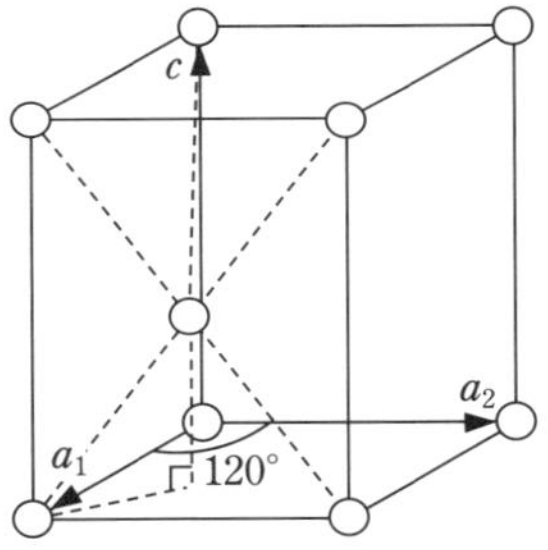

図1　六方晶系における幾何学的特徴

問題 2.5

面心立方格子には，より単純な格子として三方(菱面体ともいう)格子が認められることを図示せよ．また，面心立方格子はABCABC…型の積層であるが，六方稠密格子ABAB…型の積み重ねが認められることを図示せよ．

解　面心立方格子の面心にある原子6個と，立方体の対角線にある両サイドの原子2個を結べば**図1**のとおり三方格子となる．面心立方格子の格子定数をa'とすれば，三方格子の格子定数は$a'/\sqrt{2}$となる．

参考：三方(菱面体)の格子定数

$a = b = c = a'/\sqrt{2}$，$\alpha = \beta = \gamma = 60°$

次に，面心立方格子の[111]方向を軸とし(111)面を眺めれば，図2に示すように六方稠密型積層の(0002)面の一部が認められる．**図2**の例では(111)面相当の2層をAB層とすれば，立方格子の対角線上にある隅の原子位置はC層に対応する．

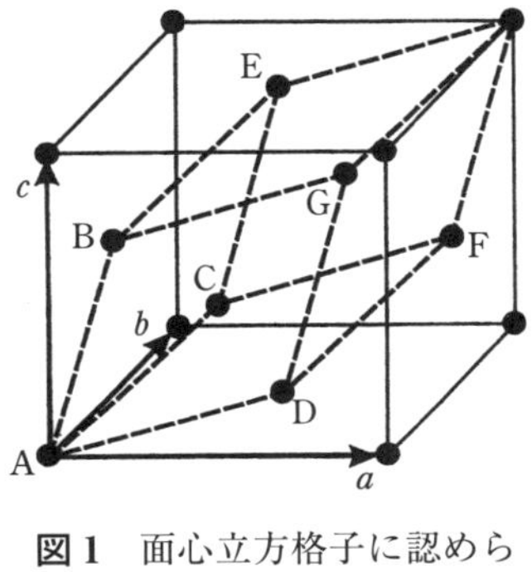

図1　面心立方格子に認められる三方格子

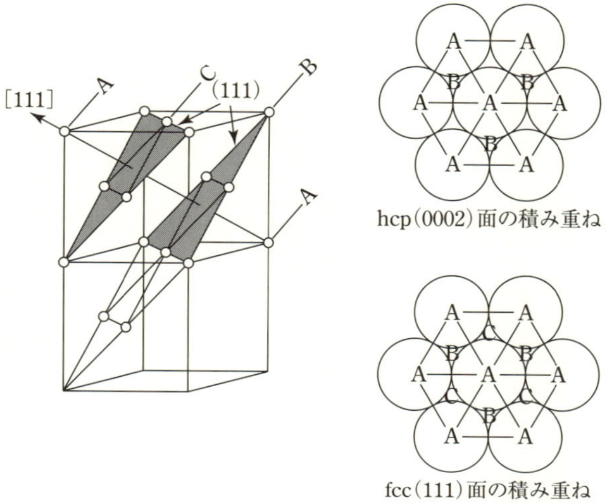

図2　面心立方格子および六方稠密格子における原子の積層

問題 2.6

面心立方構造を持つ Cu の 1 mol 当たりの原子量，および 298 K における密度は，それぞれ 63.54 g および 8.89×10^6 g/m^3 である．Cu 原子間の最短距離を算出せよ．

解　面心立方格子では，単位格子に 4 個の原子を含む構造配列である．したがって，アボガドロ数を N_A とすれば，1 mol の Cu(63.54 g)には，$N_A/4$ 個の単位格子を含む．また，面心立方格子の格子定数を a とすれば，1 mol の Cu の体積，原子容 V は，$V = a^3 N_A/4$ で表すことができる．一方，原子量を M，密度を ρ とすれば，$a^3 N_A/4 = M/\rho$ の関係より，格子定数 a は次のように求めることができる．

$$a^3 = \frac{4 \times 63.54}{0.6022 \times 10^{24} \times 8.89 \times 10^6}$$

$$a = 3.621 \times 10^{-10} \ [\mathrm{m}]$$

Cu 原子の最短距離 r は，面の対角線に沿って原子が接して並んでいることを考慮すれば，

$$r = a/\sqrt{2} = 2.560 \times 10^{-10} \ [\mathrm{m}] = 0.2560 \ [\mathrm{nm}]$$

問題 2.7

格子定数 $a = 0.4070$ nm で面心立方構造を持つ Au について，次の問いに答え

よ．

（１）　最近接原子間距離，第２近接原子間距離およびそれらの配位数を求めよ．

（２）　密度および金原子を剛体球と考えた場合の充塡率を求めよ．

（３）　剛体球によって面心立方構造を形成した場合に生ずる八面体空隙および四面体空隙に入り得る球の最大半径を求めよ．

解　（１）　面心立方構造の特徴を眺めてみると単位格子のコーナーを占める原子間の距離は格子定数の a に等しく，各面の中心にある原子とコーナーを占める原子間の距離は $a\sqrt{2}/2 = a/\sqrt{2}$ となる．$a/\sqrt{2} < a$ の関係より最近接原子間距離 $r_1 = a/\sqrt{2}$，第２近接距離 $r_2 = a$ となる．

$$r_1 = \frac{a}{\sqrt{2}} = \frac{0.4070}{1.4142} = 0.2878 \text{ [nm]}$$

$$r_2 = a = 0.4070 \text{ [nm]}$$

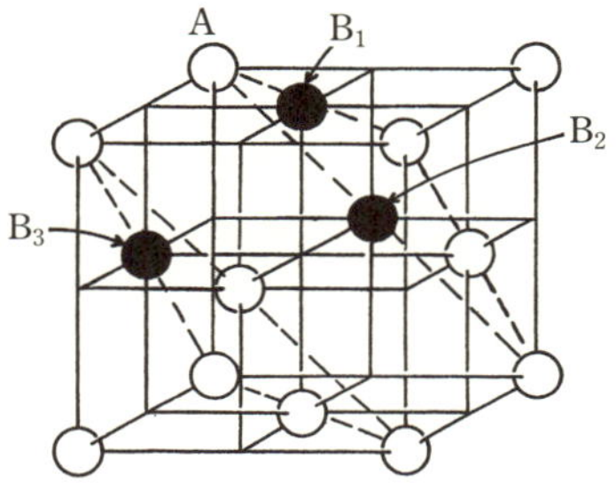

図 1　面心立方格子における幾何学的特徴

最近接原子間距離における配位数は，例えば**図 1** のコーナーを占める原子 A を中心に考えてみる．原子 A から r_1 の距離にある面の中心を占める原子 B は３個ある．A を含む単位胞の上面に等価な面が３面あるのでその面の中心を占める原子（B_1 に相当）が３個ある．この面とは垂直に交叉するが，同様に B_2 に相当する原子３個と B_3 に相当する原子が３個ある．これらを合計すると $3 \times 4 = 12$ 個となる．ここで，最近接原子間距離における配位数は同じ大きさの球を ABCABC のように密に積み重ねた面心立方格子であることを考えてもよい．その場合は，**図 2** のように真中の B 層にある球の周囲を考えれば，A 層および C 層にそれぞれ３個，B 層が６個で合計 12 個が最近接距離に配置していることが容易にわかる．一方，距離 a にある第２近接原子の数は，例えば図１のコーナーを占める原子 A を中心に考えると，面内に４個，上下に２個で合計６個ある．したがって第２近接原子の配位数は６である．

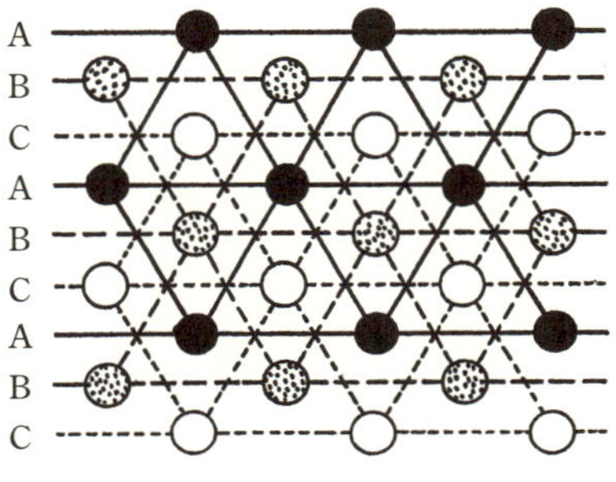

図 2　面心立方格子における原子の積層

（２）　面心立方構造の単位格子の体積 V は a^3 で与えられる．一方，単位格子に 1/8 だけ属する隅の原子８個と 1/2 だけ属する面の占める原子６個があるので，単位格子に帰属する原子数 n は，$n = \dfrac{1}{8}\times 8 + \dfrac{1}{2}\times 6 = 4$ となる．

Au の原子 1 個の質量 m は，1 mol の原子量が付録 2 より 196.97 g で与えられるので，アボガドロ数を用いて次のとおり算出できる．

$$m = \frac{196.97}{0.6022\times 10^{24}} = 327.0\times 10^{-24}\ [\mathrm{g}]$$

密度を ρ とすれば，

$$\rho = \frac{4m}{a^3} = \frac{4\times(327.0\times 10^{-24})}{(0.4070\times 10^{-9})^3} = \frac{1.308\times 10^{-21}}{0.0674\times 10^{-27}}$$
$$= 19.41\times 10^6\ [\mathrm{g/m^3}] \qquad (参考：実測密度\ 19.28\times 10^6\ \mathrm{g/m^3})$$

各面の中心にある原子とコーナーを占める原子が互いに接触しているので，原子の半径を r とすれば，$4r = a\sqrt{2}$ の関係が成立する．したがって，

$$r = \frac{\sqrt{2}}{4}a \quad \longrightarrow \quad r = \frac{a}{2^{3/2}}$$

単位格子に含まれる 4 個分の原子球の体積 V' は，以下のとおり求めることができる．

$$V' = 4\times\left(\frac{4}{3}\pi r^3\right) = 4\times\left(\frac{4}{3}\pi\right)\times\left(\frac{a}{2^{3/2}}\right)^3$$
$$= \frac{16}{3}\pi\times\frac{a^3}{16\sqrt{2}} = \frac{\pi a^3}{3\sqrt{2}}$$

単位格子の体積 V は a^3 なので，充塡率 η は V'/V で与えられる．すなわち，

$$\eta = \frac{\pi a^3}{3\sqrt{2}}/a^3 = \frac{\pi}{3\sqrt{2}} = 0.741$$

（3）　原子半径 $r = a/2^{3/2}$ の剛体球を面心立方格子に並べた場合を考える．空隙は**図 3**(a)に示すように単位格子の体心と各稜の中点にあり，この空隙は 6 個の球で構成される正八面体の中心に相当する．この空隙位置は格子定数 a の面心立方格子

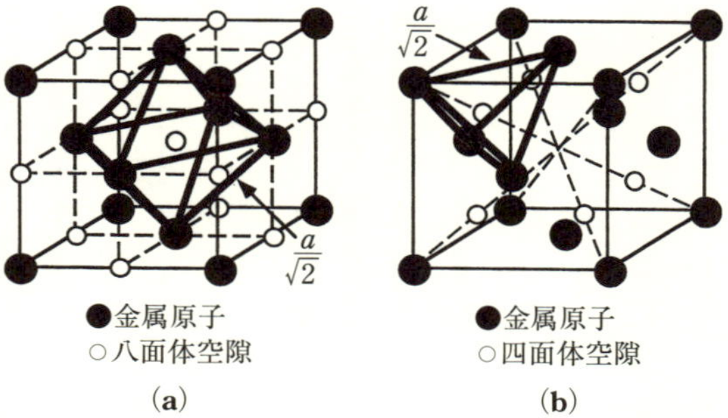

図 3　面心立方格子における空隙．(a)八面体空隙，(b)四面体空隙

を形成するので，八面体空隙は単位格子当たり等価な位置が4個ある．

一方，**図3**(b)に示すように，4個の球で囲まれた正四面体の空隙も容易に認められ，この空隙は格子定数$a/2$の単純立方格子を形成する．この四面体空隙は単位格子当たり等価な位置が8個ある．

次に八面体空隙に入る球の最大半径r_oおよび四面体空隙に入る球の最大半径r_tを求める．原子半径rの球と八面体空隙に入る球の半径r_oは，図3(a)を参考にすれば**図4**の関係にある．したがって，

$$AC = 2(r+r_o) = (AB^2+BC^2)^{1/2} = 2\sqrt{2}\,r$$
$$r_o = r(\sqrt{2}-1) = 0.414r$$

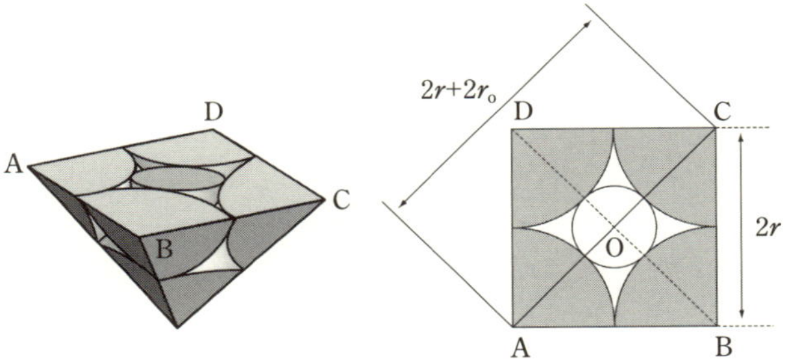

図4　面心立方格子における八面体空隙の幾何学

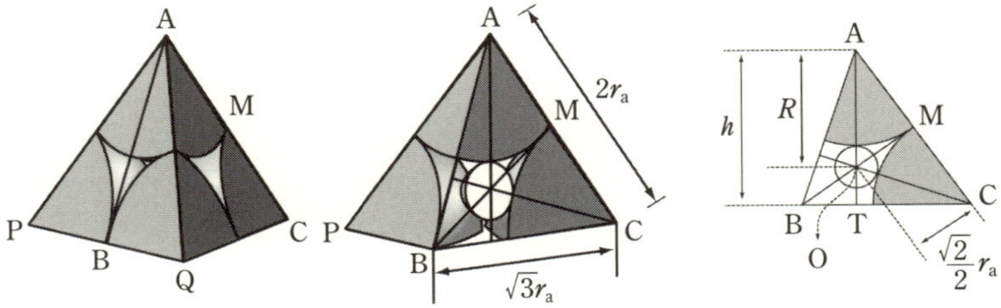

図5　面心立方格子における四面体空隙の幾何学

四面体空隙については，**図5**の関係にある．△ABCについて$AC = a\sqrt{2}$であり，$AB = \sqrt{3}r$である．また$AB = BC$の関係も成立する．△ABM(あるいはCBM)を考えれば，距離$BM = \sqrt{2}r/2$である．四面体空隙の中心をOとすれば，Oは距離BMの中点に相当するので$OM = \sqrt{2}r/2$となる．次に，△AOMを考える．AMはACの半分であり$r = a/2^{3/2}$，角度AMOは90°であることを利用すれば，$AO^2 = AM^2+OM^2$の関係より，

$$\mathrm{AO}^2 = \left(\frac{a}{2^{3/2}}\right)^2 + \left(\frac{\sqrt{2}\,r}{2}\right)^2 = \left(\frac{2\sqrt{2}\,r}{2\sqrt{2}}\right)^2 + \left(\frac{r}{\sqrt{2}}\right)^2 \qquad (\because \quad a = 2\sqrt{2}\,r)$$

$$= \left(1 + \frac{1}{2}\right) r^2 = \frac{3}{2} r^2$$

$$\mathrm{AO} = \sqrt{\frac{3}{2}}\, r$$

$\mathrm{AO} = r + r_{\mathrm{t}}$ の関係を使うと，

$$r + r_{\mathrm{t}} = \sqrt{\frac{3}{2}}\, r,\quad r_{\mathrm{t}} = \left(\sqrt{\frac{3}{2}} - 1\right) r = 0.225 r$$

この結果より面心立方構造に認められる八面体空隙には，主構成原子の約 41%，四面体空隙には約 23%の大きさの球が入り得る．

類似問題　剛体球を体心立方構造に充塡した場合を想定し，八面体空隙および四面体空隙に入り得る球の最大半径を求めよ．

ヒント：八面体空隙　$0.155\,r$，四面体空隙　$0.291\,r$.

問題 2.8

同じ大きさの球を密に詰めて充塡する場合，正方形に並べる方法と六方形に並べる方法がある．

（1）　2 次元的な並べ方におけるそれぞれの空隙率を算出せよ．

（2）　3 次元的な球の充塡率について述べよ．

解　2 次元において正方形に並べる方法では，それぞれの球は 4 つの球と接触している．一方，六方形の場合は 6 つの球と接触する(**図 1**)．最近接の配位数がそれぞれ 4 および 6 であることにも相当する．

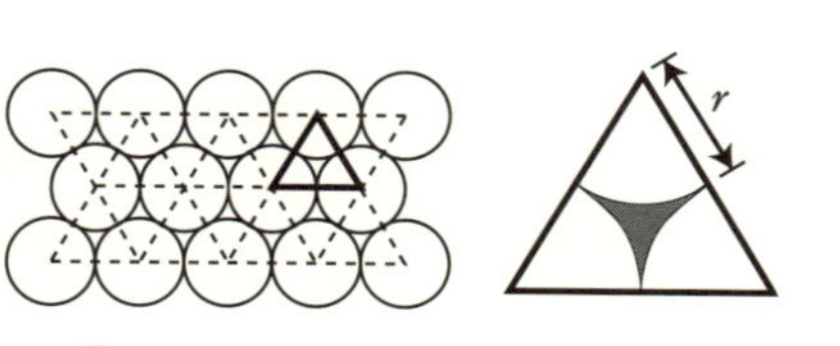

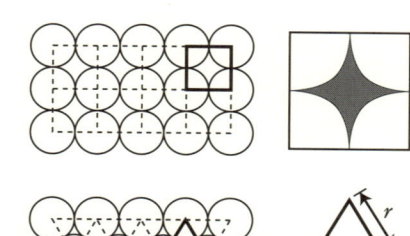

図 1　正方形および六方形による 2 次元の配列

（1）　球の半径を r とすれば正方形の面積は $2r \times 2r = 4r^2$ で表される．球の占める面積は πr^2 となる．したがって，空隙の面積の割合 A_{V} は以下のとおりである．

$$A_{\mathrm{V}} = \frac{4r^2 - \pi r^2}{4r^2} = 1 - \frac{\pi}{4} = 0.215$$

六方形の配列では，一辺 $2r$ の正三角形の面積が基準となる．この正三角形の高さは $\sqrt{3}\,r$ となるので正三角形の面積は $\sqrt{3}\,r^2$ で与えられる．球の占める面積は正三角形の内角の和は 180°，すなわち，球の半分に相当する

ので $\pi r^2/2$ で表される．したがって空隙の面積の割合 A_V は以下のとおりである．

$$A_V = \frac{\sqrt{3}r^2 - \dfrac{\pi r^2}{2}}{\sqrt{3}r^2} = 1 - \frac{\pi}{2\sqrt{3}} = 0.093$$

（2）（1）の結果より，同じ大きさの球を密に詰めて充填する場合，六方形を基本とする充填の方が高い充填率（稠密）となる．

問題 2.9

Fe は 1273 K 付近の温度では γ 相となり，面心立方構造（格子定数：0.3647 nm）をとることが知られている．重量比で 2.0％の炭素（C）を含む Fe-C 合金について，C が侵入型に固溶する場合ならびに置換型に固溶する場合について，それぞれの密度を算出して，実測値 7.65×10^6 g/m^3 と比較せよ．

解　付録 2 より，1 mol 当たりの Fe および C の原子量は，それぞれ 55.845 g および 12.011 g であるから，Fe および C の原子％は，以下のとおり算出できる．Fe については 98.0/55.845 = 1.7549 であり，C については，2.0/12.011 = 0.1665 である．したがって，1.7549＋0.1665＝1.9214 だから，それぞれの原子％は以下のとおりである．

Fe の原子％（1.7549/1.9214）×100 = 91.33 at％

C の原子％（0.1665/1.9214）×100 = 8.67 at％

密度は単位体積当たりの質量で定義できる物理量であり，面心立方構造では格子定数の 3 乗で与えられる単位格子体積当たり 4 個の原子が含まれることを考慮すれば，C が侵入型に入る場合の密度あるいは置換型の入る場合の密度は，以下のとおり求められる．

侵入型の場合の密度 =（Fe 原子の質量 ＋C 原子の質量）/単位体積

質量　$4\times\{55.845+(8.67/91.33)\times12.011\} = 227.94$　[g]

体積　$(0.3647)^3\times10^{-27}\times0.6022\times10^{24} = 29.21\times10^{-6}$　[m^3]

密度　$227.94/(29.21\times10^{-6}) = 7.80\times10^6$ [g/m^3]

置換型の場合の密度 =（質量/単位体積）

質量　$4\times(0.9133\times55.845+0.0867\times12.011) = 208.18$　[g]

体積　$(0.3647)^3\times10^{-27}\times0.6022\times10^{24} = 29.21\times10^{-6}$　[m^3]

密度　$208.18/(29.21\times10^{-6}) = 7.13\times10^6$ [g/m^3]

密度の実測値 7.65×10^6 g/m^3 との比較から，γ 相の Fe 中に C は侵入型に固溶していると判定できる．

類似問題

炭素（C）を重量比で 0.1％含む Fe-C 合金は，1773 K 付近の温度において体心立方構造（格子定数 0.2932 nm）を有する δ 相を示し，その密度は 7.36×10^6 g/m^3 である．

Cが侵入型に固溶する場合ならびに置換型に固溶する場合について，それぞれの密度を算出せよ．

問題 2.10

Cu と Ni 合金は，面心立方構造で置換型固溶体を形成することが知られている．重量比で 0.001%の Ni を含む Cu(格子定数が 0.3615 nm)において，Ni 原子同士は互いにどのくらいの距離離れているかについて算出せよ．

解 付録2より抽出したCu および Ni 1 mol 当たりの原子量(モル質量)は，それぞれ 63.55 g および 53.69 g である．これらの値を用いて，合金における Cu および Ni の原子%を求める．

Cu について，99.999/63.55 = 1.57355，一方 Ni について，0.001/58.69 = 0.000017．1.57355+0.000017 = 1.573567 である．したがって，それぞれの原子%は以下のとおりである．

Ni の原子% (0.000017/1.573567)×100 = 0.0011 at%

Cu の原子% 100 − 0.0011 = 99.9989 at%

この結果は，百万個の原子のうち，Cu 原子が 999,989 個，Ni 原子が 11 個であることを示している．もう少し簡略化して考えると十万個の Cu 原子の中に不純物としての Ni 原子が 1 個あることに相当する．

面心立方格子の単位格子には原子が 4 個入るので，例えば 100 個の原子があると 25 個の単位格子を形成する．Ni 原子がランダムに Cu 原子の位置を置き換えると考えれば，十万個の Cu 原子は 25,000 個の単位格子を形成し，Ni 原子はその単位格子の 1 個に含まれていることになる．言い換えると，Ni 原子は，$(25{,}000)^{1/3} = 29.24$ 単位格子分だけ離れている．したがって，わずかに含まれる Ni 間の距離は，29.24×0.3615 = 10.57 nm となる．この算出結果は，たとえ不純物の含有量が 0.001%であっても，それらの距離は比較的近いので，対象とする物性によってはその影響を無視できないことを示唆している．

参考：面心立方格子(fcc)の単位格子には原子が 4 個入るので，100 個の A 原子があると 25 個の単位格子を形成する．25 at%の B 原子を含む A–B 二元合金でも fcc 構造を示し，B 原子がランダムに A 原子の位置を置き換える場合，100 個の原子は 25 個の単位格子を形成し，その単位格子当たり 1 個の原子が B 原子に置き換わっていることになる．もし，B 原子がランダムに A 原子の位置を置換せず，特定の位置を占めるように配列する場合は，規則格子(超格子ともいう，super lattice or ordered lattice)を形成することになる．

類似問題 Re は，体心立方構造(格子定数が 0.3165 nm)を有する W 中に微量溶け込み，置換型固溶体を形成する．重量比で 0.001%の Re を含む W 中で，不純物の Re

原子同士はどのくらいの距離離れているか算出せよ．

問題 2.11

六方晶の面指数等の表示は，他の結晶形に用いるミラー指数表示と少し異なる方法が使われる．その要因および六方晶系に用いられる標示方法の要点(面および方向)について説明せよ．

解　六方格子の単位格子は 120° の夾角を持つ同一平面上の 2 本の等しいベクトル a_1 と a_2，およびそれらに垂直な第 3 の軸 c によって決められ，単位格子の軸にある格子点を，a_1，a_2 および c だけ繰り返し並進させることによって作られる(**図 1** 参照)．この六方格子の面の表示は，通常のミラー指数で行うことができる．しかし，結晶学的にまったく等価な側面を表してみると (100)，$(\bar{1}10)$ などとなり，数字の上からは等価でない印象の表現となる．この点を補うため，六方晶系については，ミラー–ブラベー(Miller–Bravais)指数(hexagonal index とも呼ぶ)を用いるので，その六方晶に特有な指数の要点を以下に述べる．

1. 図 1 のように座標軸は，底面上の 3 つの主軸と縦の中心軸との 4 本を用いる．
2. 4 つの座標軸 a_1, a_2, a_3, c について，ミラー指数と同じ操作で，面の方向を決める．
3. この結果，面指数は$(hkil)$で表されるが，常に $i = -(h+k)$ の関係になっている．

本来は不要である a_3 の座標軸を付け加えたので，このような結果になったが，この方法を用いれば，前述の等価な側面 (100) および $(\bar{1}10)$ は，それぞれ $(1\bar{1}00)$，$(10\bar{1}0)$ のようになり，惑わされる感じが薄くなる表現となる．

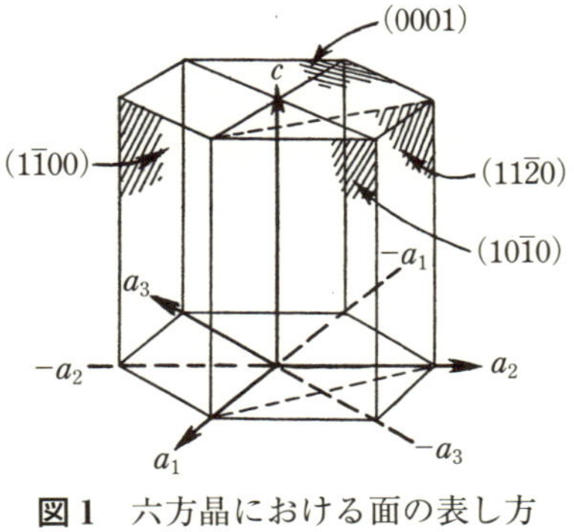

図 1　六方晶における面の表し方

$(hkil)$ の表現において，常に $i = -(h+k)$ の関係になっていることは，言い換えると，i は h と k によって決められることを意味する．したがって，i の代わりに点を打って$(hk{\cdot}l)$のような表現を用いることもある．しかし，この表現法は，同類の面に同類の指数を与えることができないなど，ミラー–ブラベー指数の利点を失うこともある．例えば，**図 2** の六角柱の側面はすべて同類で対照的に配列されている．そして，この相互関係について指数を省略しないミラー–ブラベー指数の表現法では，$(\bar{1}100)$，$(\bar{1}010)$，$(0\bar{1}10)$，$(1\bar{1}00)$ によって表すことができるが，省略した表現法では，$(10{\cdot}0)$，$(01{\cdot}0)$，$(\bar{1}1{\cdot}0)$，$(\bar{1}0{\cdot}0)$，$(0\bar{1}{\cdot}0)$，$(1\bar{1}{\cdot}0)$ のようになってしまうので，この相互関係を直接的に示すことができなくなる．

一方，ミラー-ブラベー指数による直線の方向の決め方は，やや複雑である．六方格子の方向は3本の基本ベクトル a_1，a_2，c によって特徴づけられる．図2に，いくつかの面および方向の指数を例示する．面と同様に，方向を表すためにも4つの文字による表現を使う場合がある．この場合は，それぞれ a_1，a_2，a_3，c に平行な4つの成分がベクトルで表され，第3の指数は，第1および第2の指数の和にマイナスを付けた値に相当する．すなわち，3本の軸で表す方向指数を $[UVW]$，4本の軸で表す方向指数を $[uvtw]$ とすると，両者の間には次の関係がある．

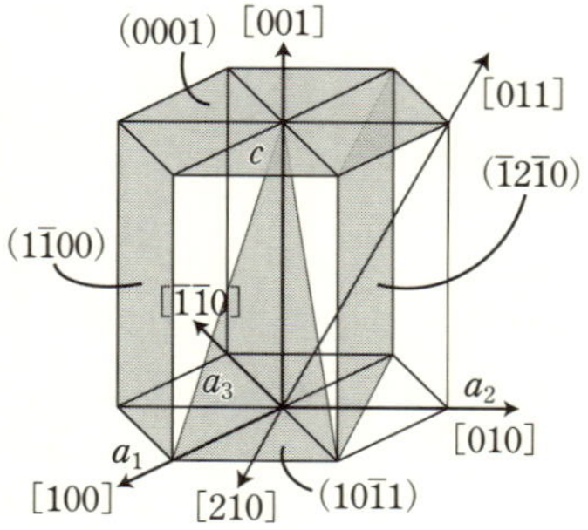

図2　六方晶における代表的な面

$$U = u - i \qquad u = (2U - V)/3$$
$$V = v - t \qquad v = (2V - U)/3$$
$$W = w \qquad t = -(u + v) = -(U + V)/3$$
$$w = W$$

したがって，[100] は $[2\bar{1}\bar{1}0]$，[210] は $[10\bar{1}0]$ などとなる．理解の一助として，簡単な場合として，**図3**のような底面上にある原点を通る直線の例を用いて説明すると以下のとおりである．

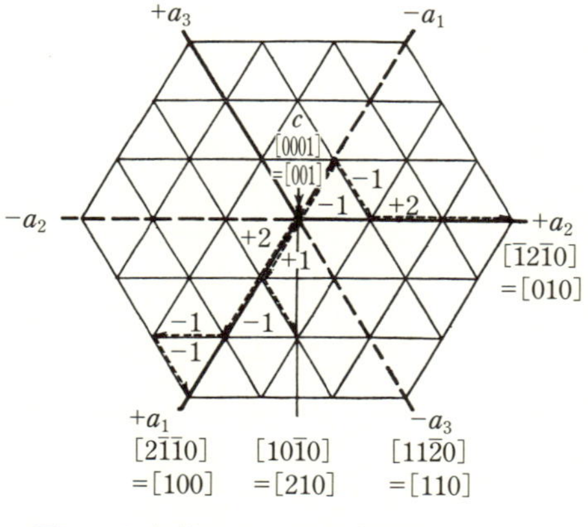

図3　六方晶における方向の表し方の例

一般に対象となる点の座標は，それぞれの座標軸に対しどの程度の距離を平行に移動したかについて与えられる．仮に原点から出発して，各座標軸に平行に何回か動いてその直線上の1点に到達すれば，その点の座標が得られるが，それぞれ a_1 軸と a_2 軸に対して移動した距離 x と y の和の負の数，すなわち $-(x+y)$ が a_3 軸に対して移動した距離に等しいようなまわり道を考える(図3参照)．その場合に，それぞれの座標軸に対して平行に移動した距離の比を用いて方向を表す．六方格子の方向に関する表現において，このようにやや複雑な手順をとるのは，等価の方向指数を，似た数字として表すための方策である．

問題 2.12

双晶(twin)について，面心立方構造を持つ金属などを例に説明せよ．

解　双晶(twin)は，金属，合金あるいは鉱物などの顕微鏡観察で，しばしば認められる互いに結晶方位(面)が対称関係を持つ２つの部分の呼称である(**図 1**)．図 1(a)において結晶粒 A および B の接合面は顕微鏡下で直線のように見えるが，より一般的には図 1(b)のように双晶帯(twin band)と呼ばれる B の部分によって，同じ結晶方向を持つ A_1 および A_2 が２つの部分に分けられており，A_1 あるいは A_2 と B は双晶関係にある．また，双晶では，双晶軸と呼ばれる軸について 180° の回転，あるいは双晶面と呼ばれる面について鏡映という２つの要素が認められる．面心立方構造を持つ金属が冷間加工された後，再結晶する温度領域で焼鈍された場合に認められる焼鈍双晶(annealing twin)あるいは体心立方構造を持つ金属を変形させた場合に認められる変形双晶(deformation twin)が代表的な例であり，双晶面 (111) は紙面に垂直である．このケースについて，双晶帯の原子配置等を含め構造要素を示す．

図 2 は $(1\bar{1}0)$ 面を示し，双晶軸 [111] はこの面上にある．また，図２の面上に位置する原子を白丸，すぐ上あるいは下の層に位置する原子を黒丸で示しており，双晶面 (111) について鏡映対称にある数個の原子対を点線で結んで例示した．

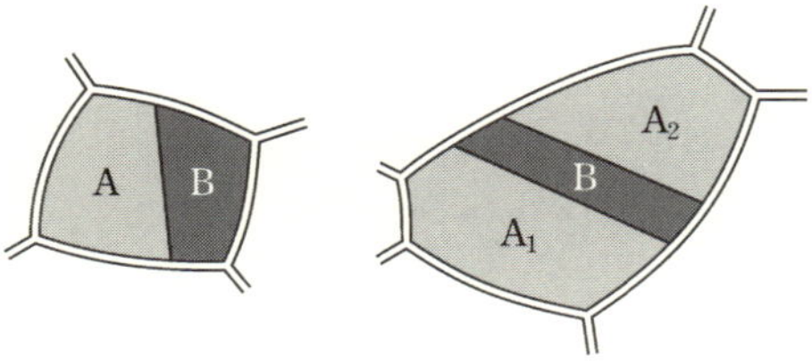

(**a**)　　(**b**)

図 1　焼鈍双晶の例(模式図)

焼鈍に伴う粒成長プロセスにおいて，結晶粒は (111) 面に平行な原子層が加わることで成長する一方で，格子上から原子が去った側の粒境界は移動することになる．成長する側の格子上では面心立方構造の場合，ABCABC……のように連続的積層が生じる．この積層順が変わり，CBACBA……のようになった場合，後者の積層部分は前者に対して双晶となる．この積層順が同じように変化して初期の積層順に戻った場合，成長後の結晶粒の関係は図 1(b)のようになる．原子の積層で表現すれば，以下のとおりとなり，真中の部分は双晶帯に相当する．なお，この双晶帯境界で生ずる原子の積層の変化を理解する一助として図２にも A，B および C の記号を付した．

ABCABC	BACBAC	ABCABC
母体結晶 A_1 →	← 双晶帯 B →	← 母体結晶 A_2

一方，六方稠密構造あるいは体心立方構造を持つ金属を加工して変形させた場合に，重なっている格子面が格子間隔の分数倍だけ順番に移動して，結果的にある面について鏡映対称を示す部分，すなわち双晶の形成がしばしば認められる．このような変形双晶に伴う原子の移動例を2次元的に示すと**図3**のとおりである．5つの結晶構造における双晶面は以下のようにまとめられる．

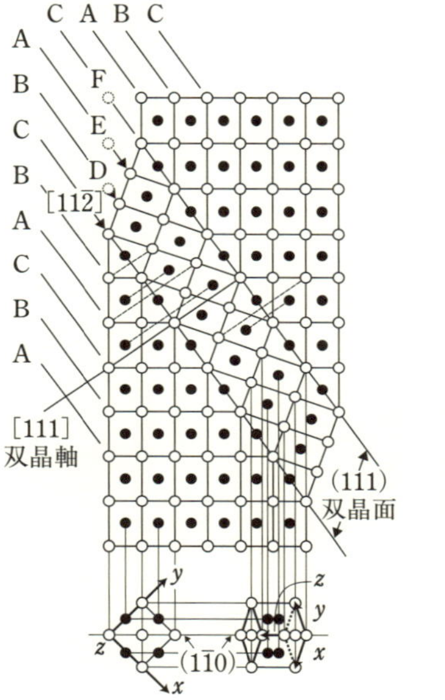

図2 fccの双晶帯の構造
（B. D. Cullity：Elements of X-ray Diffraction 2nd Edition, Addison-Wesley, Inc.（1978））

面心立方晶 {111}
六方稠密晶 {10$\bar{1}$2}
体心立方晶 {112}
三方晶 {001}
正方晶 {331}

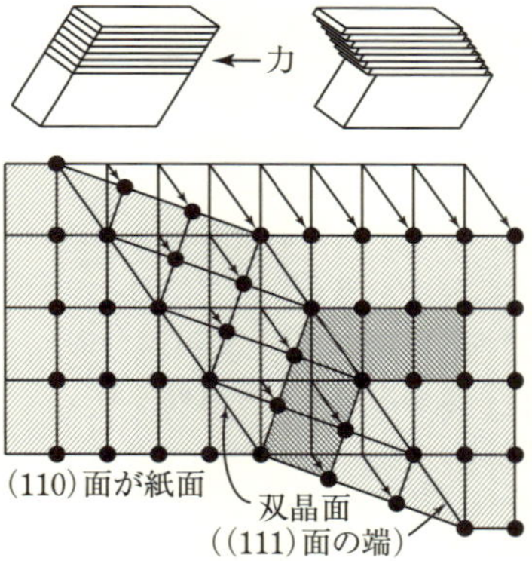

図3 双晶変形における原子移動の様子
（M. J. Sinnott：The Solid State for Engineers, John Wiley & Sons（1958））

問題 2.13

ケイ酸塩（SiO_2）において，Si_4^{4-} を中心に正四面体を形成しているとして，O-Si-Oの結合角を求めよ．

解 **図1**のように，一辺の長さを a とする立方体の頂点を結んで正四面体を作成した場合を考える．図中Oの位置は立方体および正四面体の中心であり，AおよびBは正四面体のコーナー，Pは正面体の一辺ABの中点を表す．一方，角度AOBが

O-Si-Oの結合角 θ に相当する．したがって三角形AOPには次の関係が成立する．

$$AP = \frac{AB}{2} = \frac{a\sqrt{2}}{2}$$

$$OP = \frac{a}{2}$$

$$\tan\frac{\theta}{2} = \frac{a\sqrt{2}/2}{a/2} = \sqrt{2}$$

$$\frac{\theta}{2} = 54.74 \text{ degree}$$

$$\theta = 109.48 \text{ degree}$$

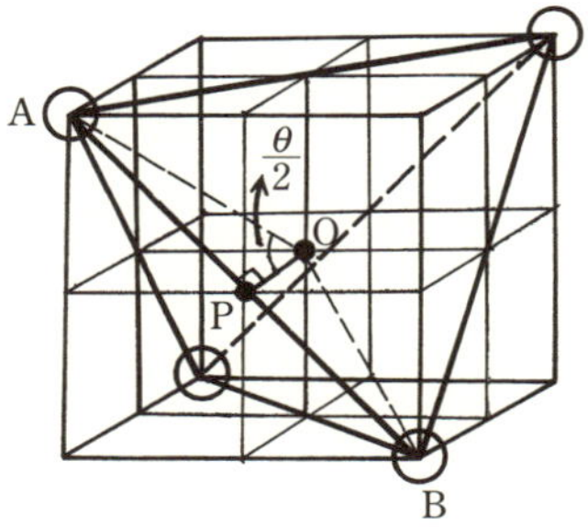

図 1 正四面体における幾何学

問題 2.14

ケイ酸塩（SiO_2）は，SiO_4^{4-} 四面体を基本として鎖状，層状あるいは網目状構造を形成することが知られている．その高温相である β-クリストバル石の構造は 583 K で**図 A** のように，Si がダイヤモンド構造を構成し，酸素が各 Si を四面体的に囲むように配置する．

（1） この β-クリストバル石の格子定数が 0.716 nm，酸素イオンの半径が 0.140 nm の場合，SiO_4^{4-}イオンの半径を求めよ．

（2） また，SiO_4^{4-} 四面体の結合角が 109.48° で，Si^{4+} および O^{2-}イオンが互いに接している場合の半径比を求めよ．

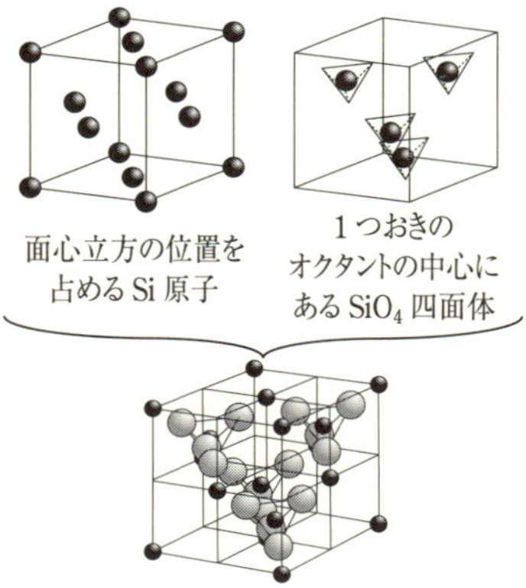

図 A β-クリストバル石の構造

解 （1） Si-Si 間の距離を R とすれば，(000) と $\left(\frac{1}{4}\frac{1}{4}\frac{1}{4}\right)$ の間の距離に相当するので，幾何学的条件より

$$(R)^2 = \left(\frac{1}{4}a\right)^2+\left(\frac{1}{4}a\right)^2+\left(\frac{1}{4}a\right)^2 = 3\left(\frac{a}{4}\right)^2$$

O^{2-} イオンは 2 つの Si^{4+} イオンと結合し，R の距離を保っているので，次式が成立する．

$$R = 2r_{Si}+2r_{O} = \left[3\left(\frac{0.716}{4}\right)^2\right]^{\frac{1}{2}}$$

$$= 0.310$$

$$2r_{Si} = 0.310-2\times(0.140)$$

$$2r_{\mathrm{Si}} = 0.03,\ r_{\mathrm{Si}} = 0.015\ \mathrm{nm} \qquad (\text{参考：}\mathrm{Si}^{4+} = 0.041\ \mathrm{nm})$$

（2） 各四面体の結合角は109.48°(問題2.13参照)，四面体の稜の長さは $2r_{\mathrm{O}}$ だから次式が成立する(**図1**参照)．

$$\sin\left(\frac{109.48}{2}\right) = \frac{r_{\mathrm{O}}}{r_{\mathrm{O}}+r_{\mathrm{Si}}} = 0.816$$

$$r_{\mathrm{O}} = 0.816(r_{\mathrm{O}}+r_{\mathrm{Si}}) = \frac{0.816}{(1-0.816)}r_{\mathrm{Si}}$$

$$\frac{r_{\mathrm{Si}}}{r_{\mathrm{O}}} = \frac{1-0.816}{0.816} = 0.225$$

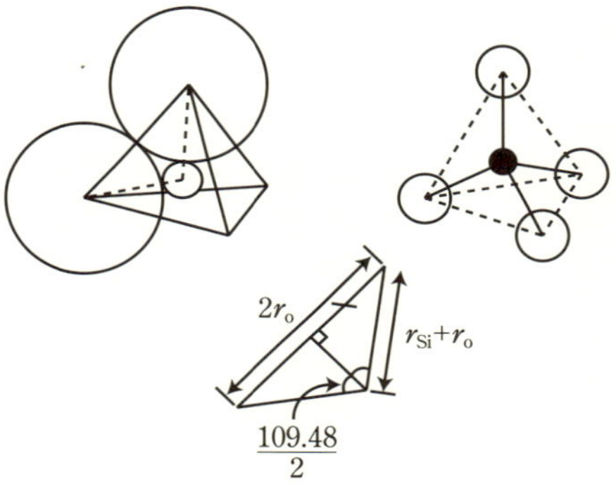

図1 SiO_4^{4-} 四面体における幾何学的関係

問題2.15

イオン結晶では，一般に大きなサイズの陰イオンがつくる空隙を小さなサイズの陽イオンが埋めるような配列を基本とする．このことから陰イオンの半径を r_a および陽イオンの半径を r_c とすれば，r_c/r_a の比が特定の値を持つ場合に，陽イオン周囲の陰イオンの配位数が，**図A**のように3，4，6および8となることが知られている．この場合の r_c/r_a の値を求めよ．

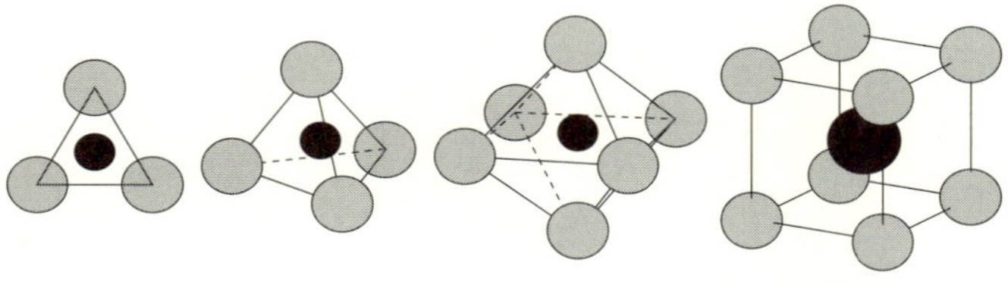

図A 4種類の配位における基本的特徴

解　(1)　3配位の場合，陽イオンは**図1**のように陰イオン ABC が構成する正三角形の重心の位置を占めることに相当する．一辺 $2r_a$ の正三角形の高さは $\sqrt{3}r_a$ であり，重心は $\frac{2}{3}$ の位置にあるので，$\frac{2}{3}\times\sqrt{3}r_a$ の距離がちょうど r_a+r_c に相当する．

$$r_a+r_c=\frac{2\sqrt{3}}{3}\times r_a \quad\Rightarrow\quad r_c=\left(\frac{2\sqrt{3}}{3}-1\right)r_a$$

$$\frac{r_c}{r_a}=\frac{2\sqrt{3}}{3}-1=0.155$$

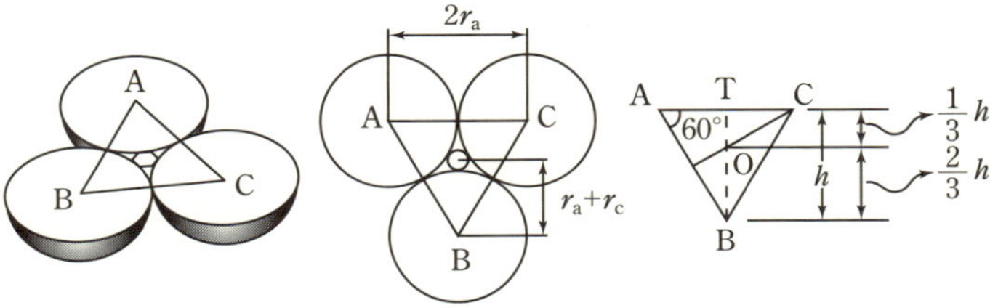

図1　3配位における幾何学的関係

(2)　4配位の場合，陽イオンは，**図2**のように陰イオンが構成する正四面体の中心にできる空隙を占めることに相当する．一辺 $2r_a$ の正四面体において，空隙の存在する面の △ABC を考えると AB = BC = $\sqrt{3}r_a$ で，二等辺三角形の関係がわかる．△ABM を考えると AM = r_a，AB = $\sqrt{3}r_a$ なので BM = $\sqrt{2}r_a$ となる．空隙の中心を O とすれば，AO の距離がちょうど r_a+r_c に相当する．一方，空隙の中心 O は正四面体の中心でもあるから，O は BM の中点である．したがって OM = $\frac{1}{2}$BM = $\frac{\sqrt{2}}{2}r_a$ となる．ここで △AOM を考えると，次式の関係が成立する．

$$(\mathrm{AO})^2=(r_a+r_c)^2=(\mathrm{OM})^2+\left(\frac{1}{2}\mathrm{AM}\right)^2=\left(\frac{\sqrt{2}}{2}r_a\right)^2+(r_a)^2=\left(\sqrt{\frac{3}{2}}r_a\right)^2$$

$$r_a+r_c=\sqrt{\frac{3}{2}}r_a \quad\Rightarrow\quad r_c=\left(\sqrt{\frac{3}{2}}-1\right)r_a$$

$$\frac{r_c}{r_a}=\sqrt{\frac{3}{2}}-1=0.225$$

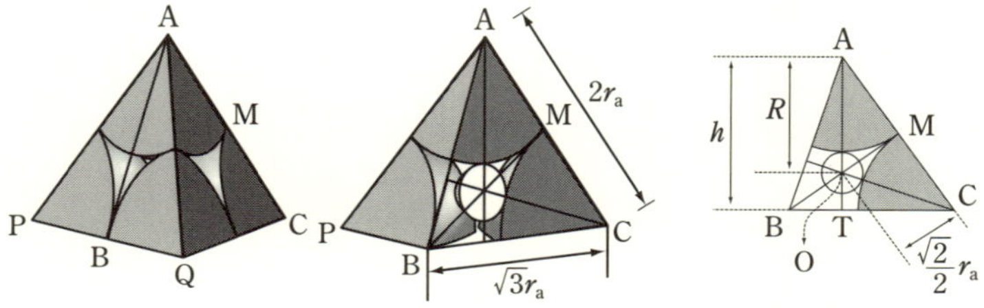

図2　4配位における幾何学的関係

（3）　6配位の場合，陽イオンは**図3**のように陰イオンが構成する八面体の中心にできる空隙を占めることに相当する．八面体のABCD部分の断面図の対角線ACあるいはBDの距離が，ちょうど(r_a+r_c)の2倍に相当する．また，断面図の一辺は$2r_a$である．したがって，

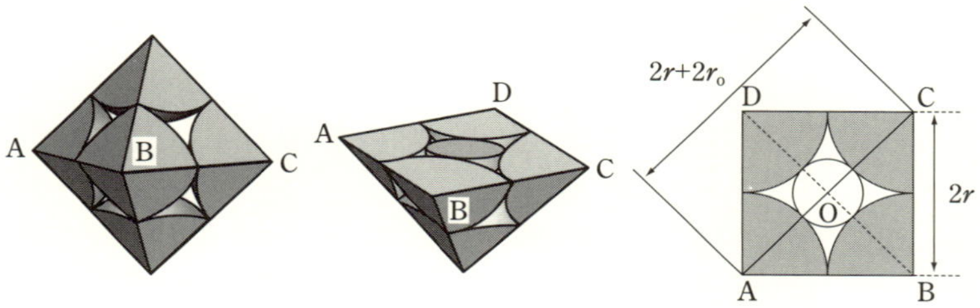

図3　6配位における幾何学的関係

$$2(r_a+r_c) = 2\sqrt{2}\,r_a \quad \Rightarrow \quad r_c = (\sqrt{2}-1)\,r_a$$

$$\frac{r_c}{r_a} = (\sqrt{2}-1) = 0.414$$

（4）　8配位の場合は，陽イオンと陰イオンが構成する多面体の空隙を占める状態としては表現できない．ただし，r_c/r_a比が適切な値になれば，体心型の単位格子のように陽イオンの周囲に8個の陰イオンが配位した構造が成立する．このような状態は**図4**のように一辺$2r_a$の立方体において体心位置を通る断面の対角線がちょうど(r_a+r_c)の2倍に相当する．この断面の各辺は$2r_a$および$2\sqrt{2}\,r_a$である．したがって，

$$2(r_a+r_c) = \sqrt{3}\times(2r_a)$$

$$r_a+r_c = \sqrt{3}\,r_a \quad \Rightarrow \quad r_c = (\sqrt{3}-1)\,r_a$$

$$\frac{r_c}{r_a} = \sqrt{3}-1 = 0.732$$

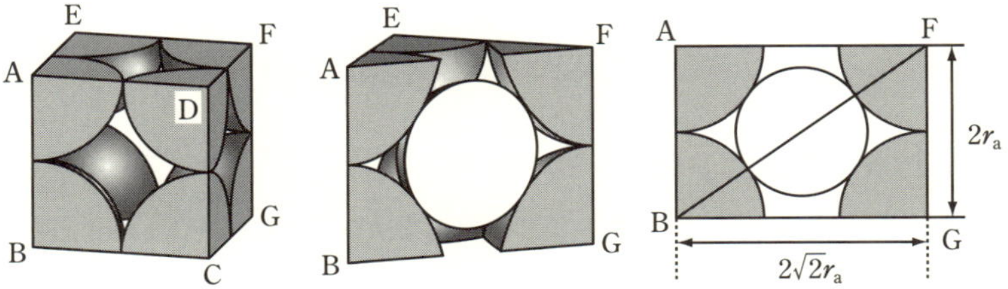

図 4　8 配位における幾何学的関係

参考：$(BF)^2 = (BG)^2 + (FG)^2$

$$[2(r_c + r_a)]^2 = (2\sqrt{2}r_a)^2 + (2r_a)^2 = (12r_a)^2 = (2\sqrt{3}r_a)^2$$

問題 2.16

塩化セシウム(CsCl)結晶は，密度が 3.97×10^6 g/m^3 で立方晶系の構造を持ち，Cl^-イオンが各コーナーを，Cs^+イオンは単位格子の真中を占める．

（1）　Cs^+イオンおよび Cl^-イオンのイオン半径を，それぞれ 0.169 nm および 0.181 nm とした場合について，格子定数 a を求め，密度から算出できる値と比較せよ．

（2）　アルカリハライドで CsCl 型の構造を持つ物質の正負イオンの大きさにはしきい値があり，正イオンの大きさは，最近接距離に配置した負イオン 8 個が直接接触しない程度であることが求められる．それぞれの半径を r^+ および r^- で表した場合，r^+/r^- の最小値を求めよ．

解　（1）　Cs^+ イオンを黒丸，Cl^- イオンを白丸で表すと CsCl 結晶の単位格子は，**図 1** のように与えられる．格子定数を a とすれば AB = a，AC = $\sqrt{3}a$ であり，AC は，Cs^+ イオンと Cl^- イオンが図 1(右)の関係で接していると考えられる．

すなわち，体心を通る対角線に対応する AC は，$(2r^+ + 2r^-)$ に相当する．したがって，

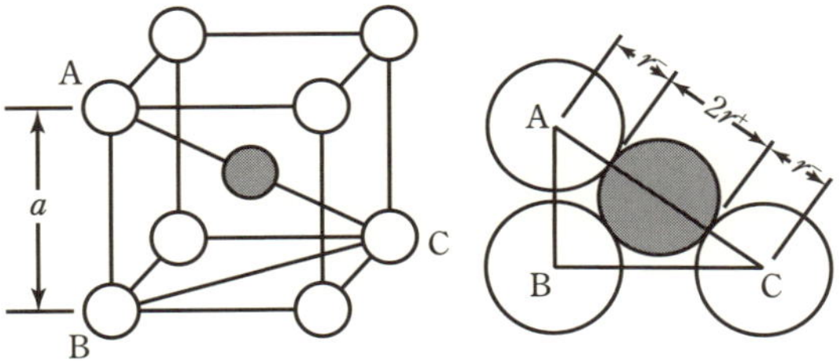

図 1　CsCl 型構造の幾何学的特徴

$$2(r^{+}+2r^{-}) = 2(0.169+0.181) = \sqrt{3}\,a$$

$$a = \frac{2(0.169+0.181)}{\sqrt{3}} = 0.404 \ \ [\mathrm{nm}]$$

単位格子に所属する Cs^{+}イオンは1個，Cl^{-}イオンは $8\times\frac{1}{8} = 1$ 個である．したがって，単位格子の質量 m は，以下のとおり表すことができる．CsCl 1 mol 当たりの分子量は，付録2に与えられている Cs および Cl の原子量の値より，132.90＋35.45 = 168.35 g である．

$$m = \frac{168.35}{0.6022\times10^{24}}$$

$$= 2.796\times10^{-22} \ \ [\mathrm{g}]$$

密度 ρ とすれば単位格子の体積 a^3 との間に次式が成立する．

$$a^3 = \frac{m}{\rho} = \frac{2.796\times10^{-22}}{3.97\times10^{6}}$$

$$= 0.0704\times10^{-27} \ \ [\mathrm{m}^3]$$

$$a = \sqrt[3]{0.0704\times10^{-27}}$$

$$= 0.413\times10^{-9} \ \ [\mathrm{m}] = 0.413 \ \ [\mathrm{nm}]$$

イオン半径から算出した格子定数 $a = 0.404$ nm に比べて2%程度大きな値が得られた．ただし，Cs^{+}イオンおよび Cl^{-}イオンのイオン半径の値は，通常種々のイオン性結晶から得られる平均値を採用しているので，CsCl 結晶の格子定数としては，実測密度から求めた値が実状に近いと考えられる．事実，X 線回折で決定された CsCl 結晶の格子定数は，$a = 0.4123$ nm である．

（2） 図1を参考にすれば，次の関係を得る．

$$\mathrm{AC} = 2(r^{+}+r^{-}) = a\sqrt{3}$$

$$\mathrm{AB} = 2r^{-} = a$$

両者を組み合わせると，次の関係が認められ，問題2.15の8配位の場合と同じ値を得る．

$$\frac{\mathrm{AC}}{\mathrm{AB}} = \frac{r^{+}+r^{-}}{r^{-}} = \sqrt{3}$$

$$\frac{r^{+}}{r^{-}} = \sqrt{3}-1 = 0.732$$

この関係より，もし陽イオンと陰イオン半径の比が0.732より小さい場合，陰イオンは直接接触することになり，強い斥力が働くのでイオン結晶は不安定になる．

類似問題　フッ化ナトリウム(NaF)結晶は，密度が2.78×10^6 g/m^{3}で立方晶系構造を持ち，Na^+イオンが単位格子のコーナーおよび面の中心の位置を，F^-イオンが立方体の中心および稜の中心を占めている(NaCl型構造)．

（1）Na^+イオンおよびF^-イオン半径をそれぞれ0.095 nmおよび0.136 nmとした場合の格子定数aを求め，密度から算出できる値と比較せよ．

（2）NaCl型構造を持つイオン結晶における正負イオン半径の比r^+/r^-について説明せよ．

問題 2.17

水(H_2O)は，1気圧の下で273 K(0℃)以下に冷やされると氷となり結晶化する．この場合六方晶格子を示し，格子定数は$a=0.453$ nm，$c=0.741$ nmという値が得られている．1気圧273 Kにおける氷の密度は0.917×10^6 g/m^{3}である．氷の結晶の単位格子に水分子(H_2O)は何個含まれるか求めよ．

解　六方晶では，a_1およびa_2軸のなす角が60°であることを考慮すれば，単位格子の体積Vは以下のように求められる(付録5参照)．

$$V = a^2\sin 60^\circ\times c$$
$$= (0.453)^2\times(0.866)\times(0.741)$$
$$= 0.132\times10^{-27}\ [\mathrm{m^3}]$$

単位格子の質量をm，密度をρ，アボガドロ数をN_Aとすれば，

$$m = \rho N_A V = 0.917\times10^6\times0.6022\times10^{24}\times0.132\times10^{-27} = 72.9$$

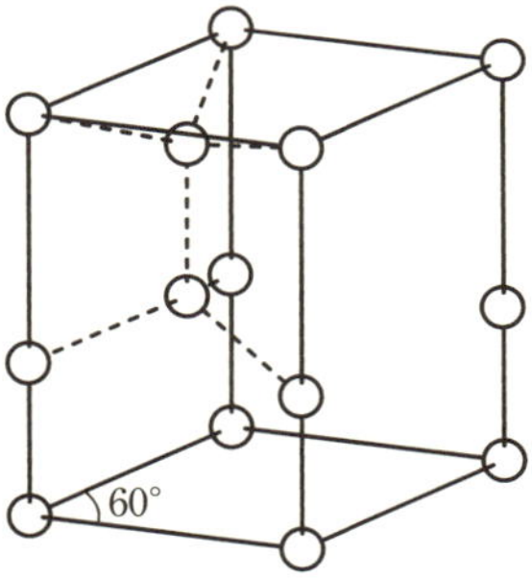

図1　氷における水分子の配置

付録2の原子量の値を用いれば，1 mol当たりの水の分子量は，$1.008\times2+15.999 = 18.015$ gである．したがって，上記のmを水の分子量に換算すると4.05となる．すなわち氷の結晶の単位格子中には4個の水分子を含むと考えられる．その結果，六方晶の氷では，**図1**に示すように，それぞれの酸素が4つの酸素を配位する．

参考：72.9/18.015=4.05のように整数の4とならないことは，格子定数および密度の測定値に含まれる誤差に起因する．さらに，水は六方晶格子のみでなく温度と圧力に依存して，菱面体，正方晶格子など多様な構造を示す．

類似問題　Niの結晶は面心立方構造を持ち，その格子定数は$a=0.3524$ nmである．単位格子に含まれる原子数について検討せよ．

類似問題　ホタル石の成分であるフッ化カルシウム(CaF_2)結晶は閃亜鉛鉱(ZnS)構造を持ち，その格子定数は0.5463 nmで，密度は3.181×10^6 g/m^{3}である．単位格子に含まれるCaF_2分子の数を求めよ．

ヒント：CaF_2結晶の構造は，Ca^{2+}イオンは単位格子のコーナーおよび面心の位置を占め，F^-イオンはCa^{2+}イオンの構成する四面体の中に入る．言い換えるとF^-イオンは4個のCa^{2+}イオンに囲まれ，Ca^{2+}イオンは8個のF^-イオンに囲まれている．

問題 2.18

天然に産出する灰チタン石($CaTiO_3$)に代表されるABX_3の組成式を有する多くの化合物は，立方単位格子の中心をA原子，コーナーをB原子，稜の中心をX原子が占めるペロブスカイト(perovskite)構造を構成する．また，ペロブスカイト構造を導く方法は，複数あることが知られている．この点について単位格子の相互関係を含め説明せよ．さらに以下の問いに答えよ．

（1）　チタン酸バリウム($BaTiO_3$)において，立方単位格子の中心をチタン，コーナーをバリウム，面の中心を酸素が占める場合，チタンがBa-O格子の空隙を占めるとすれば，それはどのような多面体空隙で，かつ単位格子内にどのような比率で存在するか．

（2）　何故チタンがその位置にある空隙を占める傾向を示すかについて説明せよ．

解　ペロブスカイト構造はAタイプとBタイプの2つの単位格子によって表される．MoF_3，ReO_3などの物質が示す，いわゆるReO_3構造は，Mo原子が単位格子のコーナーを，すべての稜の中心をF原子が占める．ペロブスカイト構造のAタイプの単位格子は，ReO_3型に配置したBおよびXで構成する立方単位格子の中心にAを加えることで誘導される．あるいはCsCl型に配置したBおよびXで構成する立方単位格子の稜の中心にXを加えることで誘導される．これらの相関を**図1**に示す．

金属間化合物のCu_3Au，Cu_3Ptなどが示す，いわゆるCu_3Au構造は，面心立方格子のすべてのコーナーをAu原子が，すべての面心位置をCu原子が占める．ペロブスカイト構造のBタイプの単位格子は，Cu_3Au型に配置したAおよびXで構成する立方単位格子の中心にBを加えることで誘導される．この相関を**図2**に示す．
AタイプおよびBタイプの相互関係は，**図3**に示すように層に分けて記述すると容易に理解できる．

図1および図2が示すとおり，AおよびXが最密充填し，そこに生じる空隙にBが入る形なので，AおよびXの大きさが等しく，Bは小さいことが望ましい．

（1）　チタン酸バリウム($BaTiO_3$)の構造については，図2のBタイプの単位格子を参考にすると理解が容易である．Aに相当するBa^{2+}イオンが(000)，Bに相当する

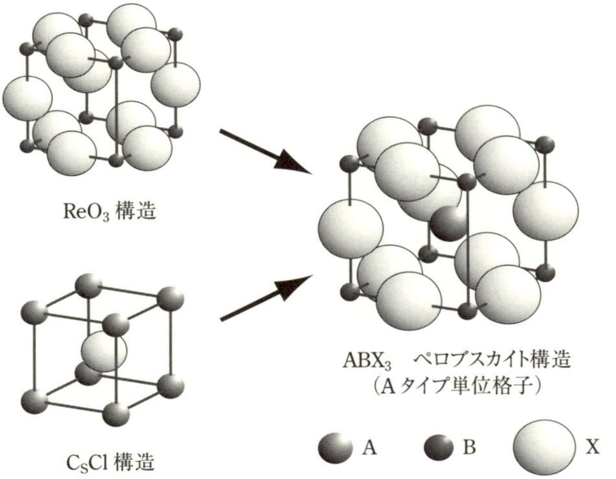

図 1　ペロブスカイト構造（A タイプ単位格子）

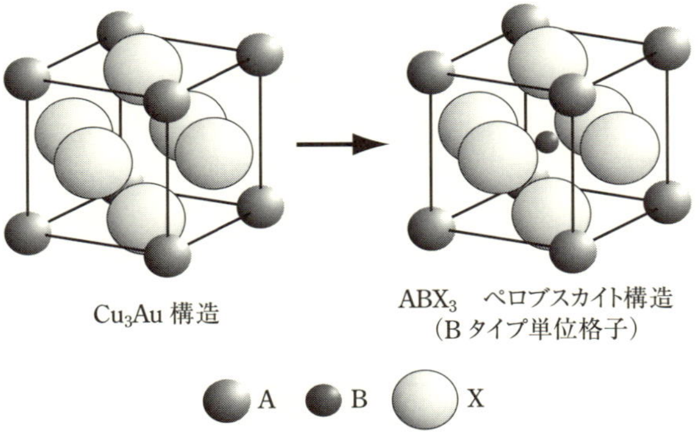

図 2　ペロブスカイト構造（B タイプ単位格子）

Ti^{4+} イオンが $\left(\frac{1}{2}\frac{1}{2}\frac{1}{2}\right)$ を占め，X に相当する酸素（O）3 個が $\left(0\frac{1}{2}\frac{1}{2}\right)$，$\left(\frac{1}{2}0\frac{1}{2}\right)$ および $\left(\frac{1}{2}\frac{1}{2}0\right)$ を占める．ここでは，B を 6 個の X が囲んでいる．ちなみに，12 個の X が A を囲んでいる．したがって，Ti^{4+} イオンは酸素イオン 6 個が構成する八面体の中心位置を占める．A および X で構成する面心立方型の単位格子の中に八面体空隙は 4 個ある（問題 2.7 参照）ので，そのうちの 1 個（25%）を Ti^{4+} イオンが占める割合である．

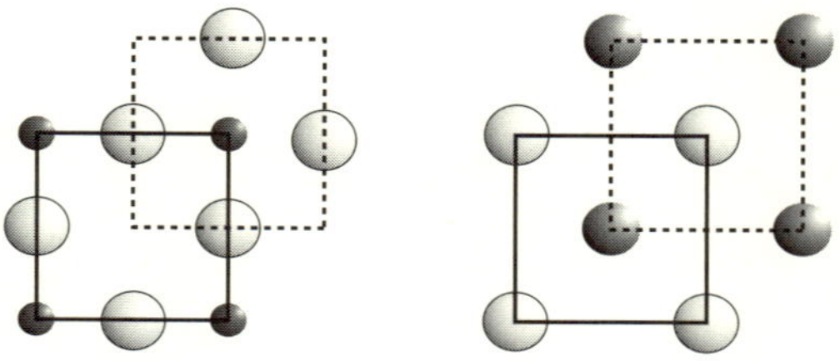

図3 ペロブスカイト構造における層の順序

（2） 単位格子の中で酸素6個に囲まれる八面体空隙以外に存在する八面体空隙は単位格子の稜の中心に相当する位置であり，Ba^{2+}イオン2個と酸素イオン4個に囲まれることになる．Ba^{2+}およびTi^{4+}という2種類の正イオンが近づくことは構造を不安定にするので，Ti^{4+}イオンは酸素6個で囲まれた八面体空隙の方に優先的に入ると考えられる．Ba^{2+}イオンおよびO^{2-}イオンの半径は，それぞれ0.135 nmおよび0.140 nmであり，チタン酸バリウムは，理想的なペロブスカイト構造から若干のずれを示す．この格子歪みに起因する双極子によって，これらの化合物が示す強誘電特性が生まれている．

問題 2.19

投影面を赤道にとって，八面体結晶のステレオ投影を行う手順について説明せよ．

解 投影面を赤道面にすると，赤道面がそのままステレオ投影の基円となる．光源をS極に置いた場合の関係を**図1**に，赤道面への投影結果を**図2**に示す．

上記の場合，上半分の北半球上にある極点のステレオ投影は，対象となる極点と南極Sとを結んで投影面との交点を求めることで得られる．逆に下半分の南半球上にある極点のステレオ投影は，対象となる極点と北極Nとを結んで投影面との交点を求めればよい．なお，どちらの半球上にある点かを示すには，通常極点に⊕⊖，●○などの記号をつけて区別する．

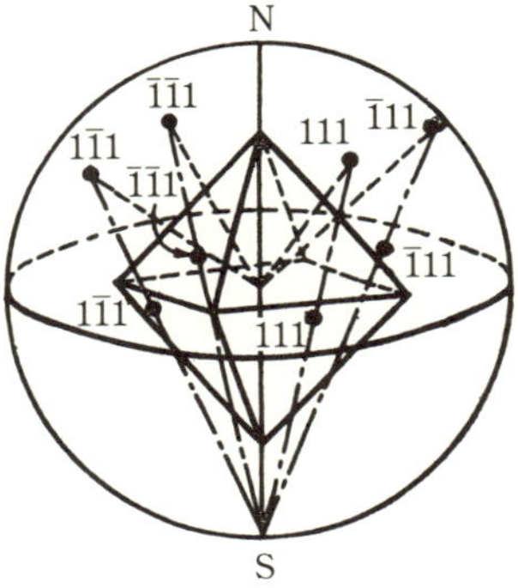

図 1　八面体のステレオ投影の手順

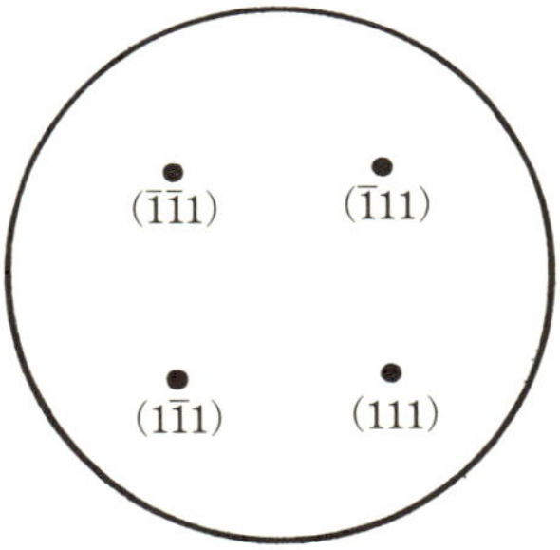

図 2　赤道面への投影結果

問題 2.20

極ネット(polar net)とウルフネット(Wulff net)について説明せよ．
また，極 P_1 を投影面上の任意の軸 Q_1 の周りで 40° 回転する操作について説明せよ．

解　(1)　極ネットとは，投影球面上に 2°(あるいは 1°)おきにとったすべての子午大円(mericlian circle)ならびに等緯度小円(lctitude circle)を赤道面上に投影して得られる網目の図形(**図 1** 参照)のことである．極ネットは，例えば**図 2** のように与えられた座標(γ, ϕ)を持つ投影球面上の点に関する赤道面上への投影点を求める場合に利用される．

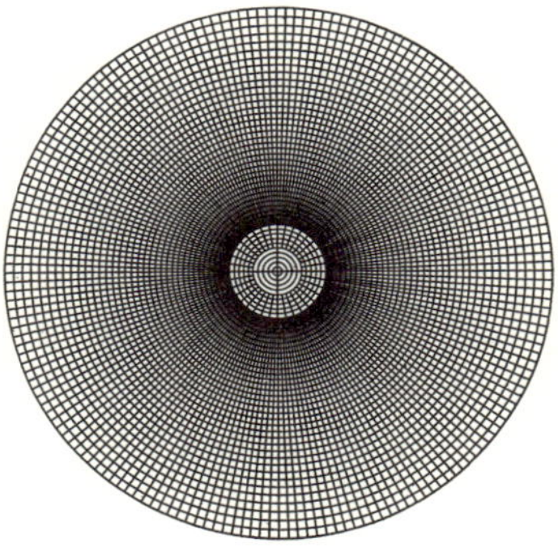

図 1　極ネット

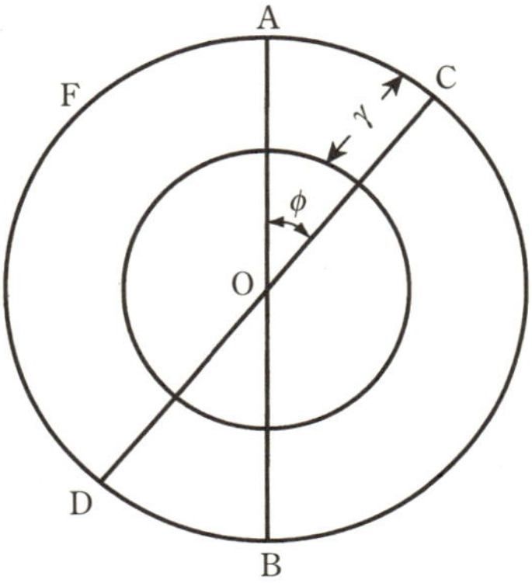

図 2　極ネットの利用例

（2）　ウルフネットとは，投影球面上に2°(あるいは1°)おきにとった子午大円上に投影して得られる網目の図形のことである．ウルフネット(**図3**参照)は，例えば**図4**に示すように格子面AおよびBの間の角度を知りたい場合に利用される．

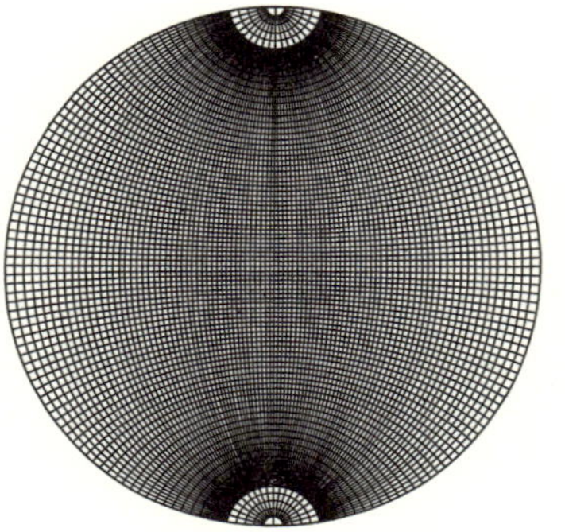

図3　ウルフネット

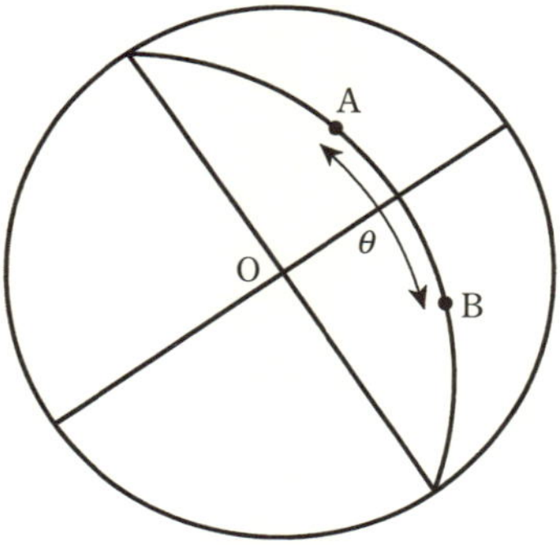

図4　ウルフネットの利用例

投影面に垂直な軸の周りに40°回転(図2.11のNS軸周りに投影を回転させる場合に相当)するには，ステレオ投影と極ネットを重ね，中心軸の周りに投影を必要な角度(40°)回転すればよい．これに対して，極P_1を投影面上の任意の軸Q_1の周りで40°回転(図2.11の円ADBE上の任意の軸周りで40°回転)するには，ウルフネットを利用して以下の手順を踏む．ウルフネットの南北軸が回転軸Q_1と一致するように回転させる．その結果，**図5**のようにQ_1はQ_2に，P_1はP_2に移る．次に，極P_2をウルフネットの緯線に沿って40°だけ動かすと，P_2はP_3に移る．さらに，はじめの操作と同じ角度だけ投影を逆回転させて軸Q_3をQ_1に戻す．その結果，P_3はP_4となる．

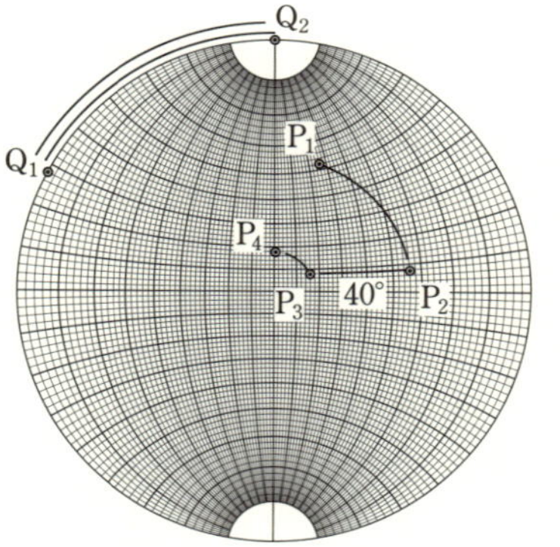

図5　極P_1を投影面上の任意の軸Q_1の周りで40°回転する操作の例

問題2.21

ウルフネットを使用して，地球の中心から見た仙台(北緯38°，東経141°)と米国のロスアンジェルス(北緯33°，西経120°)間の角度を求めよ．

解　ウルフネットのコピーにトレーシングペーパーをあて，**図 1** のように中心を画鋲で固定する．ついで仙台(●)およびロスアンジェルス(×)の位置をマークする．

次に，マークした 2 つの点がウルフネットの経線(大円)上にのるようになるまでトレーシングペーパーを回転させる．

右図では①から②の位置までトレーシングペーパーを回転させると，マークした 2 つの点，●と×が大円上に重なる．

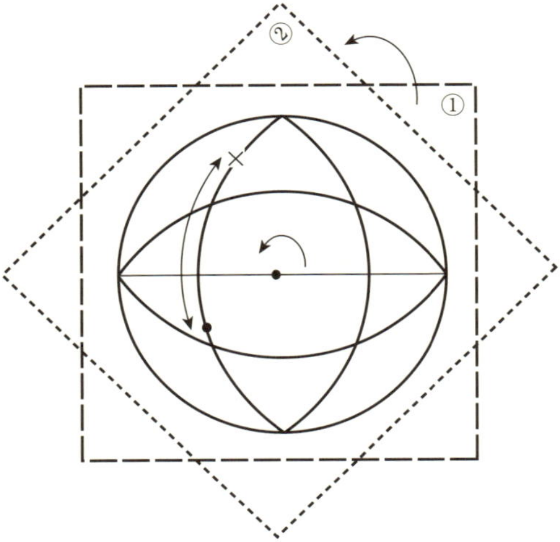

図 1　ウルフネットを利用して 2 つの位置の角度を求める方法

この場合の角度をウルフネットの目盛から読み取ると 76° である．

注意：直径 90 mm のウルフネットを用いた場合，1～2 度の誤差を含む値となる．

類似問題　ウルフネットを使用して地球の中心から見た仙台(北緯 38°，東経 141°)と米国サンフランシスコ(北緯 38°，西経 120°)間の角度を求めよ．

類似問題　ウルフネットを使用して東京(北緯 35°，東経 140°)と米国シアトル(北緯 47°，西経 123°)までの距離を，地球の半径を 6000 km として求めよ．

問題 2.22

立方晶の標準ステレオ投影図において，基円の中心に(111)の極点をもってきた場合，ほかの {111} の極点，{100} の極点，{110} の極点を求めよ．

解　結果を**図 1** にまとめて示す．また，立方晶についても，方位と面法線とを同じ方向で表すことができるので，各晶帯に対して 90° の位置にある極の指数は，その晶帯軸を表す．

結晶を投影球の中心において，各面はその法線と参照球との交わる点をその面のミラー指数で表す．また結晶系によらず晶帯に属する面(hkl)で，1 つの晶帯軸 [uvw] との間にはワイスの晶帯則($hu+kv+lw=0$)が成立するので，1 つの晶帯軸に属する ($h_1+k_1+l_1$) および ($h_2+k_2+l_2$) の 2 つの面について，次式の関係がある．

$$h_1u+k_1v+l_1w=0,\quad h_2u+k_2v+l_2w=0$$

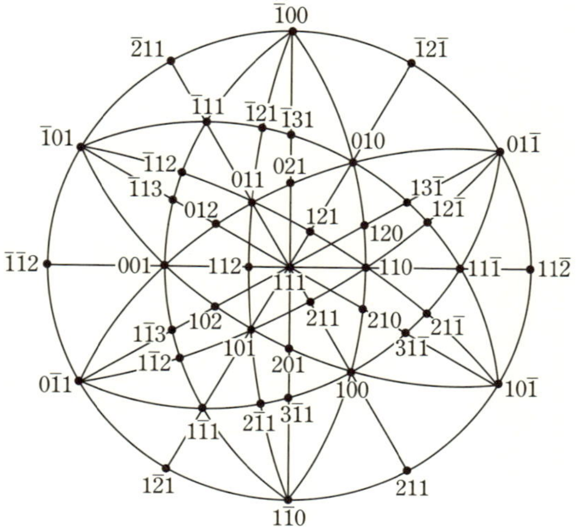

図1　(111)を極点とする立方晶の標準ステレオ投影図

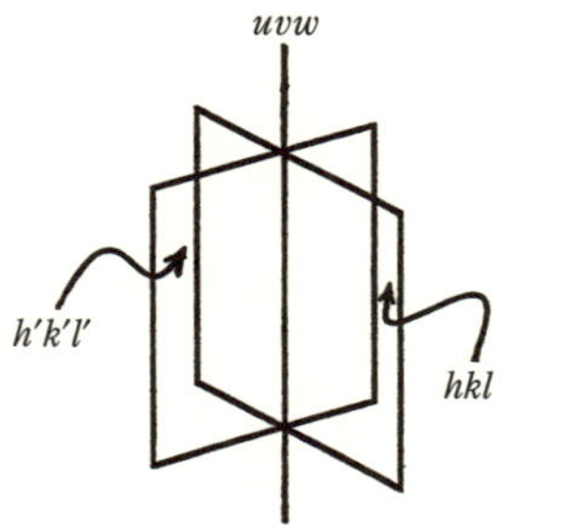

図2　2つの面の交線：晶帯軸

言い換えると，特定の晶帯軸 [*uvw*] で表せる晶帯に，$(h_1k_1l_1)$ および $(h_2k_2l_2)$ の2つの面が属するなら，任意の整数 $p \cdot q$ を用いて $p(h_1k_1l_1)+q(h_2k_2l_2)$ で表される面も同じ晶帯に属する．具体的には，(100)および(011)の面を含む晶帯には $p=1$, $q=2$ とおいた(133)面が属する．

参考：図2 のように互いに平行でない2つの面 (*hkl*) と (*h′k′l′*) が交わり，その結果生ずる共有する直線の方向が [*uvw*] で与えられる場合，この方向を晶帯軸 [*uvw*] という．また，単位格子を定義するベクトル ***abc*** に対して，***uvw*** は次式の関係を有する．

$$\begin{pmatrix} u \\ v \\ w \end{pmatrix} = \begin{pmatrix} kl'-lk' \\ lh'-hl' \\ hk'-kh' \end{pmatrix} \cdot \left(ua+vb+wc = \begin{vmatrix} a\,b\,c \\ h\,k\,l \\ h'k'l' \end{vmatrix} \right)$$

第3章

原子および結晶による散乱・回折

X線は，横波で進行方向と垂直に電場が一定の周期で振動する電磁波である．電子のような荷電粒子は，X線が有する電場によって同じ周期で振動させられる．その結果，荷電粒子は加速と減速が周期的に繰り返され，新たな電磁波，すなわちX線を発生する．この意味で，X線は電子によって散乱される(この現象はしばしばトムソン散乱と呼ばれる)．一方，原子が周期的に配列した結晶にX線を入射すると，単なる散乱のみでなく「回折」という物理現象を生ずる．この回折現象を通して，原子の並び方の情報を得ることができる．X線の回折強度は，原子の配列のみでなく，配列する原子の種類によっても異なる．この点を考える場合に必須の情報の1つが，原子1個の散乱能の尺度に相当するX線の「原子散乱因子」である．原子を構成する原子核は，X線光子に比べ相対的に十分重いのでX線を散乱しない．したがって，原子1個当たりのX線散乱能はその原子を構成する電子だけで決まり，かつ電子の数ならびにその分布に依存する．

3.1　1個の自由な電子による散乱

前述のとおり，X線は電子によって散乱される．この場合の散乱X線は，入射X線と同じ振動数(波長)を持ち，入射X線と干渉性がある(coherent)という．原点Oにある電荷e [C]，質量m [kg]の1個の電子にX線がx軸に沿って入射する場合を考えたとき，散乱されるX線の強度Iは，電子からr [m]離れた点Pにおいて，いわゆる「トムソンの式」で表される．

$$I = I_0\left(\frac{\mu_0}{4\pi}\right)^2\left(\frac{e^4}{m^2r^2}\right)\sin^2\alpha = I_0\frac{K}{r^2}\left(\frac{1+\cos^2 2\theta}{2}\right) \qquad (3.1)$$

ここで，I_0は入射X線強度，$\mu_0=4\times10^{-7}$[m kg C^{-2}]，αは散乱方向と電子の加速方向のなす角度である．定数項Kは$(2.8179\times10^{-15})^2$[m^2]となり，古典電子半径r_eの2乗に相当する．また，2θは原点と測定点を結ぶOPと入射方向であるx軸とのなす角である．I/I_0の値は，例えば電子の前方0.01 mの場所で約7.94×10^{-26}と極めて小さい．しかし，物質1 mg中には10^{20}～10^{21}オーダーの電子が含まれるので，これらの電子が干渉しあえば，十分観測可能な強度となる．なお，式(3.1)の最後の括弧内の項を偏光因子(polarization factor)と呼ぶ.

1個の電子からの絶対散乱強度を式(3.1)より求めることは，計算によっても測定によっても非常に難しい．しかし，幸いなことに偏光因子以外は一定として扱えるので，通常我々が扱うすべての散乱・回折などの問題は絶対値を必要とせず，相対強度を問題にする限り省略できる.

またX線は，トムソン散乱とは全く異なったメカニズムによっても電子により散乱される．このコンプトン散乱(Compton scattering)と呼ばれる現象は，弱く結合した電子あるいは自由電子に対してX線が衝突した場合に起こり，X線を波ではなく，エネルギー $h\nu_0$ を有する粒子(光子)と考えると理解しやすい.

X線が，弱く結合した電子とビリヤードの玉のように弾性的に衝突すると，**図3.1**に示すように入射X線はその電子を跳ね飛ばし(反跳という)，散乱角 2θ だけ進行方向が変わる．入射X線のエネルギーは，一部が角度 ϕ の方向に跳ね飛ばされた電子の運動エネルギーに費やされ，結果として衝突後のX線のエネルギーは $h\nu_0$ より小さい $h\nu$ となる．衝突後の波長 λ は，衝突前の波長 λ_0 に比べ長くなり，その関係はnm単位で，次式のように与えられる.

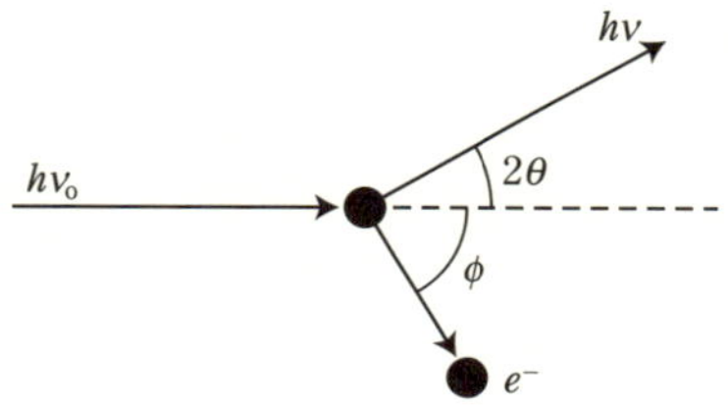

図3.1　光子と電子の衝突(コンプトン散乱)

$$\delta\lambda = \lambda - \lambda_0 = \left(\frac{h}{mc}\right)(1-\cos 2\theta) = 0.002426(1-\cos 2\theta) \tag{3.2}$$

$h/mc = 0.002426$ nm はコンプトン波長と呼ばれる．コンプトン散乱に伴う波長の増加は散乱角のみに依存し，散乱角が $2\theta = 0°$ でゼロ，180° で約 0.005 nm である．コンプトン散乱を起こしたX線は波長が変化するので，異なる電子によって生ずるコンプトン散乱のX線の位相は異なり，互いにランダムである．したがって，互いに干渉し回折を起こすことがないので，コンプトン散乱を非干渉性散乱(in-coherent scattering)と呼ぶことも多い.

3.2　1個の原子による散乱

原子を構成する1つ1つの電子は，それぞれ式(3.1)で表される強度のトムソン散乱を生ずる．原子核も電荷を持つが，その質量は電子と比べ極めて大きいので，X線により大きく振動させられることはない．したがって，原子全体の散乱を考える場合には，電子による散乱だけを考慮すればよい．これは，式(3.1)の分母に散乱粒子の質量が含まれていることからも説明できる．Z個の電子を含む原子番号Zの原子の散乱振幅は，1個の電子からの散乱X線の散乱振幅をZ倍したものに等しい．なぜならば，散乱角がゼロの方向では，原子中のすべての電子によって散乱されたX線の位相は完全に一致するので，散乱X線の振幅は単純に加算できるからである．しかし，散乱角がゼロ以外の場合には，原子の中の各電子から散乱されるX線の位相は互いに異なる．言い換えると，原子中の例えば点Aと点Bに位置する電子によって散乱されたX線は，散乱角がゼロ以外の方向では光路差により位相にずれを生ずる．その結果，全電子からの散乱X線振幅の合計は，ゼロ方向の場合に比べて小さくなる．また，この原子からの散乱X線の振幅は入射X線波長にも依存する．例えば，同じ散乱角2θにおいては，波長が短いほど位相の差が相対的に大きくなるため，散乱X線振幅は小さくなる．

具体的に，複数の電子を持つ原子におけるX線の干渉性散乱振幅を算出するには，電子の電荷がある1点に集中しているのではなく雲のように分布を持つと考えて，原子核から距離$\boldsymbol{r}$だけ離れている点の電子密度関数$\rho(\boldsymbol{r})$を使う必要がある．また，入射X線および散乱X線の波数ベクトルを$\boldsymbol{s}_0$および$\boldsymbol{s}$とすると，距離$\boldsymbol{r}$からの散乱波は，原点からの散乱波との間に光路差$(\boldsymbol{s}-\boldsymbol{s}_0)\cdot\boldsymbol{r}$を生ずる．ここで，入射X線の波長を$\lambda$とすれば，$\boldsymbol{s}$方向に散乱される波の振幅は，次式で近似できる．

$$\rho \exp\left[\frac{2\pi i}{\lambda}(\boldsymbol{s}-\boldsymbol{s}_0)\cdot\boldsymbol{r}\right]\mathrm{d}V \tag{3.3}$$

1個の電子からの干渉性散乱の振幅は，電子によって占有されるすべての体積について，$\rho\mathrm{d}V$からの位相を考慮して積分することによって求められる．したがって，電子1個当たりの散乱因子f_eは，次式で与えられる．

$$f_\mathrm{e} = \int \exp\left[\frac{2\pi i}{\lambda}(\boldsymbol{s}-\boldsymbol{s}_0)\cdot\boldsymbol{r}\right]\rho\,\mathrm{d}V \tag{3.4}$$

式(3.4)は電子単位で表した1個の電子当たりの干渉性散乱であり，f_eは現実に原子の中で分布を持った1個の電子により散乱された波の振幅と，古典的に電子が1点に局在していると考えた場合の1個の電子による散乱波の振幅との比である．一方，$\boldsymbol{s}_0$および$\boldsymbol{s}$は，散乱波との間に次式の関係がある．

$$\boldsymbol{q} = \boldsymbol{s}-\boldsymbol{s}_0 \quad \Rightarrow \quad |\boldsymbol{q}| = q = \frac{2\sin\theta}{\lambda} \tag{3.5}$$

このベクトル$\boldsymbol{q}$を散乱ベクトル(あるいは波数ベクトル)と呼ぶ．これは，入射X線(の波)を2θの散乱方向に向けるのに必要なベクトルで，$\boldsymbol{s} = \boldsymbol{s}_0+\boldsymbol{q}$の関係にある．

通常，内殻の電子分布は球対称と考えられるので，複数の電子を有する原子1個当たりの散乱因子は，比較的容易に見積ることができる．例えば，原子核を原点に，球対称で距離 r のみの関数として扱える電子分布を $\rho=\rho(r)$ で記述できる場合の f_e は，次式で与えられる．

$$f_e = \int_0^\infty 4\pi r^2 \rho(r) \frac{\sin 2\pi qr}{2\pi qr} dr \tag{3.6}$$

さらに，複数の電子を含んでいる原子1個当たりの干渉性散乱の振幅は，原子内の f_e の和として次式で算出できる．

$$f = \sum_j f_{en} = \sum_j \int_0^\infty 4\pi r^2 \rho_j(r) \frac{\sin 2\pi qr}{2\pi qr} dr \tag{3.7}$$

この f は，一般に「X線原子散乱因子」あるいは単に「原子散乱因子」と呼ばれる．その値は，原子1個当たりの干渉性散乱の振幅を，同じ条件下における1個の電子からの散乱振幅を基準として表した散乱能に相当する．また式(3.7)は，どの原子の f も $(\sin\theta/\lambda)$ の関数であることを示している．原子中の電子密度分布は，Hatree-Fock や Fermi-Thomas-Dirac などの手法によって，電子の波動関数から求めることができ，原子散乱因子に関する多くの理論計算が実行されている．これらの結果は，慣習的に $(\sin\theta/\lambda)$ の関数として算出が試みられ，International Tables for X-ray Crystallography, Vol.C (Kluwer Academic Pub., London UK, 1999) などに収録されている．3種類の元素の原子散乱因子を**図3.2**に示す．一方，式(3.7)などに現れる $(2\pi q)$ について，式(3.5)との関係を参考に，次式の表現もしばしば利用される．

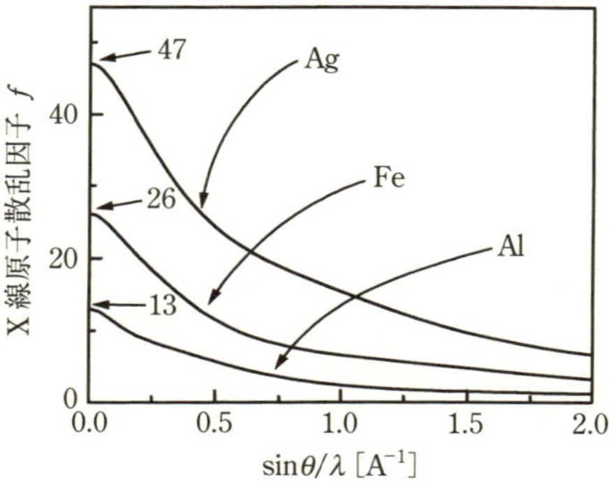

図3.2 Ag，FeおよびAlのX線原子散乱因子

$$2\pi q = 2\pi \times \frac{2\sin\theta}{\lambda} = 4\pi \frac{\sin\theta}{\lambda} = Q \tag{3.8}$$

この Q を用いれば，式(3.7)は，次式の表現となる．

$$f = \sum_j f_{en} = \sum_j \int_0^\infty 4\pi r^2 \rho_j(r) \frac{\sin Qr}{Qr} \mathrm{d}r \tag{3.9}$$

ここで，干渉性散乱とともに生ずる非干渉性散乱について整理する．個々の電子において，干渉性散乱強度と非干渉性散乱強度との和は，1個の電子当たりの古典的散乱強度に等しい．すなわち，全く偏光していない入射X線について，電子単位で表した1個の電子当たりの非干渉性散乱強度を i_e とすると，次式の関係が成立する．

$$I_0 \frac{e^4}{m^2c^4R^2}\left(\frac{1+\cos^2 2\theta}{2}\right) f_e^2 + I_0 \frac{e^4}{m^2c^4R^2}\left(\frac{1+\cos^2 2\theta}{2}\right) i_e = I_0 \frac{e^4}{m^2c^4R^2}\left(\frac{1+\cos^2 2\theta}{2}\right) \tag{3.10}$$

ただし，式(3.10)は，$i_e = 1 - f_e^2$ と簡単に表すことができる．一方，異なる電子からの非干渉性散乱は，位相が揃っていないので互いに干渉は起こらない．したがって，原子1個当たりの非干渉性散乱強度 $i(M)$ は，それぞれの電子の非干渉性散乱強度の単純な和で与えられる．

$$i(M) = \sum_j i_{en} = Z - \sum_{j=1}^{Z} f_{en}^2 \tag{3.11}$$

一例として，**図3.3**にK殻およびL殻の電子は，すべて水素原子と類似の電子密度で与えられるとして算出したLi原子の計算を示す．干渉性散乱と非干渉性(コンプトン)散乱は，原子番号 Z および $(\sin\theta/\lambda)$ との関係において，まったく逆の変化を示す．また，式(3.9)から容易に理解できるように，Liの干渉性散乱に関する原子散乱因子は，$f_{Li} = 2f_{eK} + f_{eL}$ で与えられる．一方，非干渉性散乱は，式(3.11)から電子単位で表した非干渉性散乱の強度として，$i(M) = 3 - 2f_{eK}^2 - f_{eL}^2$ の関係になる．

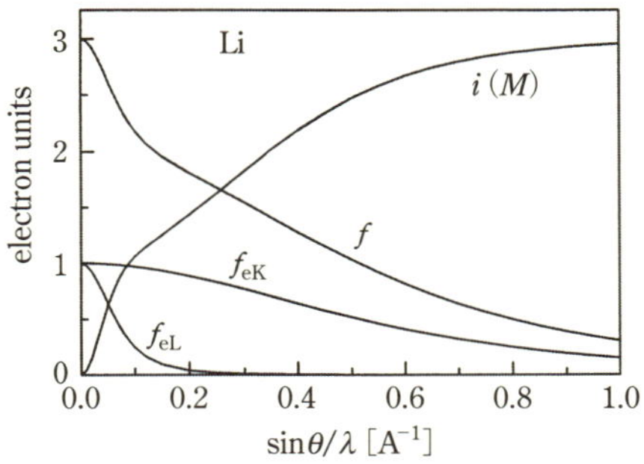

図3.3　Li原子について算出した原子散乱因子および非干渉性散乱強度(電子密度分布を球対称と仮定し，原子内の電子相互の干渉は無視している)

3.3　結晶による回折

結晶を構成する各原子は，入射X線により電子が振動させられることに伴い，入射X線と同じ波長のX線を，各原子を中心とする球面波のように発生する．この様子は，池の中に等間隔に並んだ杭に，片側から波が押し寄せ，反対側に通過していく場合に類似している．すなわち，結晶によるX線の回折現象は，2つ以上の散乱X線の波を重ね合わせて得られる合成波と入射X線の波長との関係で説明できる．2つの波の位相は，行路差に相当するΔの値の分だけずれているはずである．このΔの値が，波長λの整数倍であれば，位相は完全に一致(in phase)となるので，2つの波は強め合い合成波の振幅は2倍になる．一方，この行路差は方向によって異なるので，Δが$\lambda/2$だけずれた値となるような方向では，位相は完全に逆転(out of phase)となって2つの波は打ち消し合い，合成波の振幅はゼロとなる．もちろん，方向によっては，これらの中間の状況もある．結晶によるX線回折の主たる対象は，結晶中におけるX線の行路差に伴う位相差が入射X線の波長λの整数倍でin phaseとなって，十分な強度が観測できる場合である．この条件を考える上で最も重要な法則は「ブラッグ(Bragg)の条件と散乱角」で，その説明に使われる基本的な関係図の一例を，**図3.4**に示す．なお，ブラッグの条件を使用する場合には，次の2つの幾何学的な関係を理解しておくことも必要である．

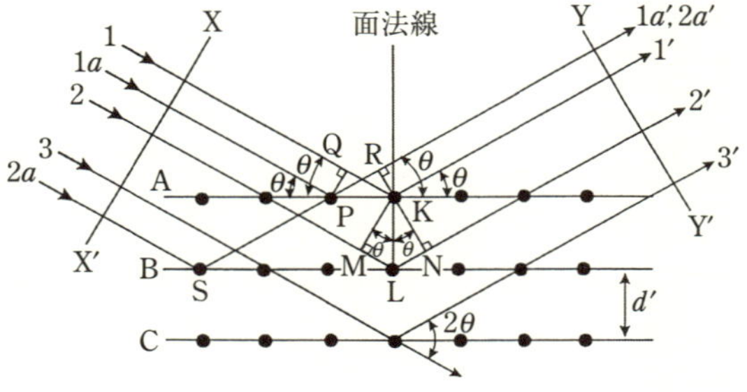

図3.4　結晶における散乱X線の回折条件の説明図

1. 入射X線と回折面の法線方向がなす角度は，回折X線と法線方向がなす角度に等しい．
2. 回折X線と透過X線のなす角度は常に2θで，この角度を「散乱角」と呼ぶ．

原子が周期的(面間隔d)に規則正しく並んだ結晶に対して波長λのX線が入射し，

各原子から発生した散乱X線波の位相差が λ の整数倍となって十分な強度が観測できる条件，すなわちブラッグの条件は，次式で与えられる．

$$2d\sin\theta = n\lambda \tag{3.12}$$

ここで，n は回折の次数と呼ばれ，隣接する結晶面で散乱されるX線の行路差を波長で表した場合の数に等しい．波長 λ と面間隔 d が固定されている場合，$n=1, 2, 3\cdots$ に対応して回折はいくつかの散乱角 $\theta_1, \theta_2, \theta_3\cdots$ で起こる．ただし，一次の反射($n=1$)は，隣接する格子面の原子によって散乱された散乱X線の位相とは1波長分ずれ，さらに次の面の原子によって散乱された散乱X線の位相とは2波長分ずれる．この関係は，結晶のすべての格子面について成立するので，結果的に散乱X線はお互いに強め合うように干渉し，ブラッグの条件を満足する方向に回折波を形成する．したがって，式(3.12)を再定義して書き直した次式を，ブラッグの条件として使うことも多い．

$$2d\sin\theta = \lambda \tag{3.13}$$

なお，一般に面間隔 d を持つある結晶面(hkl)からの n 次の回折は，($nh\ nk\ nl$)面からの1次の回折と考えることができる．この考え方は，($nh\ nk\ nl$)が(hkl)面に平行で n 分の1の間隔を持つ結晶面のミラー指数であることと一致する．このような関係から，2θ を回折角と呼ぶことも多い．

任意の結晶面(hkl)の回折角 2θ は，式(3.13)と各結晶系における面間隔の式を組み合わせて算出できる．例えば，格子定数 a の立方晶の場合，結晶面(hkl)と隣接する面との距離 d は次式(3.14)で与えられるので，ブラッグの条件を表す式(3.13)に代入して整理した式(3.15)を用いることにより，回折角 2θ を求めることができる．

$$\frac{1}{d^2} = \frac{(h^2+k^2+l^2)}{a^2} \tag{3.14}$$

$$\sin^2\theta = \frac{\lambda^2}{4a^2}(h^2+k^2+l^2) \tag{3.15}$$

他の結晶系に関する結晶面(hkl)と隣接する面の距離 d との関係は，**表3.1**のように与えられているので，これらを利用して回折を起こす方向(回折角)を見積もることができる．式(3.15)は，回折角が単位格子(単位胞 unit cell)の形と大きさによってのみ決定されることを示している．これは構造解析において重要な点であり，その逆もまた非常に重要である．すなわち，未知の結晶からの回折角を測定して得られる情報は，その結晶の単位格子の形と大きさの情報に直結する．このことが，回折X線の強度測定によって，単位格子中における原子位置を知ることができる基本である．

表 3.1　各結晶系における (hkl) 面と隣接する面との距離 d との関係

立方：$$\frac{1}{d^2} = \frac{h^2+k^2+l^2}{a^2}$$

正方：$$\frac{1}{d^2} = \frac{h^2+k^2}{a^2}+\frac{l^2}{c^2}$$

六方：$$\frac{1}{d^2} = \frac{4}{3}\left(\frac{h^2+hk+k^2}{a^2}\right)+\frac{l^2}{c^2}$$

三方：$$\frac{1}{d^2} = \frac{(h^2+k^2+l^2)\sin^2\alpha+2(hk+kl+hl)(\cos^2\alpha-\cos\alpha)}{a^2(1-3\cos^2\alpha+2\cos^3\alpha)}$$

斜方：$$\frac{1}{d^2} = \frac{h^2}{a^2}+\frac{k^2}{b^2}+\frac{l^2}{c^2}$$

単斜：$$\frac{1}{d^2} = \frac{1}{\sin^2\beta}\left(\frac{h^2}{a^2}+\frac{k^2\sin^2\beta}{b^2}+\frac{l^2}{c^2}-\frac{2hl\cos\beta}{ac}\right)$$

三斜：$$\frac{1}{d^2} = \frac{1}{V^2}(S_{11}h^2+S_{22}k^2+S_{33}k^2+2S_{12}hk+2S_{23}kl+2S_{13}hl)$$

三斜晶の式において　$V=$ 単位格子の体積（係数は以下の式参照）

$$S_{11} = b^2c^2\sin^2\alpha, \qquad S_{12} = abc^2(\cos\alpha\cos\beta-\cos\gamma),$$
$$S_{22} = a^2c^2\sin^2\beta, \qquad S_{23} = a^2bc(\cos\beta\cos\gamma-\cos\alpha),$$
$$S_{33} = a^2b^2\sin^2\gamma, \qquad S_{13} = ab^2c(\cos\gamma\cos\alpha-\cos\beta),$$

3.4　単位格子からの散乱

第 2 章で述べたように，結晶は単位格子（単位胞）の繰り返しである．したがって，結晶からの散乱強度を考える際には，1 個の単位格子内における原子位置と散乱（回折）強度との関係，すなわち単位格子中の原子の配列を基に，位相差の状況を知ることが重要である．詳細は他書にゆずるが，1 波長の行路差がある X 線の位相は，2π ラジアン異なること，ならびに原点 000 に原子 A をおいて，xyz 座標にある原子 B の座標を各軸の格子定数 a, b, c で割った座標 uvw（$u=x/a$，$v=y/b$，$w=z/c$）を用いて表すことにすれば，原子 A と原子 B で散乱された波の位相は，(hkl) 面の回折について，次式で与えられる．

$$\phi = 2\pi(hu+kv+lw) \tag{3.16}$$

式（3.16）は，いかなる形状の単位格子にも適用できる一般的な関係である．一方，波の合成が関わる結晶による X 線の散乱（回折）現象は，複素数表示を用いると便利なことが知られている．その要点について，**図 3.5** を用いて簡単に述べる．

複素平面上で，波の振幅および位相は，それぞれベクトルの長さ A および実数軸と虚数軸とのなす角 ϕ によって表される．また，複素数表示では，ベクトルに i を掛けることは，そのベクトルを反時計方向に 90° 回転すること，i を 2 回掛ける($i^2=-1$)ことは，そのベクトルを 180° 回転する(逆向きに変える)ことに相当する．例えば，図 3.5 において，水平ベクトル 2 に i を掛けると垂直ベクトル $2i$ に変わり，i を 2 回掛けると，逆向きの水平ベクトル -2 に変わる．このような数学的関係から波の解析的表示は，複素指数関数との間に次式が成立する．

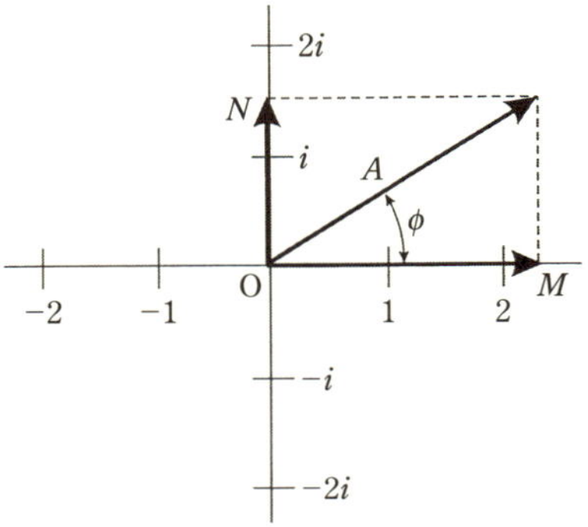

図 3.5 波動ベクトルの複素数表示

$$Ae^{i\phi} = A\cos\phi + iA\sin\phi \quad (3.17)$$

波の強さは振幅の 2 乗に比例するので，波動ベクトルの絶対値の 2 乗，波の強さは A^2 を求めることになる．波が複素数表示されている場合は，その複素関数に共役複素関数(i を $-i$ で置き換える)を掛けることによって求めることができる．$Ae^{i\phi}$ の場合，共役複素関数は $Ae^{-i\phi}$ であり，

$$|Ae^{i\phi}|^2 = Ae^{i\phi}Ae^{-i\phi} = A^2$$

となる．

単位格子中の各原子からの散乱波の振幅は，散乱原子の原子散乱因子 f で与えられる．一方，各波の位相は式(3.16)で与えられるので，どのような散乱波も複素数表示の形を用いて，次式で表現できる．

$$Ae^{i\phi} = fe^{2\pi i(hu+kv+lw)} \quad (3.18)$$

この関係を踏まえれば，単位格子中の原子によって散乱された波の和は，単位格子中の原子の位置と種類さえわかっていれば，次式を用いて算出できる．

$$F_{hkl} = \sum_{j=1}^{N} f_j e^{2\pi i(hu_j+kv_j+lw_j)} \quad (3.19)$$

ここで，N は単位格子中の原子の総数で，体心立方格子では 2，面心立方格子では 4 である．式(3.19)で与えられる F を，構造因子(structure factor あるいは geometrical structure factor)と呼ぶ．単位格子中の原子位置さえわかっていれば，いかなる場合の回折強度も式(3.19)から算出可能なので，式(3.19)は式(3.13)で与えられるブラッグの条件とともに，X 線構造解析における最重要に位置づけられる関係式である．なお，構造因子 F は一般的に複素数であり，足し合わせた結果の波の振幅と位相の両方を表す．F の絶対値は，1 個の電子によって散乱された波の振幅を単位として表した，単位格子からの波の振幅を表す．また，ブラッグの条件を満足する方向への単位

格子からの回折強度は，$|F|^2$ に比例し，$|F|^2$ は F と F^* の複素共役との積で与えられる．

式(3.19)で与えられる構造因子の算出に原理的な難しさはないが，構造因子の有用性を理解するには，具体的に算出を試みることである．例えば，単位格子中に原子を2個(000 および $\frac{1}{2}\frac{1}{2}\frac{1}{2}$ の位置)含む体心格子の場合は，以下のとおりである．

$$uvw = 000,\ \frac{1}{2}\frac{1}{2}\frac{1}{2}$$

$$F = fe^{2\pi i\times 0} + fe^{2\pi i\left(\frac{h}{2}+\frac{k}{2}+\frac{l}{2}\right)} = f[1+e^{\pi i(h+k+l)}]$$

$h+k+l$ が偶数の場合：$F = 2f,\ F^2 = 4f^2$

$h+k+l$ が奇数の場合：$F = 0,\ F^2 = 0$

この結果，例えば，110，200 あるいは 211 など $h+k+l$ が偶数の場合，強度は干渉し合い増幅されるが，111，210，300 などは打ち消し合いが生ずるので強度はゼロとなって観測されないことを示している．

構造因子の計算においては，結晶系に関する情報は全く入ってこない．すなわち，上記の例の場合，体心格子であるということだけで，立方晶であるか，正方晶であるか，斜方晶であるか(ブラベー格子(図 2.4)参照)などには全く無関係に構造因子を算出できる．このことは，「構造因子は単位格子の形や大きさには全く独立に決定される」という非常に重要な事実を示唆している．例えば，結晶系に関係なく，すべての体心格子において$(h+k+l)$が奇数の場合は，対応する回折は消滅し観測されない．このような規則を**表 3.2** にまとめて示す．

一方，単位格子に2種類以上の原子を含む場合は，式(3.19)の利用において，それぞれの原子の原子散乱因子を考慮する必要がある．代表的な実例について，問題とその解き方に示す．

表 3.2　単位格子の種類と回折条件との関係

格子の種類	観察されるピークの指数	消滅するピークの指数
単純格子	すべての指数	なし
一面心格子*	h, k 非混合	h, k 混合
体心格子	$(h+k+l)$ 偶数	$(h+k+l)$ 奇数
面心格子	h, k, l 非混合	h, k, l 混合

*第2章，図 2.4 参照

問題と解法3

問題 3.1

自由電子1個の干渉性散乱微分断面積は，古典電子半径を r_e とすれば単位平面角当たりについて，次式で与えられる．

$$\frac{d\sigma_e}{d\phi} = \frac{r_e^2}{2}(1+\cos^2\phi)\cdot 2\pi\sin\phi\,[\mathrm{m^2/rad}]$$

（1） 角度積分して，トムソンの古典散乱係数と呼ばれる σ_e を求めよ．

（2） トムソンの古典散乱係数をバーン単位で表せ（参考：$1\mathrm{b}=1\times10^{-28}\,\mathrm{m^2}$）．

（3） X線が厚さ1 mmのAl箔を透過する場合に，自由電子によって引き起こされる干渉性散乱の確率を算出せよ．なお，Alの密度は $2.70\times10^6\,\mathrm{g/m^3}$ である．

解 光子が自由電子に衝突して角度 ϕ 方向の単位立方体当たりに生ずる干渉性散乱の様子を**図1**に模式的に表す．なお，半径 r の球表面上で，角度 ϕ と $\phi+d\phi$ で規定される同軸円錐（コーン）によって表される環状部分の面積 (A) について，$d\Omega = dA/r^2 = 2\pi\sin\phi d\phi$ の関係が成立する．

（1） 角度 ϕ についてゼロから π まで積分する．

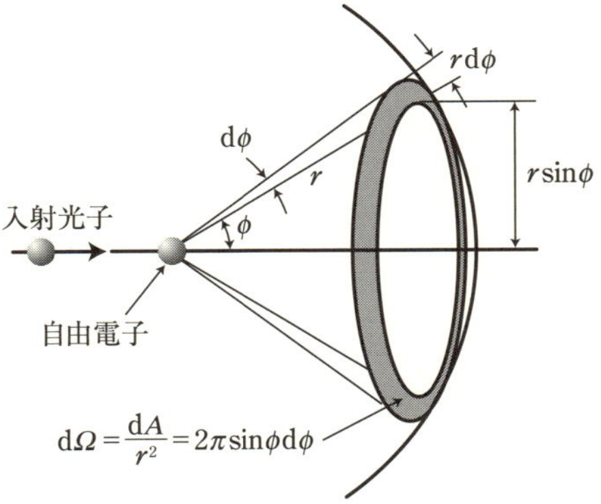

図1

$$\sigma_e = \int_0^\pi \frac{r_e^2}{2}(1+\cos^2\phi)2\pi\sin\phi\,d\phi$$

$$= \pi r_e^2\int_0^\pi(\sin\phi+\cos^2\phi\sin\phi)d\phi$$

$$= \pi r_e^2\left[-\cos\phi-\frac{\cos^2\phi}{3}\right]_0^\pi = \pi r_e^2\left[\frac{4}{3}+\frac{4}{3}\right] = \frac{8}{3}\pi r_e^2$$

ここでは次の関係を利用している．

$$t=\cos\phi \longrightarrow dt=-\sin\phi\,d\phi$$

$$\int \cos^2\phi \sin\phi \, d\phi = \int t^2 dt = \frac{t^3}{3} = \frac{\cos^3\phi}{3}$$

参考：$I_n = \int \sin^n x \, dx = -\frac{1}{n}(\sin^{n-1} x \cos x) + \frac{n-1}{n} I_{n-2}$

$$I_1 = \int \sin x \, dx = -\cos x, \quad I_0 = \int dx = x$$

（2）　古典電子半径 r_e の値は，電磁気学における真空空間の誘電率 $\varepsilon_0 = 10^7/(4\pi c^2)$ を用いて次式で定義される．

$$r_e = \frac{e^2}{4\pi\varepsilon_0 c^2 m_e} = \frac{e^2}{m_e \times 10^7} = \frac{(1.602\times10^{-19})^2}{9.109\times10^{-31}\times10^7} = 2.8179\times10^{-15}\ [\mathrm{m}]$$

ここで m_e および e は電子の静止質量および電荷である．真空空間の誘電率 ε_0 の値は，単位長さ当たりの電気容量として $\varepsilon_0 = 8.854\times10^{-12}\ [\mathrm{Fm^{-1}}]$ も使われている．（1）で得られた σ_e において重要なことは，X線の散乱強度が r_e^2 に比例することである．言い換えると，質量の大きな散乱体からの強度は弱い．通常，原子核の質量は電子の1800倍程度あるので原子核によるX線の散乱は電子からの散乱に比べ，無視できる程度に小さい．これがX線では電子の散乱のみを扱う理由である．

次に，$1\mathrm{b} = 1\times10^{-28}\ \mathrm{m^2}$ であることを考慮して σ_e を算出すると次のとおりである．

$$\sigma_e = \frac{8}{3}\pi r_e^2 = \frac{8}{3}\pi\times(2.8179\times10^{-15})^2 = 66.52\times10^{-30}\ [\mathrm{m^2}]$$
$$= \frac{66.52\times10^{-30}}{1\times10^{-28}} = 0.6652\ [\mathrm{b}]$$

参考：断面積の単位は，名称どおり単位面積当たりで表すがSI単位ではあまりに大きな値となるので，バーンが用いられる．

（3）　1 mol当たりのAlの原子量（モル質量）は26.98 g，原子番号（電子数）は13である．密度の値から1 $\mathrm{m^3}$ 中に含まれる電子数 N_e を求める．

$$N_e = \frac{0.6022\times10^{24}}{26.98\times10^{-3}}\times13\times2.70\times10^3 = 0.783\times10^{30}\ [\mathrm{m^{-3}}]$$

厚さ1 mmのAl箔中の電子の数 N_e^{film} は，断面積 $[\mathrm{m^{-2}}]$ 当たりに換算すると，$0.783\times10^{27}\ [\mathrm{m^{-2}}]$ となる．この電子によって引き起こされる干渉性散乱の確率 P は次のとおり算出できる．

$$P = \sigma_e \times N_e^{\mathrm{film}}$$
$$= 66.52\times10^{-30}\times0.783\times10^{27} = 0.052$$

問題 3.2

精密な散乱実験により，電子によるコンプトン散乱の波長の値として0.002426 nmが得られている．光子の質量 m とエネルギー E との関係を表すアインシュ

タインの関係式 $E = mc^2$ を利用して，光子の有効質量 m_{eff} を求めよ．

解 X 線は，波長 (λ) あるいはエネルギー(＝ 振動数 ν)が異なるのみで，電波や光と同じ電磁波(光子)である．その伝播速度 c は真空中で 2.998×10^8 m/s である．また，プランク定数を h とすれば，$c=\nu\lambda$ の関係より次式を得る．

$$E = h\nu = \frac{hc}{\lambda}$$

アインシュタインの関係式と組み合わせて，光子の有効質量 m_{eff} について整理すると以下のようになる．

$$m_{\mathrm{eff}}c^2 = \frac{hc}{\lambda} \longrightarrow m_{\mathrm{eff}} = \frac{h}{c\lambda}$$

$h = 6.626\times10^{-34}$[J·s]，$c = 2.998\times10^8$ [m/s] および 1 [nm] $= 10^{-9}$ [m] を用いて，m_{eff} を算出すると，電子の静止質量(m_{e})に相当する値を得る．

$$\begin{aligned} m_{\mathrm{eff}} &= \frac{6.626\times10^{-34}}{2.998\times10^8\times0.002426\times10^{-9}} \\ &= 9.110\times10^{-31}\ [\mathrm{kg}] \end{aligned}$$

参考：電子の(静止)質量は，9.109×10^{-31} kg の値が使われている．加速電圧が 100 kV を越えると，アインシュタインの関係式を用いて光子の速度の変化に伴う質量の(相対論的)増加を考慮する必要がある(第 1 章，1.1 参照)．光子の速度および静止質量を v および m_{e} とすれば，例えば 200 kV で電子を加速した場合，増加した質量を m として式(1.8)の関係が成り立つ．まず，静止質量 $m_{\mathrm{e}}=9.109\times10^{-31}$ [kg] を持つ電子のエネルギーは，1 [eV] $= 1.602\times10^{-19}$ [J] の関係から，次の値を得る．

$$E = m_{\mathrm{e}}c^2 = \frac{9.109\times10^{-31}\times(2.998\times10^8)^2}{1.602\times10^{19}} = 0.5109\times10^6\ [\mathrm{eV}]$$

例えば，加速電圧 200 kV のとき，電子に与えられるエネルギーは 0.2×10^6 [V] に相当し，光子の速度 v は以下のように求められる．

$$v = c\times\sqrt{1-\left(\frac{0.5109}{0.2+0.5109}\right)^2} = c\times\sqrt{1-0.5165} = 0.6953c$$

$\left(\dfrac{v}{c}\right) = 0.6953$ だから，以下の質量増加が算出できる．

$$m = \frac{m_{\mathrm{e}}}{\sqrt{1-\left(\frac{v}{c}\right)^2}} = \frac{m_{\mathrm{e}}}{\sqrt{1-(0.6953)^2}} = \frac{m_{\mathrm{e}}}{0.7187} = 1.39m_{\mathrm{e}}$$

類似問題 100 万 V で加速した電子の速度および質量を求めよ．また，この場合に得られる電子線の波長を算出せよ．

ヒント：ド・ブロイの物質波の関係 $\lambda = \dfrac{h}{mv}$ および $eV = \dfrac{1}{2}mv^2$

問題 3.3

入射X線が自由電子に衝突した場合，入射X線(光子)のエネルギーの一部が運動エネルギーとして電子に与えられ，結果として衝突後の光子のエネルギーは衝突前に比べて低くなる．すなわち，衝突後波長が少し長くなるコンプトンシフトと呼ばれる現象が認められる．このようなX線の非干渉性散乱に関する以下の問いに答えよ．

（1）$h\nu_0$ のエネルギー($h\nu_0/c$ の運動量)を持つ光子が静止している電子に衝突する場合を想定して，コンプトンの式を導出せよ．

（2）散乱角 30° で生じる波長の増加量(コンプトンシフト)を算出せよ．

ここで h はプランク定数，c は真空中の光の速度，ν は振動数を表す．

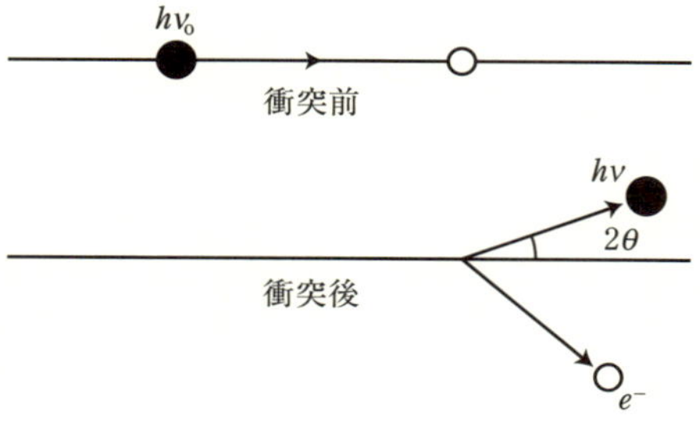

図1　光子と電子の弾性的衝突（コンプトン効果）

解　（1）運動量は通常，質点の質量 m と速度 v との積 mv で与えられるが，運動エネルギーが $E = h\nu$ で与えられること，およびアインシュタインの提唱した $E = mc^2$ の関係が成立することを利用すれば，光子の運動量は，$h\nu/c$ あるいは h/λ で表される．ここで，波長 λ と振動数 ν は $c = \nu\lambda$ の関係にある．

光子の電子への衝突を，**図1**のように考える．すなわち，$h\nu_0/c$ の運動量を持つ光子が静止している電子に衝突すると電子は脇へたたき出され，光子は角度 2θ の方向へそれて飛び出す．入射光子のエネルギーの一部が電子に与えられるので，衝突後の光子の運動量 $h\nu/c$ は，衝突前の $h\nu_0/c$ に比べて小さくなる．

衝突の前後でエネルギー保存則が成立すると考えられるので，次式の関係を得る．

$$h\nu_0 + m_0c^2 = h\nu + mc^2 \tag{1}$$

$$mc^2 = h(\nu_0 - \nu) + m_0c^2 = \mathrm{A} + \mathrm{B} \tag{2}$$

両辺を2乗して整理する．

$$\begin{aligned}(mc^2)^2 &= \mathrm{A}^2 + \mathrm{B}^2 + 2\mathrm{AB} \\ &= [h(\nu_0 - \nu)]^2 + (m_0c^2)^2 + 2hm_0c^2(\nu_0 - \nu)\end{aligned} \tag{3}$$

$$= (h\nu_0)^2 + (h\nu)^2 - 2h^2\nu_0\nu + (m_0c^2)^2 + 2hm_0c^2(\nu_0 - \nu) \tag{4}$$

衝突前の電子は静止していると考えているのでその速度 $v_0 = 0$，衝突前の電子の運動量はゼロである．衝突後の電子の速度を v とし，運動量についても保存則が成立することを考えると次式が成立する．

$$\frac{h\nu_0}{c} = \frac{h\nu}{c} + mv \quad \longrightarrow \quad mvc = h\nu_0 - h\nu \tag{5}$$

この式に余弦の法則 ($A^2 = B^2 + C^2 - 2BC\cos\theta$) を適用すると

$$(mvc)^2 = (h\nu_0)^2 + (h\nu)^2 - 2h^2\nu_0\nu\cos 2\theta \tag{6}$$

式(4)と式(6)の差をとる．

$$(mc^2)^2 - (mvc)^2 = (m_0c^2)^2 + 2hm_0c^2(\nu_0 - \nu) - 2h^2\nu_0\nu(1 - \cos 2\theta) \tag{7}$$

式(7)の左辺は次式のように書き換えられる．

$$(mc^2)^2 - (mvc)^2 = (mc^2)^2\left[1 - \left(\frac{v}{c}\right)^2\right] = (m_0c^2)^2 \tag{8}$$

ここでは，速度 v の変化によって次式で与えられるように，質量が増加した場合のエネルギーとの関係を利用している．

$$mc^2 = \frac{m_0c^2}{\sqrt{1 - \left(\frac{v}{c}\right)^2}} \quad \Rightarrow \quad (mc^2)^2\left[1 - \left(\frac{v}{c}\right)^2\right] = (m_0c^2)^2 \tag{9}$$

したがって，式(7)は，次式のとおりまとめることができる．

$$2hm_0c^2(\nu_0 - \nu) = 2h^2\nu_0\nu(1 - \cos 2\theta) \tag{10}$$

$$c(\nu_0 - \nu) = \frac{h\nu_0\nu}{m_0c}(1 - \cos 2\theta) \tag{11}$$

両辺を $\nu_0\nu$ で割り，同時に $\lambda_0 = \frac{c}{\nu_0}$，$\lambda = \frac{c}{\nu}$ を利用すると，コンプトンの式を得る．

$$\Delta\lambda = \lambda - \lambda_0 = \frac{h}{m_0c}(1 - \cos 2\theta) \quad (m_0 = m_e) \tag{12}$$

（2） 式(12)で与えられる関係式は，コンプトンシフト $\Delta\lambda$ が散乱角のみに依存する量で，前方 ($2\theta = 0$) ではゼロ，後方 ($2\theta = 180°$) では $\frac{h}{m_0c}$ の 2 倍となることを示している．ただし，回折現象を利用する構造解析では，非干渉性散乱はバックグラウンドを上昇させる好ましくない効果として現れる．

式(12)の $\frac{h}{m_0c}$ に，$h = 6.626\times10^{-34}$ [Js]，$m_0 = m_e = 9.109\times10^{-31}$ [kg]，$c = 2.998\times10^8$ [m/s] を代入する．

$$\frac{h}{m_0c} = \frac{6.626\times10^{-34}}{9.109\times10^{-31}\times2.998\times10^8} = 0.2426\times10^{-11}\ [\mathrm{m}]$$
$$= 0.0243\times10^{-8}\ [\mathrm{cm}]$$

さらに，$2\theta = 30°(\cos 30° = 0.866)$ の値を代入すると，$\Delta\lambda$ として以下の値を得る．

$$\Delta\lambda = 0.2426\times10^{-11}(1 - 0.866) = 0.0325\times10^{-11}\ [\mathrm{m}]$$
$$= 0.0033\times10^{-8}\ [\mathrm{cm}]$$

問題 3.4

200 keV のエネルギーを持つ X 線が自由電子と衝突し，散乱角 180° 方向に非干渉性散乱を生じた．散乱光子および反跳電子のエネルギーは，それぞれ 111.925 keV および 87.815 keV であった．この非干渉性散乱プロセスで運動量保存則が成立することを確認せよ．

解 自由電子の質量はアインシュタインの関係式に従って増加するとともに，その速さも変化する．

電子の静止質量 9.109×10^{-31} kg はエネルギーに換算すると 0.5109×10^{6} eV である．したがって，衝突後の電子の全エネルギー E(質量にも相当する)は，反跳電子のエネルギーとの和で与えられる．

$$E + m_e c^2 = 87.815 + 510.9 = 598.715 \text{ [keV]}$$

速度 v は式(1.8)を用いて算出する．

$$v = c\sqrt{1-\left(\frac{m_e c^2}{E+m_e c^2}\right)^2}$$
$$= c\sqrt{1-\left(\frac{510.9}{598.715}\right)^2} = 0.521c$$

反跳電子の運動量 p は mv で与えられるが，反跳電子は衝突によりエネルギー(質量に相当)が増えていることを考慮すると

$$p = 598.715 \times 0.521c = 311.931c$$

一方，散乱光子は入射 X 線に対して散乱角 180° の方向に散乱されたということは，全く逆方向に散乱されたことを意味する．したがって，次式で与えられる入射 X 線と散乱光子の運動量の和が，反跳電子の運動量と比較されるべき値となる．

$$\frac{h\nu_0}{c} + \frac{h\nu}{c} = (200 + 111.925)c = 311.925c$$

両者の結果は，誤差 $0.006c$ を有するが，運動量保存則がほぼ成立していると考えてよい(参考：$p = m_{\mathrm{eff}} c = h\nu/c$)．

問題 3.5

51.1 keV のエネルギーを持つ X 線が，試料を構成する原子の最外殻電子との非干渉性散乱を起こした．以下の問いに答えよ．

(1) 散乱角が 20° の場合に，反跳電子の放出される方向が入射 X 線の進行方向となす角(反跳角)を求めよ．

(2) この場合の散乱光子のエネルギーを算出せよ．

解 (1) コンプトンシフトを生ずる非干渉性散乱において，反跳電子の放出方向を示す反跳角 ϕ は散乱角 2θ と以下の関係を持つことが知られている．**図 1** のよう

に，これらの角度は入射X線の進行方向を基準に定義される．

$$\frac{1}{\tan\phi} = \left(1+\frac{h\nu}{m_e c^2}\right)\tan\frac{2\theta}{2}$$

言い換えると，散乱角 2θ あるいは反跳角 ϕ のいずれかが判明すれば他方の角度を知ることができる．同様に入射X線のエネルギー($h\nu_0$) あるいは散乱光子のエネルギー($h\nu$) が与えられれば，反跳電子のエネルギー(E_r) を知ることができる．

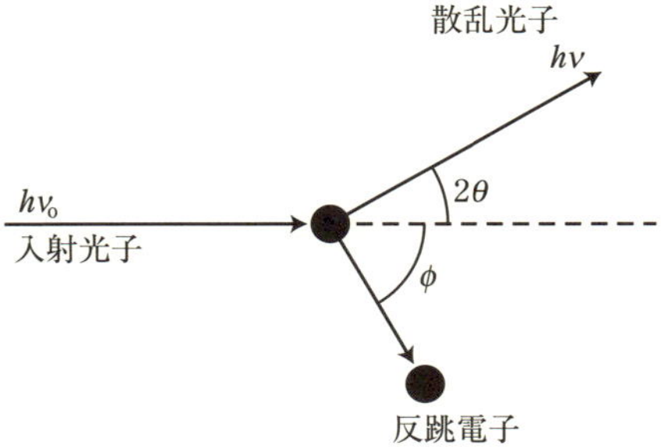

図1　入射光子，散乱光子および反跳電子の関係

入射X線のエネルギーが 51.1 keV であるから

$$\frac{h\nu}{m_e c^2} = \frac{51.1\times10^3}{0.5109\times10^6} = 0.1$$

一方，E [keV] ≡ 1.240/λ [nm] の関係より，入射X線の波長 λ_0 は，

$$\lambda_0 = \frac{1.240}{51.1} = 0.0243 \text{ [nm]}$$

散乱角 20° の値を，散乱角と反跳角との関係を表す式に代入して ϕ を算出する．

$$\frac{1}{\tan\phi} = (1+0.1)\tan\frac{20}{2}$$

$$\tan\phi = 5.1557 \longrightarrow \phi = 79.0^\circ$$

反跳電子は入射X線の進行方向に対して，79° の方向に放出される．

（2） コンプトンの式を用いて散乱角 20° の場合のコンプトンシフトを求める．$\cos 2\theta = 0.9397$ なので，

$$\Delta\lambda = 0.2426\times10^{-11}(1-\cos2\theta)$$
$$= 0.2426\times10^{-11}\times0.0603 = 0.0001\times10^{-9} \text{ [m]}$$

したがって，散乱光子の波長は，

$$\lambda = \lambda_0+\Delta\lambda = 0.0243+0.0001 = 0.0244 \text{ [nm]}$$

この波長のエネルギー $E = h\nu$ は，

$$E = h\nu = \frac{1.240}{0.0244} = 50.8 \text{ [keV]}$$

また，反跳電子のエネルギー E_r は，入射X線と散乱光子のエネルギーの差で与えられる．

$$E_r = 51.1-50.8 = 0.3 \text{ [keV]}$$

すなわち，51.1 keV のエネルギーを持った入射X線は非干渉性散乱を起こすことにより波長が 0.0001 nm 長くなり，散乱X線のエネルギーは 50.8 keV に減少した．ま

た，入射X線の進行方向に対して79° 方向に0.3 keVのエネルギーを持つ反跳電子が放出される．

類似問題 入射X線が自由電子と非干渉性散乱を起こした結果，入射X線の進行方向に対して80° の方向に124 keVの散乱光子が観測された．この場合の，入射X線のエネルギー，反跳電子の放出される方向およびそのエネルギーを求めよ．

問題 3.6

波の解析的表示として，複素数

$$(A\cos\phi + iA\sin\theta)$$

が利用される．**図A**を参考に，波の性質を表す振幅，位相などとの関係および共役複素数との積は常に定数となり，もとの複素数の振幅の二乗となることを示せ．

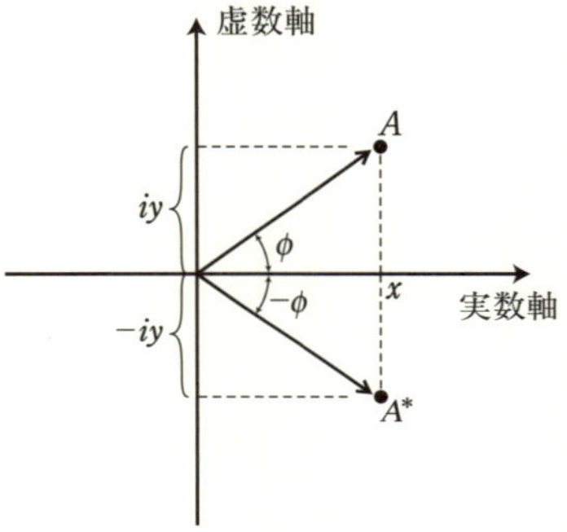

図A 波動ベクトルの複素数表示

解 通常の数字は実数と呼ばれ1つの量のみを表すが，複素数は単一の数字で2つの成分(波の振幅と位相)を表すことができる．この特徴が，波を扱う課題に利用される理由である．複素数は，例えば図Aのように2次元の図上の黒丸の点に相当し，原点から黒丸の点までのベクトルとして考えられる．水平変位として表現される実部をx，垂直変位として表現される虚部をiyと記す．ここでiは実数yをiyに変換する操作を表しており，具体的には実数を垂直方向に(反時計回り)回転して虚数に変わる．

与えられた図において，複素数Aは$A = x + iy$で表現されるとともに，ベクトルAの原点からの長さが大きさ$|A|$であり振幅に相当する．実数軸とベクトルAがなす角度ϕが位相に相当する．

一方，e^{ix}，$\cos x$および$\sin x$の冪級数の展開式から，$e^{ix} = \cos x + i\sin x$の関係がある．したがって複素数$A$は，次式の左右どちらの辺の表現も適用できる．

$$Ae^{i\phi} = A(\cos\phi + i\sin\phi) \quad (1)$$

$$x = A\cos\phi,\ \ y = A\sin\phi \quad (2)$$

なお，左辺の$Ae^{i\phi}$を複素指数関数と呼ぶ．

共役複素数とは，$A = x + iy$に対して$A = x - iy$あるいは$Ae^{i\phi}$に対して$Ae^{-i\phi}$のことを指しており，通常A^*で記述される．図Aに示すように，複素平面上で実数軸を鏡面とする鏡像の関係にあり，次の関係を示す．

$$|A^{i\phi}|^2 = Ae^{i\phi}Ae^{-i\phi} = A^2(e^{i\phi}\cdot e^{-i\phi}) = A^2 \tag{3}$$

この関係は，次式でも表現できる．

$$A(\cos\phi + i\sin\phi)\cdot A(\cos\phi - i\sin\phi) = A^2(\cos^2\phi + \sin^2\phi) = A^2 \tag{4}$$

$$A\cdot A^* = (x+iy)(x-iy) = x^2+y^2 = A^2 \tag{5}$$

ここで $i^2 = -1$ の関係を利用している．なお複素数における操作 i はマイナス 1 の平方根に相当する．すなわち，虚数 iy にもう一度操作 i をすると反時計回りに $\pi/2$ だけ回転し逆の符号を持つ実数となる → $i(iy) = i^2y = -y$．

式(3)～(5)が示すとおり，複素数とその共役複素数の積は，もとの複素数の振幅の二乗となる．これは波の強度が振幅の二乗に比例することからも，構造因子の算出などに利用できる有用な関係である．

参考：2 つの複素数を加算することは，複素平面上で 2 つのベクトルを加えること，2 つの複素数の乗算は，複素平面上で 2 つのベクトルの関係について，ϕ_1 回転した後 ϕ_2 回転を行うことは，$(\phi_1+\phi_2)$ 回転を行うことに等しいことを示唆している．これらの関係を**図 1** に示す．

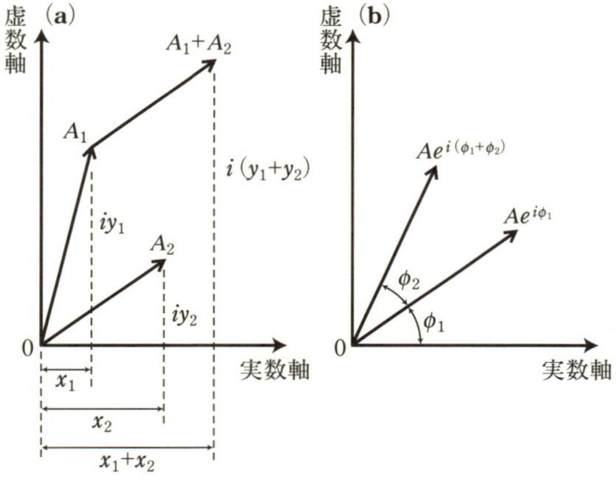

図 1　複素数の加算(a)および乗算(b)

問題 3.7

X 線は電磁波でその伝播速度は光速(c)に等しい．X 線の波長を λ とした場合，振動数 ν は $\nu = c/\lambda$ で与えられる．この X 線の電場 E の周期的変化は，時間 t，位相を δ とすると次式で表現できる．

$$E = A\cos 2\pi(\nu t + \delta)$$

波の合成という視点から，下記の 2 つの場合における電場 E の変化および強度 I

について検討せよ．
（1）　振幅が等しく，位相の異なる2つの波．
（2）　振幅も，位相も異なる複数の波．

解　X線の振動する電場を直接観測することはできない．X線の強度の意味は2種類の使われ方をする．1つはX線の(波の)進行方向に垂直な単位面積を通過するエネルギー量である．もう1つは，X線が物質などに当たって散乱された場合に，散乱波の干渉効果の結果として観測される波の振幅の二乗に比例する量である．X線回折では後者の相対的な値を扱うことが大部分である．この場合は指数関数を用いる表現が便利である．

$$E = Ae^{2\pi i(\nu t+\delta)} = A\cos 2\pi(\nu t+\delta)+iA\sin 2\pi(\nu t+\delta) \tag{1}$$

ここでAは波(電場の周期的変化を表す波)の振幅である．

（1）　振幅が等しく，位相の異なる2つの波の合成は，次式の関係で与えられる．

$$E' = Ae^{2\pi i(\nu t+\delta)}+Ae^{2\pi i(\nu t+\delta')} \tag{2}$$

$$= Ae^{2\pi i(\nu t+\delta)}\{1+e^{2\pi i(\delta'-\delta)}\} \tag{3}$$

$$= E\{1+e^{2\pi i(\delta'-\delta)}\} \tag{4}$$

強度IはE'の二乗に比例するので，次式の表現を得る．

$$I = |E'|^2 = |EE^*| = A^2\{1+e^{2\pi i(\delta'-\delta)}\}^2 \tag{5}$$

$$= A^2\cdot 2\{1+\cos 2\pi(\delta'-\delta)\} \tag{6}$$

ここでは$x = 2\pi(\delta'-\delta)$とおいて，指数関数と三角関数との下記の関係を利用している．

$$1+e^{ix} = 2\cdot\left(\frac{e^{i\frac{x}{2}}+e^{-i\frac{x}{2}}}{2}\right)e^{i\frac{x}{2}} = 2\cos\frac{x}{2}\cdot e^{i\frac{x}{2}} \tag{7}$$

$$\cos^2\frac{\alpha}{2} = \frac{1}{2}(1+\cos\alpha) \tag{8}$$

$$(1+e^{ix})^2 = 2\cos\frac{x}{2}\cdot e^{i\frac{x}{2}}\cdot 2\cos\frac{x}{2}\cdot e^{-i\frac{x}{2}} \tag{9}$$

$$= 2(1+\cos x)e^{i\frac{x}{2}}e^{-i\frac{x}{2}} = 2\{1+\cos 2\pi(\delta'-\delta)\} \tag{10}$$

式(6)の関係より2つの波の位相が等しければ強度Iは，$I = 4A^2$となるが，πだけずれていれば，$I = 0$となる．

（2）　振幅も，位相も異なる複数の波の合成は，次式で与えられる．

$$E = \sum_j A_j e^{2\pi i(\nu t+\delta_j)} = e^{2\pi i\nu t}\sum_j A_j e^{2\pi i\delta_j} \tag{11}$$

$$I = |EE^*| = \left(e^{2\pi i\nu t}\sum_j A_j e^{2\pi i\delta_j}\right)\left(e^{-2\pi i\nu t}\sum_j A_j e^{-2\pi i\delta_j}\right) \tag{12}$$

$$= \left\{\sum_j A_j^2+\sum_{j\neq k}\sum A_j A_k e^{2\pi i(\delta_j-\delta_k)}\right\} \tag{13}$$

＊は共役複素数を表す．式(11)が示すように，X 線の振動数に関係する $e^{2\pi i\nu t}$ 項は，波の合成において $\sum$ の外にくくり出され，散乱強度には関係しない．すなわち複数の波の重なりに伴う強度を考える場合は，波の振幅と位相のみ考えれば十分である．E の代わりに，次式を考慮すればよいことを示している．

$$G = Ae^{2\pi i\delta} \longrightarrow I = |GG^*| \tag{14}$$

なお，式(13)は $\sum_{j \neq k}\sum = \sum_{j > k}\sum + \sum_{j < k}\sum$ の関係を参考にすれば以下のように表すこともできる．

$$I = \left\{\sum_j A_j^2 + 2\sum_{j > k}\sum A_j A_k \cos 2\pi(\delta_j - \delta_k)\right\} \tag{15}$$

参考：x 方向に進行する波について，ある時間に原点と位置 x との波の位相差を，**図 1** のように $2\pi\delta$ と考える．行路差が波長(λ)に等しくなると位相差は 2π ずれるので，位相差 = 行路差 ×($2\pi/\lambda$)の関係となる．

$$\delta = \frac{x}{\lambda} \tag{16}$$

3 次元空間で伝播する波について，進行方向の単位ベクトルを $\boldsymbol{k}$ とすれば，$\boldsymbol{k}$ に垂直な平面上におけるすべての位置で位相は一定である．したがって，ベクトル $\boldsymbol{r}$ で表される原点と空間の任意の点(**図 2** の R)との位相差は，次式で与えられる．

$$2\pi\delta = 2\pi\frac{\boldsymbol{k}\cdot\boldsymbol{r}}{\lambda} \tag{17}$$

さらにこれらの現象を簡便に表現するため $\boldsymbol{k}$ 方向に $1/\lambda$ の長さを持つ波数ベクトル $\boldsymbol{K} = \boldsymbol{k}/\lambda$ を利用すれば $\delta = \boldsymbol{K}\cdot\boldsymbol{r}$ となり式(14)は，一般式として用いられる次式となる．

$$G = Ae^{2\pi i\boldsymbol{K}\cdot\boldsymbol{r}},\ G^* = Ae^{-2\pi i\boldsymbol{K}\cdot\boldsymbol{r}} \tag{18}$$

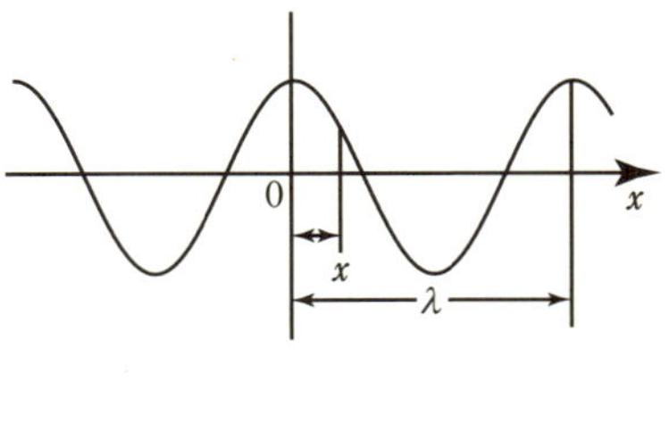

図 1　x 方向に進行する波の位相差

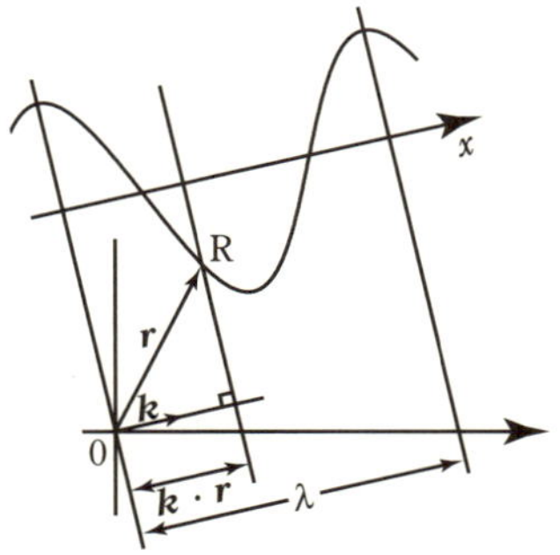

図 2　ベクトル $\boldsymbol{r}$ で与えられる原点と空間の任意点との位相差

問題 3.8

原子核から距離 $\boldsymbol{r}$ だけ離れている点に，電子1個の電荷が $\rho(\boldsymbol{r})$ で分布している原子がある．以下の問いに答えよ．

（1）　この原子にX線が照射された場合の散乱因子 f_e を導出せよ．

（2）　電子が Z 個ある原子に関する一般式についても検討せよ．

解　（1）　**図1**に示すように，原子の周囲に分布する電子AおよびBに位置する電子からの散乱されたX線は，散乱角 2θ 方向の YY′ 面に対して $\overline{\mathrm{AD}}$ と $\overline{\mathrm{CB}}$ の光路差に対応する位相差を生じる．電子Aからの散乱X線は，D点に到達するまでに $\boldsymbol{s}\cdot\boldsymbol{r}$ の距離を通る．一方，電子Bからの散乱X線は，入射X線がB点に到達するまでの距離 $\boldsymbol{s}_0\cdot\boldsymbol{r}$ を通ってから発生する．光路差がない XX′ 面(散乱角ゼロ $(2\theta = 0)$)の方向については，原子からのX線の散乱振幅は，1個の電子からの散乱振幅に電子の数(=原子番号)を掛けた値に等しいが，散乱角が大きくなると位相のずれが大きくなり，X線の散乱振幅は減少する．

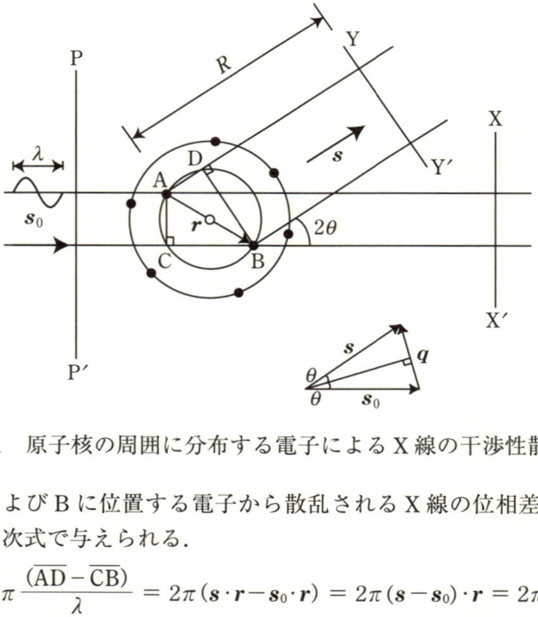

図1　原子核の周囲に分布する電子によるX線の干渉性散乱

原子内のAおよびBに位置する電子から散乱されるX線の位相差 $2\pi\varDelta$ (scattering phase shift)は，次式で与えられる．

$$2\pi\varDelta = 2\pi\frac{(\overline{\mathrm{AD}}-\overline{\mathrm{CB}})}{\lambda} = 2\pi(\boldsymbol{s}\cdot\boldsymbol{r}-\boldsymbol{s}_0\cdot\boldsymbol{r}) = 2\pi(\boldsymbol{s}-\boldsymbol{s}_0)\cdot\boldsymbol{r} = 2\pi\boldsymbol{q}\cdot\boldsymbol{r} \qquad (1)$$

ここで $\boldsymbol{s}_0$ および $\boldsymbol{s}$ は入射および散乱X線の波数ベクトルを表し，その絶対値は $1/\lambda$ に等しい($|\boldsymbol{s}_0| = |\boldsymbol{s}| = 1/\lambda$)．式(1)は，距離 $\boldsymbol{r}$ に位置する電子からの散乱波と，原点にある電子からの散乱波との間に生ずる光路差が $(\boldsymbol{s}-\boldsymbol{s}_0)\cdot\boldsymbol{r}$ であること，ならびに次

式の関係を示す．

$$\boldsymbol{q} = \boldsymbol{s} - \boldsymbol{s}_0 \quad \Rightarrow \quad |\boldsymbol{q}| = q = \frac{2\sin\theta}{\lambda} \tag{2}$$

このベクトル $\boldsymbol{q}$ を散乱ベクトルと呼ぶ．言い換えると散乱ベクトル $\boldsymbol{q}$ は入射X線(の波)を，2θ の散乱方向に向けるのに必要なベクトルで $\boldsymbol{s} = \boldsymbol{s}_0 + \boldsymbol{q}$ の関係にある．また，AおよびBにある電子の相対的な位置関係を表すベクトルが $\boldsymbol{r}$ なので，距離ABに比べ非常に大きい距離 R にあるYY′面で観測する2つの散乱波の重ね合わせた結果は，次式で表すことができる．

$$y = e^{2\pi i(\nu t+\delta)} + e^{2\pi i(\nu t+\delta+\Delta)} = e^{2\pi i(\nu t+\delta)}\left\{1+e^{2\pi i(\Delta-\delta)}\right\} \tag{3}$$

$$= e^{2\pi i(\nu t+\delta)}\cdot\left(1+e^{2\pi i\boldsymbol{q}\cdot\boldsymbol{r}}\right) \tag{4}$$

ここで，ν は進行波の振動数，t は時間である．式(4)の第1項は，YY′に向かって進む波の持つ共通の位相項を表し，第2項が個々の散乱体に起因する位相効果を表す．ただし，式(4)は散乱体がAおよびBにある電子2個のみの場合で，かつAの電子を原点としている．したがって，n 個の電子をもつ原子の場合は，それらすべての位置関係を表すベクトル $\boldsymbol{r}_j$ について，散乱波の重ね合わせを考えることになる．これらを扱う一般式として次式が使われる．

$$y_n = e^{2\pi i(\nu t+\delta)}\cdot\sum_{j=1}^{n} f_j e^{2\pi i\boldsymbol{q}\cdot\boldsymbol{r}_j} \tag{5}$$

ここで f_j は，j 番目の散乱体(電子)が入射X線を散乱する能力に相当する量で散乱能と呼ばれる．言い換えると散乱能 f_j を有する散乱体(電子)が n 個ある場合，散乱波の振幅は式(5)の第2項で与えられる．

量子力学では，電子の電荷はある1点に集中しているのではなく雲のような分布があり，単位体積当たりの電子の数を距離の関数として表す電子分布関数 $\rho(r)$ で表現する．したがって，式(5)の第2項は次式で与えられ，f_{X} をX線の原子散乱因子と呼ぶ．

$$f_{\mathrm{X}} = \int_{\mathrm{atom}} e^{2\pi i\boldsymbol{q}\cdot\boldsymbol{r}}\rho(\boldsymbol{r})\mathrm{d}V \tag{6}$$

なお，電子が1個の場合，

$$\int\rho(\boldsymbol{r})\mathrm{d}V = 1$$

に対応する．次に，$\boldsymbol{q}\cdot\boldsymbol{r}$ に関する積分を実行するため球面極座標(**図2**)を用いると次式の関係がある．

$$\boldsymbol{q}\cdot\boldsymbol{r} = qr\cos\beta \tag{7}$$

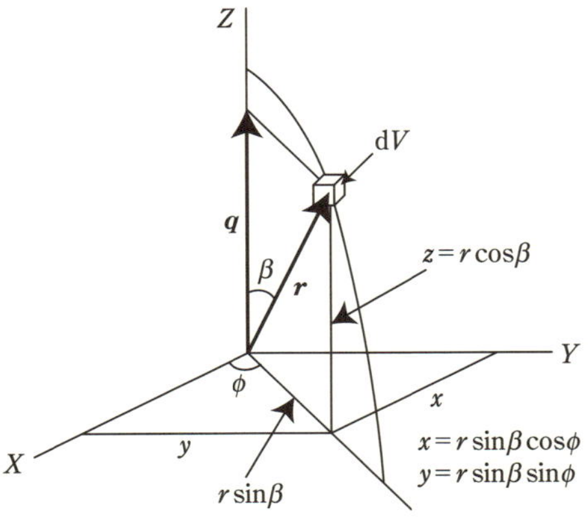

図2　球面極座標における各変数の表示

$$\mathrm{d}V = r^2 \sin\beta \mathrm{d}\beta \mathrm{d}\phi \mathrm{d}r \tag{8}$$

これらを用いて，電子1個による散乱因子 f_{e} を求めると次式の結果を得る．なお，ここで与えられる f_{e} は，原子の中で分布を持った1個の電子により散乱された波の振幅と，古典的に電子がある点に局在（デルタ関数）していると考えた場合の1個の電子による散乱波の振幅の比を表している．

$$f_{\mathrm{e}} = \int_{r=0}^{\infty}\int_{\beta=0}^{\pi}\int_{\phi=0}^{2\pi} e^{2\pi iqr\cos\beta}\rho(r)r^2\sin\beta\mathrm{d}\beta\mathrm{d}\phi\mathrm{d}r \tag{9}$$

$$= 2\pi\int_{r=0}^{\infty}\rho(r)r^2\int_{\omega=1}^{1}e^{2\pi iqr\omega}\mathrm{d}\omega\mathrm{d}r(\omega = \cos\beta) \tag{10}$$

$$= 2\pi\int_{r=0}^{\infty}\rho(r)r^2\mathrm{d}r\left[\frac{e^{2\pi iqr}-e^{-2\pi iqr}}{2\pi iqr}\right] \tag{11}$$

$$= 2\pi\int_{r=0}^{\infty}\rho(r)r^2\mathrm{d}r\frac{2i\sin(2\pi qr)}{i\,2\pi qr} \tag{12}$$

$$= 4\pi\int_{r=0}^{\infty}\rho(r)r^2\frac{\sin 2\pi qr}{2\pi qr}\mathrm{d}r \tag{13}$$

なお，ここでは次の関係を利用している．

$t = 2\pi iqr$ とおけば $\int e^{tx}\mathrm{d}x = \frac{e^{tx}}{t}$ だから，次式の関係を得る．

$$\int_{-1}^{1}e^{tx}\mathrm{d}x = \left[\frac{e^{tx}}{t}\right]_{-1}^{1} = \frac{e^{t}-e^{-t}}{t}$$

$e^{ix} = \cos x + i\sin x$ および $e^{-ix} = \cos x - i\sin x$ の関係を利用すれば，$e^{ix} - e^{-ix} = 2i\sin x$ となる．

（2）　電子が Z 個ある場合で，それらの分布が距離 r のみに依存する場合についても，同様な方法が適用できる．

$$f_{\mathrm{x}} = \sum_{j=1}^{Z} f_{\mathrm{e},j} = \sum_{j=1}^{Z} 4\pi\int_{r=0}^{\infty}\rho_j(r)r^2\frac{\sin 2\pi qr}{2\pi qr}\mathrm{d}r \tag{14}$$

電子が Z 個 $=$ 原子番号 Z の原子について，次式が成立する．

$$\sum_{j=1}^{Z} 4\pi\int_{r=0}^{\infty}\rho_j(r)r^2\mathrm{d}r = Z \tag{15}$$

また，$q\to 0$ について，

$$\frac{\sin 2\pi qr}{2\pi qr} \longrightarrow 1 \tag{16}$$

したがって，f_{x} は $q\to 0$ について Z に収束する．すなわち，散乱角ゼロについて f_{x} は，1個の電子からの散乱振幅に原子番号を掛けた値に等しいことと対応する．なお，式(13)などに現れる $2\pi q$ を波数ベクトル（wave rector）と呼び，次のように表した表現が使われることも多い．

$$2\pi q = 2\pi \times \frac{2\sin\theta}{\lambda} = 4\pi\frac{\sin\theta}{\lambda} = Q \tag{17}$$

$$f_{\mathrm{x}} = \sum_{j=1}^{Z}\int_{r=0}^{\infty} 4\pi r^2 \rho_j(r)\frac{\sin Qr}{Qr}\mathrm{d}r \tag{18}$$

問題 3.9

水素はK殻で1個の電子（通常1sと呼ばれる）を配置しており，その分布は**図A**に示すように距離 r のみの関数で与えられる．1s電子の波動関数 $\psi_{1s}(r)$ は，原子番号 Z，ボーア半径 r_0 を用いて次式で与えられる．

$$|\psi_{1s}(r)|^2 = \frac{1}{\pi}\left(\frac{Z}{r_0}\right)^3 e^{-2\frac{Z}{r_0}r}$$

水素原子の原子散乱因子 f_{H} を算出するためのフーリエ変換 $F(Q)$ を求めよ．
なお，この波動関数は規格化され，次式の関係を満足する．

$$\int_0^{\infty} 4\pi r|\psi_{1s}(r)|^2\mathrm{d}r = 1$$

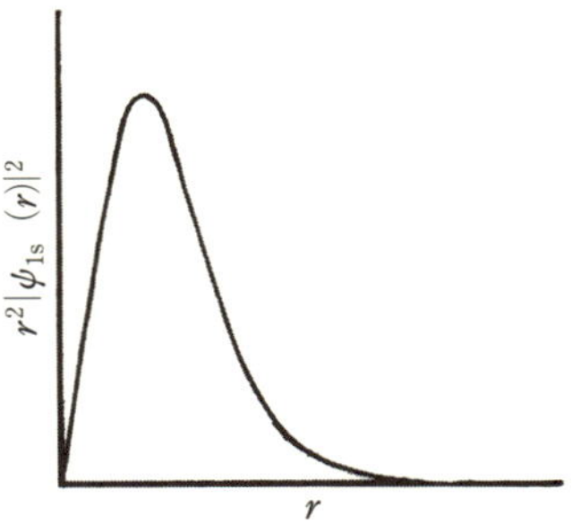

図A　水素1s電子の動径分布関数（模式図）

解　式(3.9)を利用する．

$$f_{\mathrm{x}} = \sum_{j=1}^{Z}\int_{0}^{\infty} 4\pi r^2 \rho_j(r)\frac{\sin Q\cdot r}{Q\cdot r}\mathrm{d}r \tag{1}$$

与えられた条件より，$\rho_j(r) = |\psi_{1s}(r)|^2$ を代入し，積分を実行すればよい．ただし，式(1)の積分はいわゆるフーリエ変換に相当するので，その要点を以下に示す．

一般に関数 $f(\boldsymbol{r})$ のフーリエ変換およびその逆変換は，次式で与えられる．

$$\left.\begin{aligned} F(\boldsymbol{Q}) &= \int f(\boldsymbol{r})e^{iQ\cdot r}\mathrm{d}\boldsymbol{r} \\ f(\boldsymbol{r}) &= \int F(\boldsymbol{r})e^{-iQ\cdot r}\mathrm{d}\boldsymbol{Q} \end{aligned}\right\} \tag{2}$$

ここで，$\boldsymbol{Q}$ は逆空間のベクトルである（フーリエ変換の詳細については，例えば，桜井敏雄，X線結晶解析，裳華房(1967)を参照）．$f(\boldsymbol{r})$ が距離 r のみに依存し，かつ等方的に扱える場合は角度に関する積分は独立できるので，次のように簡略化される．

$$F(Q) = 4\pi\int_0^{\infty} f(r)r^2\frac{\sin Q\cdot r}{Q\cdot r}\mathrm{d}r \tag{3}$$

したがって，例えば $r < R$ で $f(r) = 1$ で表されるような半径 R の球については次式が得られる．

$$F(Q) = 4\pi \int_0^R r^2 \frac{\sin Q \cdot r}{Q \cdot r} \mathrm{d}r = \frac{4\pi}{Q} \int_0^R r \sin Qr \mathrm{d}r \tag{4}$$

$$= \frac{4\pi}{Q^3} (\sin QR - QR \cos QR) \tag{5}$$

なお，ここでは次の部分積分を利用している．

$$\int x \sin kx \mathrm{d}x = x \cdot \frac{-\cos kx}{k} - \int 1 \cdot \left(\frac{-\cos kx}{k} \right) \mathrm{d}x$$

$$= -\frac{x \cos kx}{k} + \frac{1}{k} \left(\frac{\sin kx}{k} \right)$$

$$= \frac{1}{k^2} (\sin kx - kx \cos kx)$$

式(3)の積分の実行にもどる．波動関数について $Z/r_0 = 1/t$ とおく．

$$\rho_{1\mathrm{s}}(r) = f(r) = \frac{1}{\pi} \left(\frac{Z}{r_0} \right)^3 e^{-2\frac{Z}{r_0}} = \frac{1}{\pi} \left(\frac{1}{t} \right)^3 e^{-\frac{2}{t}r} \tag{6}$$

式(6)を式(3)に代入し，整理すると次式を得る．

$$F(Q) = 4\pi \cdot \frac{1}{\pi} \left(\frac{1}{t} \right)^3 \left(\frac{1}{Q} \right) \int_0^\infty r \cdot e^{-\frac{2}{t}r} \cdot \sin Qr \mathrm{d}r \tag{7}$$

式(7)は，次の形で表される積分の値を求めて検討することに対応する．

$$I_1 = \int_0^\infty x e^{-\alpha x} \sin \beta x \mathrm{d}x \quad \left(\alpha = \frac{2}{t},\ \beta = Q \right) \tag{8}$$

式(8)の値を得るには，微分・積分の手法を工夫する必要があるが，被積分関数のうち x を含まない次の積分をまず考える．

$$I_0 = \int_0^\infty e^{-\alpha x} \sin \beta x \mathrm{d}x \quad (\alpha > 0) \tag{9}$$

$$= \left[\frac{e^{-\alpha x}}{-\alpha} \sin \beta x \right]_0^\infty - \int_0^\infty \frac{e^{-\alpha x}}{-\alpha} \beta \cos \beta x \mathrm{d}x$$

$$= -\frac{1}{\alpha}(0-0) + \frac{\beta}{\alpha} \left\{ \left[\frac{e^{-\alpha x}}{-\alpha} \cos \beta x \right]_0^\infty - \int \frac{e^{-\alpha x}}{-\alpha} (-\beta \sin \beta x) \mathrm{d}x \right\}$$

$$= -\frac{\beta}{\alpha^2}(0-1) - \frac{\beta^2}{\alpha^2} I_0 \quad \longrightarrow \quad \left(1 + \frac{\beta^2}{\alpha^2} \right) I_0 = \frac{\beta}{\alpha^2}$$

したがって，式(9)の値は次のとおりである．

$$I_0 = \int_0^\infty e^{-\alpha x} \sin \beta x \mathrm{d}x = \frac{\beta}{\alpha^2 + \beta^2} \tag{10}$$

なお，ここでは $x=\infty$ の場合，$e^{-\alpha x}=0(a>0)$ だから $\lim_{x\to\infty} e^{-\alpha x}\sin\beta x=0$ の関係を利用している．

I_0 を α について積分すれば，対象となる関数は $(-xe^{-\alpha x}\sin\beta x)$ となり，式(8)で与えられる I_1 の形となる．この関係を用いれば式(8)の値を容易に求めることができる．

$$I_1=-\frac{\mathrm{d}}{\mathrm{d}\alpha}I_0=-\frac{\mathrm{d}}{\mathrm{d}\alpha}\left(\frac{\beta}{\alpha^2+\beta^2}\right)=\frac{2\alpha\beta}{(\alpha^2+\beta^2)^2} \tag{11}$$

ここでは，$\alpha^2+\beta^2=u$，$\beta=k$(定数)とした場合の導関数が次式で与えられることを利用している．

$$\left(\frac{k}{u}\right)'=-\frac{ku'}{u^2}\quad\longrightarrow\quad-\frac{\beta\cdot2\alpha}{(\alpha^2+\beta^2)^2}$$

これらを整理して，K殻電子(1s)の波動関数に関するフーリエ変換部分は，以下のようになる．

$$F_{1\mathrm{s}}(Q)=4\pi\cdot\frac{1}{\pi}\cdot\left(\frac{1}{t}\right)^3\cdot\frac{1}{Q}\times\frac{2\cdot\left(\frac{2}{t}\right)\cdot Q}{\left\{\left(\frac{2}{t}\right)^2+Q^2\right\}^2} \tag{12}$$

$$=\frac{4^2\left(\frac{1}{t}\right)^4}{\left\{\left(\frac{2}{t}\right)^2+Q^2\right\}^2}=\frac{4^2\left(\frac{Z}{r_0}\right)^4}{\left\{\left(\frac{2Z}{r_0}\right)^2+Q^2\right\}^2} \tag{13}$$

式(13)を Q の関数として算出すれば水素の原子散乱因子を得る．

なお，これまでX線の分野では，慣習的に波数ベクトル Q ではなく，散乱ベクトル $q=\sin\theta/\lambda$ の関数として，算出されている．この場合の式(13)は，$Q=2\pi q$ を代入して次式のように整理される．

$$F_{1\mathrm{s}}(q)=\frac{\left(\frac{Z}{r_0}\right)^4}{\left\{\left(\frac{Z}{r_0}\right)^2+(\pi q)^2\right\}^2} \tag{14}$$

問題 3.10

六方稠密格子は，単位格子内に2個の原子が所属し，その位置は(000)および(1/3 2/3 1/2)で表すことができる．構造因子 F_{hkl} を求めよ．

解

$$F_{hkl}=\sum_{j=1}^{2}f_je^{2\pi i(hu_n+kv_n+lw_n)}$$

$$F_{hkl}=fe^{2\pi i(0+0+0)}+fe^{2\pi i\left(\frac{h}{3}+\frac{2k}{3}+\frac{l}{2}\right)}$$

$$=f\left[1+e^{2\pi i\left(\frac{h+2k}{3}+\frac{l}{2}\right)}\right]$$

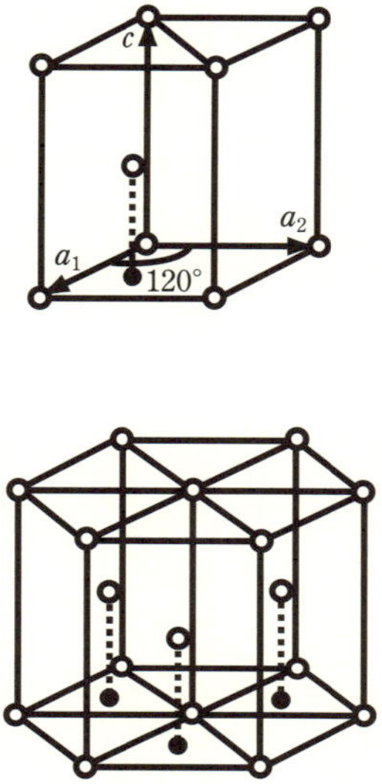

図1　六方稠密格子の基本的特徴

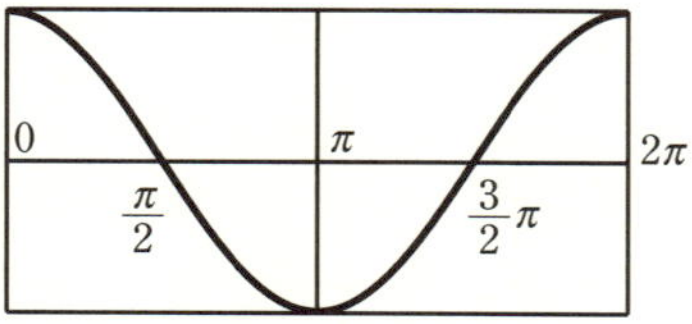

図2　コサイン関数の変化

整理の都合上 $q = \dfrac{h+2k}{3} + \dfrac{l}{2}$ とおくと

$$F_{hkl} = f(1+e^{2\pi iq})$$

一方，(hkl) 面からの散乱波の振幅は F の絶対値の2乗で与えられ，その値は共役複素数を掛けることによって得られる．

$$|F_{hkl}|^2 = f(1+e^{2\pi iq}) \times f(1+e^{-2\pi iq})$$
$$= f^2(2+e^{2\pi iq}+e^{-2\pi iq})$$

ここで，$e^{ix}+e^{-ix} = 2\cos x$ および $\cos 2A = 2\cos^2 A - 1$（倍角の公式）を用いると，

$$|F_{hkl}|^2 = f^2(2+2\cos 2\pi q)$$
$$= f^2[2+2(2\cos^2 \pi q - 1)]$$
$$= f^2(4\cos^2 \pi q)$$

したがって，次式の関係を得る．

$$|F_{hkl}|^2 = 4f^2\cos^2 \pi\left(\frac{h+2k}{3} + \frac{l}{2}\right)$$

三角関数 $\cos x$ の性質より x が $\frac{1}{2}\pi$, $\frac{3}{2}\pi$, … の場合ゼロ，0, π, 2π, …の場合は±1となる．すなわち $\cos^2 \pi n = 1$（n は整数）．

$(h+2k)$ が3の倍数で，l が奇数の場合，例えば (001)，(111) の場合，$\left(\frac{h+2k}{3} + \frac{l}{2}\right)$ が $\frac{1}{2}\pi$，$\frac{3}{2}\pi$ となるので散乱強度は観測されない．一方，$(h+2k)$ が3の倍数で l が偶数の場合，例えば (002)，(112) の場合は，$q = \left(\frac{h+2k}{3} + \frac{l}{2}\right)$ が整数となり，$\cos \pi q = \pm 1$，$\Rightarrow |F|^2 = 4f^2$ となる．ただし，以下の例のように，すべての面の構造因子が同じ値となるわけではない．

$$|F_{101}|^2 = 4f^2\cos^2 \pi\left(\frac{1}{3} + \frac{1}{2}\right) = 4f^2\cos^2\left(\frac{5}{6}\pi\right) \longrightarrow 3f^2$$

$$|F_{102}|^2 = 4f^2\cos^2 \pi\left(\frac{1}{3} + \frac{2}{2}\right) = 4f^2\cos^2\left(\frac{4}{3}\pi\right) \longrightarrow f^2$$

これらをすべて整理すると，以下の**表1**のとおりである．

表1 六方稠密格子の構造因子に関するまとめ

$h+2k$	l	$\lvert F\rvert^2$	例
$3m$	奇数	0	001 111 221
$3m$	偶数	$4f^2$	002 110 112
$3m \pm 1$	奇数	$3f^2$	101 103 201
$3m \pm 1$	偶数	f^2	100 102 200

m は整数

問題 3.11

ダイヤモンド構造は立方晶で単位格子当たり 8 個の原子を含む，その位置は次のとおりである．

$$(000) \quad \left(\frac{1}{2}\frac{1}{2}0\right) \quad \left(\frac{1}{2}0\frac{1}{2}\right) \quad \left(0\frac{1}{2}\frac{1}{2}\right)$$

$$\left(\frac{1}{4}\frac{1}{4}\frac{1}{4}\right)\left(\frac{3}{4}\frac{3}{4}\frac{1}{4}\right)\left(\frac{3}{4}\frac{1}{4}\frac{3}{4}\right)\left(\frac{1}{4}\frac{3}{4}\frac{3}{4}\right)$$

この場合の構造因子 F および $|F|^2$ を求めよ．

解

$$\begin{aligned}
F &= f\left[e^{2\pi i(0+0+0)}+e^{2\pi i\left(\frac{h}{2}+\frac{k}{2}+0\right)}+e^{2\pi i\left(\frac{h}{2}+0+\frac{l}{2}\right)}+e^{2\pi i\left(0+\frac{k}{2}+\frac{l}{2}\right)}\right] \\
&\quad +f\left[e^{2\pi i\left(\frac{h}{4}+\frac{k}{4}+\frac{l}{4}\right)}+e^{2\pi i\left(\frac{3h}{4}+\frac{3k}{4}+\frac{l}{4}\right)}+e^{2\pi i\left(\frac{3h}{4}+\frac{k}{4}+\frac{3l}{4}\right)}+e^{2\pi i\left(\frac{h}{4}+\frac{3k}{4}+\frac{3l}{4}\right)}\right] \\
&= f[1+e^{\pi i(h+k)}+e^{\pi i(h+l)}+e^{\pi i(k+l)}] \\
&\quad +f\left[e^{\pi i\frac{(h+k+l)}{2}}+e^{\pi i\frac{(3h+3k+l)}{2}}+e^{\pi i\frac{(3h+k+3l)}{2}}+e^{\pi i\frac{(h+3k+3l)}{2}}\right] \\
&= f\,[1+e^{\pi i(h+k)}+e^{\pi i(h+l)}+e^{\pi i(k+l)}] \\
&\quad +fe^{\pi i\left(\frac{h+k+l}{2}\right)}[1+e^{\pi i(h+k)}+e^{\pi i(h+l)}+e^{\pi i(k+l)}] \\
&= f\left[1+e^{\pi i\frac{(h+k+l)}{2}}\right][1+e^{\pi i(h+k)}+e^{\pi i(h+l)}+e^{\pi i(k+l)}]
\end{aligned}$$

まず第 2 項について考える．$e^{n\pi i}=(-1)^n$ n は整数の関係を考慮すると hkl が奇数および偶数の混合であれば，第 2 項はゼロとなる．

例えば，(100)，(110)および(211)は，それぞれ以下のとおりである．

$$\begin{aligned}
1+e^{\pi i(1+0)}+e^{\pi i(1+0)}+e^{\pi i(0+0)} &= 1-1-1+1=0 \\
1+e^{\pi i(1+1)}+e^{\pi i(1+0)}+e^{\pi i(1+0)} &= 1+1-1-1=0 \\
1+e^{\pi i(2+0)}+e^{\pi i(1+0)}+e^{\pi i(1+1)} &= 1-1-1+1=0
\end{aligned}$$

一方，hkl が非混合の場合は 4 となる．したがって，hkl が非混合の場合の F は次式で与えられる．

$$F = 4f\left[1+e^{\pi i\frac{h+k+l}{2}}\right]$$

$$|F|^2 = 16f^2\left[1+e^{\pi i\frac{h+k+l}{2}}\right]\left[1+e^{-\pi i\frac{h+k+l}{2}}\right]$$

$$= 16f^2\left[1+1+2\cos\frac{\pi}{2}(h+k+l)\right]$$

$$= 32f^2\left[1+\cos\frac{\pi}{2}(h+k+l)\right]$$

ここで $e^0=1$，$e^{ix}+e^{-ix}=2\cos x$ の関係を利用している．cos 関数は π の奇数倍の場合 -1，偶数倍の場合 $+1$，$\dfrac{\pi}{2}$ の奇数倍の場合ゼロである．したがって，***hkl*** の非混合について次の関係を得る．

例(111)，(311)，$h+k+l$ が奇数倍　　$\cos x = 0 \rightarrow |F|^2 = 32f^2$
例(110)，(200)，$h+k+l$ が 2 の奇数倍　　$\cos x = -1 \rightarrow |F|^2 = 0$
例(220)，(400)，$h+k+l$ が 2 の偶数倍　　$\cos x = +1 \rightarrow |F|^2 = 64f^2$

もちろん ***hkl*** が奇数および偶数の混合の場合は，$|F|^2=0$ である．

問題 3.12

岩塩(NaCl)構造は，Na^+イオンが単位格子のコーナーおよび面の中心を占め，一方 Cl^-が立方体の中心および稜の中心を占める配置となっている．あるいは Na^+イオンが構成する fcc 格子と原点を(1/2, 0, 0)だけ移動した Cl^-イオンが構成する fcc 格子を組み合わせてできる構造と表すこともできる．この結果，いずれの Na^+イオンも 6 個の Cl^-イオンに囲まれており，その逆の関係も成立する．したがって Na^+および Cl^-イオンは，以下の格子点を占めると考えることができる．

$$Na^+\quad(000)\ \left(\frac{1}{2}\,\frac{1}{2}0\right)\left(\frac{1}{2}0\frac{1}{2}\right)\ \left(0\frac{1}{2}\,\frac{1}{2}\right)$$

$$Cl^-\quad\left(0\frac{1}{2}0\right)\ \left(\frac{1}{2}\,00\right)\ \left(00\frac{1}{2}\right)\ \left(\frac{1}{2}\frac{1}{2}\,\frac{1}{2}\right)$$

（1）　Na および Cl の原子散乱因子を f_{Na} および f_{Cl} とし，構造因子 F_{hkl} を求めよ．

（2）　(111)面および(200)面の構造因子を算出せよ．

解　（1）

$$F_{hkl} = f_{Na}\left[e^{2\pi i(0+0+0)}+e^{2\pi i\left(\frac{h}{2}+\frac{k}{2}+0\right)}+e^{2\pi i\left(\frac{h}{2}+0+\frac{l}{2}\right)}+e^{2\pi i\left(0+\frac{k}{2}+\frac{l}{2}\right)}\right]$$

$$+f_{Cl}\left[e^{2\pi i\left(0+\frac{k}{2}+0\right)}+e^{2\pi i\left(\frac{h}{2}+0+0\right)}+e^{2\pi i\left(0+0+\frac{l}{2}\right)}+e^{2\pi i\left(\frac{h}{2}+\frac{k}{2}+\frac{l}{2}\right)}\right]$$

$$= f_{Na}\left[1+e^{\pi i(h+k)}+e^{\pi i(h+l)}+e^{\pi i(k+l)}\right]$$

$$+f_{Cl}\left[e^{\pi ik}+e^{\pi ih}+e^{\pi il}+e^{\pi i(h+k+l)}\right]$$

$$= f_{\mathrm{Na}}\left[1+e^{\pi i(h+k)}+e^{\pi i(h+l)}+e^{\pi i(k+l)}\right]$$
$$+f_{\mathrm{Cl}}\,e^{\pi i(h+k+l)}\left[1+e^{\pi i(-h-k)}+e^{\pi i(-h-l)}+e^{\pi i(-k-l)}\right]$$
$$=\left[f_{\mathrm{Na}}+f_{\mathrm{Cl}}\,e^{\pi i(h+k+l)}\right]\left[1+e^{\pi i(h+k)}+e^{\pi i(h+l)}+e^{\pi i(k+l)}\right]$$

ここでは，$e^0=1$ および $e^{n\pi i}=e^{-n\pi i}$（n は整数）の関係を利用している．また，第1項は単位格子の(000)をNaが，(1/2, 1/2, 1/2)をClが占めていることを示し，第2項は面心の位置について並進を示す構造であることを示している．

並進を示す項は，面心立方格子における F の記述と同じであり，h, k, l が非混合であれば，$(h+k)$, $(h+l)$, $(k+l)$ の各項は偶数となるので，この項の値は1となる．逆に混合であれば −1 となる．具体的には，(111), (200)面の散乱強度は観測されるが，(100), (210)面の散乱強度は観測されない．ただし，NaClの場合，h, k, l がたとえ非混合でもNaおよびClという異なる元素が配置しているので，面心立方格子の結果をそのまま適用できない．

（2） (111)面：h, k, l が非混合でかつ $(h+k+l)$ が奇数の場合

$$F=4(f_{\mathrm{Na}}-f_{\mathrm{Cl}}) \quad \Rightarrow \quad |F|^2=16(f_{\mathrm{Na}}-f_{\mathrm{Cl}})^2$$

$F_{111}=16(f_{\mathrm{Na}}-f_{\mathrm{Cl}})$　　f_{Na} と f_{Cl} の差となり強度は減少する．

(200)面：h, k, l が非混合でかつ $(h+k+l)$ が偶数の場合

$$F=4(f_{\mathrm{Na}}+f_{\mathrm{Cl}}) \quad \Rightarrow \quad |F|^2=16(f_{\mathrm{Na}}+f_{\mathrm{Cl}})^2$$

$F_{200}=16(f_{\mathrm{Na}}+f_{\mathrm{Cl}})$　　f_{Na} と f_{Cl} の和となり強度は増加する．

類似問題 CsCl構造は，体心立方格子の中心を Cs^+ イオンが占め，8箇所のコーナーを Cl^- イオンが占める配置（あるいはその逆）となっている．

$$\mathrm{Cs}^+ \quad \left(\frac{1}{2}, \frac{1}{2}, \frac{1}{2}\right),\ \mathrm{Cl}^- \quad (0, 0, 0)$$

CsおよびClの原子散乱因子を f_{Cs} および f_{Cl} とし，構造因子 F_{hkl} を求めよ．

問題 3.13

元素と化合物の間で構造の類似性が認められる例として，ダイヤモンドと閃亜鉛鉱(zinc blend (β-ZnS))がある．以下の問いに答えよ．

（1） β-ZnSの単位格子におけるZn，Sの位置座標は下記のとおりである．ダイヤモンド構造との相互の関係について示せ．

$$\mathrm{Zn} \quad (000) \quad \left(0\frac{1}{2}\frac{1}{2}\right) \quad \left(\frac{1}{2}0\frac{1}{2}\right) \quad \left(\frac{1}{2}\frac{1}{2}0\right)$$

$$\mathrm{S} \quad \left(\frac{1}{4}\frac{1}{4}\frac{1}{4}\right) \left(\frac{1}{4}\frac{3}{4}\frac{3}{4}\right) \left(\frac{3}{4}\frac{1}{4}\frac{3}{4}\right) \left(\frac{3}{4}\frac{3}{4}\frac{1}{4}\right)$$

（2） β-ZnSの構造因子を求め，強度が観測できる場合について示せ．

解 （1） ダイヤモンドおよび β-ZnSの単位格子は，**図1**に示すとおり，両方とも

面心立方格子で表される．ダイヤモンドは (000) および $\left(\frac{1}{4}\frac{1}{4}\frac{1}{4}\right)$ とその面心の並進位置を単位格子当たり 8 個の原子が占めている．ZnS の場合も基本的に同じであるが，例えば Zn が (000) と

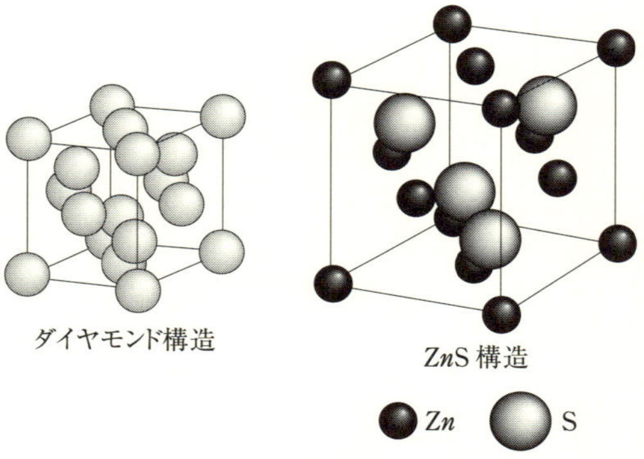

図 1　ダイヤモンド構造と ZnS 構造との関係

その面心の並進位置を，S が $\left(\frac{1}{4}\frac{1}{4}\frac{1}{4}\right)$ とその面心の並進位置を占める(あるいはその逆の関係)．また，この特徴は，片方の元素(例：Zn)が単位格子のコーナーおよび面心の位置を占め，他方の元素(例：S)がダイヤモンドと同じ四面体配置の位置を占める．あるいは Zn の面心立方格子とこれから $\frac{1}{4}\frac{1}{4}\frac{1}{4}$ だけ移動した位置にある S の面心立方格子の重ね合わせとも表現できる．

（2） β-ZnS の構造因子は，次のように求められる．

$$\begin{aligned}
F &= f_{\mathrm{Zn}}\left[e^{2\pi i(0+0+0)}+e^{2\pi i\left(0+\frac{k}{2}+\frac{l}{2}\right)}+e^{2\pi i\left(\frac{h}{2}+0+\frac{l}{2}\right)}+e^{2\pi i\left(\frac{h}{2}+\frac{k}{2}+0\right)}\right]\\
&\quad+f_{\mathrm{S}}\left[e^{2\pi i\left(\frac{h}{4}+\frac{k}{4}+\frac{l}{4}\right)}+e^{2\pi i\left(\frac{h}{4}+\frac{3k}{4}+\frac{3l}{4}\right)}+e^{2\pi i\left(\frac{3h}{4}+\frac{k}{4}+\frac{3l}{4}\right)}+e^{2\pi i\left(\frac{3h}{4}+\frac{3k}{4}+\frac{l}{4}\right)}\right]\\
&= f_{\mathrm{Zn}}\left[1+e^{\pi i(k+l)}+e^{\pi i(h+l)}+e^{\pi i(h+k)}\right]\\
&\quad+f_{\mathrm{S}}\left[e^{\pi i\left(\frac{h+k+l}{2}\right)}+e^{\pi i\left(\frac{h+3k+3l}{2}\right)}+e^{\pi i\left(\frac{3h+k+3l}{2}\right)}+e^{\pi i\left(\frac{3h+3k+l}{2}\right)}\right]
\end{aligned}$$

$$\begin{aligned}
F &= f_{\mathrm{Zn}}\left[1+e^{\pi i(h+l)}+e^{\pi i(h+l)}+e^{\pi i(h+k)}\right]\\
&\quad+f_{\mathrm{S}}\cdot e^{\pi i\left(\frac{h+k+l}{2}\right)}\left[1+e^{\pi i(k+l)}+e^{\pi i(h+l)}+e^{\pi i(h+k)}\right]\\
&= \left[1+e^{\pi i(k+l)}+e^{\pi i(h+l)}+e^{\pi i(h+k)}\right]\left[f_{\mathrm{Zn}}+f_{\mathrm{S}}e^{\pi i\left(\frac{h+k+l}{2}\right)}\right]
\end{aligned}$$

第 2 項は Zn が(000)，S が $\frac{1}{4}\frac{1}{4}\frac{1}{4}$ を占める単位格子の基本構造を示す．一方，第 1

項は，面心立方構造で認められる関係である．すなわち，***hkl*** が奇数および偶数の混合であれば第 1 項はゼロとなる．これに対して非混合の場合は 4 となる．したがって ***hkl*** が非混合の場合について，次式を用いて検討すればよい．

$$F = 4\left[f_{\mathrm{Zn}} + f_{\mathrm{S}} e^{\pi i\left(\frac{h+k+l}{2}\right)}\right]$$

強度に比例する $|F|^2$ は，共役複素数を掛けることによって求められる．

$$|F|^2 = 4\left[f_{\mathrm{Zn}} + f_{\mathrm{S}} e^{\pi i\left(\frac{h+k+l}{2}\right)}\right] \cdot 4\left[f_{\mathrm{Zn}} + f_{\mathrm{S}} e^{-\pi i\left(\frac{h+k+l}{2}\right)}\right]$$
$$= 16\left[f_{\mathrm{Zn}}^2 + f_{\mathrm{S}}^2 + 2 f_{\mathrm{Zn}} f_{\mathrm{S}}\left(e^{\pi i\left(\frac{h+k+l}{2}\right)} + e^{-\pi i\left(\frac{h+k+l}{2}\right)}\right)\right]$$
$$= 16\left[f_{\mathrm{Zn}}^2 + f_{\mathrm{S}}^2 + 2 f_{\mathrm{Zn}} f_{\mathrm{S}} \cos\frac{\pi}{2}(h+k+l)\right]$$

ここで $e^0 = 1$ および $e^{ix} + e^{-ix} = 2\cos x$ の関係式を利用している．cos 関数は π の偶数倍の場合は $+1$，奇数倍の場合は -1，$\pi/2$ の奇数倍の場合ゼロであることを考慮すると ***hkl*** の非混合の場合について，以下の関係を得る．

$h+k+l$ が奇数	$\cos x = 0 \rightarrow |F|^2 = 16(f_{\mathrm{Zn}}^2 + f_{\mathrm{S}}^2)$
$h+k+l$ が 2 の偶数倍	$\cos x = +1 \rightarrow |F|^2 = 16(f_{\mathrm{Zn}} + f_{\mathrm{S}})^2$
$h+k+l$ が 2 の奇数倍	$\cos x = -1 \rightarrow |F|^2 = 16(f_{\mathrm{Zn}} - f_{\mathrm{S}})^2$

なお，h, k, l が奇数，偶数混合の場合は，$|F|^2 = 0$ で強度は観測されない．

第4章 粉末試料からの回折および簡単な結晶の構造解析

結晶物質からのX線回折強度を測定する方法は種々あり，それぞれに特徴を有するが，いわゆるディフラクトメータを用いて，粉末結晶試料からの散乱(回折)強度を散乱角(または回折角ともいう)の関数として測定する方法が最も一般的である．ここでは，ディフラクトメータを用いた粉末試料によるX線回折実験を例に，構造解析のキーポイントについて述べる．

4.1 ディフラクトメータの原理

ディフラクトメータ(diffractometer)は，独立に回転する2つの回転軸(ω軸および2θ軸)を持つ精密機器の1つで，通常ω軸に粉末(結晶)試料を充填した平板状の試料ホルダーが，2θ軸に散乱X線の強度を測定するカウンターが取り付けられる．なお，試料面に対するX線の入射方向と回折方向が常に同じ角度θを保つように，入射X線の透過方向を基準に，ω軸のθ回転に対して2θ軸が倍の2θ回転する仕様となっている．言い換えると，試料面の法線方向は，入射X線のベクトル$\boldsymbol{s}_0$と，散乱X線のベクトル$\boldsymbol{s}$との差で定義される散乱ベクトル$\boldsymbol{q} = \boldsymbol{s} - \boldsymbol{s}_0$の方向と一致するように動作する．ディフラクトメータでは，入射X線および回折X線の角度分散を小さくし，かつ空間分解能を改善するために，複数のスリットをX線の通り道に入れて使う．入射X線，および散乱(回折)X線(以後，この章では回折X線という)の水平方向の分散をそれぞれ制限する発散スリット(DS：divergent slit)，および散乱スリット(SS：scatter slit)，そしてカウンター前には，測定の空間分解能を決定する受光スリット(RS：receiving slit)がセットされる．また，入射X線，回折X線の垂直方向の分散を制限するため，ソーラースリットも使われる．

ディフラクトメータの重要な特徴は，DSおよびSSによってX線の発散が制限されるのみでなく，粉末試料からの回折X線が，受光スリットRSで集光することである．この集光原理を擬焦点(para-focussing)と呼ぶ．**図4.1**から明らかなように，ディフラクトメータでは，常にカウンター直前のRSを必ず擬集光点と一致させて，粉末試料からの回折X線を集光し効率よく強度を得るとともに，空間分解能の改善

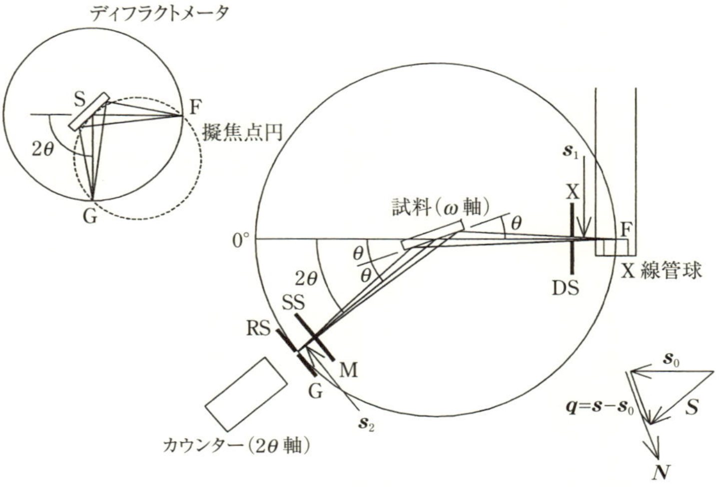

図 4.1　擬焦点のジオメトリーとディフラクトメータの構造

を達成する仕組みとなっている．

4.2　粉末試料からの回折 X 線強度の算出

ブラッグ条件を満足する散乱 X 線は位相がすべて揃っているので，例えば原子の数が N 個，その散乱振幅が A であれば，散乱 X 線の振幅は NA，全散乱強度は $(NA)^2$ となる．すなわち，ブラッグ条件を満足し干渉が起こる場合の散乱強度は，ブラッグ条件を満足せず干渉が起こらない場合の散乱強度 (NA^2) の N 倍となる．たとえ小さな結晶でも N の値は 1 g 当たり約 10^{22} である．したがって，粉末（結晶）試料からの回折 X 線は十分な強度で測定可能である．ただし，回折 X 線の強度は，入射 X 線の強度に比べれば極めて弱い．

回折 X 線の強度を見積もる際に必要な「構造因子」の具体例を第 3 章で説明したが，この構造因子 F は，結晶構造と，各結晶面からの散乱 X 線が干渉により強め合って測定される強度との関係を知る手段である．ただし，粉末試料からの回折 X 線強度の実測値は，構造因子だけを反映しているのではなく，偏光因子，多重度因子，ローレンツ因子，吸収因子あるいは温度因子の影響を受ける．これらの因子の要点を以下に述べる．

（**1**）　構造因子（第 3 章参照）

構造因子は，例えば(hkl)面について次式で与えられる．

$$F_{hkl} = \sum_{j=1}^{N} f_j e^{2\pi i(hu_j+kv_j+lw_j)} \tag{4.1}$$

ここで，Nは単位格子中の原子の総数，f_jはj番目の原子の原子散乱因子，$u_jv_jw_j$はj番目の原子位置を，格子定数を単位として表した座標である．

（**2**）　偏光因子

第3章で述べたトムソンの式は，入射X線が完全に偏光性をもたないとして導かれている．しかし，結晶により回折されたX線は一部偏光性を有するようになる．ディフラクトメータを使用して，波長一定の特性X線を試料に入射させる代表的なX線回折実験における偏光因子Pは，以下の関係式で与えられる．

（i）　結晶モノクロメータを使用せずフィルターのみ使用した場合：

$$P = \frac{1+\cos^2 2\theta}{2} \tag{4.2}$$

（ii）　入射X線側で結晶モノクロメータを使用した場合：

$$P = \frac{1+x\cos^2 2\theta}{1+x} \tag{4.3}$$

（iii）　回折X線側で結晶モノクロメータを使用した場合：

$$P = \frac{1+x\cos^2 2\theta}{2} \tag{4.4}$$

なお，xについては（ii）および（iii）の場合とも，モノクロメータの回折角を$2\theta_{\mathrm{M}}$として，モノクロメータ結晶が理想的モザイク構造の場合は$x = \cos^2 2\theta_{\mathrm{M}}$を，理想的完全結晶の場合は$x = \cos 2\theta_{\mathrm{M}}$を使用する．

（**3**）　多重度因子

多重度因子は，面間隔が等しくかつ構造因子が等しいが，方位の異なる結晶面の数を表す．例えば，立方晶の{100}については(100), (010), (001), $(\bar{1}00)$, $(0\bar{1}0)$, $(00\bar{1})$で6，同様に{111}の場合は8となる．種々の結晶系における多重度因子は，第2章の表2.2に与えられている．粉末試料内の個々の結晶が完全にランダムな方向をとる場合，それらの結晶がブラッグ条件を満足する方向に向いている確率は，例えば{111}は{100}に対して多重度因子の比，8対6の割合であることを示す．

（**4**）　ローレンツ因子

前述のように，ディフラクトメータを用いる測定では，通常，測定中に試料も回転する．入射X線に対してブラッグの条件を正確に満足する角度で，回折X線の強度は最大となるが，多少ずれても回折X線の強度は十分観測され，通常，強度と散乱角との関係は，**図4.2**のとおりである．この曲線下の面積によって与えられる強度を

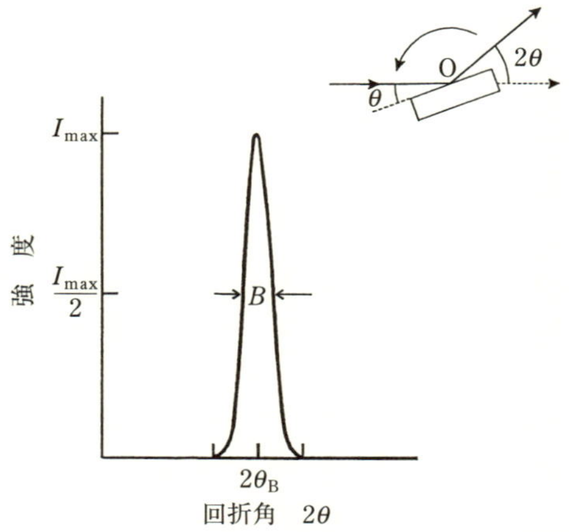

図 4.2　ブラッグの条件を満足する角度近傍で回転する試料からの散乱強度と散乱角との関係

「積分強度」と呼ぶ．すなわち，結晶からの回折X線の強度測定は，実際には，ある有限の大きさを持つ体積からの回折強度の積分値を測定していることになる．積分強度に帰着される体積が回折角により異なるため，異なる結晶面からの回折強度を比較する場合には，この点を考慮する必要がある．この影響をまとめたものをローレンツ因子という．粉末試料に対するローレンツ因子は，回折角の関数として次式で与えられる．

$$[\text{ローレンツ因子}] \equiv \frac{1}{\sin^2\theta \cos\theta} \tag{4.5}$$

なお，ローレンツ因子を単独ではなく同様に回折角の関数である偏光因子と組み合わせて，ローレンツ偏光因子として扱うことも多い．

（**5**）　吸収因子

第1章で説明したX線の物質による吸収，透過X線に対する吸収である．ディフラクトメータによる回折強度測定では，ほとんどの場合，細かく砕いた粉末試料を試料ホルダーに充塡し平板状にして用いる．単位断面積当たりの強度 I_0 のX線を平板試料の表面と γ の角度で入射させ，試料表面から深さ x にある厚さ $\mathrm{d}x$ の微小体積で生じた回折強度 $\mathrm{d}I$ を，試料表面となす角度 β で取り出して測定する場合を考える．微小体積からの散乱強度は，吸収係数 μ を用いて，次式で与えられる．

$$\mathrm{d}I = \frac{I_0}{\sin\gamma} e^{-\mu x\left(\frac{1}{\sin\gamma}+\frac{1}{\sin\beta}\right)} \mathrm{d}x \tag{4.6}$$

全回折強度は，式(4.6)を試料厚さ t で積分し，同時にディフラクトメータを用いる測定では，$\gamma = \beta = \theta$ であることを利用すれば，簡略化された次式を得る．

$$I_{\mathrm{D}} = \frac{I_0}{\sin\theta}\int_0^t e^{-\frac{2\mu x}{\sin\theta}} \mathrm{d}x = \frac{I_0}{2\mu}\left(1 - e^{-\frac{2\mu t}{\sin\theta}}\right) \tag{4.7}$$

すなわち，吸収因子は $\left(1 - e^{-\frac{2\mu t}{\sin\theta}}\right)/2\mu$ で表される．通常，試料が十分厚いと見なせるので，$t \to \infty$ となり，吸収因子の指数関数部分は消滅して単に $(1/2\mu)$ となる．したがって，ディフラクトメータを用い，十分な厚さを有する平板試料に対して測定する場合の吸収因子は，散乱角には依存しない一定値として扱えるので，強度の相対量を扱う限り吸収補正は不要となる．なお，試料が十分に厚いという判断基準は，以下の方法で求めることができる．

ディフラクトメータを用いる測定($\gamma = \beta = \theta$)において，厚さ t の試料からの回折強度と，半無限大の試料厚さを持つ場合の回折強度との比は，式(4.6)から，次式で与えられる．

$$G_t = \frac{\displaystyle\int_0^t \frac{I_0}{\sin\theta} e^{-\frac{2\mu x}{\sin\theta}} \mathrm{d}x}{\displaystyle\int_0^\infty \frac{I_0}{\sin\theta} e^{-\frac{2\mu t}{\sin\theta}} \mathrm{d}x} = 1 - e^{-\frac{2\mu t}{\sin\theta}}$$

$$t = -\frac{\sin\theta}{2\mu}\ln(1 - G_t) \tag{4.8}$$

この G_t の値は，試料厚さ t の関数として**図4.3**の相関関係を示す．例えば，G_t の値が95%の場合について厚さ t を求め，試料の厚さがその値以上であれば，試料は十分厚いと考えてよい．具体的には，例えば，Cu-Kα 線に対しては，Si粉末試料の厚さが0.5 mm程度あればこの条件を十分満足する．

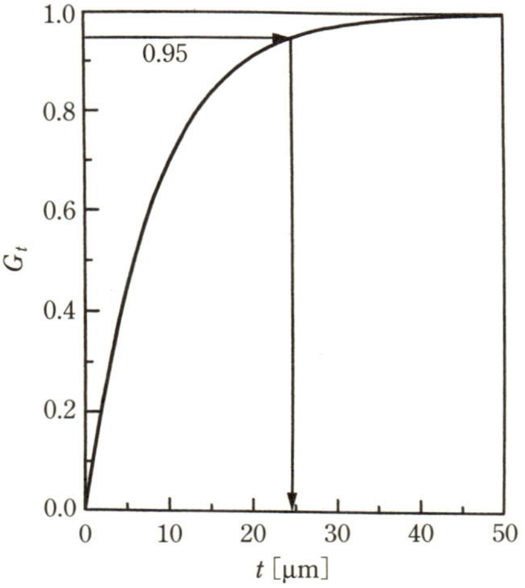

図4.3　半無限大厚さの試料の全散乱強度に対する深さ t の表面層からの散乱強度の割合

（**6**）　温度因子

よく知られているように，結晶中の原子は特定の位置に固定しているのではなく，熱振動により平均位置を中心に，例えば，室温付近の温度では，数％程度の変位を持って動いている．この熱振動のために，1つの原子によるX線の散乱振幅は減衰する．回折X線の強度計算においては，原子の熱振動に伴う効果をデバイ-ワーラー因子(Debye-Waller factor)として考慮する．通常，e^{-2M_T}の形で表現される補正を，X線の原子散乱因子fと組み合わせて次式のように行う．

$$f = f_0 e^{-M_T}$$

$$M_T = 8\pi^2 <u^2> \left(\frac{\sin\theta}{\lambda}\right)^2 = B_T\left(\frac{\sin\theta}{\lambda}\right)^2 \tag{4.9}$$

ここで，$<u^2>$は原子の散乱面に垂直な方向に対する変位の二乗平均である．温度の関数としてM_Tの値を正確に見積もることは極めて難しい．実際には，複数の温度について測定した実測値を用いて係数B_Tを決定して利用することが多い．

（7）　粉末結晶試料における回折強度の一般式

前述の諸因子を考慮することで，粉末結晶試料に関する回折X線の強度の一般式を求めることができる．例えば，フィルターを用いて単色化した特性X線を使い，ディフラクトメータを用いた場合，測定される回折X線の強度Iは次式で与えられる．

$$I = |F|^2 p\left(\frac{1+\cos^2 2\theta}{2\sin^2\theta\cos\theta}\right)\frac{1}{2\mu}\left(1-e^{-\frac{2\mu t}{\sin\theta}}\right)e^{-2M_T} \tag{4.10}$$

ここで，Fは構造因子，pは多重度因子，第3項の括弧はローレンツ偏光因子LPである．試料が十分厚いと見なせる場合，吸収因子は散乱角に依存せず一定値$(1/2\mu)$となる．また，温度因子e^{-2M_T}は，X線の原子散乱因子に影響するが，通常の相対強度の算出では省略する．

4.3　立方晶系の回折データの解析

周期表に掲載されている元素の中で約70％を占める金属元素の結晶構造は，比較的簡単な原子配列の「立方晶系」を示すことが多い．したがって，金属結晶のX線構造解析は，実験によって得られた回折ピークの散乱角2θの値から，格子の種類(例：面心立方格子，体心立方格子，六方稠密格子など)を比較的容易に決定できる．構造解析を進める最初の手順は，回折ピークの位置から散乱角2θの値を求めることである．しかし，最近はコンピュータ制御で実験が行われるので，**図4.4**の例のように，回折ピークの角度(2θ or θ)，使用したX線の波長λを用いてブラッグの条件から算出される面間隔の値d，さらには観測されたピークの相対強度比の値(I/I_1)などが自動的に算出・出力される場合がほとんどである．

ブラッグの条件と立方晶系の面間隔の関係式から，次式を得る．

$$\frac{\sin^2\theta}{(h^2+k^2+l^2)} = \frac{\sin^2\theta}{S} = \frac{\lambda^2}{4a^2} \tag{4.11}$$

図 4.4 の例では，実験により 6 本のピークが観測され，それらの回折角 2θ の値，対応する面間隔 d の値がアウトプットされている．式(4.11)から明らかなように，回折ピークを与える面指数の 2 乗の総和 ($S = h^2+k^2+l^2$) は常に整数であり，立方晶系の場合ダイヤモンド格子を加えても 4 つの可能性のみで，観測される面のミラー指数は**図 4.5** のとおりである．したがって，最も単純には，格子を仮定し観測されると思われる S(面指数の 2 乗の総和)の値を適用して，式(4.11)の $\sin^2\theta/S$ の値を計算する．もし，この値が一定値を示せば試料は適用した立方格子を持つと判定できる．また，その一定値は $\lambda^2/4a^2$ を与えているので，使用した X 線の波長 λ の値を代入して格子定数 a を決定できる．もし，一定値が得られなければ，別の格子を仮定して同様な計算を行う．図 4.5 からも明らかなように，$S = h^2+k^2+l^2$ の値には，7，15，23 などの数字は決して現れない．言い換えると，もし 7 や 15 などの数字が現れた場合，その解析は誤りであることを示している．また，式(4.11)を次式のように書き換えた，別の解析法(例えば，松村源太郎訳：新版カリティ X 線回折要論，アグネ技術センター(1980))もある．

$$\frac{4\sin^2\theta}{\lambda^2} = \frac{1}{d^2} = \frac{h^2+k^2+l^2}{a^2} \tag{4.12}$$

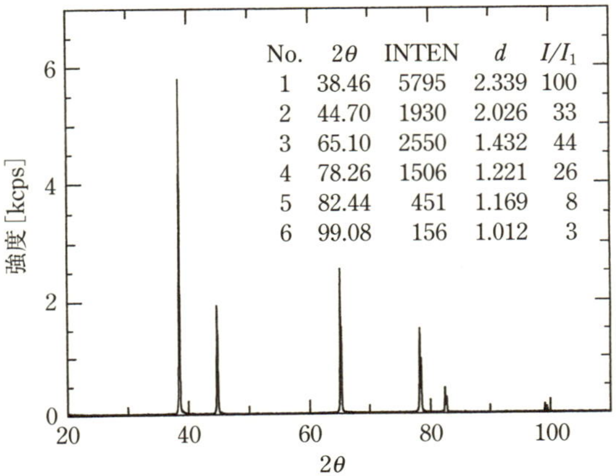

図 4.4　立方晶をもつ金属試料の X 線回折パターン例(Cu-Kα 線使用)

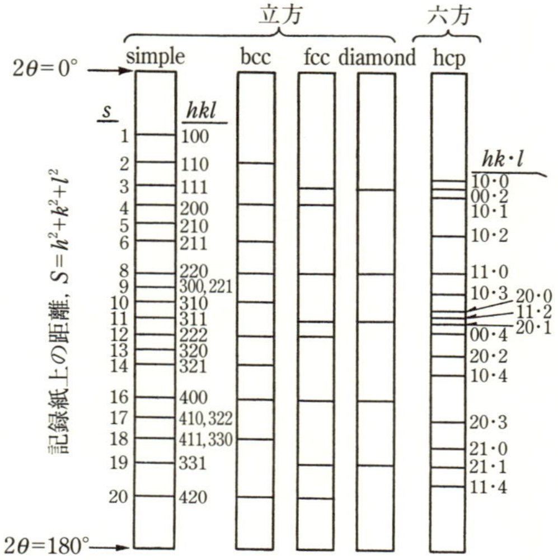

図 4.5　立方晶系および六方晶系で観測されるミラー指数

4. 4　正方晶系・六方晶系の回折データの解析

正方晶系あるいは面間隔が(c/a)の軸比で表すことができる六方晶系については，ハル-デーヴィ（Hull-Davey）チャート法と呼ぶ解析法がある．例えば，正方晶系の面間隔とブラッグの条件との関係式は，次式で与えられる．

$$\frac{1}{d^2} = \frac{4\sin^2\theta}{\lambda^2} = \frac{h^2+k^2}{a^2} + \frac{l^2}{c^2} \tag{4.13}$$

両辺の対数をとり整理すると次式が与えられる．

$$2\log d = 2\log a - \log\left\{(h^2+k^2) + \frac{l^2}{(c/a)^2}\right\} \tag{4.14}$$

$$\begin{aligned}\log\sin^2\theta &= \log\frac{\lambda^2}{4a^2} + \log\left\{(h^2+k^2) + \frac{l^2}{(c/a)^2}\right\} \\ &= -2\log d + \log\frac{\lambda^2}{4}\end{aligned} \tag{4.15}$$

2 つの回折ピーク$(h_1k_1l_1)$と$(h_2k_2l_2)$について式(4.14)を用いて，面間隔d_1およびd_2の対数の差を考えると，定数項$\log a$項は消滅するので，次式の関係を得る．

$$2\log d_1 - 2\log d_2 = -\log\left\{(h_1{}^2 + k_1{}^2) + \frac{l_1{}^2}{(c/a)^2}\right\} + \log\left\{(h_2{}^2 + k_2{}^2) + \frac{l_2{}^2}{(c/a)^2}\right\} \tag{4.16}$$

この関係を利用してあらかじめ作成した片対数の図を使った解析法が，ハル-デーヴィチャート法(A. H. Hull and W. P. Davey：Phys. Rev., **17**(1921), 549)である．この方法は，電卓などがなく数表ハンドブックを使用する時代に頻繁に利用された．最近は数値計算が容易なので，ここでは，別の解析法について，六方晶系を例に示す．

六方晶系の面間隔とブラッグの条件との関係式は，次式で与えられる．

$$\frac{4\sin^2\theta}{\lambda^2} = \frac{1}{d^2} = \frac{4}{3}\frac{h^2 + hk + k^2}{a^2} + \frac{l^2}{c^2} \tag{4.17}$$

式(4.17)は次式のように書き換えることができる．

$$\sin^2\theta = \frac{\lambda^2}{4a^2}\left\{\frac{4}{3}(h^2 + hk + k^2)\right\} + \frac{\lambda^2}{4c^2}l^2 \tag{4.18}$$

格子定数 a および格子定数の比 c/a は，物質固有の値である．したがって，$X = \lambda^2/3a^2$，$Y = \lambda^2/4c^2$ とおけば，式(4.18)は次のように表すことができる．

$$\sin^2\theta = X(h^2 + hk + k^2) + Yl^2 \tag{4.19}$$

hkl は整数なので $(h^2 + hk + k^2)$ の値は 0, 1, 3, 4, 7, 9…であり，l^2 の値は 0, 1, 4, 9…となる．そこで，まず $l = 0$ の$(hk0)$に対応する回折ピークを探して定数 X を求める．ここで得られる X の値は，一般の h, k, l に対して次式の関係を満足する．

$$Yl^2 = \sin^2\theta - X(h^2 + hk + k^2) \tag{4.20}$$

Y の値は，$\sin^2\theta$ から X, $3X$, $4X$ の値を引いて求めた値の中から共通項を探すことによって得ることができる．なぜならば，$(00l)$ 対応の回折ピークは $l^2 = 1, 4, 9$…のみだからである．また，これらの試算プロセスで，X および Y の探索に対応するもの以外のピークは，X および Y の整数倍の組み合わせで説明できるはずである．このような手順で観測されたいくつかのピークについて，仮の指数付けができる．その結果を踏まえて，観測されたすべての回折ピークについて再計算し，矛盾なく再現できれば解析終了である．これと同時に，$X = \lambda^2/3a^2$ および $Y = \lambda^2/4c^2$ の関係から格子定数を算出できる．

4.5　標準物質の回折データとの比較による解析（Hanawalt 法）

X 線回折の原理，X 線構造解析の基本的手順を踏んで，全く未知の物質に関する構造解析を必要とするケースは，それほど多くない．その理由は，近年のコンピュータおよびデータベース検索ソフトなどの発展に伴い，瞬時に数多くの標準物質に関するデータとの比較が可能なこと，しかも，レントゲンによるX線の発見(1901年)，ラウエやブラッグ父子によるX線回折現象の確認(1914年，1915年)以来，これまでに先人達が蓄積した膨大なデータが整備されている(例えば，現在では50,000近くの物質のX線回折データがCD-ROMなどに収容されている)からである．以下に，X線回折の測定値の中から3本の強い回折ピークを選び，標準物質のデータベースと比較する手法［ハナワルト(Hanawalt)法と呼ばれる］の要点について述べる．

ハナワルト法とは，J. D. Hanawaltら米国の研究者が，「粉末X線回折パターンが物質に固有で，混合物の場合は各成分のパターンを重ね合せた結果と対応する」というA. W. Hullの指摘に基づいて開発した手法である．具体的には，調べたい試料について得られた結果から3本の強い回折線を選び，それらに対応する面間隔の値，d_1，d_2，d_3およびそれらの強度について最も強い回折ピークを基準とした相対強度比I/I_1を指標として，標準物質に関するデータを検索し，よく一致する場合が見つかれば，試料は一致した標準物質と同じ構造を持つとして解析を終了する．もちろん，ハナワルト法を適用する場合，試料に含まれる元素の種類，含まれる元素の組成比のおよその値などの情報を，蛍光X線分析などによってあらかじめ得ておくことも大切である．

2000年以前は，3本の強い回折線を面間隔の順に並べた検索表(Search Manual)と呼ばれる数値索引表をたよりに手作業で比較検討を実施していたが，現在ではコンピュータによって自動検索が容易にできる．したがって，コンピュータによる自動測定，d値などの自動計算，さらにはハナワルト法による自動検索を利用する場合は，どのような作業が行われているか，自分は何をしようとしているか，などを明確にした上で利用することが肝要である．とくに，試料が結晶水を含んでいる場合や，空気中の酸素，炭酸ガス，水分などと反応して変質した場合などは，d値，相対強度などに影響を与えるため，コンピュータによる自動検索作業において，本来の標準物質ではないデータと一致してしまうこともあるので注意が必要である．むしろ，測定結果は一定の誤差を含むので回折ピークの位置が少し変わることは当たり前であること，集録データの中には最近の結果であっても，それほど信頼性が高くない結果も含まれていることなどを頭に入れて，ハナワルト法を利用するべきである．その意味で，非常に類似した回折パターンを示す物質，例えばAuとAg，SiとZnSあるいはフェライトやスピネル化合物などがあることを忘れてはならない．ハナワルト法による解析は有効な手段であるが，dの値を基準に，相対比較して得た結果は絶対的ではないことを念頭に使うことが肝要である．

ハナワルト法においては，3種類程度の成分の混合であれば「測定データは各成分のパターンを重ね合せた結果と対応する」というHullの仮定が保たれ，物質の同定が可能といわれている．ただし，実際には，混合成分の数が増えれば各成分の回折ピークのいくつかが重なるので，標準物質の回折データとの比較による解析は難しくなる．最近では，それぞれの参照データの特徴が，対象とする測定情報に含まれているかどうかをチェックする，人の眼による検索に類似した作業ができる次世代型ソフトの開発も進みつつある．それでも現状では，ハナワルト法による解析は，試料中に含まれる成分は，3成分が限界と考えて利用することが望ましい．

なお，標準物質のデータベースであるJCPDS (Joint Committee on Powder Diffraction Standards)データの見方の詳細は他書(例えば，早稲田嘉夫，松原英一郎：X線構造解析，内田老鶴圃(1998))にゆずるが，ハナワルト法の利用に関する代表的な実例を問題とその解き方に示す．また，ハナワルト法による解析で注意すべき主な事項をまとめると，以下のとおりである．

1. 粉末結晶試料の粒径が数10 μm以上の場合，強度には再現性がなく，測定ごとに数10%も異なる場合がある．
2. JCPDSデータの使用X線波長と測定で用いたX線の波長が違う場合，相対強度が変化する．
3. 粘土鉱物などのように選択配向しやすい試料では，相対強度の順序が逆転することがある．
4. 試料に不純物が固溶している場合，回折線は通常低角度側に移動する(高角度の回折線の移動量が大きい)．
5. ゴニオメータに偏心がある場合，あるいはゴニオメータの零点がずれている場合は，回折ピークの位置が変化する．
6. ゴニオメータの走査速度が速く，計測システムの時定数が大きい場合，計測の遅れのため走査方向に回折ピークがずれる．
7. 測定データの中に，JCPDSデータに報告されない回折ピークが認められた場合，安易に判定せず，不純物の混入，変態相の存在，規則格子の存在などの要因についても検討する．

4.6　粉末試料における格子定数の決定

前述の手続きを経て，試料の構造が判明し，観測された回折ピークの指数付ができれば，単位格子を規定する格子定数を求める．この格子定数の値は，試料の履歴，不純物量あるいは温度などによっても変化する構造敏感な情報である．例えば，多くの無機物質は 1 度の温度変化に対して 0.001％程度体積変化を起こすことが知られている．

格子定数を求める手順には複雑な手続きはなく，指数が判明している回折ピークの面間隔の値を可能な限り精密に測定し決定することで，比較的信頼性の高い値が容易に得られる．原理的には，面間隔 d と回折ピークの角度 θ との関係は，ブラッグの条件を θ で微分して得られる次式が基本となる．

$$\frac{\Delta d}{d} = \frac{\Delta \lambda}{\lambda} = -\Delta\theta \cos\theta \tag{4.21}$$

式(4.21)は，θ をできる限り 180° に近づけたときに分解能に相当する $\Delta d/d$ の値を大きくできる，すなわち高精度な d の値を決定できることを示唆している．ただし，高角度側の回折ピークは，温度因子などの影響を受けて強度の減衰が生ずることを頭に入れておく必要がある．実際には，$2\theta = 180°$ の回折ピーク測定は物理的に不可能なので，いくつかの回折角 2θ で求めた d の値を外挿する方法が一般に利用されている．この外挿法については種々の提案があり，とくに立方晶系については，$\cos^2\theta$ を利用する Cohen の方法あるいは $\frac{1}{2}\left\{\frac{\cos^2\theta}{\sin\theta}+\frac{\cos^2\theta}{\theta}\right\}$ で与えられる関数を利用する Nelson-Riley の方法が用いられている．**図 4.6** に，Nelson-Riley の方法を用いた外挿法による格子定数の決定例を示す．

格子定数の算出は，回折ピークの拡がり，非対称化に伴う回折角算出時の誤差，X 線回折装置の光学系が理想的状態にないために生ずる種々の要因などの影響を受ける．誤差を比較的容易に算定し補正する方法としては，すでに格子定数が精密に測定された高純度シリコンやタングステン粉末結晶などを標準物質として，対象試料に混合して測定を行う，いわゆる「内部標準試料法」がある．しかし，種々の諸条件を考慮すると，格子定数の値を誤差 ±0.1％の範囲で決定することは容易であるが，格子定数を ±0.01％で決定することはかなり難しく，そのためには四結晶モノクロメータを備えた格子定数精密測定専用の装置を利用することが必要である．

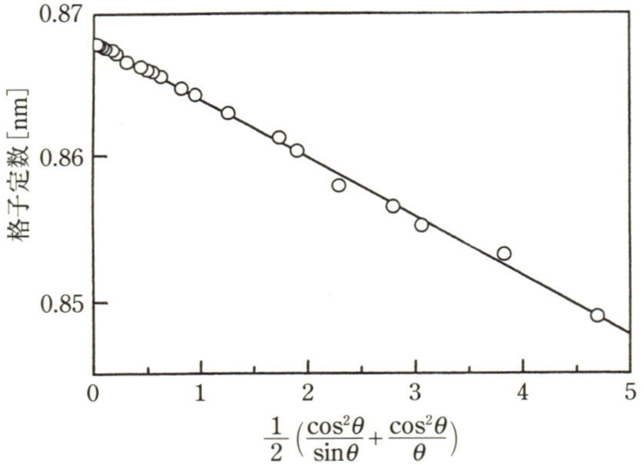

図 4.6　Nelson-Riley 法を用いた外挿法による格子定数の決定例

4.7　結晶物質の定量および微細結晶粒子の解析

X 線構造解析は，未知の物質の相を同定し，構造を明らかにするのみでなく，例えば，目的の結晶物質が含まれることを確認し，同時にその結晶物質がどの程度含まれているかを定量すること，粉末試料中の結晶子の大きさの算出などにも利用されている．これらの 2 つの応用分野について，その要点を以下に述べる．

（**1**）　回折ピークの積分強度を用いる結晶物質の定量

試料中における目的の結晶物質の存在量は，その物質に関係する回折ピーク強度に対応する．したがって，対象とする結晶物質の特定の面指数に対応する回折ピークが，他の成分の回折ピークと十分に分離した角度で観測される場合には，回折ピークの積分強度が存在量の指標となり，対象物質の特定の回折ピークの積分強度から定量可能である．もちろん，複数の回折ピークの積分強度測定によって定量することが望ましい．

最も汎用的な X 線回折測定法である θ-2θ 操作法を使用して強度測定を実施する場合，定量を行う対象結晶物質 j の特定の回折ピーク i の積分強度 I_{ij} は，次式で与えられる．

$$I_{ij} = K\left[\frac{p_{ij}F_{ij}^2(LP)}{V_{cj}^2}\right]\frac{V_j}{2\mu} \tag{4.22}$$

各記号の意味は，K：試料の量および種類に依存しない定数，V_{cj}：結晶物質 j の単位格子の体積，p_{ij}：結晶物質 j の回折ピーク i の多重度因子，F_{ij}：結晶物質 j の回折

ピーク i の構造因子，LP：ローレンツ偏光因子，V_j：結晶物質 j の体積比，および μ：試料の平均線吸収係数である．ここで，定量に用いる回折ピークと使用する入射X線の波長を定め，定数となる部分をまとめて R_{ij} とおけば，式(4.22)は次式のとおり簡略化できる．

$$I_{ij} = \frac{R_{ij}V_j}{\mu} \tag{4.23}$$

対象結晶物質 j 以外の物質の体積比および平均線吸収係数を，それぞれ V_{M} および μ_{M} とおくとともに，結晶物質 j の密度を ρ_j，それ以外の物質の密度を ρ_{M} とし，式(4.23)を重量比 w_j で書き改めると，次式のようになる．

$$I_{ij} = \frac{R_{ij}w_j}{\rho_j} \Big/ \left[w_j\left(\frac{\mu_j}{\rho_j} - \frac{\mu_{\mathrm{M}}}{\rho_{\mathrm{M}}}\right) + \frac{\mu_{\mathrm{M}}}{\rho_{\mathrm{M}}} \right] \tag{4.24}$$

さらに，試料の平均質量吸収係数を (μ^*/ρ) として，式(4.24)を次式のように整理する．

$$I_{ij} = \frac{R_{ij}w_j}{\rho_j} \Big/ \frac{\mu^*}{\rho} \tag{4.25}$$

この結果，試料中の対象とする結晶物質 j の回折ピーク i の積分強度 I_{ij} は，その重量比 w_j に比例し，試料の平均質量吸収係数 μ^*/ρ に反比例することが理解できる．

対象となる試料の化学組成を，蛍光X線分析などによって算出し平均質量吸収係数の導出が可能な場合は，あらかじめ検量線を求め，それを利用して定量する．例えば，目的とする結晶物質 j の(標準)物質と対象とする試料とを適当な比率で混合して，結晶物質 j の指定した回折ピークの積分強度を測定する．得られた積分強度について試料の平均質量吸収係数を考慮して検量線を定める．次に，結晶物質 j の含有量が未知の試料について，指定した回折ピークの面積(積分強度)を算出し，検量線から含有量を決定する．また，化学組成が未知で，試料の平均質量吸収係数の導出ができない場合は，対象となる試料に，一定の重量分率で既知の標準物質(例：NaCl，KCl)を加える「内部標準法」を利用する．具体例を問題4.14～4.17に示す．

(2)　結晶粒の大きさと不均一歪みの測定

一般的に，粉末の結晶粒1個は**図4.7**に示すように複数の単結晶と見なせる微細結晶で構成されており，この微細結晶を結晶子(crystallite)という．したがって，粉末結晶試料の粒径(grain size)と結晶子の大きさとを混同しないことが必要である．結晶子の大きさは粒径と同じになることもあるが，これらは本来異なる物理量である．X線構造解析で「結晶の大きさ」という場合は，通常，回折ピークをブロードにさせるような因子と関わる「結晶子の大きさ」を指す．0.005 μm(5 nm)などと極端に結

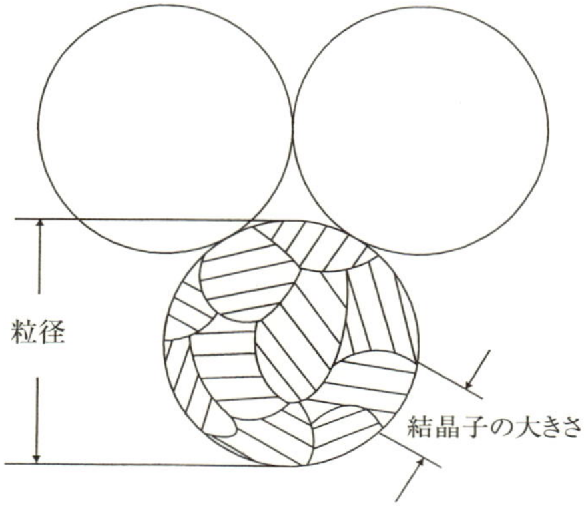

図 4.7 粉末結晶試料の粒径と結晶子(模式図)

晶子が小さくなると，標準的な強度の回折ピークは観測できなくなることが知られている．

粉末結晶試料の X 線回折は，平均粒径が 0.5〜10 μm 程度で結晶性のよい結晶子がすべての方向に均一に分布していることを前提としている．しかし，結晶子が一定以上に微細，例えば直径 0.1 μm (100 nm) 以下になれば，同一の回折を生ずる周期性領域が小さくなるので，観測される回折 X 線のピークは拡がりを示すようになる．また，メカニカルアロイングなどによって試料に歪みが加えられつつ微細化される場合，隣接結晶子間あるいは同一結晶子内でも場所によって異なる歪みを受けて，面間隔がランダムに変化することも十分予想される．このような不均一歪みが加えられた試料の X 線回折ピークも，拡がりを示すことが知られている．したがって，回折ピークの幅に影響が現れる粉末結晶試料の X 線構造解析では，これらの 2 つの要因を考慮する必要がある．

入射 X 線の波長を λ，面間隔を d，これに対するブラッグ角を θ_B とすれば，次式が成立する．

$$\lambda = 2d\sin\theta_B \tag{4.26}$$

通常，θ_B からずれた角度方向に散乱される X 線は，打ち消し合って消衰し観測されないが，結晶が非常に小さくなれば，正確に波長の整数倍の差が生ずる条件を満たす結晶面が欠けてくるので，異なる状況が生ずる．すなわち，位相の不一致の程度と結晶子の大きさとの間には相関がある．詳細は他書にゆずるが，$2\theta_B$ 付近の $2\theta_1$ より少

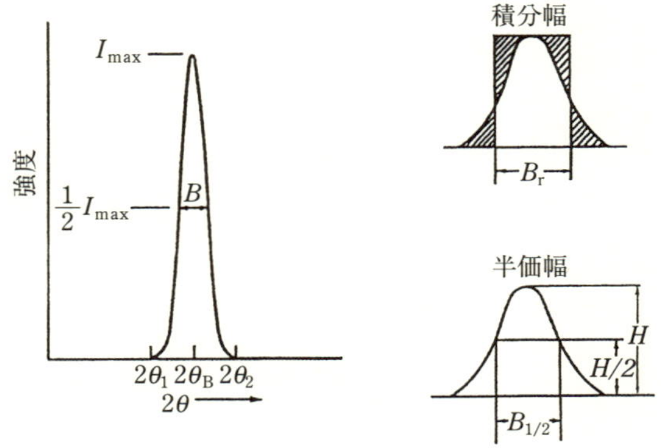

図4.8　微細結晶について観測されるX線回折ピークのプロファイル

し大きく，$2\theta_2$ より少し小さい角度方向に回折されるX線散乱強度は，結晶子が小さくなるほどゼロにならず，**図4.8** に示すように，$2\theta_B$ で最大を示す一定の分布を持ったプロファイルを示す．また，図4.8の回折X線のピークプロファイルにおいて，ピークの幅は，結晶の厚さ t が薄くなるほど増大することが判明している．また，θ_1 および θ_2 とも θ_B に極めて近いので，近似的に $\theta_1+\theta_2 = 2\theta_B$ の関係が成立し，同時に，$\sin\{(\theta_1-\theta_2)/2\} = \{(\theta_1-\theta_2)/2\}$ の近似的関係も成立する．したがって，ピークの積分幅 B_r として，$B_r = (2\theta_1-2\theta_2)/2 = \theta_1-\theta_2$ を考慮すれば，次式の関係を得る．

$$2t\left(\frac{\theta_1-\theta_2}{2}\right)\cos\theta_B = \lambda \qquad (4.27)$$

$$t = \frac{\lambda}{B_r\cos\theta_B} \qquad (4.28)$$

一般的には，回折ピークの幅として積分幅ではなく，ピークの高さの1/2における幅を示す半価幅(FWHM：full width of half maximum intensity) $B_{1/2}$ を採用して次式で与えられるシェラー(Scherrer)の式が，結晶子の大きさの解析に利用されている．

$$t = \frac{0.9\lambda}{B_{1/2}\cos\theta_B} \qquad (4.29)$$

式(4.28)および式(4.29)における t の値は，回折X線のピークに対応する結晶面に対して垂直方向の結晶子の大きさを表している．結晶子が小さくなり，例えば $t=0.05\,\mu m=50\,nm$ 程度になると，$B_{1/2} = 4\times10^{-3}\,rad(0.2°)$ となり観測可能な拡がりとなる．ただし，ディフラクトメータの光学系の調整を十分に行っても，例えばX線源(焦点)が無限小でないこと，あるいは入射X線が試料の深さ方向に侵入することなどに起因する回折ピークの拡がりがある．したがって，回折ピークの拡がりの実測値 B_{obs} の程度から結晶子の大きさの平均値を求める場合，標準試料などを用いて目的以外の要因に伴う回折ピークの拡がり B_{i} を算出しておくことが望ましい．具体的には，回折ピークの形状をガウス分布で近似し，次式の関係が成立することを利用して，結晶子の大きさの変化のみに関係する回折ピークの拡がり B_{r} の値を算出する．この目的の標準試料としては，例えば，粉末結晶の粒径が 25 μm 程度の α-石英を 1073 K で十分焼鈍して徐冷し，歪みを除去したものが利用される．

$$B_{\mathrm{r}}^2 = B_{\mathrm{obs}}^2 - B_{\mathrm{i}}^2 \qquad (4.30)$$

一方，よく知られているように，複数の結晶子で構成される多結晶の場合には隣接結晶の影響を受けて，結晶粒内に歪みが生じる．すべての結晶子が均一な歪みを受けた場合は，面間隔が変化し結果的に回折ピーク位置のずれを生じる．しかし，隣接結晶子間，あるいは同一の結晶子内でも場所によって異なる大きさの歪み(不均一な歪み)を受けた場合は面間隔がランダムに変化し，結果的にそれぞれの面間隔からの回折の総和となるのでピーク幅は拡がる．この様子を**図 4.9** に模式的に示す．このような結晶子の大きさと，不均一歪みの両方に起因するX線回折ピークの拡がりを評価する方法としては，次式で与えられるホール(Hall)の方法の利用が一般的である．

$$B_{\mathrm{r}} \cos\theta = \frac{\lambda}{\varepsilon} + 2\eta \sin\theta \qquad (4.31)$$

ここで，B_{r} は結晶子の大きさ ε に起因する回折X線のピークの拡がり(積分幅)，2η は不均一歪みに相当する量である．具体的には，複数の回折ピークについて，ピーク高さと同じで面積が等しい長方形の幅を表す積分幅(図 4.8 参照)を算出し，$B_{\mathrm{r}} \cos\theta$ と $\sin\theta$ のグラフを描く(ただし半価幅で代用する解析が行われることも多い)．一般に，この2つの量 $B_{\mathrm{r}} \cos\theta$ と $\sin\theta$ の間には直線の相関が認められるので，式(4.31)から容易に理解できるように，直線の勾配が不均一歪み 2η を，$B_{\mathrm{r}} \cos\theta$ 軸との交点(切片)が結晶子の大

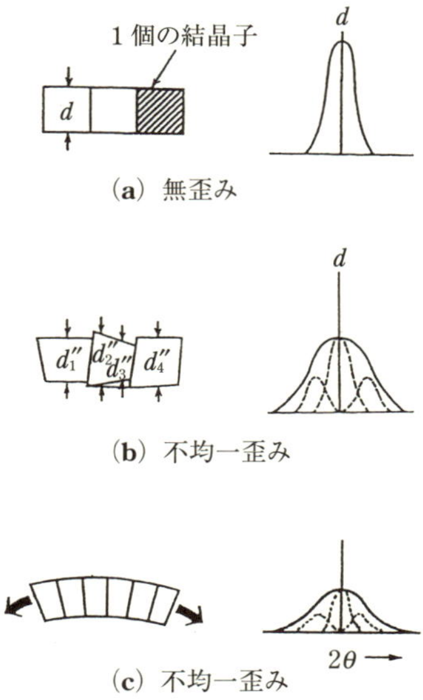

図 4.9 結晶の歪みに伴うピークプロファイルの変化

きさの逆数 $1/\varepsilon$ を与える．結晶子の大きさを実験によって算出する場合，利用する面(回折ピーク)に依存することもあるので，可能な限り(111)と(222)あるいは(200)と(400)のように，同一の組に属する面の測定データを組み合わせて利用することが望ましい．現状では，対象とする試料の結晶子の大きさが，0.05 μm 以下で 0.005 μm (5 nm)程度の範囲にある場合について，シェラーの方法あるいはホールの方法により±数%程度の誤差で結晶子の大きさを算出できる．ただし，X線の回折現象を利用する方法で得られる値は，顕微鏡観察，レーザー粒度分析法など他の手段によって求められる結晶の大きさと，必ずしも一致しないこともある．

問題と解法4

問題 4.1

Cr(結晶系：体心立方格子，格子定数 $a = 0.2884$ nm)の粉末試料を用い，ディフラクトメータによるX線回折を実施すると，少なくとも(110), (200), (211), (220), (310), (222)面に対応する6つの回折ピークの観測が予想される．Cu-Kα 線 ($\lambda = 0.1542$ nm) を利用した場合のローレンツ偏光因子を算出せよ．

解 ブラッグの条件および立方晶系の面間隔の式から，次式を得る．

$$\sin\theta = \frac{\lambda}{2a}\sqrt{h^2+k^2+l^2} \tag{1}$$

一方，ローレンツ偏光因子 LP は次式で与えられる．

$$LP = \frac{1+\cos^2 2\theta}{2\sin^2\theta\cos\theta} \tag{2}$$

ローレンツ偏光因子 LP として，式(2)の分母に現れる数値2を除いた表現も利用される．この違いは角度に依存しない定数なので，強度計算や強度の補正に直接的な影響を与えないためである．

(hkl) の値に，(110), (200), (211), (220), (310), (222)を適用し，式(1)から $\sin\theta$ および θ の値を求め，LP を算出すればよい．結果は**表1**および**表2**のとおりである．

表1　式(1)の算出結果

	hkl	$h^2+k^2+l^2$	$\sqrt{h^2+k^2+l^2}$	$\sin\theta$	θ	2θ
1	110	2	1.4142	0.3781	22.22	44.44
2	200	4	2	0.5347	32.32	64.64
3	211	6	2.4495	0.6548	40.90	81.80
4	220	8	2.8284	0.7561	49.12	98.24
5	310	10	3.1623	0.8454	57.71	115.42
6	222	12	3.4641	0.9254	67.73	135.46

表2　式(2)の算出結果

	$\sin\theta$	$\sin^2\theta$	$\cos\theta$	$\cos 2\theta$	$\cos^2 2\theta$	$1+\cos^2 2\theta$	$2\sin^2\theta\cos\theta$	LP
1	0.3781	0.1430	0.9257	0.7140	0.5098	1.5098	0.2648	5.70
2	0.5347	0.2859	0.8451	0.4283	0.1834	1.1834	0.4832	2.45
3	0.6548	0.4288	0.7559	0.1426	0.0203	1.0203	0.6483	1.57
4	0.7561	0.5717	0.6545	−0.1433	0.0205	1.0205	0.7484	1.36
5	0.8454	0.7147	0.5342	−0.4293	0.1843	1.1843	0.7636	1.55
6	0.9254	0.8564	0.3790	−0.7128	0.5081	1.5081	0.6492	2.32

類似問題　Al(結晶系：面心立方格子，格子定数 $a = 0.4049$ nm)の粉末試料を用いて，ディフラクトメータによるX線回折実験を行うと，少なくとも(111)，(200)，(220)，(311)，(222)，(400)および(331)面に対応する7つの回折ピークの観測が予想される．Cu-Kα 線 ($\lambda = 0.1542$ nm) を利用した場合のローレンツ偏光因子を算出せよ．

問題 4.2

Cr の粉末試料について，原子の熱振動による効果をデバイ(Debye)近似で評価する方法を応用することで，室温(293 K)の温度因子を $\dfrac{\sin\theta}{\lambda}$ の関数として算出せよ．

解　粉末試料における温度効果は，熱振動している原子の原子散乱因子が熱振動していない原子の原子散乱因子 f_0 に対して，次式の関係が成立すると考える．

$$f = f_0 e^{-M_T} \tag{1}$$

回折ピークの強度は f^2 に比例するので，熱振動を考慮する場合は，f_0^2 により算出された強度に e^{-2M_T} を掛けることで対応する．

M_T は熱振動の振幅 u および散乱角 2θ の両方に関わり，次式で表される．

$$M_T = 8\pi^2 \langle u^2 \rangle \left(\frac{\sin\theta}{\lambda}\right)^2 = B_T \left(\frac{\sin\theta}{\lambda}\right)^2 \tag{2}$$

ここで，$\langle u^2 \rangle$ は原子の散乱面に垂直な方向への変位の2乗平均である．温度 T の関数として $\langle u^2 \rangle$ を正確に求めることは難しいが，原子の熱振動による効果をデバイ近似で評価する方法では，次式の関係が提案されている．

$$B_T = \frac{6h^2}{mk}\frac{T}{\Theta^2}\left\{\phi(x) + \frac{x}{4}\right\} \tag{3}$$

ここで，h はプランク定数，k はボルツマン定数，m は熱振動している原子の質量，Θ は絶対温度で表される物質のデバイ特性温度である．

なお，$x = \dfrac{\Theta}{T}$ で $\phi(x)$ は付表としていくつかの成書(例：B. D. Cullity：Elements of X-ray Diffraction, 2nd Edition, Addison-Wesley, (1978))に与えられている．式(3)はデバイ特性温度 Θ の値が小さい Pb, Bi などの回折ピークは温度因子の影響を受けて，とくに高角度で観測されるピークの強度が減少することを示唆している．

式(3)の m は物質の原子量 M をアボガドロ数 N_A で除した値である．慣例に従って $\sin\theta/\lambda$ をオングストローム単位で扱うと，式(3)は次のように整理できる．

$$\frac{6h^2}{mk} = \frac{6N_\mathrm{A}h^2}{Mk} = \frac{6\times(0.6022\times10^{24})\times10^3\times(6.626\times10^{-34})^2}{M\times(1.3806\times10^{-23})\times10^{-20}} = \frac{1.15\times10^4}{M} \quad (4)$$

ここでは，SI 単位で与えられているプランク定数およびボルツマン定数が kg を使用しているので物質のモル質量を kg 単位にすること，ならびに $1\,\mathrm{A} = 10^{-8}\,\mathrm{cm} = 10^{-10}\,\mathrm{m}$ が考慮されている．

Cr のデバイ特性温度は，付録 2 より 485 K という値が得られるので，x の値は定義より，

$$x = \frac{485}{293} = 1.66$$

$\phi(x)$ の付録 6 より該当する値を求めると $x = 1.66$ における $\phi(x) = 0.660$ を得る．また，1 mol 当たりの Cr の原子量は，51.996 g である（付録 2 参照）．

$$B_T = \frac{1.15\times10^4}{51.996}\times\frac{293}{(485)^2}\times\left(0.660+\frac{1.66}{4}\right) = 0.296$$

式(2)より温度因子について，$e^{-2M_T} = e^{-0.592\left(\frac{\sin\theta}{\lambda}\right)^2}$ の関係を得る．結果は**表 1** および**図 1** のとおりである．

表 1　Cr の温度因子に関する算出結果

$\frac{\sin\theta}{\lambda}$	0.0	0.1	0.2	0.3	0.4	0.5	0.6
$\left(\frac{\sin\theta}{\lambda}\right)^2$	0	0.01	0.04	0.09	0.16	0.25	0.36
e^{-2M_T}	1.0	0.99	0.98	0.95	0.91	0.86	0.81

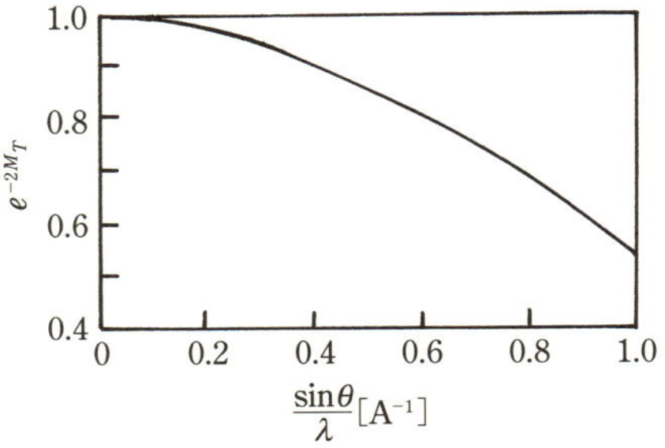

図 1　Cr の温度因子

類似問題　Fe および Pb，それぞれの粉末試料について，デバイ近似を応用して室温(293 K)の温度因子を $\sin\theta/\lambda$ の関数として算出せよ．

問題 4.3

Cr（結晶系：体心立方格子，格子定数 $a = 0.2884$ nm）の粉末試料について，Cu-Kα 線（$\lambda = 0.1542$ nm）を利用した場合に予想される回折強度を算出せよ．

解 粉末結晶試料の回折強度に関する一般式は，次式で与えられる．

$$I = |F|^2 p\left(\frac{1+\cos^2 2\theta}{2\sin^2\theta\cos\theta}\right)\frac{1}{2\mu}\left(1-e^{-\frac{2\mu t}{\sin\theta}}\right)e^{-2M_T}$$

ここで F は構造因子，p は多重度因子，第3項の括弧はローレンツ偏光因子 LP，e^{-2M_T} は温度因子である．LP および e^{-2M_T} の値は，問題 4.1 および問題 4.2 の結果を利用する．さらに，吸収因子については，試料厚さ t が十分厚い条件で測定する通常の場合を考えることとし，散乱角に依存しない一定値として相対強度の算出では省略する．Cr の原子散乱因子 f_{Cr} の値は，付録3の数表より $\sin\theta/\lambda$ の値に対応する値を，p の値は第2章の表 2.2 より抽出する．また，体心立方格子では $|F|^2 = 4f^2$ である．結果は**表1**のとおりである．

表1　温度因子を考慮しない回折強度の算出結果

	hkl	$h^2k^2l^2$	$\sin\theta$	$\frac{\sin\theta}{\lambda}$ [A^{-1}]	f_{Cr}	$\lvert F\rvert^2$	p	LP	I_{cal}	$\frac{I_{\mathrm{cal}}}{I_1}$
1	110	2	0.3781	0.245	15.8	999	12	5.70	6.83×10^4	100
2	200	4	0.5347	0.347	13.2	697	6	2.45	1.02×10^4	15
3	211	6	0.6548	0.425	11.7	548	24	1.57	2.06×10^4	30
4	220	8	0.7561	0.490	10.6	449	12	1.36	0.73×10^4	11
5	310	10	0.8454	0.548	9.8	382	24	1.55	1.43×10^4	21
6	222	12	0.9254	0.606	9.2	339	8	2.32	0.63×10^4	9

表2　温度因子を考慮した結果

	e^{-2M_T}	I'_{cal}	I'_{cal}/I_1	Exp.
1	0.97	6.63×10^4	100	100
2	0.93	0.95×10^4	14	16
3	0.90	1.85×10^4	28	30
4	0.87	0.64×10^4	10	18
5	0.84	1.20×10^4	18	20
6	0.81	0.51×10^4	8	6

一方，温度因子は問題 4.2 の結果を利用して対応する $\sin\theta/\lambda$ の値を代入して算出し，再整理すると**表 2** のとおりとなる．参考までに，表 2 の右端の欄に実験で得た回折ピークの強度比の値を併記した．

類似問題　酸化マグネシウム (MgO) (結晶系：立方晶系：NaCl 型構造，格子定数 $a = 0.4211$ nm) の粉末試料について Cu-Kα 線 ($\lambda = 0.1542$ nm) を利用した場合に予想される回折強度を算出せよ．

問題 4.4

Cu-Kα 線 ($\lambda_{\mathrm{Cu}} = 0.1542$ nm) を使用して立方晶構造を持つ 3 種類の金属試料 A, B および C について，以下に示す X 線回折パターン，回折角などの数値を得た．ブラッグの条件と立方晶系の面間隔との関係を与える式を用いてデータ解析し，それぞれの結晶系および格子定数を求めよ．

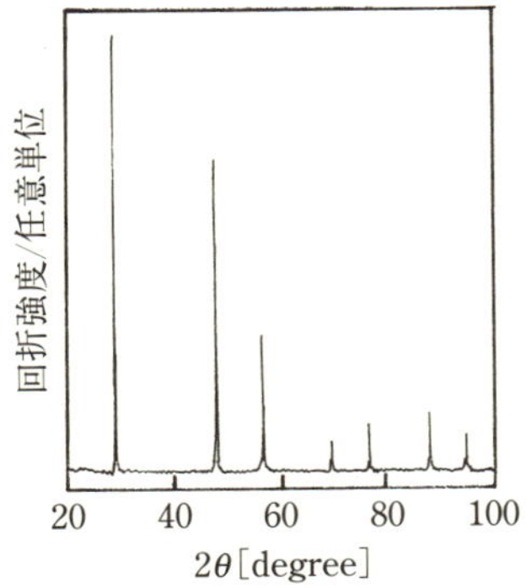

図 A　試料 A の回折パターン

表 A　試料 A の回折データ

	2θ	d [A]	I/I_0
1	28.41	3.142	100
2	47.33	1.921	57
3	56.11	1.639	28
4	69.08	1.360	7
5	76.34	1.248	11
6	88.03	1.110	13
7	94.95	1.046	5

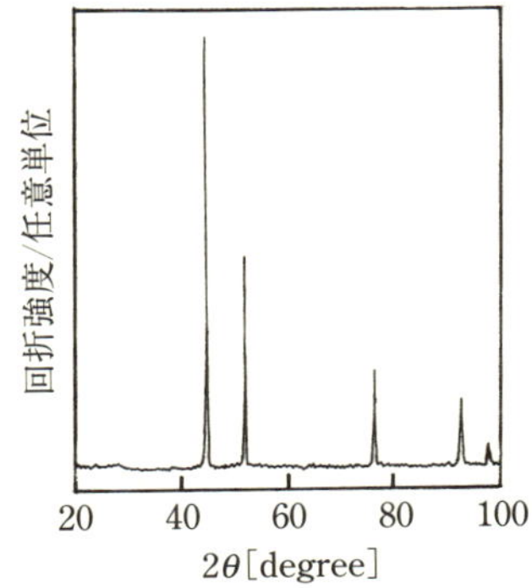

図 B　試料 B の回折パターン

表 B　試料 B の回折データ

	2θ	d [A]	I/I_0
1	44.51	2.036	100
2	51.90	1.762	43
3	76.45	1.246	22
4	93.02	1.063	19
5	98.50	1.018	7

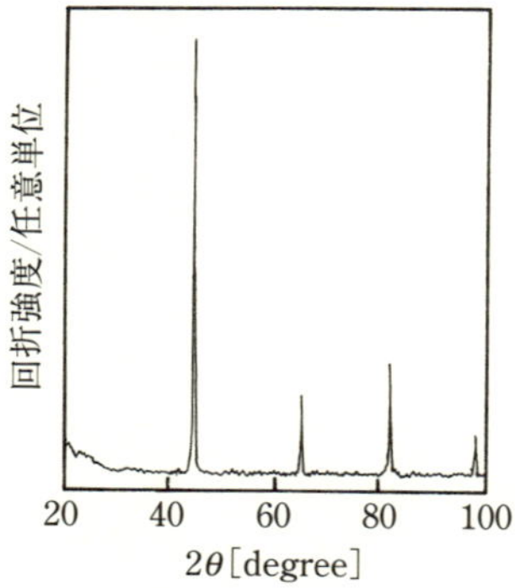

図C　試料Cの回折パターン

表C　試料Cの回折データ

	2θ	d [A]	I/I_0
1	44.40	2.041	100
2	64.59	1.443	20
3	81.76	1.178	26
4	98.31	1.019	7

解　ブラッグの条件と立方晶系の面間隔 d との関係は，次式で与えられる．

$$\frac{4\sin^2\theta}{\lambda^2}=\frac{1}{d^2}=\frac{h^2+k^2+l^2}{a^2} \tag{1}$$

ここで，λ は使用したX線の波長，a は格子定数，hkl はミラー指数である．

この関係式は，実験データより得られた 2θ の値から $4\sin^2\theta$ の値を求め，その値を使用したX線の波長 λ(ここでは0.1542 nm)の2乗で割った値は，面指数(整数)の2乗の和と格子定数の2乗との比と一致することを示している．この点を利用して解析を進めてみる．ただし，面指数は，例えば面心立方構造ならば(111), (200), (220)など，体心立方構造なら(110), (200), (211)などを順次入力して試算する必要がある．

できる限り余分な試算を避けるため3つの試料のX線回折パターンをよく眺めてみる．すると，試料Cのパターンは比較的等間隔で回折ピークが現れており，体心立方構造の特徴が認められる(図4.5参照)．このような視点で眺めると試料Bは比較的近い角度で2本の回折ピークが現れ，少し離れた角度に別の回折ピークが現れる面心立方構造の特徴が認められる．これに対して，試料Aには試料BあるいはCに認められる特徴を確認できないことがわかる．したがって，これらの予備的情報から，まず試料Bは面心立方構造を，試料Cは体心立方構造を想定して解析を進めることが妥当と考えられる．

表 1 （試料 B） fcc を仮定した試算例

	2θ	$\sin\theta$	$4\sin^2\theta/\lambda^2$	※	$h^2+k^2+l^2$	hkl	a [nm]
1	44.51	0.3787	24.1258	1.00	3（1.00）	111	0.3526
2	51.90	0.4376	32.2141	1.34	4（1.33）	200	0.3524
3	76.45	0.6188	64.4157	2.67	8（2.67）	220	0.3524
4	93.02	0.7255	88.5454	3.67	11（3.67）	311	0.3525
5	98.50	0.7576	96.5542	4.00	12（4.00）	222	0.3525

※$4\pi\sin^2\theta/\lambda^2$ の欄の値を 24.1258 で除した値

表 2 （試料 C） bcc を仮定した試算例

	2θ	$\sin\theta$	$4\sin^2\theta/\lambda^2$	※	$h^2+k^2+l^2$	hkl	a [nm]
1	44.40	0.3778	24.0113	1.00	2（1.00）	110	0.2886
2	64.59	0.5343	48.0244	2.00	4（2.00）	200	0.2886
3	81.76	0.6545	72.0627	3.00	6（3.00）	211	0.2885
4	98.31	0.7565	96.2740	4.00	8（4.00）	220	0.2883

※$4\pi\sin^2\theta/\lambda^2$ の欄の値を 24.0113 で除した値

表 1, 2 の試算結果より，試料 B は面心立方構造で格子定数は 0.3525 nm，試料 C は体心立方構造で格子定数は 0.2885 nm となる．これらの結果は付録 9 に集録されている Ni, $a = 0.35238$ nm および Cr, $a = 0.28839$ nm の値と一致する．

次に，同様な試算を試料 A についても行ってみると，※欄の値が fcc あるいは bcc 構造を仮定した $h^2+k^2+l^2$ の値と合致しない．そこで，ダイヤモンド構造を仮定して試算を試みる．

ダイヤモンド構造を仮定すると，**表 3** のとおり※欄の値と $h^2+k^2+l^2$ の値との一致が確認できた．また，格子定数は 0.5437 nm が得られた．この結果は，付録 9 に集録されている Si, $a = 0.54309$ nm の値と一致する．

表 3 （試料 A） ダイヤモンド構造を仮定した試算例

	2θ	$\sin\theta$	$4\sin^2\theta/\lambda^2$	※	$h^2+k^2+l^2$	hkl	a [nm]
1	28.41	0.2454	10.1307	1.00	3（1.00）	111	0.5442
2	47.33	0.4014	27.1048	2.68	8（2.67）	220	0.5433
3	56.11	0.4703	37.2084	3.67	11（3.67）	311	0.5437
4	69.08	0.5670	54.0826	5.34	16（5.33）	400	0.5439
5	76.34	0.6180	64.2493	6.34	19（6.33）	331	0.5438
6	88.03	0.6948	81.2102	8.02	24（8.00）	422	0.5436
7	94.95	0.7370	91.3748	9.02	27（9.00）	511	0.5436

※$4\pi\sin^2\theta/\lambda^2$ の欄の値を 10.1307 で除した値

問題 4.5

Cu-Kα 線 ($\lambda_{Cu} = 0.1542$ nm) を使用した実験において，ある金属試料に関する**図 A** の X 線回折パターンおよびそれに関連する**表 A** の回折データを得た．面心立方，体心立方，ダイヤモンド構造の物質が示す X 線回折パターンの特徴(図 4.5 参照)とは異なっている．そこで，金属元素のもう 1 つの代表的構造である六方晶系と考えて解析し，格子定数を求めよ．

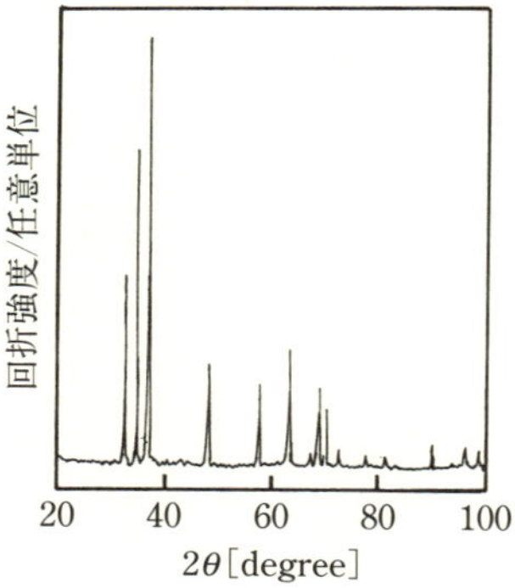

図 A　試料の回折パターン

表 A　試料の回折データ

	2θ	d [A]	I/I_0
1	32.16	2.7836	26
2	34.37	2.6695	40
3	36.61	2.4548	100
4	47.80	1.9030	18
5	57.38	1.6060	10
6	63.07	1.4741	15
7	67.36	1.3903	2
8	68.64	1.3675	12
9	70.02	1.3439	8
10	72.53	1.3034	2
11	77.85	1.2271	2
12	81.50	1.1811	2

解　六方晶系の面間隔を与える式とブラッグの条件との関係式は，次式で与えられる(式(4.17)参照)．

$$\frac{4\sin^2\theta}{\lambda^2} = \frac{1}{d^2} = \frac{4}{3}\frac{h^2+hk+k^2}{a^2} + \frac{l^2}{c^2} \tag{1}$$

さらに，$X = \lambda^2/3a^2$，$Y = \lambda^2/4c^2$ とおいて整理すれば，次式を得る．

$$\sin^2\theta = X(h^2+hk+k^2) + Yl^2 \tag{2}$$

最初に $l = 0$ の$(hk0)$対応の回折ピークを探して定数 X を求める．その場合は次式の関係を満足する．

$$Yl^2 = \sin^2\theta - X(h^2+hk+k^2) \tag{3}$$

$\sin^2\theta$ から X, $3X$, $4X$, $7X$ の値を引いて求めた値の中から共通項を探すことによって Y の値を得る．このような手順により，$2\theta = 81.50°$ までに観測された 12 の回折ピークについて解析した結果を**表 1** に示す．

表 1　六方晶と考えられる試料に関する解析結果

	2θ	$\sin\theta$	$\sin^2\theta$	$\frac{\sin^2\theta}{3}$	$\frac{\sin^2\theta}{4}$	$\frac{\sin^2\theta}{7}$	$\sin^2\theta-X$	$\sin^2\theta-3X$	$\sin^2\theta-4X$
1	32.16	0.2770	0.0767	0.0256	0.0192	0.0110	0	—	
2	34.37	0.2955	(0.0873)	0.0291	0.0218	0.0125	0.0105	—	
3	36.61	0.3141	0.0987	0.0329	0.0247	0.0141	0.0219	—	
4	47.80	0.4051	0.1641	0.0547	0.0410	0.0234	(0.0873)	—	
5	57.38	0.4801	0.2305	0.0768	0.0576	0.0329	0.1537	0	
6	63.07	0.5230	0.2735	0.0912	0.0684	0.0391	0.1967	0.0431	
7	67.36	0.5542	0.3071	0.1024	0.0768	0.0439	0.2303	0.0767	0
8	68.64	0.5638	0.3179	0.1060	0.0795	0.0454	0.2411	(0.0875)	0.0107
9	70.02	0.5737	0.3291	0.1097	0.0823	0.0470	0.2523	0.0987	0.0219
10	72.53	0.5915	0.3499	0.1166	0.0875	0.0500	0.2731	0.1195	0.0427
11	77.85	0.6283	0.3948	0.1316	0.0987	0.0564	0.3180	0.1644	(0.0876)
12	81.50	0.6528	0.4261	0.1420	0.1065	0.0609	0.3493	0.1957	0.1189

$X = 0.0768$

表 1 において $\sin^2\theta$，$\dfrac{\sin^2\theta}{3}$ および $\dfrac{\sin^2\theta}{4}$ の欄を見ると，枠で囲った 0.0768 という値が共通項として認められる．ここで，$\dfrac{\sin^2\theta}{7}$ の欄では認められていないが，さらに高角度側の $2\theta = 94.31°$ で認められる小さなピークについて同様な計算を行うと，$\sin^2\theta = 0.5377 \rightarrow \sin^2\theta/7 = 0.0768$ が確認できる．この結果は，5 番目のピークは，$(hk0)$ 対応としては $h^2+hk+k^2 = 3$，すなわち (110) 相当，7 番目のピークは $h^2+hk+k^2 = 4$，すなわち (200) 相当と指数付けできる．

$$X = 0.0768 = \frac{\lambda^2}{3a^2} \quad \longrightarrow \quad a = 0.3212\ \mathrm{nm}$$

次に，X=0.0768 を用いて $\sin^2\theta-X$，$\sin^2\theta-3X$ および $\sin^2\theta-4X$ を求めると，表 1 の右端の欄の結果となり，$\sin^2\theta$ の欄を含めてチェックすると括弧で囲った 0.0873～0.0876 という値が共通項として認められる．六方晶系では $(00l)$ 対応の回折ピークで (001) は消滅則により認められないので，2 番目のピークは $l = 2$，すなわち (002) 相当と見なすことができる．したがって，$Yl^2 = 4Y$ だから

$$4Y = 0.0875 \quad \longrightarrow \quad Y = 0.0219$$

$$Y = \frac{\lambda^2}{4c^2} = 0.0219 \quad \longrightarrow \quad c = 0.5210\ \mathrm{nm}$$

なお，$l = 4 \rightarrow (004)$ 相当は，$0.0219 \times 16 = 0.3504 = \sin^2\theta$ となる．若干計算値にずれが認められるが 10 番目のピーク ($\sin^2\theta = 0.3499$) が対応すると考えられる．このようにして，4 つの回折ピークについて，仮の指数付けができる．

これらの結果をもとに観測されたすべての回折ピークについて再計算して，矛盾点なく再現できれば，解析終了である．再計算の結果を**表 2** に示す．このような手順を進めるに際しては，まず，X 線回折のパターンの特徴からある程度結晶構造を予測することが重要である．六方晶系の物質が示す X 線回折パターンは，比較的数多くのピークが認められ，とくに比較的低角度側に 3 つのピークが現れ，その後少し離れた角度にいくつかのピークが現れる特徴を覚えておくとよい．ただし，比較的低角度側に認められる 3 つのピークの大小は六方晶系で共通の関係を持たないことも認識しておくとよい．

表 2　六方晶と考えられる試料に関する再計算結果　$X = 0.0768$，$Y = 0.0219$

	2θ	$\sin\theta$	$\sin\theta^2$	$X+Y$	$\sin^2\theta_{\mathrm{cal}}$	h^2+hk+k^2	h and k	l	
1	32.16	0.2770	0.0767	$X+0Y$	0.0768	1	1, 0	0	100
2	34.37	0.2955	(0.0873)	$0X+4Y$	0.0876	0	0, 0	2	(002)
3	36.61	0.3141	0.0987	$X+Y$	0.0987	1	1, 0	1	101
4	47.80	0.4051	0.1641	$X+4Y$	0.1644	1	1, 0	2	102
5	57.38	0.4801	[0.2305]	$3X+0Y$	0.2304	3	1, 1	0	[110]
6	63.07	0.5230	0.2735	$X+9Y$	0.2739	1	1, 1	3	103
7	67.36	0.5542	[0.3071]	$4X+0Y$	0.3072	4	2, 0	0	[200]
8	68.64	0.5638	0.3179	$3X+4Y$	0.3180	3	1, 1	2	112
9	70.02	0.5737	0.3291	$4X+Y$	0.3291	4	2, 0	1	201
10	72.53	0.5915	(0.3499)	$0X+16Y$	0.3504	0	0, 0	4	(004)
11	77.85	0.6283	0.3948	$4X+4Y$	0.3948	4	2, 0	2	202
12	81.50	0.6528	0.4261	$X+16Y$	0.4272	1	1, 1	4	104
13	90.43	0.7098	0.5038	$4X+9Y$	0.5043	4	2, 0	3	203
14	94.31	0.7333	0.5377	$7X+0Y$	0.5376	7	2, 1	0	210
15	96.85	0.7481	0.5597	$7X+Y$	0.5595	7	2, 1	1	211
16	99.24	0.7618	0.5803	$3X+16Y$	0.5808	3	1, 1	4	114

まとめ：$a = 0.3212$ nm，$c = 0.5210$ nm，$c/a = 1.622$.
格子定数および c/a の値から，解析した物質は Mg と判定する．この結果は，付録 9 に集録されている Mg：$a = 0.32095$ nm，$c = 0.52107$ nm，$c/a = 1.6235$ の値と一致する．

問題 4.6

酸化マグネシウム(MgO)の粉末試料について，Cu-Kα 線 ($\lambda = 0.1542$ nm) による測定を行った結果，以下に示す散乱角 (2θ) に 10 本の回折ピークを観測した．MgO は NaCl 型構造であることを参考に回折ピークの指数付けを行うとともに，格子定数を求めよ．

2θ[degree]：36.93，42.91，62.30，74.64，78.64，94.06，105.75，109.78，127.29，143.77

解 NaCl 型構造も立方晶系なので，ブラッグの条件および立方晶系の面間隔の式から導出できる次式を利用する．

$$a = d \times \sqrt{h^2+k^2+l^2} \quad (1)$$

一方，NaCl 型構造の(結晶学的)構造因子について，次の関係が与えられている(問題 3.14 参照)．

（１） hkl が非混合で，かつ ($h+k+l$) が奇数の場合．例：(111)面

$$|F|^2 = 16(f_{\mathrm{Na}} - f_{\mathrm{Cl}})^2 \Rightarrow 16(f_{\mathrm{Mg}} - f_{\mathrm{O}})^2$$

（２） hkl が非混合で，かつ ($h+k+l$) が偶数の場合．例：(200)面

$$|F|^2 = 16(f_{\mathrm{Na}} + f_{\mathrm{Cl}})^2 \Rightarrow 16(f_{\mathrm{Mg}} + f_{\mathrm{O}})^2$$

（３） hkl が混合の場合(例：(100), (210) など)，消滅則により散乱強度は観測されない．

これらの情報を参考に回折ピークの指数付けを行うと**表 1** のとおりである．格子定数は平均値として $a = 0.4215$ nm の値が得られる．

表 1　MgO 試料の回折データおよび解析結果

	2θ	d [nm]	hkl	$h^2+k^2+l^2$	$\sqrt{h^2+k^2+l^2}$	a [nm]
1	36.95	0.2433	111	3	1.732	0.4214
2	42.91	0.2108	200	4	2	0.4216
3	62.30	0.1490	220	8	2.828	0.4214
4	74.64	0.1272	311	11	3.317	0.4219
5	78.64	0.1217	222	12	3.464	0.4216
6	94.06	0.1054	400	16	4	0.4216
7	105.75	0.0967	331	19	4.359	0.4215
8	109.78	0.0942	420	20	4.472	0.4213
9	127.29	0.0860	422	24	4.899	0.4213
10	143.77	0.0811	511	27	5.196	0.4214

$d = \dfrac{\lambda}{2\sin\theta}$ ($\lambda = 0.1542$ nm)

問題 4.7

塩化カリウム(KCl)の粉末試料について，Cu-Kα 線 ($\lambda = 0.1542$ nm) による測定を行った結果，以下に示す散乱角 (2θ) に 12 本の回折ピークを観測した．KCl は NaCl 型構造であることを参考に回折ピークの指数付けを行うとともに，格子定数を求めよ．

2θ[degree]：24.48，28.35，40.50，47.92，50.18，58.66，66.39，73.54，87.68，94.58，101.51，108.65

解　前問の酸化マグネシウムの場合と同様の解析を行えばよい．ただし，次の点に留意する．塩化カリウムの場合，成分の原子番号が K = 19 および Cl = 17 と近い．したがって，消滅則によれば観測可能な hkl が非混合で，かつ ($h+k+l$) が奇数の回折ピークの場合も $(f_{\mathrm{K}}-f_{\mathrm{Cl}})^2$ 項が小さくなるので，かなり弱い強度しか期待できない．言い換えると実験条件によっては観測されないピークもあるので，指数付けの際には注意が必要である(問題 3.12 参照)．これに該当する面指数は，(111), (311), (331), (511), (531), (533)などである．これらを考慮しつつ解析した結果は**表 1** のとおりである．格子定数の平均値として $a = 0.6298$ nm を得た．

結果的には，(331), (511), (531)に対応する回折ピークが実験で観測されていないことが判明した．その理由として(331)面の例を以下に示す．

表 1　KCl 試料の回折データおよび解析結果

	2θ	d[nm]	hkl	$h^2+k^2+l^2$	$\sqrt{h^2+k^2+l^2}$	a[nm]
1	24.48	0.3637	111	3	1.732	0.6299
2	28.35	0.3148	200	4	2	0.6296
3	40.50	0.2228	220	8	2.828	0.6300
4	47.92	0.1899	311	11	3.317	0.6299
5	50.18	0.1818	322	12	3.464	0.6298
6	58.66	0.1574	400	16	4	0.6296
7	66.39	0.1408	420	20	4.472	0.6297
8	73.54	0.1288	422	24	4.899	0.6271
9	87.68	0.1113	440	32	5.657	0.6296
10	94.58	0.1049	600	36	6	0.6294
11	101.51	0.0996	620	40	6.325	0.6300
12	108.65	0.0949	622	44	6.633	0.6295

(331)面に対応する$(h^2+k^2+l^2)$の値は19であり，表1では，(420)面に対応すると決定された$2\theta = 66.39°$の回折ピークの可能性が考えられた．しかし，$\sqrt{h^2+k^2+l^2} = 4.359$であり，$a = 0.6137$ nmとなって他の回折ピークの解析結果との差が大きい．したがって，むしろ(420)面と考え$h^2+k^2+l^2 = 20$について計算すると$\sqrt{h^2+k^2+l^2} = 4.472 \rightarrow a = 0.6297$ nmとなることから，(331)面に対応する回折ピークは観測されなかったと判定する．

問題 4.8

Cu-Kα線($\lambda_{Cu} = 0.1542$ nm)を使用して単相と考えられる未知の試料に関する**図A**のX線回折パターンおよび関連する**表A**の回折データを得た．標準物質の回折データと比較・検索するハナワルト解析(Hanawalt法)を用いて試料を同定し，格子定数を求めよ．

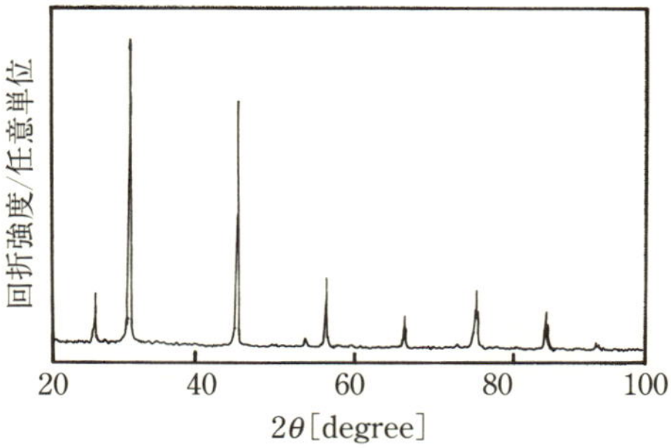

図A　未知試料の回折パターン

表A　未知試料の回折データ

	2θ	d [A]	I/I_1
1	27.44	3.251	15
2	31.73	2.820	100
3	45.54	1.992	60
4	53.67	1.708	5
5	56.46	1.630	25
6	65.56	0.424	10
7	75.87	1.253	20
8	84.01	1.152	10
9	91.98	1.072	5

解　ハナワルト法は，**表1**のように3本の強い回折ピークの面間隔の値，d_1, d_2, d_3およびその相対強度比I/I_1を指標として，数多くの標準物質について集積されたデータベースの中から合致するものを検索する方法である．

表1　3本の強い回折ピークのデータ

2θ[degree]	d [A]	I/I_1
31.73	2.820	100
45.54	1.992	60
56.46	1.630	25

得られた実験の情報では，第2番目の回折ピークが最も強度が強く，これを基準に取ると第3番目および第5番目の回折ピークが3本の強い回折ピークのセットとなる．この2.82，1.99および1.63という3つの d の値の組み合わせについてハナワルト検索表 (Hanawalt Search Manual) を用いて調べると**表2**の情報を見出すことができる．

表2　ハナワルト検索表のデータ

面間隔と強度	物質	ファイル番号	フィッシュ番号
$\mathbf{2.82_9}$ $\mathbf{1.99_9}$ $\mathbf{2.26_x}$ 1.61_9 1.51_9 1.49_9 3.57_8 2.66_8	$(ErSe_2)Q$	19-443	1-106-F6
$\mathbf{2.82_x}$ $\mathbf{1.99_6}$ $\mathbf{1.63_2}$ 3.26_1 1.26_1 1.15_1 1.41_1 0.89_1	NaCl	5-0628	1-18-F8
$\mathbf{2.82_4}$ $\mathbf{1.99_4}$ $\mathbf{1.54_x}$ 1.20_4 1.19_4 2.44_3 5.62_2 4.89_2	$(NH_4)_2WO_2Cl_4$	22-65	1-145-D12
$\mathbf{2.82_x}$ $\mathbf{1.99_8}$ $\mathbf{1.26_3}$ 1.63_2 1.15_2 0.94_1 0.89_1 1.41_1	$(BePd)2C$	18-225	1-90-D1

$\boldsymbol{x}$：最強ピーク，下付数字は強度比で 9 → 90%

この結果より，得られた実験情報は塩化ナトリウム(NaCl)との合致が認められる．また，第4番目，第5番目の強さの回折ピークに対応する d の値も実験データでは1.25および3.25であり，検索表にある値3.26および1.26との対応についても強さの順番の逆転はあるが悪くない．この結果は解析の対象としている試料はNaClの可能性が高いことを示唆している．そこで検索表から例えばファイル番号 5-0628 のJCPDSカードを選び出してみると**図1**の情報を得る．図1に示すJCPDSカードの左

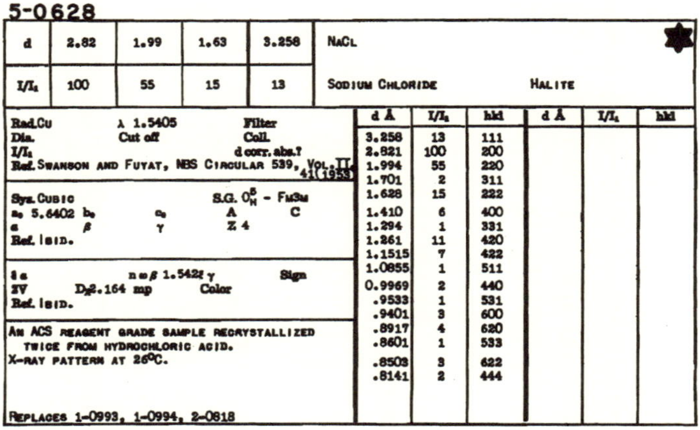
5-0628

d	2.82	1.99	1.63	3.258	NaCl
I/I_1	100	55	15	13	Sodium Chloride　　Halite

Rad. Cu　λ 1.5405　Filter
Dia.　Cut off　Coll.
I/I_1　d corr. abs.?
Ref. Swanson and Fuyat, NBS Circular 539, Vol. II, 41 (1953)

Sys. Cubic　S.G. O_H^5 - Fm3m
a_0 5.6402　b_0　c_0　A　C
α　β　γ　Z 4
Ref. Ibid.

ε α　n ω β 1.542　ε γ　Sign
2V　D_x 2.164　mp　Color
Ref. Ibid.

An ACS reagent grade sample recrystallized twice from hydrochloric acid.
X-ray pattern at 26°C.

Replaces 1-0993, 1-0994, 2-0818

d Å	I/I_1	hkl	d Å	I/I_1	hkl
3.258	13	111			
2.821	100	200			
1.994	55	220			
1.701	2	311			
1.628	15	222			
1.410	6	400			
1.294	1	331			
1.261	11	420			
1.1515	7	422			
1.0855	1	511			
0.9969	2	440			
.9533	1	531			
.9401	3	600			
.8917	4	620			
.8601	1	533			
.8503	3	622			
.8141	2	444			

図1　NaClのJCPDSカード

上のところで，I/I_1 の第 4 番目の欄に示されている $d = 3.258$ の値は，この物質で観測される最も大きい d の値，すなわち最も低い角度で観測される回折ピークを示している．カードの情報 3.258 と実験データ 3.251 との対応もよい．このような手続きを経て，試料は NaCl であると判定する．

NaCl は立方晶系なので，$\dfrac{1}{d^2} = \dfrac{h^2+k^2+l^2}{a^2}$ の関係を利用して格子定数を求めると**表 3** の結果を得る．

表 3　NaCl を仮定した試料例

d [nm]	hkl	$h^2+k^2+l^2$	a [nm]
0.3251	111	3	0.5631
0.2820	200	4	0.5640
0.1992	220	8	0.5634
0.1708	311	11	0.5665
0.1630	222	12	0.5646

$a = 0.5643$ nm

一方，注意点もある．X 線回折パターンの強度比は，試料の調整方法やスキャンスピードなどの条件によって容易に変化する．事実，与えられた実験情報と JCPDS カードに登録されている $d = 1.294\text{A} \Rightarrow 73.1°$ 付近に現れる強度の小さな回折ピークは観測されていない．このことは構造不明の試料を対象とする場合，含まれる元素の種類やその割合などを含め，予備的情報を得た上で解析を進めるべきことを示唆している．

問題 4.9

Cu-Kα 線 ($\lambda_{\mathrm{Cu}} = 0.1542$ nm) を使用して未知の試料に関する**図 A** の X 線回折パ

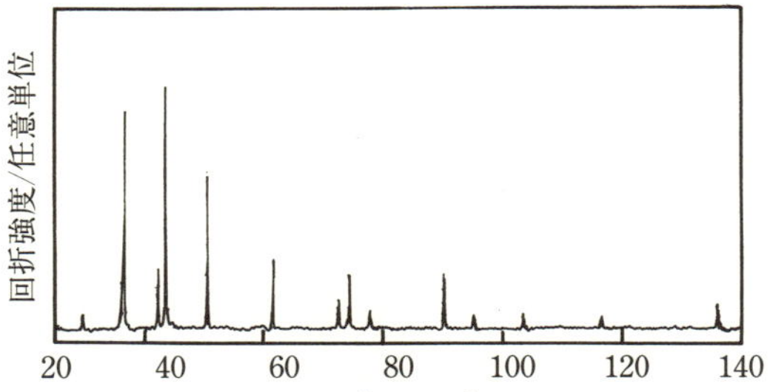

図 A　未知試料の回折パターン

ターンおよび関連する**表A**の回折データを得た．ハナワルト法を用いて試料を同定せよ．

表A　未知試料の回折データ

	2θ	d [A]	I/I_1		2θ	d [A]	I/I_1
1	29.63	3.015	5	8	74.01	1.281	20
2	36.38	2.470	75	9	77.71	1.229	6
3	42.38	2.133	30	10	90.25	1.088	20
4	43.36	2.087	100	11	95.21	1.044	3
5	50.42	1.810	55	12	103.61	0.981	5
6	61.77	1.502	25	13	116.64	0.906	4
7	72.30	1.307	10	14	136.18	0.831	8

解　ハナワルト法の指標である，3本の強い回折ピークの面間隔の値およびその相対強度比についてデータを眺めると，第4番目の回折ピークが最も強く，これを基準に，**表1**に示す第2番目および第5番目の回折ピークとの組み合わせがセットになる．

表1　3本の強い回折ピークのデータ(Ⅰ)

2θ	d [A]	I/I_1
43.36	2.087	100
36.38	2.470	75
50.42	1.810	54

すなわち，dの値，2.09，2.47および1.81という3つの値の組み合わせについてハナワルト検索表を調べる．$d_1 = 2.09$を最初とする表の中で，同時に2番目に強い回折ピークを示す$d_2 = 2.47$とのセット，すなわち2.09−2.47の組み合わせを検索表の中に見出すことができる．しかし，3番目に強い回折ピークを示す$d_3 = 1.81$をも満足する組み合わせが見つからない．このことは，対象の未知試料が複数の物質を含んでいる可能性を示している．

そこで$d_1 = 2.087$の回折ピークと$d_2 = 2.470$の回折ピークは，それぞれ別の物質の最も強い回折ピークと考え，$d_3 = 1.810$あるいは$d_4 = 2.133$，$d_5 = 1.502$などとの組み合わせを考えてみる．例えば，2.09−1.81，2.09−2.13などの組み合わせで検索表を調べる．その結果，**表2**に示すように2.09−1.81−1.28の組み合わせのCu（ファイル番号4-0836）の値との一致が認められる．そこで**図1**のJCPDSカード番号4-0836の情報を抽出すると，最も低い角度で観察される回折ピークのdの値2.09，さらに，第4番目の強度を示す回折ピークに相当するdの値1.09は，表Aに与えら

表2　ハナワルト検索表のデータ（I）

面間隔と強度								物質	ファイル番号
2.09_x	**1.81_5**	**3.62_2**	1.28_2	1.09_1	2.56_1	1.62_1	1.05_1	$(AlNi_3C_{0\text{-}5})4.5C$	29-58
2.09_x	**1.81_4**	**1.28_2**	1.09_1	1.04_1	0.83_1	0.81_1	0.00_1	$(Co_2GeC_{0\text{-}25})4.25C$	29-475
2.09_x	**1.81_5**	**1.28_2**	1.09_2	0.83_1	0.81_1	1.04_1	0.90_1	Cu	4-0836
2.07_x	**1.81_5**	**1.99_4**	4.44_3	3.19_2	2.84_x	2.71_2	1.58_2	$NaSn_2F_5$	15-619
2.07_x	**1.81_6**	**1.77_3**	1.27_x	1.28_3	1.27_3	3.22_2	3.82_1	$(Ni_2V)6P$	17-715

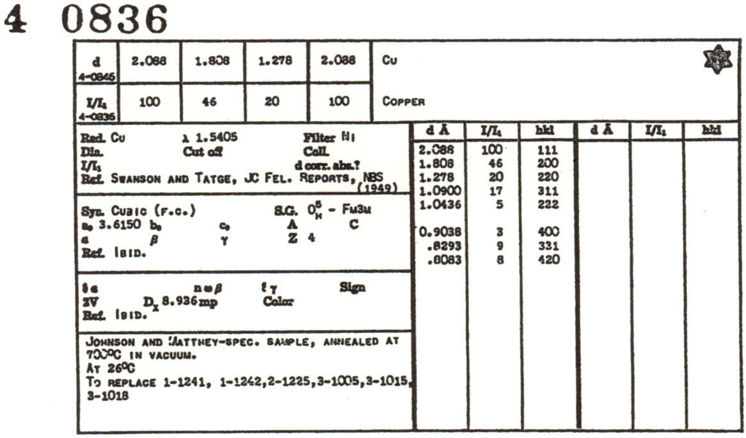

4 0836

d 4-0846	2.088	1.808	1.278	2.088	Cu
I/I₁ 4-0836	100	46	20	100	COPPER

Rad. Cu　λ 1.5405　Filter Ni
Dia.　Cut off　Coll.
I/I₁　d corr. abs.?
Ref. SWANSON AND TATGE, JC FEL. REPORTS, NBS (1949)

Sys. CUBIC (F.C.)　S.G. O_h^5 - Fm3m
a₀ 3.6150　b₀　c₀　A　C
α　β　γ　Z 4
Ref. IBID.

εα　nωβ　εγ　Sign
2V　D_x 8.936　mp　Color
Ref. IBID.

JOHNSON AND MATTHEY-SPEC. SAMPLE, ANNEALED AT 700°C IN VACUUM.
AT 26°C
TO REPLACE 1-1241, 1-1242, 2-1225, 3-1005, 3-1015, 3-1018

d Å	I/I₁	hkl	d Å	I/I₁	hkl
2.088	100	111			
1.808	46	200			
1.278	20	220			
1.0900	17	311			
1.0436	5	222			
0.9038	3	400			
.8293	9	331			
.8083	8	420			

図1　Cu の JCPDS カード

れている第10番目に観測される回折ピークとの対応が認められる．

この結果を踏まえて，測定データの14本の回折ピークから Cu に起因する7本の回折ピークを除いて再整理すると**表3**のとおりとなる．

表3　再整理した未知試料の回折データ

	2θ	d [A]	I/I_1		2θ	d [A]	I/I_1
1	29.63	3.015	5 → 7	7	72.30	1.307	10 → 13
2	36.38	2.470	75 → 100	9	77.71	1.229	6 → 8
3	42.38	2.133	30 → 40	12	103.61	0.981	5 → 7
6	61.77	1.502	25 → 33				

なお，ここでは第2ピークを最大強度として I/I_1 の値を再計算する必要がある．この結果，ハナワルト法の指標は，**表4**のとおりとなる．

表4 3本の強い回折ピークのデータ(II)

2θ	d [A]	I/I_1
36.38	2.470	100
42.38	2.133	40
61.77	1.502	33

これを踏まえて，d の値のセット 2.47−2.13−1.50 の組み合わせについてハナワルト検索表を調べると，**表5**の結果が得られる．

表5 ハナワルト検索表のデータ(II)

面間隔と強度								物質	ファイル番号
$\mathbf{2.48_x}$	$\mathbf{2.14_4}$	$\mathbf{1.51_4}$	1.29_2	0.98_1	1.24_1	0.00_1	0.00_1	(CaN)8F	16-116
$\mathbf{2.47_x}$	$\mathbf{2.14_4}$	$\mathbf{1.51_2}$	1.29_2	3.02_1	1.23_1	0.98_1	0.96_1	Cu_2O	5-0667
$\mathbf{2.46_x}$	$\mathbf{2.14_5}$	$\mathbf{2.24_6}$	1.23_x	1.37_a	2.09_6	1.42_6	1.35_6	(Ta, Co)13R	21-270
$\mathbf{2.51_5}$	$\mathbf{2.13_5}$	$\mathbf{2.23_x}$	2.09_0	2.98_3	2.47_5	1.33_5	0.80_5	$(Ru_{0-23}W_{0-22}B_{0-55})$8O	24-994
$\mathbf{2.51_6}$	$\mathbf{2.13_6}$	$\mathbf{2.21_x}$	1.27_0	2.29_7	1.33_5	4.85_4	1.81_4	(Re_2P)12O	17-391

この検索表では，(CaN)8F と Cu_2O が第4番目の $d_4 = 1.29$ まで同じで，第5番目の $d_5 = 0.98$ の物質が(CaN)8F，$d_5 = 3.02$ の物質が亜酸化銅(Cu_2O)ということを示している．対象とする測定データの強度比はほとんど同じであり順番は必ずしもデータベースと一致しないが，d の値，3.02，1.23，0.98 は，どちらかといえば Cu_2O に対応することを示唆している．そこで**図2**の JCPDS カード番号 5-0667 の情報を抽出する．この結果，d の値が 1.74，1.35 および 1.07 に対応する散乱強度の弱いピークは観測されていないが，7本の回折ピークすべてが亜酸化銅 (Cu_2O) と呼ばれる物質と判定できる．

以上の結果をまとめると，与えられた実験データは，未知試料が Cu と Cu_2O の混合物であると結論づけられる．この例題の場合，例えば，蛍光X線分析を応用して試料に銅と酸素が含まれていることをあらかじめ知っていれば，Cu, CuO, Cu_2O などの存在を想定できる．また，Cu が含まれていることを知ったならば，その酸化物あるいは硫化物などが共存する可能性を念頭において構造解析を進めることが望ましい．

05-0667　　Wavelength= 1.5405

Cu2O

Copper Oxide

Cuprite, syn

Rad.: CuKa1　λ: 1.5405　Filter: Ni　d-sp:

Cut off:　Int.: Diffract.　I/Icor.:

Ref: Swanson, Fuyat, Natl. Bur. Stand. (U.S.), Circ. 539, II, 23 (1953)

Sys.: Cubic　S.G.: Pn3m (224)

a: 4.2696　b:　c:　A:　C:

α:　β:　γ:　Z: 2　mp:

Ref: Ibid.

Dx: 6.106　Dm:　SS/FOM: F_{13}=56(.0117, 20)

Color: Violet red
Pattern taken at 26 C. Sample prepared at NBS, Gaithersburg, Maryland, USA by sintering CuCl and Na2 C O2 at ~800 C, then leaching with water and drying. Spectroscopic analysis: <1% Ca, Si; <0.1% Al, Mg; <0.01% Ag, B, Ba, Fe, Ti; <0.001% Mn, Pb, Sn. Opaque mineral optical data on specimen from Liskeard, Cornwall, England, UK. Pattern reviewed by Martin, K., McCarthy, G., North Dakota State University, Fargo, North Dakota, USA, ICDD Grant-in-Aid (1990). Agrees well with experimental and calculated patterns. Additional weak reflection [indicated by brackets] was observed. Ag2 O type. PSC: cP6. Mwt: 143.09. Volume[CD]: 77.83.

d Å	Int	h	k	l
3.0200	9	1	1	0
2.4650	100	1	1	1
2.1350	37	2	0	0
1.7430	1	2	1	1
1.5100	27	2	2	0
1.3502	1	3	1	0
1.2870	17	3	1	1
1.2330	4	2	2	2
1.0674	2	4	0	0
.97950	4	3	3	1
.95480	3	4	2	0
.87150	3	4	2	2
.82160	3	5	1	1

図 2　Cu_2O の JCPDS カード（CD-ROM からの情報）

問題 4.10

特性 X 線を用いる回折実験に基づいて，粉末結晶試料の格子定数を可能な限り高精度で求めたい場合の条件について説明せよ．

解　ブラッグの条件 $2d\sin\theta = \lambda$ において，特性 X 線を利用する場合 λ は定数となるので，検討対象は d および θ となる．この場合は，単に回折ピークの角度 θ のみでなく $\sin\theta$ の値に関係する．$\sin\theta$ の値の θ に対する変化量は，θ が 80° 付近の場合と 10° 付近の場合とを比較すると，**図 1** のように高角度側で極めて小さくなる．このことは θ が 90° あるいは散乱角 2θ が 180° に近いところで観測された回折ピークの利用を推奨している．

同様な指針は，ブラッグの条件 $2d\sin\theta = \lambda$ を角度 θ で微分して，整理することで以下のとおり得られる．

$$\sin\theta = \frac{\lambda}{2d} \quad \Rightarrow \quad \cos\theta\cdot\Delta\theta = -\frac{\lambda}{2d^2}\Delta d = -\sin\theta\frac{\Delta d}{d} \tag{1}$$

したがって，

$$\frac{\Delta d}{d} = -\cot\theta\cdot\Delta\theta \qquad \left(\because \quad \cot\theta = \frac{\cos\theta}{\sin\theta}\right) \tag{2}$$

面間隔 d と格子定数 a との関係は，例えば立方晶について次式の関係がある．

$$a = d\sqrt{h^2+k^2+l^2} \Rightarrow \frac{\Delta a}{a} = \frac{\Delta d}{d} \tag{3}$$

式(2)および式(3)より

$$\frac{\Delta a}{a} = \frac{\Delta d}{d} = -\cot\theta\cdot\Delta\theta \tag{4}$$

式(4)は，格子定数の誤差率 $(\Delta a/a)$ を可能な限り小さくするためには，$\cot\theta$ の値が小さくなることが望ましい．すなわち θ が 90°（回折角 2θ が 180°）に近づけば $\cot\theta$ の値もゼロに近づく．なお，高角度側の回折ピークを使う場合も，可能な限り回折角の測定誤差 $\Delta\theta$（または $\Delta 2\theta$）を小さくすることが重要である（**図2** 参照）．

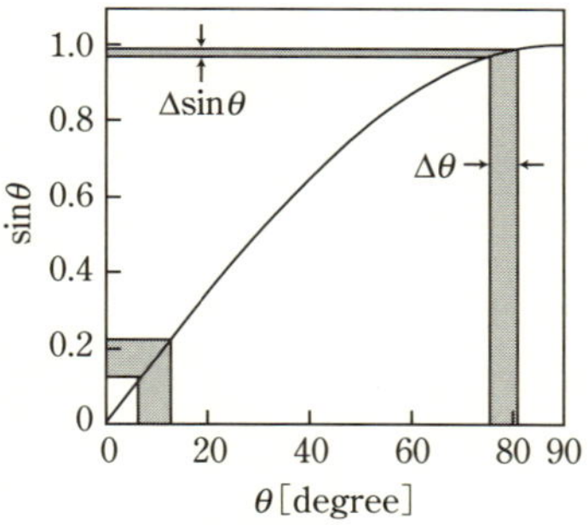

図1　θ と $\sin\theta$ の関係

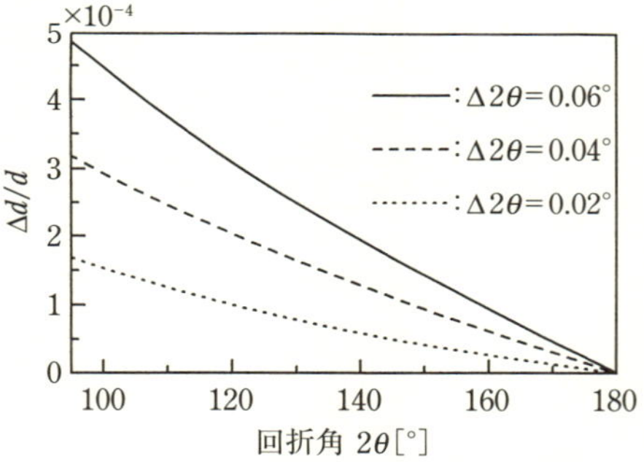

図2　回折角の測定誤差と d 値の誤差の関係

問題 4.11

構造解析に利用される代表的な4種類の特性X線の波長は，nm単位で**表A**のとおりである．

表A　代表的な特性X線の波長

元素	$K\alpha$（加重平均）*	$K\alpha_2$ 強い	$K\alpha_1$ 非常に強い	$K\beta_1$ 弱い
Fe	0.1937355	0.1939980	0.1936042	0.175661
Co	0.1790260	0.1792850	0.1788965	0.162079
Cu	0.1541838	0.1544390	0.1540562	0.1392218
Mo	0.0710730	0.0713590	0.0709300	0.0632288

*　$K\alpha_1$ は $K\alpha_2$ の2倍の重みをつけ，$K\alpha_2$ と平均した

これらの特性X線を用いて，W（結晶系：体心立方格子，格子定数 $a = 0.31648$ nm）粉末結晶試料のX線回折を行った場合，観測が予想される(220)，(310)，および(222)面に対応する回折ピークの角度を求めよ．

解 ブラッグの条件および立方晶系の結晶面（hkl）と面間隔 d との関係を表す式より，次式の関係を得る．

$$\sin\theta = \frac{\lambda}{2a}\sqrt{h^2+k^2+l^2} \tag{1}$$

式(1)に表Aに与えられている数値を入れて散乱角 2θ を求めると**表1～3**のとおりである．

(220)面について　$\sqrt{h^2+k^2+l^2} = \sqrt{8} = 2.8284$

表1　Wの(220)面の回折ピークが観測される角度

元素	$K\alpha$	$K\alpha_2$	$K\alpha_1$	$K\beta_1$
Fe	119.93	120.20	119.79	103.43
Co	106.26	106.48	106.15	92.81
Cu	87.10	87.28	87.01	76.94
Mo	37.03	37.19	36.96	32.82

(310)面について　$\sqrt{h^2+k^2+l^2} = \sqrt{10} = 3.1623$

表2　Wの(310)面の回折ピークが観測される角度

元素	$K\alpha$	$K\alpha_2$	$K\alpha_1$	$K\beta_1$
Fe	150.89	151.81	150.59	122.71
Co	126.87	127.20	126.70	108.14
Cu	100.76	100.99	100.65	88.14
Mo	41.60	41.77	41.51	36.83

(222)面について　$\sqrt{h^2+k^2+l^2} = \sqrt{12} = 3.4641$

表3　Wの(222)面の回折ピークが観測される角度

元素	$K\alpha$	$K\alpha_2$	$K\alpha_1$	$K\beta_1$
Fe	*	*	*	148.04
Co	156.92	157.75	156.52	125.01
Cu	115.09	115.39	114.94	99.27
Mo	45.78	45.98	45.68	40.49

*　式(1)の条件からはずれるので回折ピークは観測できない

市販のX線回折ゴニオメータの測角精度は ±0.02°，角度の繰り返し再現性は ±0.005° 程度である．この点ならびに上記の結果は，高い散乱角で観測される回折ピークには $K\alpha_1$，$K\beta_1$ はもちろん $K\alpha_2$ について十分な差として検出できることを示している．言い換えると，格子定数を精度よく求めるには，散乱角の大きな角度に現れる回折ピークを，異なる波長の特性X線を用いて測定する実験が有効である．

参考：W の(321)および(400)面について，Cu の特性X線を用いた場合，**表4** の結果を得る．

表4　W の(321)および(400)面の回折ピークが観測される角度

	$\sqrt{h^2+k^2+l^2}$	$K\alpha$	$K\alpha_2$	$K\alpha_1$	$K\beta_1$
321	3.7417	131.41	131.83	131.20	110.77
400	4.0	154.00	154.83	153.59	123.24

問題 4.12

格子定数の精密測定には，特性X線の $K\alpha$ 二重線がしばしば利用される．この $K\alpha$ 二重線の影響は高角度の回折ピークで顕著になるが，その理由およびその分離($K\alpha_1$ および $K\alpha_2$)について説明せよ．

解　特性X線の波長幅は，かなり狭い領域に限られる．しかし，**図1** に示す Mo のX線スペクトルから理解できるように，例えば，$K\alpha$ 線は $K\alpha_1$ および $K\alpha_2$ の混合で構成されている．問題 4.11 に示すとおり，Cu-$K\alpha$ 線では，波長 0.154056 nm の $K\alpha_1$ と 0.154439 nm の $K\alpha_2$ との間に，Mo-$K\alpha$ 線では，波長 0.07093 nm の $K\alpha_1$ と 0.07136 nm の $K\alpha_2$ との間に，約 0.0004 nm の差がある．ブラッグの条件 $2d\sin\theta=\lambda$ から容易に理解できるように，この波長の違いは面間隔 d の値が大きい(散乱角 2θ が小さい)場合，観測できない程度に小さい．例えば，d の値が 0.3 nm の場合と 0.1 nm の場合を比べると以下のとおりである．

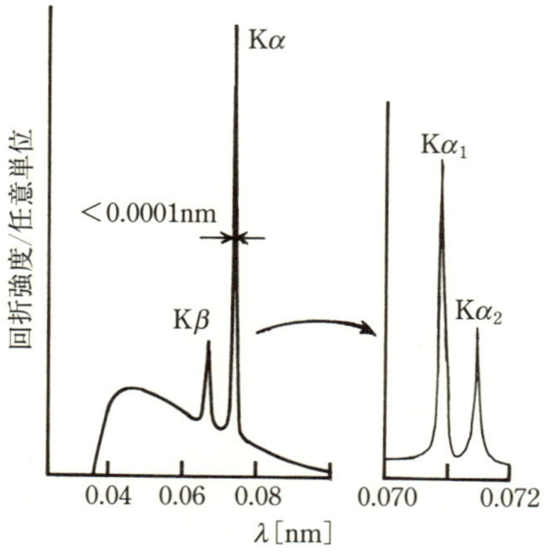

図1　Mo のX線スペクトル例

$$\sin\theta_1-\sin\theta_2=\frac{1}{2d}(\lambda_1-\lambda_2)$$

$d = 0.3$ nm の場合

$$\sin\theta_1 - \sin\theta_2 = \frac{0.0004}{2\times 0.3} = 6.7\times 10^{-4} \qquad \theta_1 - \theta_2 \cong 0.038°$$

$d = 0.1$ nm の場合

$$\sin\theta_1 - \sin\theta_2 = \frac{0.0004}{2\times 0.1} = 0.02 \qquad \theta_1 - \theta_2 \cong 1.15°$$

言い換えると，d の値が小さい面に対応して散乱角 2θ が 90〜160° で観測される回折ピークでは，Kα_1 および Kα_2 の差に伴う効果が顕著に現れる．格子定数の精密測定には，結晶系あるいは使用する X 線管球などにも依存するが，このような条件を選択することが好都合である．ただし，完全に分離してそれぞれの回折ピークとして観測されるとは限らず，ある程度分離した部分的に重なりのあるピークとして観測されることも多い．その場合の散乱角の読み取りに利用される代表的な方法を以下に示す（最近の装置では，コンピュータソフトで実行できることが多い）．

回折ピークがある程度分離している**図 2** の例の場合は，比較的簡便な方法が利用できる．この方法では，Kα_1 および Kα_2 による回折が分離している強度以上のレベルでは，それぞれの波長のみによる回折ピークと見なして，半価幅の中点を散乱角とする．

回折線の分離の程度が必ずしも十分でない**図 3** の例に適用する方法として，Rachinger の方法（詳細は，H. P. Klug and L. E. Alexander：X-ray Diffraction Procedures, 2nd Edition, John-Wiley & Sons, New York（1973）参照）がある．Rachinger の方法は，Kα_1 および Kα_2 の強度比が 2：1 であること，ならびにこの 2 つの波長の差 $\Delta\lambda$ は一定であることに基づいている．すなわち，Kα_2 による回折ピークのプロ

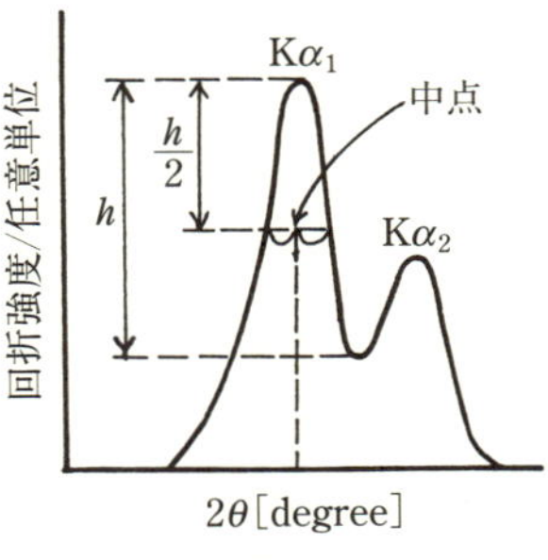

図 2　回折ピークの分離がよい場合の Kα_1 による散乱角の決定

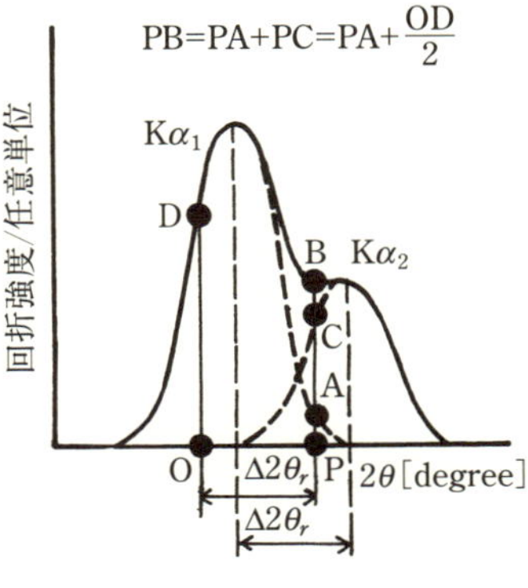

図 3　Rachinger の方法による回折ピークの分離

ファイルは，$K\alpha_1$ による場合と同じであるが，その強度は 1/2 で，角度は $\Delta 2\theta_r = 2\tan\theta \times \frac{\Delta\lambda}{\lambda_{K\alpha_1}}$ だけずれていると考える．このことは，$K\alpha_1$ による回折ピークのプロファイルを $I\alpha_1(2\theta)$，実測の回折ピークのプロファイルを $I(2\theta)$ とすれば，次式の関係として記述できる．

$$I(2\theta) = I\alpha_1(2\theta) + \frac{1}{2} I\alpha_1(2\theta + \Delta 2\theta_r)$$

具体的には，この関係式に従ってコンピュータなどによるプロファイルフィッテングを図 3 のように実施して，$K\alpha_1$ および $K\alpha_2$ による回折ピークの散乱角の値を求める．

問題 4.13

酸化マグネシウム（MgO）に関する複数の特性 X 線を利用した回折実験において，高角度側の回折ピークが**表 A** に示す散乱角（2θ[degree]）で観測された．外挿法を使って格子定数を求めよ．ここで，MgO の結晶系は NaCl 型構造である．

表 A　高角度側で観測された MgO の回折データ

特性 X 線	λ[nm]	hkl			
		(400)	(420)	(422)	(511)
Cu-$K\alpha$	0.15418_4	94.17	109.90	127.44	144.04
Cu-$K\beta_1$	0.13922_2	82.85	95.37	108.12	118.44

解　得られた散乱角（2θ）の値より，ブラッグの条件などに基づく次式を利用して**表 1** のように格子定数 a を算出し，これと同時に外挿法を利用するため $\sin^2\theta$ の値も算出する．

$$a = \frac{\lambda}{2\sin\theta}\sqrt{h^2+k^2+l^2} \tag{1}$$

表 1　式（1）の算出結果

	hkl	$\sqrt{h^2+k^2+l^2}$	θ	a[nm]	$\sin\theta$	$\sin^2\theta$	$\sin^2\theta'$	$\sin\theta'$	a'[nm]
1	400	4.0	47.08_5	0.4210	0.7324	0.5364			
2	400	4.0	41.42_5	0.4209	0.6616	0.4377	(0.5369)	(0.7327)	(0.4209)
3	420	4.4721	54.95	0.4211	0.8187	0.6703			
4	420	4.4721	47.68_5	0.4209	0.7395	0.5469	(0.6707)	(0.8190)	(0.4210)
5	422	4.8990	63.72	0.4212	0.8966	0.8039			
6	422	4.8990	54.06	0.4212	0.8096	0.6555	(0.8039)	(0.8966)	(0.4212)
7	511	5.1962	72.02	0.4211	0.9512	0.9048			
8	511	5.1962	59.22	0.4210	0.8591	0.7381	(0.9052)	(0.9514)	(0.4210)

1970年代までは，X線構造解析の中心はデバイ-シェラー(Debye-Sherrer)カメラを用いたフィルム法であった．格子定数の決定には，**図1**に示すような背面反射領域に観測される回折線が使われた．この方法における誤差要因であるフィルムの収縮($\Delta S'$)，カメラ半径Rの誤差，試料のカメラ中心からのずれ(Δx)などを考慮した結果として，次式の関係が提案されている．

$$\frac{\Delta d}{d} = -\cot\theta\cdot\Delta\theta \tag{1}$$

$$\frac{\Delta d}{d} = -\frac{\cos\theta}{\sin\theta}\cdot\Delta\theta = \frac{\sin\phi}{\cos\phi}\cdot\Delta\phi \tag{2}$$

$$\frac{\Delta d}{d} = \frac{\sin\phi}{\cos\phi}\left[\left(\frac{\Delta S'}{S'} - \frac{\Delta R}{R}\right)\phi + \frac{\Delta x}{R}\sin\phi\cos\phi\right] \tag{3}$$

ここでは，$\phi = 90° - \theta$，$\Delta\phi = -\Delta\theta$，$\sin\phi = \cos\theta$，$\cos\phi = \sin\theta$の関係を利用している．背面反射領域は通常$\phi$の小さいところを選択するので，$\sin\phi \fallingdotseq \phi$，$\cos\phi \fallingdotseq 1$の近似が適用でき，式(3)の$\phi$は$\sin\phi\cos\phi$と置くことができる．これより，次式を得る．

$$\frac{\Delta d}{d} = \frac{\sin\phi}{\cos\phi}\left[\left(\frac{\Delta S'}{S'} - \frac{\Delta R}{R}\right) + \frac{\Delta x}{R}\right]\sin\phi\cos\phi \tag{4}$$

$$= \left(\frac{\Delta S'}{S'} - \frac{\Delta R}{R} + \frac{\Delta x}{R}\right)\sin^2\phi \tag{5}$$

式(5)の括弧の中は実験条件によって決まる定数である．したがって，面間隔dの値の誤差率は次式のように$\sin^2\phi$あるいは$\cos^2\theta$に比例する．

$$\frac{\Delta d}{d} = K\sin^2\phi = K\cos^2\theta \qquad (\because \quad \sin\phi = \cos\theta) \tag{6}$$

したがって，例えば立方晶系については次式が成立する．

$$\frac{\Delta d}{d} = \frac{\Delta a}{a} = \frac{a - a_0}{a_0} = K\cos^2\theta \tag{7}$$

実験によって求められたaの値を$\cos^2\theta$の関数として描き，$\cos^2\theta \to 0$に外挿することで(真の)格子定数a_0の値を求めることができる．また，$\sin^2\theta = 1 - \cos^2\theta$の関係から，実験値$a$の値を$\sin^2\theta$の関数として描き，$\sin^2\theta \to 1$の外挿によって求める方法も使われる．ここでは，表1の算出結果を用いて$\sin^2\theta$について整理した結果を**図2**に示す．この結果より，酸化マグネシウムの格子定数は$a_0 = 0.4212$ nmと算出された．

KαおよびKβによる回折ピークは同じdによって生ずることから，散乱角に対応する$\sin\theta$の値をKα(あるいはKβ)を使用した場合に換算する手法が使われることもある．この方法では，通常次の関係を利用する．

$$\sin^2\theta' = \sin^2\theta_\beta \times \frac{\lambda_{K\alpha}^2}{\lambda_{K\beta}^2}$$

換算法を適用した再計算例を，参考までに表1の右側の欄に追加して示す.

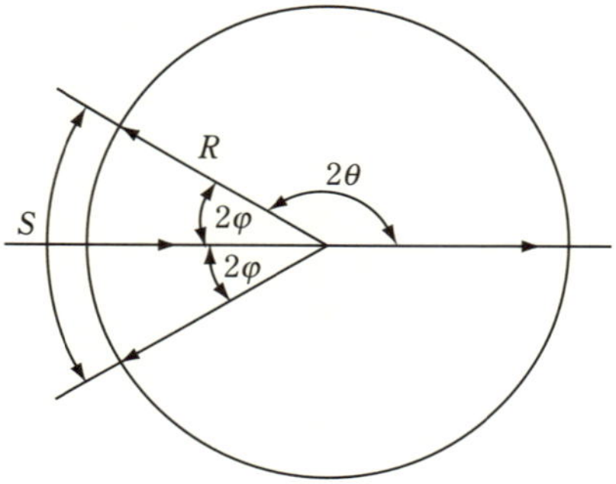

図1　デバイ-シェラーカメラにおける背面反射領域の模式図

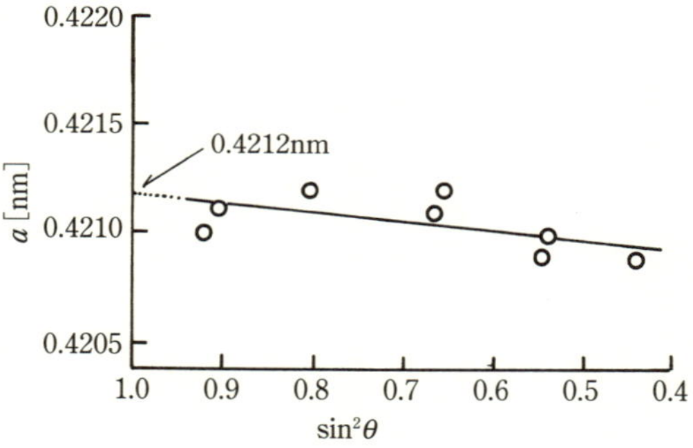

図2　$\sin^2\theta$ に対する外挿により算出した結果

類似問題　酸化マグネシウム(MgO)について，**表A** の結果が，Mo-Kα 線および Mo-Kβ_1 線による回折実験で得られた. 短波長を利用した回折実験により格子定数を求める場合の課題について，Cu-Kα 線および Cu-Kβ 線を用いた結果と比較して示せ.

表A　高角度側で観測される MgO の回折データ (2θ[degree])

	λ [nm]	*hkl*			
		400	420	(422)	(511)
Mo-Kα	0.07107	39.46	44.32	48.88	52.02
Mo-Kβ	0.06323	34.98	39.25	43.15	45.90

問題 4.14

回折ピークの積分強度を用いる結晶物質の定量法において，標準物質を使用しない「直接法」は，鋼中の残留オーステナイト量の定量などで威力を発揮している．2つの成分が混合する場合について直接法による解析に必要な基礎式を導出せよ(直接法のオリジナル論文：B. L. Averbach and M. Cohen：Trans. AIME, **176** (1948), 401)．

解　単一相からなる平板状粉末結晶試料について，試料が十分厚いと見なせる場合，ディフラクトメータで測定される回折ピークの積分強度 I(通常：joule・sec^{-1}・m^{-1})は，次式で与えられる．

$$I = K_0 \cdot \left[|F|^2 \cdot p \cdot \left(\frac{1+\cos^2 2\theta}{2\sin^2\theta \cdot \cos\theta} \right) \right] \frac{1}{\Omega^2} \frac{e^{-2M_T}}{2\mu} \tag{1}$$

ここで，F は構造因子，p は多重因子，括弧で表される量はローレンツ偏光因子 LP，μ は線吸収係数および Ω は試料を構成する結晶物質の単位格子の体積である．一方，K_0 は，トムソン散乱強度，入射 X 線ビームの断面積，ディフラクトメータ半径などで決まる散乱角 2θ あるいは試料の吸収係数に依存しない量をまとめて表している．また，温度因子 e^{-2M_T} は，X 線の原子散乱因子に影響するが，通常の相対強度の算出では省略されることが多い．

α および β からなる 2 成分系を考える．それぞれの成分の重量比を w_α および w_β とし，密度を ρ で表すと，2 成分混合系の線吸収係数および密度について次式の関係が成立する．

$$\frac{\mu_m}{\rho_m} = w_\alpha \left(\frac{\mu_\alpha}{\rho_\alpha} \right) + w_\beta \left(\frac{\mu_\beta}{\rho_\beta} \right) \tag{2}$$

一方，2 成分混合系の単位体積当たりの重量は ρ_m であり，例えば α 成分の重量は $w_\alpha \rho_m$ で表せるので，2 成分混合系における α 成分の体積分率 c_α は次式で与えられる．

$$c_\alpha = \frac{w_\alpha}{\rho_\alpha} \rho_m \tag{3}$$

例えば，α 成分によって生ずる特定の回折ピークが，β 成分によって生ずる特定の回折ピークと完全に分離して観測される場合を想定する．この場合，式(1)の強度は I_α と表すことができるが，混合物なので右辺には，混合物中の α 成分の体積分率 c_α を掛け，吸収係数には混合物の値 μ_m を用いる必要がある．すなわち，この場合の強度は，c_α および μ_m 以外は α 成分濃度に依存しない定数として扱うことができる．したがって，次式の関係が成立する．

$$I_\alpha = K_1 \frac{c_\alpha}{\mu_m} \tag{4}$$

式(4)における定数 K_1 は，入射角 X 線ビームの断面積やディフラクトメータ半径などによって原理的に決まる定数であるが，絶対値の決定は難しく，通常は未知である．ただし，ある特定の回折ピークの強度に対して I_α の比を求める場合は，相殺されて消える．この特徴を利用して α 成分の濃度を決定できる．

式(1)の K_0 と 2μ 以外の項を次式のように R で表すと強度 I は非常に簡便な形に整理できる．

$$R = \left[|F|^2 \cdot p \cdot \left(\frac{1+\cos^2 2\theta}{2\sin^2\theta \cdot \cos\theta}\right)\right]\frac{e^{-2M_T}}{\Omega^2} \tag{5}$$

$$I = \frac{K_0 R}{2\mu} \tag{6}$$

R のみが散乱角 2θ，成分物質の hkl あるいは $|F|^2$ などに依存する定数である．式(4)および式(6)の関係から各成分のみを反映した特定の回折ピークの強度は，それぞれ次式で与えられる．

$$I_\alpha = \frac{K_0' R_\alpha c_\alpha}{2\mu_{\mathrm{m}}}, \qquad I_\beta = \frac{K_0' R_\beta c_\beta}{2\mu_{\mathrm{m}}} \tag{7}$$

I_α および I_β の比をとると，K_0' および $2\mu_{\mathrm{m}}$ は相殺されて消える．

$$\frac{I_\beta}{I_\alpha} = \frac{R_\beta c_\beta}{R_\alpha c_\alpha} \tag{8}$$

式(8)から明らかなように，R_β/R_α の比は式(5)を用いて算出可能である．したがって，測定によって I_α および I_β が得られれば，c_β/c_α の比を求めることができる．一方，2成分系では $c_\alpha + c_\beta = 1$ の関係があるので，c_α および c_β の値を決定できる．

この方法は，標準物質を必要としない簡便な方法である．しかし，積分強度を測定すべき回折ピークが，他の成分の回折ピークと重なったり，接近していて分離が容易でない場合を避けることが不可欠である．

問題 4.15

Si を含む Al 粉末の混合試料について，Cu-Kα 線 ($\lambda = 0.1542$ nm) を利用したディフラクトメータによる回折実験を行ったところ，**図 A** のように明瞭に分離した4つの回折ピークが観測された．予備的に解析したところ Al の(111)および(200)面と Si の(111)および(220)面に対応する回折ピークであることが確認できた．そこで，これらの4つのピークの積分強度を測定し，**表 A** の結果を得た．

表 A　Si を含む Al 粉末試料の回折データ

	2θ[degree]	積分強度 I	hkl
1	28.41	180.3	Si (111)
2	38.46	216.2	Al (111)
3	44.73	93.1	Al (200)
4	47.33	118.4	Si (220)

直接法を利用して Al および Si 含有量を求めよ．

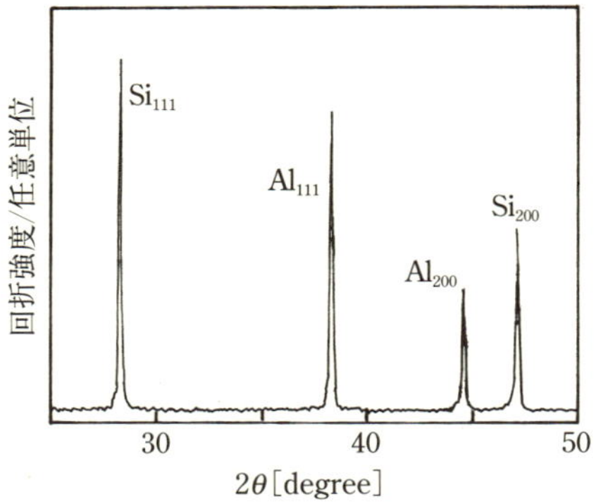

図 A　Si を含む Al 粉末試料の回折パターン

解　2 成分混合系におけるそれぞれの成分の回折ピークの強度比と，体積分率との比は，直接法では次式で与えられる．

$$\frac{I_{\mathrm{Si}}}{I_{\mathrm{Al}}} = \frac{R_{\mathrm{Si}} c_{\mathrm{Si}}}{R_{\mathrm{Al}} c_{\mathrm{Al}}} \tag{1}$$

$$R = \left[|F|^2 \cdot p \cdot \left(\frac{1+\cos^2 2\theta}{2\sin^2\theta \cdot \cos\theta}\right)\right] \frac{e^{-2M_T}}{\Omega^2} \tag{2}$$

ここで，F は構造因子，p は多重度因子，Ω は単位格子の体積である．式(2)を用いて，Al および Si の R_{Al} および R_{Si} の値を算出する．

（i）　Al について

面心立方格子（$a = 0.4049$ nm），密度 2.70×10^6 g/m^3，モル質量 26.982 g，デバイ特性温度 Θ は 428K である．まず，測定は室温 293K(20°C) で行われたと考えて温度因子を見積ると**表 1** のとおりである(問題 4.2 参照)．

$x = \dfrac{\Theta}{T} = \dfrac{428}{293} = 1.46 \rightarrow \phi(x)$ は付録 6 より求める．$\phi(x) = 0.693$

$$B_T = \frac{1.15 \times 10^4}{M} \times \frac{T}{\Theta^2} \times \left\{\phi(x) - \frac{x}{4}\right\} \tag{3}$$

表 1　Al の回折ピークに関する温度因子の算出結果

	2θ[degree]	$\dfrac{\sin\theta}{\lambda}$	$\left(\dfrac{\sin\theta}{\lambda}\right)^2$	$-2B_T\left(\dfrac{\sin\theta}{\lambda}\right)^2$	e^{-2M_T}
Al(111)	38.46	0.214	0.0458	−0.0660	0.936
Al(200)	44.73	0.247	0.0610	−0.0880	0.916

$$= \frac{1.15\times10^4}{26.982}\times\frac{293}{(428)^2}\times\left(0.693+\frac{1.46}{4}\right) = 0.721$$

$$e^{-2M_T} = e^{-2B_T\left(\frac{\sin\theta}{\lambda}\right)^2} \tag{4}$$

次に，ローレンツ偏光因子 LP を式(5)を用いて算出する（**表 2**）．

$$LP = \frac{1+\cos^2 2\theta}{2\sin^2\theta\cos\theta} \tag{5}$$

表 2　Al の回折ピークに関するローレンツ偏光因子の算出結果

	2θ[degree]	$\sin\theta$	$\sin^2\theta$	$\cos\theta$	$\cos 2\theta$	$\cos^2 2\theta$	$1+\cos^2 2\theta$	$2\sin^2\theta\cos\theta$	LP
Al(111)	38.46	0.3294	0.1085	0.9442	0.7830	0.6130	1.6130	0.2049	7.9
Al(200)	44.73	0.3805	0.1448	0.9248	0.7104	0.5047	1.5047	0.2678	5.6

次に，式(2)の導出に必要な諸量を導出する．単位格子の体積 Ω は，格子定数 a の三乗で与えられる．すなわち，$\Omega = a^3 = (0.4049\ \mathrm{nm})^3 = 0.06638\ \mathrm{nm}^3$．Al の場合は面心立方格子で単位格子当たり $n = 4$ 個の原子を含むことを踏まえれば，以下のとおりであり，この値は a^3 に対応する．

$$\Omega = \frac{M\times n}{\rho N_\mathrm{A}} = \frac{26.982\times4}{2.70\times10^6\times0.6022\times10^{24}} = 0.06638\times10^{-27}\ \mathrm{m}^3 = 0.06638\ \mathrm{nm}^3$$

M：モル質量，ρ：密度，N_A：アボガドロ数

これらの結果を用いて R_Al を算出すると，**表 3** のとおりである．

表 3　Al の回折ピークに関する R_Al の算出結果

	$\frac{\sin\theta}{\lambda}$	f_Al	$\|F\|^2$	p	LP	e^{-2M_T}	R_Al
Al(111)	0.214	8.85	$16f_\mathrm{Al}^2 = 1253$	8	7.9	0.936	16.82×10^6
Al(200)	0.247	8.35	$16f_\mathrm{Al}^2 = 1116$	6	5.6	0.916	7.80×10^6

ここで，原子散乱因子 f および多重度因子 p の値は，数表（第 2 章，表 2.2）などから抽出した．また，R_Al の単位は nm^3 の単位で表した Ω の値(0.06638)をそのまま利用し，すべての計算で統一することにして 10^{-27} は除いた．

（ii）　Si について

ダイヤモンド構造（$a = 0.5431\ \mathrm{nm}$），密度 $2.33\times10^6\ \mathrm{g/m^3}$，モル原子量 28.086 g，デバイ特性温度 Θ は 645 K である．Al の場合と同様な手順で諸量を算出すると**表 4** および**表 5** のとおりである．

$$x=\frac{\Theta}{T}=\frac{645}{293}=2.20 \longrightarrow \phi(x)=0.578$$

$$B_T=\frac{1.15\times10^4}{M}\times\frac{293}{(645)^2}\times\left(0.578+\frac{2.20}{4}\right)=0.325$$

表 4　Si の回折ピークに関する温度因子の算出結果

	2θ [degree]	$\frac{\sin\theta}{\lambda}$	$\left(\frac{\sin\theta}{\lambda}\right)^2$	$-2B_T\left(\frac{\sin\theta}{\lambda}\right)^2$	e^{-2M_T}
Si(111)	28.41	0.159	0.0253	−0.0164	0.984
Si(220)	47.33	0.260	0.0676	−0.0439	0.951

表 5　Si の回折ピークに関するローレンツ偏光因子の算出結果

	2θ [degree]	$\sin\theta$	$\sin^2\theta$	$\cos\theta$	$\cos2\theta$	$\cos^2 2\theta$	$1+\cos^2 2\theta$	$2\sin^2\theta\cos\theta$	LP
Si(111)	28.41	0.2454	0.0602	0.9694	0.8796	0.7737	1.7737	0.1167	15.2
Si(220)	47.33	0.4014	0.1611	0.9159	0.6718	0.4594	1.4594	0.2951	4.9

これらの結果を用いて R_{Si} を算出すると**表 6** のとおりである．ここで，ダイヤモンド構造の構造因子は(111)面については $32f^2$，(220)面については $64f^2$ となること（問題 3.11 参照）を考慮する．また，$\Omega=a^3=(0.5431\ \mathrm{nm})^3=0.16019\ \mathrm{nm}^3$ である．

表 6　Si の回折ピークに関する R_{Si} の算出結果

	$\frac{\sin\theta}{\lambda}$	f_{Si}	$\lvert F\rvert^2$	p	LP	e^{-2M_T}	R_{Si}
Si(111)	0.159	10.16	$32f_{\mathrm{Si}}^2=3303$	8	15.2	0.984	$15.42\times10_6$
Si(220)	0.260	8.68	$64f_{\mathrm{Si}}^2=4822$	12	4.9	0.915	$10.52\times10_6$

（iii）　各成分の体積分率 c_{Al} および c_{Si} の算出

積分強度と体積分率および計算で求めた R_{Al} および R_{Si} との関係は，次式で与えられる．

$$\frac{I_{\mathrm{Si}}}{I_{\mathrm{Al}}}=\frac{R_{\mathrm{Si}}c_{\mathrm{Si}}}{R_{\mathrm{Al}}c_{\mathrm{Al}}} \longrightarrow \frac{c_{\mathrm{Al}}}{c_{\mathrm{Si}}}=\frac{I_{\mathrm{Al}}R_{\mathrm{Si}}}{I_{\mathrm{Si}}R_{\mathrm{Al}}} \qquad (6)$$

まず，Al(111)と Si(111)の結果を利用する．

$$\frac{c_{\mathrm{Al}}}{c_{\mathrm{Si}}}=\frac{216.2}{180.3}\times\frac{15.42\times10^6}{16.82\times10^6}=1.099$$

$c_{\mathrm{Al}}+c_{\mathrm{Si}}=1$ の関係を利用すると $c_{\mathrm{Si}}=0.476$ が求められる．

次に，Al(200) と Si(220) の結果を利用する．

$$\frac{c_{\mathrm{Al}}}{c_{\mathrm{Si}}} = \frac{93.1}{118.4} \times \frac{10.52 \times 10^6}{7.80 \times 10^6} = 1.061$$

この場合 $c_{\mathrm{Si}} = 0.485$ となる．2つの結果の平均は $c_{\mathrm{Si}} = 0.48$ となる．したがって，Si を含む Al 粉末の混合試料における Si の体積分率は 0.48(Al は 0.52) という結果を導くことができる．

問題 4.16

回折ピークの積分強度を用いる結晶物質の定量において，NaCl や CaF_2 などの標準物質を用いる「内部標準法」の原理および解析に必要な基礎式を導出せよ．

解　内部標準法は，試料に既知の物質を一定量添加し，この既知物質の回折ピークと定量したい物質の回折ピークの強度を測定し，その比を用いてあらかじめ検量線を作成することで，対象試料の平均吸収係数に伴う課題を除く方法である．標準物質は結晶性がよく，定量したい物質の回折ピークの近くに(分離した)回折ピークを持つとともに，試料に含まれる他の成分の回折ピークとの重なり合わないものを選択する．NaCl，CaF_2，ZnO などがよく使われる．

複数の成分(回折ピークの重なりなどの問題から具体的には 2，3 成分程度が好ましい)を含む試料中の，定量したい α 成分の回折ピークの積分強度 I_α は，α 成分の体積分率を c_α，試料の線吸収係数を μ_{m} とすれば，次式で与えられる．

$$I_\alpha = K_1 \frac{c_\alpha}{\mu_{\mathrm{m}}} \tag{1}$$

ここで，K_1 は，α 成分の濃度に依存しない部分をまとめて定数として表している．この複数の成分(ここでは，α および β を含む 2 成分系を考える)を含む試料に，標準物質(下つき文字 s で表示)を体積分率 c_{s} だけ加えた新たな混合試料を調整すると，α 成分の体積分率は c'_α に変わる．したがって，式(1)は次式となる．

$$I_\alpha = K_2 \frac{c'_\alpha}{\mu_{\mathrm{m}}} \tag{2}$$

標準物質についても同様の関係式が成立する．

$$I_{\mathrm{s}} = K_{3\mathrm{s}} \frac{c_{\mathrm{s}}}{\mu_{\mathrm{m}}} \tag{3}$$

式(2)および式(3)の比をとると，試料の平均吸収係数は相殺する．

$$\frac{I_\alpha}{I_{\mathrm{s}}} = \frac{K_2}{K_{3\mathrm{s}}} \cdot \frac{c'_\alpha}{c_{\mathrm{s}}} \tag{4}$$

一方，標準物質を添加した新たな混合試料における α 成分の体積分率 c'_α は，次式で与えられる．

$$c'_\alpha = \frac{\dfrac{w'_\alpha}{\rho_\alpha}}{\dfrac{w'_\alpha}{\rho_\alpha}+\dfrac{w'_\beta}{\rho_\beta}+\dfrac{w_s}{\rho_s}} \tag{5}$$

ここで，w および ρ は，それぞれ各成分の重量分率および密度を表す．標準物質についても，同様の関係式が成立する．

$$c_s = \frac{\dfrac{w_s}{\rho_s}}{\dfrac{w'_\alpha}{\rho_\alpha}+\dfrac{w'_\beta}{\rho_\beta}+\dfrac{w_s}{\rho_s}} \tag{6}$$

式(5)および式(6)は，次式のように整理できる．

$$\frac{c'_\alpha}{c_s} = \frac{w'_\alpha}{w_s}\cdot\frac{\rho_s}{\rho_\alpha} \tag{7}$$

式(7)を式(4)と組み合わせる．

$$\frac{I_\alpha}{I_s} = \frac{K_2}{K_{3s}}\cdot\frac{\rho_s}{\rho_\alpha w_s}\cdot w'_\alpha \tag{8}$$

ここで，K_2 および K_{3s} のみでなく，ρ_s および ρ_α も定数である．したがって，標準物質の重量分率 w_s を一定に保てば，式(8)は，次式のように簡素化できる．

$$\frac{I_\alpha}{I_s} = K_9 w'_\alpha \tag{9}$$

一方，元の試料および標準物質を加えた新たな試料における α 成分の重量分率 w_α および w'_α と標準物質の重量分率 w_s との間には，次式の関係が成立する．

$$w'_\alpha = w_\alpha(1-w_s) \tag{10}$$

w_s は一定なので，式(9)は次式で置き換えることができる．

$$\frac{I_\alpha}{I_s} = K_{11} w_\alpha \tag{11}$$

したがって，定量したい α 成分および標準物質からの回折ピークの強度比は，元の試料の α 成分の重量分率 w_α と線型の相関を持つ．

式(9)の関係は，以下のように説明することもできる．2 成分系の被検試料 y[g] に標準物質 z[g] を加えた新たな試料を調整すると，この(新)試料中の標準物質 s と被検試料中の α 成分の重量分率は，それぞれ$\left(\dfrac{z}{y+z}\right)$および$\left(\dfrac{yw_\alpha}{y+z}\right)$で与えられる．ここで w_α は，元の被検試料における α 成分の重量分率である．この結果，α 成分および標準物質の回折ピークの積分強度は，それぞれ次式で表現できる．

$$I_\alpha = K_{12}\frac{\left(\dfrac{yw_\alpha}{y+z}\right)}{\left(\dfrac{\mu_m}{\rho}\right)} \tag{12}$$

$$I_s = K_{13s}\frac{\left(\dfrac{z}{y+z}\right)}{\left(\dfrac{\mu_m}{\rho}\right)} \tag{13}$$

式(12)および式(13)の比をとると，試料の平均吸収係数項は相殺する．

$$\frac{I_\alpha}{I_s} = \frac{K_\alpha}{K_{13s}}\cdot\frac{y}{z}\cdot w_\alpha \tag{14}$$

式(14)は，yとzの比を一定にさえすれば，回折ピークの強度比と定量対象であるα成分の重量分率との間に，被検試料の平均吸収係数の変化に関係なく直線関係が成立することを示している．

具体的には，試料1～3gに対して，標準物質0.1～0.8g程度の範囲で，一定量を添加し，特定の回折ピークの積分強度を測定し，それらのデータを基に検量線を作成する．一度，検量線を求めておけば，α成分の定量については，同じX線回折実験装置を用いる場合，同量の標準物質を添加することでそのまま利用できる．

類似問題　回折ピークの積分強度を用いる結晶物質の定量において，対象となる成分の純物質を用いる「外部標準法」の原理および解析に必要な基礎式を導出せよ．

問題 4.17

ある被検試料について予備的な分析を行った結果，酸化マグネシウム(MgO)および酸化カルシウム(CaO)結晶が含まれており，MgOの(200)面およびCaOの(111)面に対応する回折ピークは，他の成分の回折ピークと重ならず，比較的容易に強度測定できることが判明した．Cu-Kα_1線(λ = 0.15406 nm)を利用した回折実験により，KClを内部標準物質とするMgOおよびCaOの定量を試み，以下の結果を得た．各手順について必要なデータ解析を行って，最終的に被検試料中のMgOおよびCaOの含有量を求めよ．

MgOおよびCaOの試薬(純度99.9%)と高速冷却して結晶相の析出がない被検基準試料(G_0と呼ぶ)を**表A**および**表B**の*欄の割合で混合し，検量線を測定するための試料を調整した．

表A　MgOの検量線用回折データ

	MgO試薬	G_0*	$\dfrac{I_{MgO}(200)}{I_{KCl}(200)}$	$\dfrac{I_{MgO}(200)}{I_{KCl}(220)}$
M0	0 g	100 g	—	—
M1	3 g	97 g	0.149	0.147
M2	8 g	92 g	0.370	0.373
M3	12 g	88 g	0.552	0.566
M4	15 g	85 g	0.713	0.704

表B　CaOの検量線用回折データ

	CaO試薬	G_0*	$\dfrac{I_{CaO}(111)}{I_{KCl}(200)}$	$\dfrac{I_{CaO}(111)}{I_{KCl}(220)}$
C0	0 g	100 g	—	—
C1	3 g	97 g	0.403	0.389
C2	8 g	92 g	0.984	0.958
C3	12 g	88 g	1.403	1.430
C4	15 g	85 g	1.802	1.785

（CaO 試薬 ＋G_0）の混合試料 2 g に対して，内部標準物質 KCl 粉末結晶を 0.2 g 加えた検量線用試料を作成し，回折ピークの積分強度比を求めた．同様な測定を（MgO 試薬 ＋G_0）の混合試料についても行い，回折ピークの積分強度比を求めた．これらの値は表 A および表 B の右側の欄に示すとおりである．
一方，被検試料（G_0 ではない）について，KCl 粉末結晶を 0.2 g を加えて，回折ピークの積分強度比を求め**表 C** の結果を得た．

表 C　被検試料の回折データ

2θ [degree]	積分強度		2θ [degree]	積分強度	
28.35 40.51	245.7 236.0	KCl (200) KCl (220)	32.18 42.90	253.2 171.8	CaO (111) MgO (200)

解　まず，MgO 試薬あるいは CaO 試薬を既知の量ずつ混合した検量線用試料に関する測定データ（内部標準物質 KCl の回折ピークとの強度比）から，検量線を作成する．検量線は**図 1** のとおり，よい直線性が認められた．ただし，CaO 試薬を用いた検量線策定のための測定では，37° 付近に CaO の（200）面の回折ピークが現れる．しかし，MgO と CaO を含む被検試料の測定では，**図 2** のとおり，MgO の（111）面の回折ピークと重なるため，利用できないことに留意する必要がある．

図 1 の結果より，強度比と含有量の相関が確認されたので，**表 1** および**表 2** に与えられるデータから最小二乗法を用いて，それぞれの成分ごとに検量線を表す式を求めると以下のとおりである．

表 1　MgO の検量線用基礎データ

	MgO		
	y	*x*	*xy*
1	0.149	3	0.447
2	0.370	8	2.960
3	0.552	12	6.624
4	0.713	15	10.695
5	0.147	3	0.441
6	0.373	8	2.984
7	0.566	12	6.792
8	0.704	15	10.56
Σ	3.574	76	41.503

表 2　CaO の検量線用基礎データ

	CaO			
	y	*x*	*xy*	x^2
1	0.389	3	1.167	9
2	0.958	8	7.664	64
3	1.430	12	17.160	144
4	1.785	15	26.775	225
5	0.403	3	1.209	9
6	0.984	8	7.986	64
7	1.403	12	16.836	144
8	1.802	15	27.030	225
Σ	9.154	76	105.737	884

MgO に関する最小二乗法の一般式

$$\left.\begin{aligned}3.975 &= 8a+76b\\ 41.503 &= 76a+884b\end{aligned}\right\} \Rightarrow \left\{\begin{aligned}a &= 0.0040\\ b &= 0.0466\end{aligned}\right.$$

$$y = 0.0040+0.0466x \tag{1}$$

CaO に関する最小二乗法の一般式

$$\left.\begin{aligned}9.154 &= 8a+76b\\ 105.737 &= 76a+884b\end{aligned}\right\} \Rightarrow \left\{\begin{aligned}a &= 0.0433\\ b &= 0.1159\end{aligned}\right.$$

$$y = 0.0433+0.1159x \tag{2}$$

被検試料における MgO(200) 面および CaO(111) 面に対応する回折ピークの積分強度と，内部標準物質 KCl の (200) 面および (220) 面に対応する回折ピークの積分強度との比を求め，式(1)および式(2)からそれぞれの成分の含有量を算出する．

（i）　MgO 含有量について

$$\frac{I_{\mathrm{MgO}}(200)}{I_{\mathrm{KCl}}(200)} = \frac{171.8}{245.7} = 0.699 \longrightarrow x = 14.9$$

$$\frac{I_{\mathrm{MgO}}(200)}{I_{\mathrm{KCl}}(220)} = \frac{171.8}{236.0} = 0.728 \longrightarrow x = 15.5$$

平均値として，MgO の含有量 15.2 mass%を得る．

（ii）　CaO 含有量について

$$\frac{I_{\mathrm{CaO}}(111)}{I_{\mathrm{KCl}}(200)} = \frac{253.2}{245.7} = 1.031 \longrightarrow x = 8.5$$

$$\frac{I_{\mathrm{CaO}}(111)}{I_{\mathrm{KCl}}(220)} = \frac{253.2}{236.0} = 1.073 \longrightarrow x = 8.9$$

平均値として，CaO の含有量 8.7 mass%を得る．

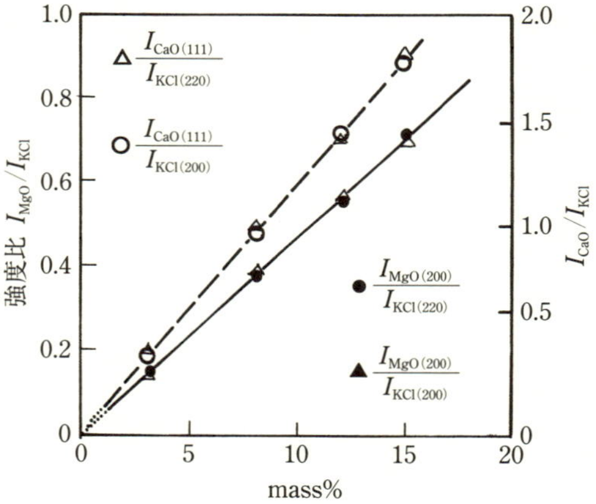

図 1　KCl を内部標準物質とする MgO および CaO 定量の検量線

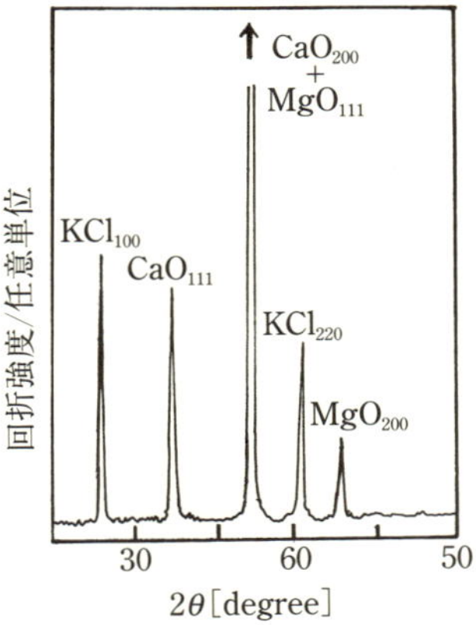

図2　内部標準物質（KCl）を含む被検試料のX線回折パターン

問題 4.18

酸化マグネシウム(MgO)の粉末をボールミルを用いて粉砕し，微粉末試料を作製した．この試料について，結晶モノクロメータで単色化したCuの特性線($\lambda = 0.15406$ nm)による回折実験を行ったところ，(200), (220), (311), (222)および(400)面に対応する回折ピークに高さの減少と拡がりを観測し，各ピークの半価幅(FWHM)の値として**表A**の結果を得た．一方，比較のため十分焼鈍して歪みを除去した酸化マグネシウム粉末試料について同様な実験を行ったところ，対応する5つのピークの値は**表B**のとおりであった．これらの結果より，ボールミル加工した微粉末試料における結晶子の大きさの平均値を算出せよ．

表A　ボールミル加工試料の回折データ

	Hkl	2θ[degree]	FWHM[degree]
1	200	42.90	0.183
2	220	62.31	0.205
3	311	74.71	0.243
4	222	78.63	0.274
5	400	94.06	0.309

表B　焼鈍試料の回折データ

	hkl	2θ[degree]	FWHM[degree]
1	200	42.91	0.093
2	220	62.30	0.072
3	311	74.68	0.068
4	222	78.60	0.090
5	400	94.04	0.087

解　入射X線が試料の深さ方向に侵入するために生ずる回折ピークの拡がりなど，実験条件に付随する回折ピークの拡がりを表す B_{i} は，十分焼鈍した試料から求める．なお，この場合，半価幅の値はラジアンに変換して利用する．

表1　焼鈍試料に関する回折ピークの拡がりの算出結果

	hkl	2θ [degree]	FWHM [degree]	B_i = FWHM [radian]	B_i^2
1	200	42.91	0.093	1.62×10^{-3}	2.624×10^{-6}
2	220	62.30	0.072	1.26×10^{-3}	1.588×10^{-6}
3	311	74.68	0.068	1.19×10^{-3}	1.416×10^{-6}
4	222	78.60	0.090	1.57×10^{-3}	2.465×10^{-6}
5	400	94.04	0.087	1.52×10^{-3}	2.310×10^{-6}

π ラジアン ＝180°

ボールミルで処理された粉末試料について観測された回折ピークの拡がり B_{obs} には，実験条件に付随する拡がりと結晶子の大きさの変化に伴う拡がり B_r が含まれていると考えられる．この点を考慮するため，回折ピークがガウス分布で近似できるとして導かれている次式を利用する．

$$B_r^2 = B_{obs}^2 - B_i^2 \tag{1}$$

ボールミルで処理した試料の回折ピークの拡がりは，不均一歪みによる影響を受けていると予想される．このような場合は次式で与えられるホールの方法を利用する．

$$B_r \cos\theta = 2\eta \sin\theta + \frac{\lambda}{\varepsilon} \tag{2}$$

表2　ボールミル加工試料に関する回折ピークの拡がりの算出結果

	hkl	2θ [degree]	FWHM [degree]	B_{obs} [radian]	B_{obs}^2
1	200	42.90	0.183	3.19×10^{-3}	10.176×10^{-6}
2	220	62.31	0.205	3.58×10^{-3}	12.816×10^{-6}
3	311	74.71	0.243	4.24×10^{-3}	17.978×10^{-6}
4	222	78.63	0.274	4.78×10^{-3}	22.848×10^{-6}
5	400	94.06	0.309	5.39×10^{-3}	29.052×10^{-6}

表3　結晶子の大きさの変化に伴う回折ピークの拡がりの算定結果

	hkl	$B_r = \sqrt{B_{obs}^2 - B_i^2}$	$\cos\theta$	$B_r \cos\theta$	$\sin\theta$
1	200	2.75×10^{-3}	0.9307	2.56×10^{-3}	0.3657
2	220	3.35×10^{-3}	0.8558	2.87×10^{-3}	0.5174
3	311	4.07×10^{-3}	0.7944	3.24×10^{-3}	0.6068
4	222	4.51×10^{-3}	0.7737	3.49×10^{-3}	0.6336
5	400	5.17×10^{-3}	0.6816	3.52×10^{-3}	0.7317

ここで，λ は使用したX線の波長，ε は結晶子の大きさの平均値，2η は不均一歪み量である．式(2)から理解できるように，$B_r \cos\theta$ を $\sin\theta$ の関数としてプロットし，直線関係が得られた場合，その直線の傾きは不均一歪みを表す 2η に，切片 Δy は $\dfrac{\lambda}{\varepsilon}$ に相当する．したがって，切片 Δy の値から結晶子の大きさの平均値 ε を求めることができる．ホールの式は積分幅について求められているが，ここでは実験値の半価幅を用いて解析を進める．この近似は結果に大きな影響を与えることはない．

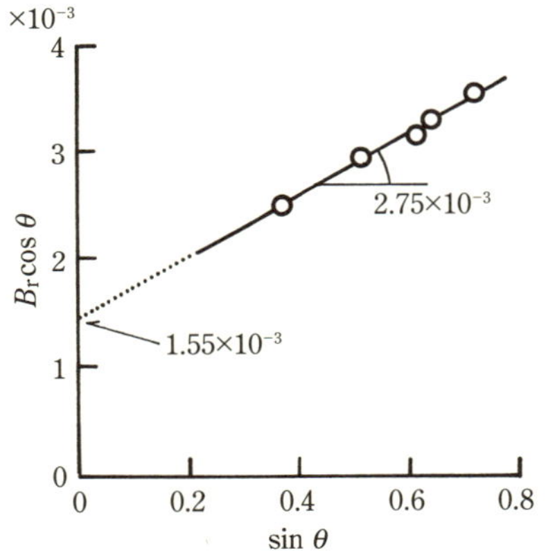

図1　$B_r \cos\theta$ と $\sin\theta$ との関係

$B_r \cos\theta$ と $\sin\theta$ の相関は**図1**のとおりとなり，切片より結晶子の大きさの平均値 ε として，以下の値が得られた．ここで，不均一歪みに相当する値 (2η) は 2.75×10^{-3} ラジアンであった．

$$\varepsilon = \frac{\lambda}{\Delta y} = \frac{0.15406\times10^{-9}}{1.55\times10^{-3}} = 99\times10^{-9}\,\mathrm{m} \fallingdotseq 100\,\mathrm{nm}$$

一方，$y = a + bx$ 型の直線を引くのに最小二乗法を応用すると**表4**のデータを必要とする．最小二乗法の一般的手順は付録7を参照されたい．

表4　最小二乗法を利用するためのデータ

	$y = B_r \cos\theta$	$x = \sin\theta$	xy	x^2
1	2.56×10^{-3}	0.3657	0.936×10^{-3}	0.1337
2	2.87×10^{-3}	0.5174	1.485×10^{-3}	0.2677
3	3.24×10^{-3}	0.6068	1.966×10^{-3}	0.3682
4	3.49×10^{-3}	0.6336	2.211×10^{-3}	0.4014
5	3.52×10^{-3}	0.7317	2.596×10^{-3}	0.5354
Σ	15.68×10^{-3}	2.8552	9.174×10^{-3}	1.7064

$$\left.\begin{aligned} \sum y = \sum a + b\sum x \quad &\rightarrow \quad 15.62\times10^{-3} = 5a + 2.85526b \\ \sum xy = a\sum x + b\sum x^2 \quad &\rightarrow \quad 9.174\times10^{-3} = 2.8552a + 1.7064b \end{aligned}\right\} \tag{3}$$

式(3)に与えられた2つの関係式を同時に満足する a および b を求めると，

$$a = 1.48\times10^{-3} \quad \rightarrow \quad \frac{\lambda}{\varepsilon}$$

$$b = 2.90\times10^{-3} \quad \rightarrow \quad 2\eta$$

a の値が切片に相当するので

$$\varepsilon = \frac{\lambda}{a} = \frac{0.15406\times10^{-9}}{1.48\times10^{-3}} = 104\times10^{-9}\ \mathrm{m} \fallingdotseq 100\ \mathrm{nm}$$

図1から得た情報との対応は十分であるが，ランダムエラーを最小にする方法としては，最小二乗法を用いる解析が好ましい．

類似問題　Cu の粉末を，ボールミルを用いて粉砕し，微粉末試料を作製した．この試料について Cu-Kα 線（λ = 0.15406 nm）による回折実験を行ったところ，(111)，(200)，(220)および(311)面に対応するピークに拡がりを観測した．また，比較のためボールミル処理を施していない試料についても回折実験を行った．それぞれの実験で観測された回折ピークの半価幅(FWHM)の値は**表 A, B** のとおりであった．これらのデータからボールミル処理した微粉末試料における結晶子の大きさの平均値を算出せよ．

表 A　ボールミル加工試料

	hkl	2θ [degree]	FWHM [degree]
1	111	43.28	0.365
2	200	50.41	0.481
3	220	74.16	0.546
4	311	89.95	0.603

表 B　ボールミル加工していない試料

	hkl	2θ [degree]	FWHM [degree]
1	111	43.24	0.180
2	200	50.38	0.203
3	220	74.07	0.238
4	311	89.92	0.264

類似問題　蒸発法により Fe の微粒子を作成してレーザー粒度計により測定したところ，平均直径として 50 nm，90 nm および 120 nm と判明した．不均一歪みは含まれないと仮定し，この結晶子の大きさの変化に対応して生ずると考えられる回折ピークの拡がり（半価幅の値）を(110)面について，シェラーの式を用いて算出せよ．

第 5 章

逆格子および結晶からの積分強度

結晶によるX線の回折は，ブラッグの条件により説明される．しかし，実際にはこのブラッグの条件では説明しきれない回折現象，例えば，方向性は鋭くないが，一定の方向分布を持つ散漫散乱なども認められる．このような回折現象を含め，すべてのX線の回折現象を一般的に扱うにはベクトル表示が好都合であり，「逆格子(reciprocal lattice)」という概念が極めて有効である．通常の三次元的原子座標を，逆格子に対して実格子という．

5.1 逆格子ベクトルの数学的定義

基本(実格子)ベクトル $\boldsymbol{a}_1, \boldsymbol{a}_2, \boldsymbol{a}_3$ を持つ結晶格子に対応する逆格子ベクトル $\boldsymbol{b}_1, \boldsymbol{b}_2, \boldsymbol{b}_3$ は，次式で定義される．

$$\left.\begin{array}{l} \boldsymbol{b}_1 = (2\pi)\dfrac{\boldsymbol{a}_2 \times \boldsymbol{a}_3}{V}, \quad \boldsymbol{b}_2 = (2\pi)\dfrac{\boldsymbol{a}_3 \times \boldsymbol{a}_1}{V}, \quad \boldsymbol{b}_3 = (2\pi)\dfrac{\boldsymbol{a}_1 \times \boldsymbol{a}_2}{V} \\ V = \boldsymbol{a}_1 \cdot (\boldsymbol{a}_2 \times \boldsymbol{a}_3) \end{array}\right\} \tag{5.1}$$

ここで，V は実格子の体積である．式(5.1)の括弧で囲んだ 2π は，結晶学では省略されることがほとんどであるが，固体物理学などでは 2π を含んだ形で定義されることが多い．逆格子ベクトルの逆ベクトルは，実格子ベクトルである．

式(5.1)において，例えば，逆格子ベクトル $\boldsymbol{b}_1$ は，実格子ベクトル $\boldsymbol{a}_2, \boldsymbol{a}_3$ に垂直で，その大きさは(100)面の面間隔の逆数に等しいことを示す．他の逆格子ベクトルについても同様の関係が成立し，この関係は任意の面 (hkl) について成立する．すなわち，ミラー指数 (hkl) の面に垂直なベクトルは，逆格子ベクトルを用いて次式で与えられる．

$$\boldsymbol{H}_{hkl} = h\boldsymbol{b}_1 + k\boldsymbol{b}_2 + l\boldsymbol{b}_3 \tag{5.2}$$

この逆格子ベクトルの大きさは，(hkl)面の面間隔の逆数に等しい．

$$|\boldsymbol{H}_{hkl}| = \frac{1}{d_{hkl}} \tag{5.3}$$

言い換えると，逆格子の各点は関係する結晶面の面間隔と向きを表す．すなわち，実空間における規則正しい配列により構成される結晶面で回折した波は，ラウエ写真のように逆空間では回折(斑)点として現れる．これらの回折(斑)点も，一定の規則配列(格子)を形成し，逆格子を作る．なお，結晶学でよく利用されるフーリエ変換は，この実空間から逆空間に，あるいは逆空間から実空間に移す操作に対応する．

逆格子ベクトル $\boldsymbol{b}_j$ と，実格子ベクトル $\boldsymbol{a}_k$ との間には，次式の関係が成立する．

$$\boldsymbol{b}_j\cdot\boldsymbol{a}_k = \delta_{jk}$$
$$\begin{cases}\delta_{jk}=0 & j\neq k\\ \delta_{jk}=1 & j=k\end{cases} \tag{5.4}$$

これは，$\boldsymbol{b}_1\cdot\boldsymbol{a}_2=\boldsymbol{b}_1\cdot\boldsymbol{a}_3=\boldsymbol{b}_2\cdot\boldsymbol{a}_1=\boldsymbol{b}_2\cdot\boldsymbol{a}_3=\boldsymbol{b}_3\cdot\boldsymbol{a}_1=\boldsymbol{b}_3\cdot\boldsymbol{a}_2=0$ および $\boldsymbol{b}_1\cdot\boldsymbol{a}_1=\boldsymbol{b}_2\cdot\boldsymbol{a}_2=\boldsymbol{b}_3\cdot\boldsymbol{a}_3=1$ の関係をまとめて表現したものである．また，逆格子ベクトル $\boldsymbol{K}$ は，$\boldsymbol{b}_j$ および整数 k_j を用いて，次式のように表せる．

$$\boldsymbol{K}=k_1\boldsymbol{b}_1+k_2\boldsymbol{b}_2+k_3\boldsymbol{b}_3 \tag{5.5}$$

同様に，実格子ベクトル $\boldsymbol{R}$ は，整数 n_j を用いて，次式のように表せる．

$$\boldsymbol{R}=n_1\boldsymbol{a}_1+n_2\boldsymbol{a}_2+n_3\boldsymbol{a}_3 \tag{5.6}$$

すなわち，逆格子ベクトルと実格子ベクトルのスカラー積は，次式の関係を持つので，$\boldsymbol{K}\cdot\boldsymbol{R}$ は整数となる．

$$\boldsymbol{K}\cdot\boldsymbol{R}=k_1n_1+k_2n_2+k_3n_3 \tag{5.7}$$

$\boldsymbol{K}\cdot\boldsymbol{R}$ が整数ということは，$e^{i2\pi\boldsymbol{K}\cdot\boldsymbol{R}}=1$ の関係が成立する．したがって，「逆格子」とは実格子のすべてのベクトル $\boldsymbol{R}$ について，$e^{i2\pi\boldsymbol{K}\cdot\boldsymbol{R}}=1$ の関係を満足するような1組の波数ベクトル $2\pi\boldsymbol{K}$ であるという表現もできる．

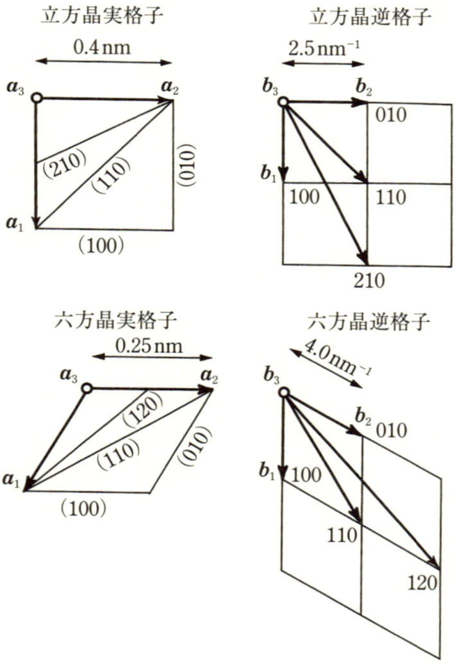

図 5.1　格子定数 a_1 が 0.4 nm(4 A)の立方晶および a_1 が 0.25 nm(2.5 A)の六方晶の実格子と逆格子との関係

実格子が単純格子の場合，逆格子も単純格子，複合格子の場合は逆格子も複合格子になる．これらはすべて式(5.1)を用いて求められる．実格子と逆格子の関係を示す具体例として，**図 5.1** に立方晶ならびに六方晶における実格子と逆格子の関係を示す．実格子のブラベー格子の体積

を V とすると，逆格子の体積は，$1/V$ である．

5.2　電子および原子による散乱強度

X 線は，電子との相互作用において，「波」としての性質と「粒子」としての性質の二重性を顕著に示す．電子は，X 線の持つ電磁場によって加速・減速され，電子が入射 X 線と全く同じ波長の電磁波の発生源となり，散乱 X 線を発生する．このような相互作用を干渉性散乱(coherent scattering，unmodified scattering)と呼ぶ．一方，球突きにおける球の衝突と似た，エネルギーおよび運動量を交換する相互作用も起こる．この過程で散乱される X 線光子(photon)は，衝突によってエネルギーがわずかに変化する．このような散乱を非干渉性散乱(incoherent scattering，modified scattering)あるいはコンプトン散乱(Compton scattering)と呼ぶ．さらに，原子に束縛されている電子が，入射 X 線光子からエネルギーを与えられて原子殻外に飛び出し，X 線光子自身は消滅する「光電効果(photoelectron effect)」も生ずる．これらの X 線と電子の相互作用を踏まえ，原子あるいは結晶による散乱強度の主要関係式等を整理すると，以下のとおりである．

偏りのない X 線を，原点にある 1 個の電子に照射した場合，原点からの距離 r における散乱強度 I_e は，トムソンの散乱式と呼ばれる次式で与えられる．

$$I_e = I_0 \frac{e^4}{m_e{}^2 c^4 r^2}\left(\frac{1+\cos^2 2\theta}{2}\right) \tag{5.8}$$

ここで，I_0 は入射 X 線の強度，e は電気素量，m_e は電子の静止質量，c は真空中の光の速度および 2θ は散乱角である．式(5.8)の括弧で表される項は，全く偏りのない入射光に対する偏光因子で，結晶モノクロメータを使用した場合などは，別の表現となる．また，式(5.8)の定数項 $(e^2/m_e c^2)^2$ は，SI 単位系で $(2.8179\times10^{-15})^2\,\mathrm{m}^2$ として与えられる古典電子半径(classical electron radius) r_e の二乗に相当する．

次に，複数の電子を含んでいる原子 1 個当たりの干渉性散乱の振幅 f は，電子 1 個当たりの振幅 f_{ej} の和として，次式で与えられる(第 3 章参照)．

$$f = \sum_j f_{ej} = \sum_j \int_0^\infty 4\pi r^2 \rho_j(r) \frac{\sin Qr}{Qr}\mathrm{d}r \tag{5.9}$$

原子散乱因子 f は，Q あるいは$(\sin\theta/\lambda)$の関数であり，電子単位で表した 1 個の原子当たりの干渉性散乱の振幅に相当する．また，原子中の電子数は原子番号 Z で与えられるので，$\sum_j \int_0^\infty 4\pi r^2 \rho_j(r)\mathrm{d}r = Z$ であり，Q あるいは$(\sin\theta/\lambda)$の値が小さくな

ると f の値は原子番号 Z に近づく．

ここで求められる原子散乱因子は，次の2つの仮定に基づいている．

（1） 原子の電子分布が球対称である．

（2） 入射X線の波長が原子のどの吸収端の波長(エネルギー)とも大きく離れている．

上記(1)の仮定を満足しない例としては，ダイヤモンドにおける炭素原子周囲の電子分布が，完全な球対称からずれている場合などがあるが，それほど多くない．一方，上記(2)の仮定が崩れた場合は，原子散乱因子に次式で表される異常分散の補正が必要になる．

$$f = f_0 + f' + if'' \tag{5.10}$$

ここで，f' および f'' は異常分散項の実数部と虚数部であり，入射X線の波長(エネルギー)に大きく依存する点が特徴である．式(5.10)の f は補正された原子散乱因子で，f_0 は理論計算された値が，付表(付録3参照)などにまとめられている．通常扱う f' と f'' は，KあるいはLなどの内殻電子にのみ関係するので，f_0 と異なり，散乱角依存性はほとんど無視できる．さらに，通常のX線回折実験では，異常分散を避けるような実験条件を選択する．また，ここまでは干渉性散乱のみを考えてきたが，原子の散乱には非干渉性散乱も生ずる．原子1個当たりの非干渉性散乱強度 $i(M)$ は，それぞれの電子の非干渉性散乱強度の単純な和で与えられる(第3章3.2節参照)．

$$i(M) = \sum_j i_{ej} = Z - \sum_{j=1}^{Z} f_{ej}^2 \tag{5.11}$$

5.3 小さな結晶からの散乱強度

結晶中のある単位格子の原点をOとし，その原点から別の単位格子の位置ベクトルを $m_1\boldsymbol{a}_1 + m_2\boldsymbol{a}_2 + m_3\boldsymbol{a}_3$ で表すこととする．ここで，$\boldsymbol{a}_i$ は結晶の単位ベクトル，m_1, m_2, m_3 は単位格子の座標で，整数である．さらに単位格子の原点を基準に，単位格子中の原子 j の位置ベクトルを $\boldsymbol{r}_j$ とすれば，原子 j は原点Oからベクトル $\boldsymbol{R}_{mj} = m_1\boldsymbol{a}_1 + m_2\boldsymbol{a}_2 + m_3\boldsymbol{a}_3 + \boldsymbol{r}_j$ で表すことができる．このように記述できる小さな単結晶に，波長 λ，強度 I_0 のX線が入射する場合を考え，その単位ベクトルを $\boldsymbol{s}_0$ とする．結晶の大きさが，X線源から結晶までの距離に比べ非常に小さい場合，入射X線は平面波と考えてよい．したがって，原点Oを通過する平面波について，位置ベクトル $\boldsymbol{R}_{mj}$ にある原子 j からの散乱を，原点Oから距離 R だけ離れた点Pで観測する場合の散乱強度は，次式で与えられる．

$$I = I_e FF^* \frac{\sin^2\left\{\left(\frac{\pi}{\lambda}\right)(\boldsymbol{s}-\boldsymbol{s}_0)\cdot N_1\boldsymbol{a}_1\right\}}{\sin^2\left\{\left(\frac{\pi}{\lambda}\right)(\boldsymbol{s}-\boldsymbol{s}_0)\cdot \boldsymbol{a}_1\right\}} \cdot \frac{\sin^2\left\{\left(\frac{\pi}{\lambda}\right)(\boldsymbol{s}-\boldsymbol{s}_0)\cdot N_2\boldsymbol{a}_2\right\}}{\sin^2\left\{\left(\frac{\pi}{\lambda}\right)(\boldsymbol{s}-\boldsymbol{s}_0)\cdot \boldsymbol{a}_2\right\}} \cdot \frac{\sin^2\left\{\left(\frac{\pi}{\lambda}\right)(\boldsymbol{s}-\boldsymbol{s}_0)\cdot N_3\boldsymbol{a}_3\right\}}{\sin^2\left\{\left(\frac{\pi}{\lambda}\right)(\boldsymbol{s}-\boldsymbol{s}_0)\cdot \boldsymbol{a}_3\right\}} \tag{5.12}$$

$$I_e = I_0\left(\frac{e^2}{mc^2R}\right)^2 \tag{5.13}$$

ここで，F は構造因子，$\boldsymbol{s}$ は散乱 X 線の単位ベクトルである．また，ここでは 1 個の自由な電子による散乱強度（トムソンの散乱式(5.8)）を利用している．さらに，式(5.12)は入射 X 線が紙面に垂直に偏光しているとして求めたので，偏光因子は 1 となっているが，入射 X 線が全く偏光していない場合は，偏光因子 $\frac{(1+\cos^2 2\theta)}{2}$ を適用する必要がある．また，式(5.12)に現れる $\frac{\sin^2(Nk)}{\sin^2 k}$ 形の関数をラウエ(Laue)関数という．

ラウエ関数の値は $\boldsymbol{k}$ が π の整数倍($\boldsymbol{n}$)の場合，分母・分子がゼロとなる．すなわち，この $k = n\pi$($\boldsymbol{n}$：整数)の条件は，一定間隔で並んだ格子面で発生する波の位相差が波長の整数倍のとき強め合う「結晶の回折条件」に対応する．また，ラウエ関数の $k \to n\pi$ における極限値は N^2 である．この関係を利用し，ラウエ関数を N^2 で規格化して散乱強度を表現すると n が増えると $k = n\pi$ におけるピークが鋭くなる．結晶格子では n が非常に大きな値となり $k = n\pi$ の位置でデルタ関数となることを示す．一方，一定の n の条件下および $k = (\boldsymbol{s}-\boldsymbol{s}_0)\cdot\boldsymbol{a}$ として $\boldsymbol{a}$ の値を変化させると，例えば，$|\boldsymbol{a}|$ の値を 3 倍にすれば，ラウエ関数の周期は 1/3 というように逆の傾向が認められる．すなわち，実空間の長さは，逆格子空間では 1/(長さ)で表現され，互いに逆の関係を示す(問題 5.9 参照)．

5.4　小さな単結晶の積分強度

通常，入射 X 線は完全に平行な光ではなく，入射 X 線ベクトル $\boldsymbol{s}_0$ の向きはばらついている．このような場合，完全単結晶を用いても結晶をブラッグの条件を満足する角度の周りでほんの少しずつ回転して強度測定を行えば，それぞれの入射方向に対してブラッグの条件が成立する．したがって，観察される回折ピークは，これらの鋭い回折ピークの重ね合わせとして得られ，その結果ピークは幅を持つ．また，方位の揃った単結晶も，その微細構造をよく調べると，転位などの欠陥が周期的に配列し，結晶面の整合性を保ちながら，少しずつ方位の異なる領域から構成されている場合が多い．このような少しずつ方位の異なる領域が寄せ集まって1つの単結晶ができあがっている場合を「モザイク構造」と呼ぶ(**図5.2**参照)．この場合，入射X線のそれぞれが，結晶中のモザイクの1つ1つで少しずつ向きを変えて鋭い回折ピークを形成し，その結果，回折ピークの幅が広がる．言い換えると，小さな単結晶からの散乱強度は式(5.12)で表される．しかし，この散乱強度は，通常のX線回折実験において測定できる量とは異なるので，実験結果と直接結びつく量として，積分強度を考える必要がある．具体的には，結晶をブラッグの条件を満足する角度の1〜2°手前から回転し，ブラッグの条件を満足する角度θを通り越して，さらに1〜2°回転させ，回折に寄与するすべての方位を網羅する場合を考え，(hkl)面からのすべての回折強度＝積分強度Pを測定できたとする．この場合の積分強度Pは，次式で与えられる．

$$P = \frac{I_0}{\omega}\left(\frac{e^4}{m_e{}^2c^4}\right)\frac{\lambda N_{uc}F^2}{v_a}\left(\frac{1+\cos^2 2\theta}{2\sin 2\theta}\right) \tag{5.14}$$

ここで，v_aは単位格子の体積，N_{uc}は結晶に含まれる単位格子の数である．また，右辺の第2番目の括弧で与えられる因子を，偏光していない入射X線を用いた場合の単結晶に関するローレンツ偏光因子(Lorentz-polarization factor)と呼ぶ．式(5.14)は，(hkl)面からの積分強度Pが入射X線の強度I_0とともに正確に測定できれば，結晶の構造因子Fを実験的に算出できること，そのFの値を用いて未知の結晶の構造を決定できることを示唆している．また，結晶構造が比較的単純な純物質に関する構造因子Fの値を実験的に求められれば，そのFの値から原子散乱因子fを決定できる．

5.5　モザイク結晶あるいは粉末試料の積分強度

モザイク構造を持つ単結晶の積分強度は，以下のとおりである．モザイクブロック内で結晶は完全であるが，隣接するモザイクブロック間の回折が干渉し合わない程度にその方位がずれている単結晶を，「理想的モザイク単結晶」という．実際の単結晶は，完全単結晶と理想的モザイク単結晶との中間にある．結晶が理想的モザイク単結晶と見なせる場合，モザイク1つ1つで，式(5.14)が成立するとして，積分強度を導出できる．

入射X線の強度および断面積を，それぞれI_0およびA_0，モザイクブロックの平均の体積をδvとする(**図5.2**参照)．また，結晶表面から深さzおよび$z+\mathrm{d}z$の間にあ

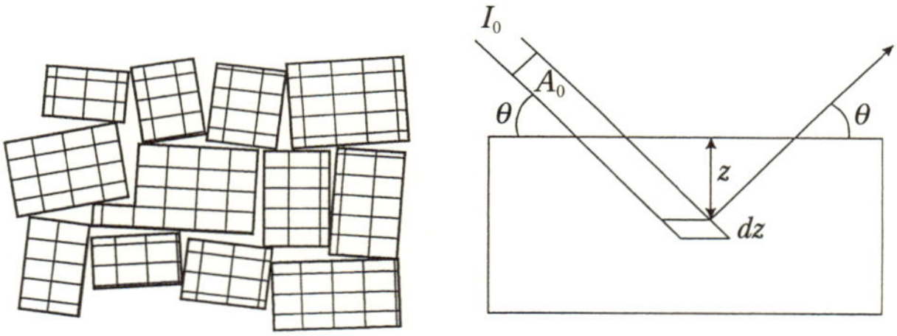

図 5.2　モザイク単結晶(模式図)とモザイク結晶平板からの積分強度計算のため幾何学的配置

るモザイクブロックに到達する入射 X 線の強度 I_0 は，線吸収係数 μ を考慮すると，$I_0 \exp(-2z\mu/\sin\theta)$ となる．入射 X 線の強度 $P_0 = I_0 A_0$ を考慮すれば，モザイク結晶からの積分強度は，次式で与えられる．

$$P = \frac{P_0}{\omega}\left(\frac{e^4}{m_e{}^2 c^4}\right)\frac{\lambda^3 F^2}{2\mu v_a{}^2}\left(\frac{1+\cos^2 2\theta}{2\sin 2\theta}\right) \tag{5.15}$$

粉末結晶は，結晶の面方位が完全に無秩序(ランダム)な，非常に多くの小さな結晶の集まりと考えることができる．単色化され一定の波長 λ を持つ X 線が角度 θ で粉末試料に入射し，微小部の小さな単結晶は，(hkl) 面でブラッグの条件を満足するような方位を向いているとする．この場合，小さな単結晶 (hkl) 面の面法線ベクトル $\boldsymbol{H}_{hkl}$ は，入射 X 線のベクトル $\boldsymbol{s}_0$ と回折 X 線のベクトル $\boldsymbol{s}$ によって定義できる散乱ベクトル $(\boldsymbol{s}-\boldsymbol{s}_0)$ の方向と一致している．

結晶からの散乱強度が観測できるための入射波，散乱波，面法線ベクトル，散乱ベクトルなどとの関係を示すエバルト球あるいは限界球の詳細については，問題 5.7 に与えられている．一方，粉末試料中の小さな単結晶の総数を N_{sc}，同じ面間隔 d と構造因子 F^2 を持つ等価な (hkl) 面の数を表す多重度因子を p_{hkl} とすれば，粉末試料中の面法線ベクトル $\boldsymbol{H}_{hkl}$ の総数は $N_{sc}p_{hkl}$ で与えられる．なお，ここでは，入射角が $(\theta+\alpha)$ と $(\theta+\alpha+\mathrm{d}\alpha)$ との間にある場合に，ブラッグの条件を満足するような粉末結晶試料からの散乱ベクトルの分布を考えている．また，(hkl) 面からの回折強度は，式(5.12)で与えられる 1 個の小さな単結晶からの散乱強度 I に，試料中の $\mathrm{d}\alpha$ 内の結晶数 $\mathrm{d}N_{sc}$，受光面での面積要素 $\mathrm{d}A$ を掛けて，それをすべての方位と受光面について積分して求められる．こうして得られる回折強度 P は，2θ を半頂角とするデバイリング上に均一に分布する全回折強度に相当する(**図 5.3** 参照)．したがって，ディフラクトメータで測定できる強度は，このデバイリングの単位長さ当たりの強度にな

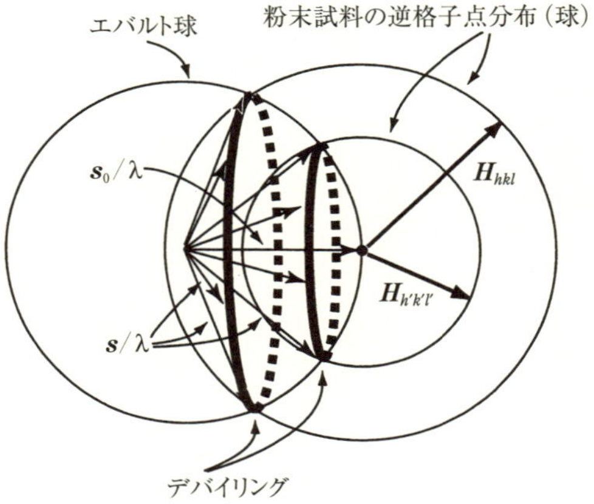

図 5.3　デバイー-シェラー法における逆格子とエバルト球との関係

る．すなわち，デバイリングの円周 $(2\pi R\sin 2\theta)$ で P を割った強度 P' に相当する．したがって，偏光していない強度 I_0 の単色X線を用いた場合，粉末結晶試料から R だけ離れた位置で測定される積分強度は，次式で与えられる．

$$P' = \frac{I_0}{16\pi R}\left(\frac{e^4}{m_e{}^2c^4}\right)\frac{V\lambda^3 p_{hkl}F^2}{v_a^2}\left(\frac{1+\cos^2 2\theta}{\sin\theta\sin 2\theta}\right) \tag{5.16}$$

式(5.16)において，右辺の第2番目の括弧で与えられる因子は，粉末結晶試料に関するローレンツ偏光因子である．式(5.16)は，粉末結晶試料の(hkl)面に関する積分強度が，(多重度因子，p_{hkl})，(構造因子，F^2)および(ローレンツ偏光因子)の3つの因子に比例することを示している．最も一般的な粉末結晶試料のX線回折実験は，ディフラクトメータを用いる手法で，準備する試料は平板で，厚さは十分であるという条件を満足するように調整する．この条件のディフラクトメータ法では，式(5.17)の照射体積は，$V = A_0/2\mu$ の関係で置き換えることができる．

問題と解法5

問題 5.1

基本ベクトル $\boldsymbol{a}_1, \boldsymbol{a}_2, \boldsymbol{a}_3$ を持つ結晶格子に対応する逆格子は，実格子の体積を V とすれば次式で与えられる逆格子ベクトル $\boldsymbol{b}_1, \boldsymbol{b}_2, \boldsymbol{b}_3$ を持つ．

$$\boldsymbol{b}_1 = \frac{\boldsymbol{a}_2 \times \boldsymbol{a}_3}{V},\quad \boldsymbol{b}_2 = \frac{\boldsymbol{a}_3 \times \boldsymbol{a}_1}{V},\quad \boldsymbol{b}_3 = \frac{\boldsymbol{a}_1 \times \boldsymbol{a}_2}{V}$$

これは逆格子軸を結晶格子の関数として表すことに対応しているが，逆に結晶格子を逆格子軸の関数として表せ．

解 ベクトルの基本事項を確認しておく．

（i） 2つのベクトル A および B の積(外積あるいはベクトル乗積と呼ぶ)

$$(A \times B) = -(B \times A)$$

（ii） 3つのベクトルを含んだ乗積

$$\begin{aligned} A \cdot (B \times C) &= B \cdot (C \times A) = C \cdot (A \times B) \\ &= -A \cdot (C \times B) = -B \cdot (A \times C) = -C \cdot (B \times A) \end{aligned}$$

3つのベクトル A, B, C が**図 1** に示すような平行六面体の辺に対応する場合，$(B \times C)$ はその大きさが平行六面体の基底を構成する平行四辺形の面積に等しいベクトルである．その向きは B および C のつくる面に垂直である．したがって，$A \cdot (B \times C)$ は，基底の面積に A のベクトルの $(B \times C)$ への投影(斜めの高さに相当)を掛け合わせたもの，すなわち，平行六面体の体積 V に等しい．

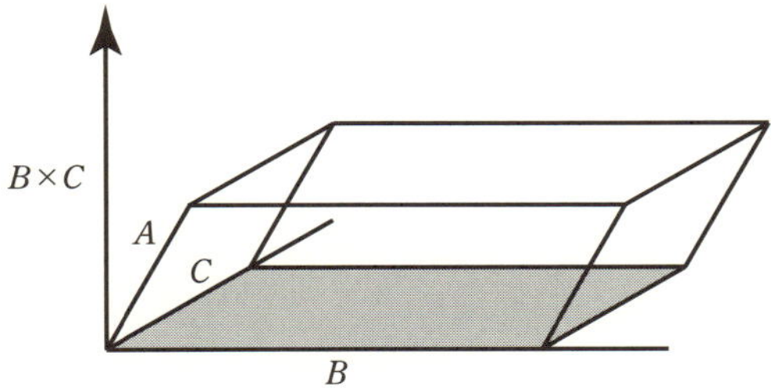

図 1　$A \cdot (B \times C)$ の図的表現

参考：2つのベクトル A および B の内積あるいはスカラー積は $A \cdot B$ と表す．スカラー量であるから $A \cdot B = B \cdot A$ である．

次に，逆格子ベクトル $\boldsymbol{b}_2$ と $\boldsymbol{b}_3$ の外積，すなわち $(\boldsymbol{b}_2 \times \boldsymbol{b}_3)$ を求める．

$$\begin{aligned} \boldsymbol{b}_2 \times \boldsymbol{b}_3 &= \frac{\boldsymbol{a}_3 \times \boldsymbol{a}_1}{V} \times \frac{\boldsymbol{a}_1 \times \boldsymbol{a}_2}{V} \\ &= \frac{1}{V^2}\{(\boldsymbol{a}_3 \times \boldsymbol{a}_1) \times (\boldsymbol{a}_1 \times \boldsymbol{a}_2)\} \qquad (1) \end{aligned}$$

ここで，$\boldsymbol{u} = (\boldsymbol{a}_3 \times \boldsymbol{a}_1)$ とおき，同時にベクトル積の公式 $\boldsymbol{u} \times (\boldsymbol{v} \times \boldsymbol{w}) = \boldsymbol{v}(\boldsymbol{u} \cdot \boldsymbol{w}) - \boldsymbol{w}(\boldsymbol{u} \cdot \boldsymbol{v})$ を利用すると，次式の関係を得る．

$$\begin{aligned} \boldsymbol{u} \times (\boldsymbol{a}_1 \times \boldsymbol{a}_2) &= \boldsymbol{a}_1(\boldsymbol{u} \cdot \boldsymbol{a}_2) - \boldsymbol{a}_2(\boldsymbol{u} \cdot \boldsymbol{a}_1) \\ &= \boldsymbol{a}_1\{(\boldsymbol{a}_3 \times \boldsymbol{a}_1) \cdot \boldsymbol{a}_2\} - \boldsymbol{a}_2\{(\boldsymbol{a}_3 \times \boldsymbol{a}_1) \cdot \boldsymbol{a}_1\} \end{aligned} \tag{2}$$

また，ベクトルの性質 $\boldsymbol{u} \cdot (\boldsymbol{u} \times \boldsymbol{w}) = 0$ から，式(2)の第2項は同じベクトル $\boldsymbol{a}_1$ を含むのでゼロとなる．さらに $(\boldsymbol{a}_3 \times \boldsymbol{a}_1) \cdot \boldsymbol{a}_2 = V$ の関係を利用すれば，式(1)は次式のとおり簡単な形に整理できる．

$$\boldsymbol{b}_2 \times \boldsymbol{b}_3 = \frac{\boldsymbol{a}_1}{V} \tag{3}$$

一方，逆格子の体積 V^* は，次式で与えられる．

$$V^* = \boldsymbol{b}_1 \cdot (\boldsymbol{b}_2 \times \boldsymbol{b}_3) = \frac{(\boldsymbol{a}_2 \times \boldsymbol{a}_3) \cdot \boldsymbol{a}_1}{V^2} = \frac{1}{V} \tag{4}$$

したがって，式(3)および式(4)を組み合わせると以下の関係を得る．

$$\boldsymbol{a}_1 = \frac{\boldsymbol{b}_2 \times \boldsymbol{b}_3}{V^*}, \quad \boldsymbol{a}_2 = \frac{\boldsymbol{b}_3 \times \boldsymbol{b}_1}{V^*}, \quad \boldsymbol{b}_3 = \frac{\boldsymbol{b}_1 \times \boldsymbol{b}_2}{V^*} \tag{5}$$

与えられた定義式と式(5)を比較すると，右辺と左辺が入れ替わっているだけで形式は全く同じであることがわかる．すなわち，逆格子の逆は結晶格子(実格子)であり，結晶格子(実格子)の体積の逆数が逆格子の体積である．

問題 5.2

> 逆格子ベクトル $\boldsymbol{H}_{hkl} = h\boldsymbol{b}_1 + k\boldsymbol{b}_2 + l\boldsymbol{b}_3$ は結晶系に関係なく(hkl)面に垂直で，その大きさは(hkl)面の面間隔(d_{hkl})の逆数に等しいことを示せ．

解　実格子の単位ベクトル $\boldsymbol{a}_1, \boldsymbol{a}_2, \boldsymbol{a}_3$，$(hkl)$面，逆格子 $\boldsymbol{H}_{hkl}$ との関係は図1のとおりである．したがって，(hkl)面に含まれる平行でない2つのベクトル(**図1**では $\left(\frac{\boldsymbol{a}_1}{h} - \frac{\boldsymbol{a}_2}{k}\right)$ および $\left(\frac{\boldsymbol{a}_2}{k} - \frac{\boldsymbol{a}_3}{l}\right)$)と逆格子ベクトルの内積(スカラー積)を求め，その値がゼロであれば，垂直の関係にあるといえる．

$$\begin{aligned} \boldsymbol{H}_{hkl} \cdot \left(\frac{\boldsymbol{a}_1}{h} - \frac{\boldsymbol{a}_2}{k}\right) &= (h\boldsymbol{b}_1 + k\boldsymbol{b}_2 + l\boldsymbol{b}_3) \cdot \left(\frac{\boldsymbol{a}_1}{h} - \frac{\boldsymbol{a}_2}{k}\right) \qquad (1) \\ &= \left(h\boldsymbol{b}_1 \cdot \frac{\boldsymbol{a}_1}{h} + 0 + 0\right) - \left(0 + k\boldsymbol{b}_2 \cdot \frac{\boldsymbol{a}_2}{k} + 0\right) = 1 - 1 = 0 \end{aligned}$$

ここでは，逆格子と実格子ベクトルの内積について，$j = k$ の場合は $\boldsymbol{b}_j \cdot \boldsymbol{a}_k = 1$，$j \neq k$ の場合は $\boldsymbol{b}_j \cdot \boldsymbol{a}_k = 0$ の関係を利用している．$\boldsymbol{H}_{hkl} \cdot \left(\frac{\boldsymbol{a}_1}{h} - \frac{\boldsymbol{a}_2}{k}\right)$ の場合も同じ結果を得る．したがって，$\boldsymbol{H}_{hkl}$ と(hkl)面は垂直の関係にある．(hkl)面に向かう法線上の単位ベクトルを $\boldsymbol{n}$ とすると $\boldsymbol{n}$ は次式で与えられる．

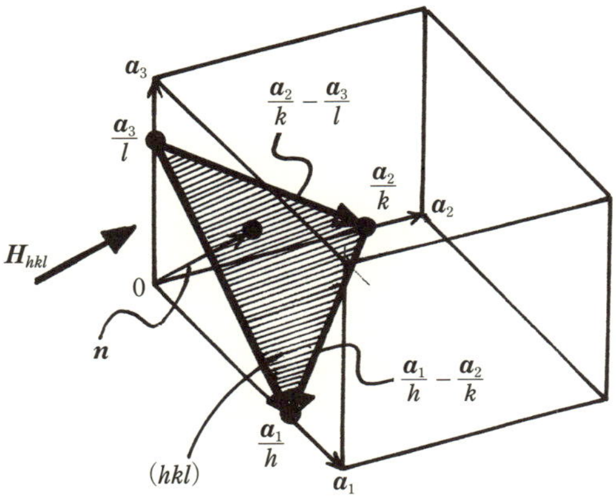

図 1　hkl 面内に存在するベクトルと法線方向の単位ベクトル $\boldsymbol{n}$ との関係

$$\boldsymbol{n} = \frac{\boldsymbol{H}_{hkl}}{|\boldsymbol{H}_{hkl}|} \tag{2}$$

面間隔 d_{hkl} は，原点 0 から対象となる面に向かう法線ベクトル $\boldsymbol{n}$ 方向への投影に相当する．したがって，ベクトル $\dfrac{\boldsymbol{a}_1}{h}$ については次式の関係が成立する．

$$\begin{aligned} d_{hkl} &= \frac{\boldsymbol{a}_1}{h}\cdot\boldsymbol{n} = \frac{\boldsymbol{a}_1}{h}\cdot\frac{\boldsymbol{H}_{hkl}}{|\boldsymbol{H}_{hkl}|} = \frac{1}{|\boldsymbol{H}_{hkl}|}\frac{\boldsymbol{a}_1}{h}\cdot(h\boldsymbol{b}_1+k\boldsymbol{b}_2+l\boldsymbol{b}_3) \\ &= \frac{1}{|\boldsymbol{H}_{hkl}|}\frac{h}{h}(\boldsymbol{a}_1\cdot\boldsymbol{b}_1+0+0) = \frac{1}{|\boldsymbol{H}_{hkl}|} \end{aligned} \tag{3}$$

参考：ベクトルと面積，体積および行列式に関する基本的事項を確認しておく．平面上の 3 つのベクトル $\boldsymbol{A}, \boldsymbol{B}$ および $\boldsymbol{C}$ が，互いに直交し座標軸と同じ向きを有する 3 つの単位ベクトル $\boldsymbol{e}_1$，$\boldsymbol{e}_2$ および $\boldsymbol{e}_3$ について，次式で表される場合を考える．

$$\left.\begin{aligned} \boldsymbol{A} &= a_1\boldsymbol{e}_1+a_2\boldsymbol{e}_2+a_3\boldsymbol{e}_3 \\ \boldsymbol{B} &= b_1\boldsymbol{e}_1+b_2\boldsymbol{e}_2+b_3\boldsymbol{e}_3 \\ \boldsymbol{C} &= c_1\boldsymbol{e}_1+c_2\boldsymbol{e}_2+c_3\boldsymbol{e}_3 \end{aligned}\right\} \tag{4}$$

この場合，$\boldsymbol{A}$ と $\boldsymbol{B}$ のベクトル積は次式で与えられる．

$$\boldsymbol{A}\times\boldsymbol{B} = (a_2b_3-a_3b_2)\boldsymbol{e}_1+(a_3b_1-a_1b_3)\boldsymbol{e}_2+(a_1b_2-a_2b_1)\boldsymbol{e}_3 \tag{5}$$

平面上の 2 つのベクトル $\boldsymbol{A}$ および $\boldsymbol{B}$ の面積 S の検討は，空間では紙面に垂直な単位ベクトルの $\boldsymbol{e}_3$ の係数 a_3 および b_3 がゼロの場合に相当する．したがって，式(5)より次式の関係を得る．

$$\boldsymbol{A}\times\boldsymbol{B} = (a_1b_2-a_2b_1)\boldsymbol{e}_3 = S\boldsymbol{e}_3 \tag{6}$$

式(6)は，平面上の2つのベクトル $\boldsymbol{A}$ および $\boldsymbol{B}$ がつくる平行四辺形の面積が $(a_1b_2-a_2b_1)$ で与えられ，$\boldsymbol{A}\to\boldsymbol{B}$ の向きが $\boldsymbol{e}_1\to\boldsymbol{e}_2$ の向きと一致すれば正の符号，逆であれば負の符号をつけたものになることを示している．なお，これらの関係を扱うのに行列式を用いると好都合である．例えば，式(6)については，

$$\begin{vmatrix} a_1 & a_2 \\ b_1 & b_2 \end{vmatrix} = a_1b_2-a_2b_1 \tag{7}$$

一方，空間に3つのベクトル $\boldsymbol{A}, \boldsymbol{B}$ および $\boldsymbol{C}$ があり，その体積 (V) の検討も同様に扱うことができる．

$$\boldsymbol{B}\times\boldsymbol{C} = (b_2c_3-b_3c_2)\boldsymbol{e}_1+(b_3c_1-b_1c_2)\boldsymbol{e}_2+(b_1c_2-b_2c_1)\boldsymbol{e}_3 \tag{8}$$

$$\boldsymbol{A}\cdot(\boldsymbol{B}\times\boldsymbol{C}) = a_1(b_2c_3-b_3c_2)+a_2(b_3c_1-b_1c_2)+a_3(b_1c_2-b_2c_1) = V \tag{9}$$

ここでは，基本ベクトルに関する $\boldsymbol{e}_1\cdot\boldsymbol{e}_1=\boldsymbol{e}_2\cdot\boldsymbol{e}_2=\boldsymbol{e}_3\cdot\boldsymbol{e}_3=1$ および $\boldsymbol{e}_1\cdot\boldsymbol{e}_2=\boldsymbol{e}_2\cdot\boldsymbol{e}_3=\boldsymbol{e}_3\cdot\boldsymbol{e}_1=0$ の関係を利用している．

$$\begin{vmatrix} a_1 & a_2 & a_3 \\ b_1 & b_2 & b_3 \\ c_1 & c_2 & c_3 \end{vmatrix} = a_1(b_2c_3-b_3c_2)-a_2(b_1c_3-b_3c_1)+a_3(b_1c_2-b_2c_1) \tag{10}$$

$$= a_1b_2c_3+a_2b_3c_1+a_3b_1c_2-a_1b_3c_2-a_2b_1c_3-a_3b_2c_1 \tag{11}$$

式(9)は，ベクトル $\boldsymbol{A}$ がベクトル $\boldsymbol{B}$ および $\boldsymbol{C}$ の定める平面に対し，$(\boldsymbol{B}\times\boldsymbol{C})$ と同じ側にあれば正の向きに，反対側にあれば負の向きにあることを示す．また，$\boldsymbol{A}\cdot(\boldsymbol{B}\times\boldsymbol{C})$ は3つのベクトルを3辺とする平行六面体の体積を与え（問題5.1の図参照），それは行列式[式(10)]で表すことができる．

問題 5.3

互いに平行でない2つの平面，(hkl) および $(h'k'l')$ の交線の方向は晶帯軸と呼ばれ，通常 $[uvw]$ で表す．
（1）uvw と hkl および $h'k'l'$ との関係を導け．（2）逆格子ベクトルが対応する面と垂直なことを利用して，ワイスの晶帯則 $hu+kv+lw=0$ を導け．

解　（1）(hkl) 面の逆格子を $\boldsymbol{H}_{hkl}$，$(h'k'l')$ 面の逆格子を $\boldsymbol{H}_{h'k'l'}$ とすれば，晶帯軸の方向 $[uvw]$ は，**図1**からも明らかなように，逆格子ベクトル $\boldsymbol{H}_{hkl}$ および $\boldsymbol{H}_{h'k'l'}$ の外積（ベクトル積）に平行な方向のベクトル $\boldsymbol{Z}_{uvw}$ で表せる．

$$\boldsymbol{H}_{hkl}\times\boldsymbol{H}_{h'k'l'} = (h\boldsymbol{b}_1+k\boldsymbol{b}_2+l\boldsymbol{b}_3)\times(h'\boldsymbol{b}_1+k'\boldsymbol{b}_2+l'\boldsymbol{b}_3) \tag{1}$$

$$= (hk'-h'k)\boldsymbol{b}_1\times\boldsymbol{b}_2+(kl'-k'l)\boldsymbol{b}_2\times\boldsymbol{b}_3+(lh'-l'h)\boldsymbol{b}_3\times\boldsymbol{b}_1 \tag{2}$$

ここでは，同一ベクトルの外積（例：$\boldsymbol{b}_1\times\boldsymbol{b}_1$）はゼロである関係を利用している．

また，$\boldsymbol{a}_1=\dfrac{\boldsymbol{b}_2\times\boldsymbol{b}_3}{V^*}$，$\boldsymbol{a}_2=\dfrac{\boldsymbol{b}_3\times\boldsymbol{b}_1}{V^*}$，$\boldsymbol{a}_3=\dfrac{\boldsymbol{b}_1\times\boldsymbol{b}_2}{V^*}$ および $V^*=\dfrac{1}{V}$ の関係を用いると式(2)は，次のように整理できる．

$$\boldsymbol{H}_{hkl}\times\boldsymbol{H}_{h'k'l'}=(hk'-h'k)\frac{\boldsymbol{a}_3}{V}+(kl'-k'l)\frac{\boldsymbol{a}_1}{V}+(lh'-l'h)\frac{\boldsymbol{a}_2}{V} \tag{3}$$

$$=\frac{1}{V}\begin{vmatrix} a_1 & a_2 & a_3 \\ h & k & l \\ h' & k' & l' \end{vmatrix} \tag{4}$$

uvw は単位格子を定める単位(実)格子を $\boldsymbol{a}_1$，$\boldsymbol{a}_2$ および $\boldsymbol{a}_3$ とすれば，次式で表せる．

$$\boldsymbol{Z}_{uvw}=u\boldsymbol{a}_1+v\boldsymbol{a}_2+w\boldsymbol{a}_3 \tag{5}$$

したがって，式(3)および式(5)より，次の関係が得られる．

$$\begin{pmatrix} u \\ v \\ w \end{pmatrix}=\begin{pmatrix} kl'-k'l \\ lh'-l'h \\ hk'-h'k \end{pmatrix} \tag{6}$$

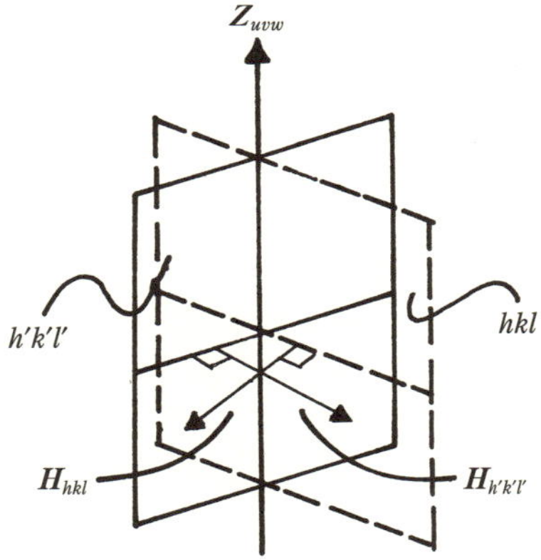

図 1　2 つの逆格子ベクトルと晶帯軸との関係

（2） 一方，面の法線ベクトルとその面内にあるベクトルは直交するので，(hkl)面が晶帯[uvw]に属する場合，(hkl)面に対応する逆格子ベクトル $\boldsymbol{H}_{hkl}$ と晶帯軸の方向を表すベクトル $\boldsymbol{Z}_{uvw}$ との内積(スカラー積)はゼロ，すなわち，$\boldsymbol{H}_{hkl}\cdot\boldsymbol{Z}_{uvw}=0$ の関係を満足する必要がある．

$$\boldsymbol{H}_{hkl}\cdot\boldsymbol{Z}_{uvw}=(h\boldsymbol{b}_1+k\boldsymbol{b}_2+l\boldsymbol{b}_3)\cdot(u\boldsymbol{a}_1+v\boldsymbol{a}_2+w\boldsymbol{a}_3) \tag{7}$$

$$=hu\boldsymbol{b}_1\cdot\boldsymbol{a}_1+hv\boldsymbol{b}_1\cdot\boldsymbol{a}_2+hw\boldsymbol{b}_1\cdot\boldsymbol{a}_3 \\ +ku\boldsymbol{b}_2\cdot\boldsymbol{a}_1+kv\boldsymbol{b}_2\cdot\boldsymbol{a}_2+kw\boldsymbol{b}_2\cdot\boldsymbol{a}_3+lu\boldsymbol{b}_3\cdot\boldsymbol{a}_1+lv\boldsymbol{b}_3\cdot\boldsymbol{a}_2+lw\boldsymbol{b}_3\cdot\boldsymbol{a}_3 \tag{8}$$

実格子および逆格子の基本ベクトル $\boldsymbol{a}_1, \boldsymbol{a}_2, \boldsymbol{a}_3$ および $\boldsymbol{b}_1, \boldsymbol{b}_2, \boldsymbol{b}_3$ の間には定義により，例えば，$\boldsymbol{b}_1$ は，実空間におけるベクトル $\boldsymbol{a}_2$ および $\boldsymbol{b}_2$ の構成する面と垂直であるから，次の関係がある．

$$\left.\begin{aligned} \boldsymbol{b}_j\cdot\boldsymbol{a}_k &= 1\ (j=k) \\ \boldsymbol{b}_j\cdot\boldsymbol{a}_k &= 0\ (j\neq k) \end{aligned}\right\} \tag{9}$$

この関係を利用して $\boldsymbol{H}_{hkl}\cdot\boldsymbol{Z}_{uvw}$ の値を整理すると，ワイスの晶帯則の関係を得る．

$$hu+kv+lw=0 \tag{10}$$

問題 5.4

2つの結晶学的方位が $\boldsymbol{A}_u=u_1\boldsymbol{a}_1+u_2\boldsymbol{a}_2+u_3\boldsymbol{a}_3$，$\boldsymbol{A}_v=v_1\boldsymbol{a}_1+v_2\boldsymbol{a}_2+v_3\boldsymbol{a}_3$ というベクトルで記述されている場合，$\boldsymbol{A}_u$ と $\boldsymbol{A}_v$ のなす角度 ϕ は，$\cos\phi=\dfrac{\boldsymbol{A}_u\cdot\boldsymbol{A}_v}{|\boldsymbol{A}_u|\cdot|\boldsymbol{A}_v|}$ で与えられる．

(1)斜方晶系および(2)立方晶系の場合における $\cos\phi$ を表す式を求めよ．

解 (1) 斜方晶系 $|\boldsymbol{a}_1|\neq|\boldsymbol{a}_2|\neq|\boldsymbol{a}_3|$，$\boldsymbol{a}_1\perp\boldsymbol{a}_2\perp\boldsymbol{a}_3$

$$|\boldsymbol{A}_u|=\sqrt{\boldsymbol{A}_u\cdot\boldsymbol{A}_u}=\sqrt{|u_1\boldsymbol{a}_1|^2+|u_2\boldsymbol{a}_2|^2+|u_3\boldsymbol{a}_3|^2}$$

$$|\boldsymbol{A}_v|=\sqrt{\boldsymbol{A}_v\cdot\boldsymbol{A}_v}=\sqrt{|v_1\boldsymbol{a}_1|^2+|v_2\boldsymbol{a}_2|^2+|v_3\boldsymbol{a}_3|^2}$$

$$\boldsymbol{A}_u\cdot\boldsymbol{A}_v=u_1v_1|\boldsymbol{a}_1|^2+u_2v_2|\boldsymbol{a}_2|^2+u_3v_3|\boldsymbol{a}_3|^2$$

$$\cos\phi=\frac{u_1v_1|\boldsymbol{a}_1|^2+u_2v_2|\boldsymbol{a}_2|^2+u_3v_3|\boldsymbol{a}_3|^2}{\sqrt{|u_1\boldsymbol{a}_1|^2+|u_2\boldsymbol{a}_2|^2+|u_3\boldsymbol{a}_3|^2}\sqrt{|v_1\boldsymbol{a}_1|^2+|v_2\boldsymbol{a}_2|^2+|v_3\boldsymbol{a}_3|^2}}$$

(2) 立方晶系 $|\boldsymbol{a}_1|=|\boldsymbol{a}_2|=|\boldsymbol{a}_3|=a$，$\boldsymbol{a}_1\perp\boldsymbol{a}_2\perp\boldsymbol{a}_3$

$$|\boldsymbol{A}_u|=\sqrt{u_1^2+u_2^2+u_3^2}\times a,\quad |\boldsymbol{A}_v|=\sqrt{v_1^2+v_2^2+v_3^2}\times a$$

$$\boldsymbol{A}_u\cdot\boldsymbol{A}_v=(u_1v_1+u_2v_2+u_3v_3)a^2$$

$$\cos\phi=\frac{u_1v_1+u_2v_2+u_3v_3}{\sqrt{u_1^2+u_2^2+u_3^2}\sqrt{v_1^2+v_2^2+v_3^2}}$$

問題 5.5

六方晶の基本(並進)ベクトルは，お互いに直交する(右手系)座標軸の単位ベクトルを $\boldsymbol{e}_x, \boldsymbol{e}_y$ および $\boldsymbol{e}_z$ とすれば，次のように与えられる．

$$\boldsymbol{a}_1=\frac{\sqrt{3}}{2}a\boldsymbol{e}_x+\frac{a}{2}\boldsymbol{e}_y,\quad \boldsymbol{a}_2=-\frac{\sqrt{3}}{2}a\boldsymbol{e}_x+\frac{a}{2}\boldsymbol{e}_y,\quad \boldsymbol{a}_3=c\boldsymbol{e}_z$$

(1) 逆格子の基本ベクトル $\boldsymbol{b}_1$，$\boldsymbol{b}_2$ および $\boldsymbol{b}_3$ を求めよ．

(2) 六方晶格子の第1ブリルアンゾーンを示せ．

解 (1) 逆格子ベクトルの定義は，例えば，$\boldsymbol{b}_1$ について以下のとおりである．

$$\boldsymbol{b}_1=\frac{\boldsymbol{a}_2\times\boldsymbol{a}_3}{V}=\frac{\boldsymbol{a}_2\times\boldsymbol{a}_3}{\boldsymbol{a}_1\cdot(\boldsymbol{a}_2\times\boldsymbol{a}_3)}$$

したがって，体積を表すスカラー三重積と呼ばれる $\boldsymbol{a}_1\cdot(\boldsymbol{a}_2\times\boldsymbol{a}_3)$ を，行列を利用して

求めると以下のとおりである．

$$(\boldsymbol{a}_2\times\boldsymbol{a}_3)=\begin{vmatrix}\boldsymbol{e}_x & \boldsymbol{e}_y & \boldsymbol{e}_z\\ -\dfrac{\sqrt{3}}{2}a & \dfrac{a}{2} & 0\\ 0 & 0 & c\end{vmatrix}=\boldsymbol{e}_x\begin{vmatrix}\dfrac{a}{2} & 0\\ 0 & c\end{vmatrix}-\boldsymbol{e}_y\begin{vmatrix}-\dfrac{\sqrt{3}}{2}a & 0\\ 0 & c\end{vmatrix}+\boldsymbol{e}_z\begin{vmatrix}-\dfrac{\sqrt{3}}{2}a & \dfrac{a}{2}\\ 0 & 0\end{vmatrix}$$

$$=\frac{ac}{2}\boldsymbol{e}_x+\frac{\sqrt{3}}{2}ac\boldsymbol{e}_y \tag{1}$$

$$\boldsymbol{a}_1\cdot(\boldsymbol{a}_2\times\boldsymbol{a}_3)=\left(\frac{\sqrt{3}}{2}a\boldsymbol{e}_x+\frac{a}{2}\boldsymbol{e}_y\right)\cdot\left(\frac{ac}{2}\boldsymbol{e}_x+\frac{\sqrt{3}}{2}ac\boldsymbol{e}_y\right)$$

$$=\frac{\sqrt{3}}{4}a^2c\boldsymbol{e}_x\cdot\boldsymbol{e}_x+\frac{\sqrt{3}}{4}a^2c\boldsymbol{e}_y\cdot\boldsymbol{e}_y \qquad (\because\ \ \boldsymbol{e}_x\cdot\boldsymbol{e}_y\ \text{の項はゼロ})$$

$$=\frac{\sqrt{3}}{2}a^2c \qquad (\because\ \ \boldsymbol{e}_x\cdot\boldsymbol{e}_x=\boldsymbol{e}_y\cdot\boldsymbol{e}_y=1) \tag{2}$$

$(\boldsymbol{a}_2\times\boldsymbol{a}_3)$ 以外の外積も同様に求めると以下のとおりである．

$$(\boldsymbol{a}_3\times\boldsymbol{a}_1)=-\frac{ac}{2}\boldsymbol{e}_x+\frac{\sqrt{3}}{2}ac\boldsymbol{e}_y \tag{3}$$

$$(\boldsymbol{a}_1\times\boldsymbol{a}_2)=\frac{\sqrt{3}\,a^2}{2}\boldsymbol{e}_z \tag{4}$$

式(1)～式(4)を用いれば，逆格子の基本ベクトル $\boldsymbol{b}_1$, $\boldsymbol{b}_2$ および $\boldsymbol{b}_3$ は以下のように求めることができる．

$$\left.\begin{aligned}\boldsymbol{b}_1&=\frac{\boldsymbol{a}_2\times\boldsymbol{a}_3}{\boldsymbol{a}_1\cdot(\boldsymbol{a}_2\times\boldsymbol{a}_3)}=\frac{\dfrac{ac}{2}\boldsymbol{e}_x+\dfrac{\sqrt{3}}{2}ac\boldsymbol{e}_y}{\dfrac{\sqrt{3}}{2}a^2c}=\frac{1}{a}\left(\frac{1}{\sqrt{3}}\boldsymbol{e}_x+\boldsymbol{e}_y\right)\\ \boldsymbol{b}_2&=\frac{\boldsymbol{a}_3\times\boldsymbol{a}_1}{\boldsymbol{a}_1\cdot(\boldsymbol{a}_2\times\boldsymbol{a}_3)}=\frac{1}{a}\left(-\frac{1}{\sqrt{3}}\boldsymbol{e}_x+\boldsymbol{e}_y\right)\\ \boldsymbol{b}_3&=\frac{\boldsymbol{a}_1\times\boldsymbol{a}_2}{\boldsymbol{a}_1\cdot(\boldsymbol{a}_2\times\boldsymbol{a}_3)}=\frac{1}{c}\boldsymbol{e}_z\end{aligned}\right\} \tag{5}$$

（2）　固体物理学の分野では，ウイグナー-ザイツ(Wigner-Seitz)型の単位格子を用いることも多く，第1ブリルアンゾーン(Brillouin zone)とも呼ばれる．この単位格子は，1つの格子点を原点として，その原点と隣り合うすべての格子点を直線で結ぶ．その線分の中点で線分に垂直な平面を考え，その平面で囲まれた多面体の中で最小の体積を有する多面体に相当する．体心立方格子の第1ブリルアンゾーンは菱形十二面体，面心立方格子の第1ブリルアンゾーンは6つの隅がカットされた八面体を組み合わせた十四面体となることが知られている．六方晶の第1ブリルアンゾーンは，次の手順によって求められる．任意の逆格子ベクトル $\boldsymbol{H}_{pqr}$ は，次式で与えられる．

$$\boldsymbol{H}_{pqr}=(p\boldsymbol{b}_1+q\boldsymbol{b}_2+r\boldsymbol{b}_3) \tag{6}$$

$$= \frac{1}{\sqrt{3}a}(p-q)\boldsymbol{e}_x + \frac{1}{a}(p+q)\boldsymbol{e}_y + \frac{r}{c}\boldsymbol{e}_z \tag{7}$$

この中からゼロでない最も短いベクトルは，pqr が 100 あるいは 010 などの組み合わせとなる．これらをまとめて示すと以下のとおりである．

$$H_{100} = \frac{1}{a}\left(\frac{1}{\sqrt{3}}\boldsymbol{e}_x + \boldsymbol{e}_y\right),\quad H_{\bar{1}00} = \frac{1}{a}\left(\frac{-1}{\sqrt{3}}\boldsymbol{e}_x + \boldsymbol{e}_y\right)$$

$$H_{010} = \frac{1}{a}\left(\frac{-1}{\sqrt{3}}\boldsymbol{e}_x + \boldsymbol{e}_y\right),\quad H_{0\bar{1}0} = \frac{1}{a}\left(\frac{1}{\sqrt{3}}\boldsymbol{e}_x - \boldsymbol{e}_y\right) \tag{9}$$

$$H_{1\bar{1}0} = \frac{1}{a}\left(\frac{2}{\sqrt{3}}\boldsymbol{e}_x\right),\quad H_{\bar{1}10} = \frac{1}{a}\left(\frac{-2}{\sqrt{3}}\boldsymbol{e}_x\right)$$

$$H_{001} = \frac{1}{c}\boldsymbol{e}_z,\quad H_{00\bar{1}} = \frac{-1}{c}\boldsymbol{e}_z \tag{9}$$

これらの 8 つのベクトルの垂直二等分面を作成すると，**図 1**(a)を得る．すなわち，最初の 6 つの逆格子ベクトルは正六角柱の側面を，残りの 2 つの逆格子ベクトルは，正六角柱の上面と底面を構成する．これが六方晶格子の第 1 ブリルアンゾーンである．別の表現をとれば，**図 1**(b)に示すように，逆格子空間に 6 つのベクトル(実線)を描き，ついで各ベクトルの垂直二等分線(破線)を引いて，これらの線で囲まれる六角形を底面とする高さ $|\boldsymbol{b}_3| = 1/c$ の六角柱が求める第 1 ブリルアンゾーンともいえる．

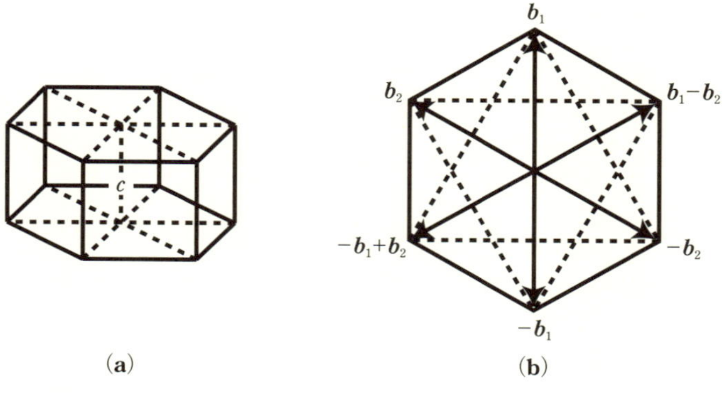

図 1　六方晶格子の第 1 ブリルアンゾーン

参考：実際の六方晶では，$\left(\frac{2}{3}\frac{1}{3}\frac{1}{2}\right)$の位置に原子があるので，ブリルアンゾーンはもっと複雑な形状を示す．詳細は例えば，水谷宇一郎：金属電子論(上)，内田老鶴圃(1995)，第 5 章を参照されたい．

問題 5.6

散乱ベクトルが逆格子ベクトルに一致した場合に，散乱波が強め合う回折現象が生ずることを説明せよ．

解　実空間においてベクトル $\boldsymbol{r}$ で定められる点Bにある散乱体に入射した波数ベクトル $\boldsymbol{s}_0$ のX線が，干渉性散乱を生ずる場合を考える(**図1**参照)．ここでは，一般的な場合として $\boldsymbol{s}$ 方向に散乱された波を十分な距離 R だけ離れた点Pで観測しているとする．

散乱ベクトル $\boldsymbol{q}$ は，$\boldsymbol{q}=\boldsymbol{s}-\boldsymbol{s}_0$ の関係で与えられ，点AおよびBの散乱体で生ずる光路差 Δ は $\Delta=\boldsymbol{r}\cdot\boldsymbol{q}$ である．したがって，Pの位置で観測する散乱波は，点AおよびBの散乱体で生ずる波の重ね合わせとして，次式で表される．

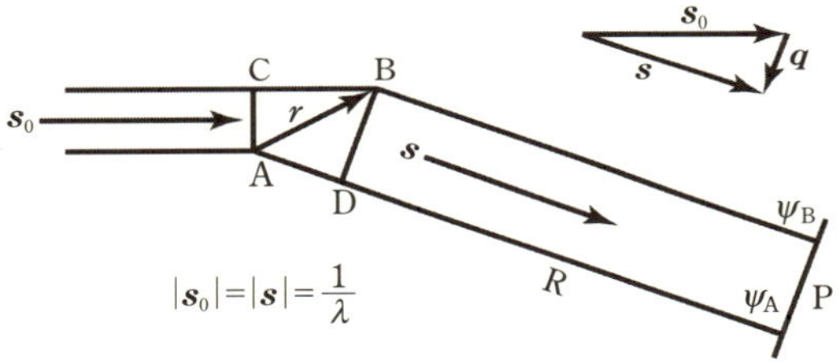

図1　2点A, Bからの散乱波と散乱ベクトル

$$\Psi=\Psi_A+\Psi_B=e^{2\pi i(qR-\nu t)}+e^{2\pi i\{(qR+\Delta)-\nu t\}} \tag{1}$$

$$=e^{2\pi i(qR-\nu t)}[1+e^{2\pi i\boldsymbol{q}\cdot\boldsymbol{r}}] \tag{2}$$

式(2)の右辺第1項は，すべての波の共通の位相因子に相当し，第2項が散乱波の振幅を表す．したがって，第2項の指数部分が $2\pi i$ の整数倍のときのみ互いに強め合う干渉効果が現れる．すなわち，光路差 Δ が波長の整数倍の場合に，強め合うことを示している．

上記の2点での議論を，多数の散乱体を含む場合に拡張するため，n 番目の散乱体が有する散乱能を f_n とすれば，散乱波の振幅を与える関係式として次式を得る．

$$\Psi=\sum_n \Psi_n=e^{2\pi i(qR-\nu t)}G(\boldsymbol{q}) \tag{3}$$

$$G(\boldsymbol{q})=\sum_n f_n e^{-2\pi i\boldsymbol{q}\cdot\boldsymbol{r}_n} \tag{4}$$

式(4)は，$\boldsymbol{q}$ 方向で観測する多数の $\boldsymbol{r}_n$ にある散乱体からの散乱波の振幅が最大となる条件は，指数部分がすべて $2\pi i$ の整数倍であることを示している．すなわち，$\boldsymbol{r}_n$ が規則正しく並んで $\boldsymbol{q}\cdot\boldsymbol{r}_n$ が整数の条件を満たす場合である．

一方，任意の格子点を表す実格子ベクトル $\boldsymbol{R}_{pqr}$ と任意の逆格子ベクトル $\boldsymbol{H}_{hkl}$ との関係を再チェックする．

$$\boldsymbol{R}_{pqr}=p\boldsymbol{a}_1+q\boldsymbol{a}_2+r\boldsymbol{a}_3 \tag{5}$$

$$\boldsymbol{H}_{hkl}=h\boldsymbol{b}_1+k\boldsymbol{b}_2+l\boldsymbol{b}_3 \tag{6}$$

ここで，$\boldsymbol{a}_1, \boldsymbol{a}_2, \boldsymbol{a}_3$ および $\boldsymbol{b}_1, \boldsymbol{b}_2, \boldsymbol{b}_3$ は実格子および逆格子の基本ベクトルであり，pqr

および hkl は整数である．両者の内積をとると，$\boldsymbol{b}_j \cdot \boldsymbol{a}_k$ が $j = k$ の場合1，$j \neq k$ の場合ゼロであることから次式の関係が確認できる．

$$\boldsymbol{R}_{pqr} \cdot \boldsymbol{H}_{hkl} = (p\boldsymbol{a}_1 + q\boldsymbol{a}_2 + r\boldsymbol{a}_3)(h\boldsymbol{b}_1 + k\boldsymbol{b}_2 + l\boldsymbol{b}_3) \tag{7}$$

$$= ph + qk + rl = \text{整数} \tag{8}$$

式(8)の関係は，結晶において常に成立する重要な関係の1つである．このことから任意の格子点を表す実格子ベクトル $\boldsymbol{R}_{pqr}$ を $\boldsymbol{r}_n$ とおくことができるので，式(4)の指数部分がすべて $2\pi i$ の整数倍になるための条件は，次式で与えられる．

$$\boldsymbol{q} = \boldsymbol{H}_{hkl} \tag{9}$$

このことから，散乱ベクトルが逆格子ベクトルに一致した場合に，強い散乱振幅を観測できることがわかる．この関係を模式的に示すと**図2**のとおりである．

参考：ブラッグの条件から導出する方法もある(例えば，早稲田嘉夫，松原英一郎：X線構造解析，内田老鶴圃(1998)，第8章8.3節参照)．

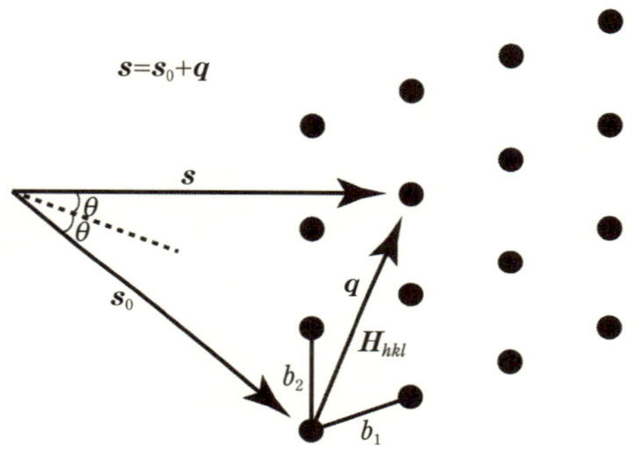

図2　散乱ベクトルと逆格子ベクトルとの関係

問題5.7

結晶によるX線回折において，散乱強度が観測できるための入射波および散乱波，結晶の方位などとの関係をエバルト球，限界球などを用いて説明せよ．

解　$\boldsymbol{q} = \boldsymbol{H}_{hkl}$ の条件を考えるので，散乱ベクトルの始点と逆格子ベクトルの原点を合わせると，入射波の単位ベクトル $\boldsymbol{s}_0$ は，$\boldsymbol{q}$ の始点(= 逆格子ベクトルの原点)に向う $1/\lambda$ のベクトルに相当する．散乱波のベクトル $\boldsymbol{s}$ は，$\boldsymbol{s}_0$ の始点から散乱ベクトル $\boldsymbol{q}$ の終点に向かうベクトルとなる．$\boldsymbol{s}_0$ および $\boldsymbol{s}$ は定義からその大きさは $1/\lambda$ である．これらの関係は**図1**のように表せる．この図で半径 $1/\lambda$ の球がエバルト球(エバルト反射球とも呼ぶ)である．散乱振幅が強め合う波が観測できる $\boldsymbol{q} = \boldsymbol{H}_{hkl}$ の条件を満足した場合とは，逆格子点 hkl がエバルト球と重なった場合に相当し，この場合 $\boldsymbol{q}$ の終点に検出器がおかれていれば，散乱波 $\boldsymbol{s}$ は強め合う干渉効果を生ずる状態にあるので，強度の観測が期待できる．言い換えると，逆格子点 hkl がエバルト球と重ならない場合は，$\boldsymbol{q}$ の終点にある検出器で強度観測は期待できない．図1は，結晶(実格子)が少し回転し，それに対応して逆格子点も回転した状態を示している．ただし，試料を回転すれば，すべての逆格子点がエバルト球と重なって強度検出できるわけではない．なぜならば，**図2**に示すとおりエバルト球の直径 $2/\lambda$ の内側にある逆格子点のみが $\boldsymbol{q} = \boldsymbol{H}_{hkl}$ の条件を満足し，強度が検出できるからである．

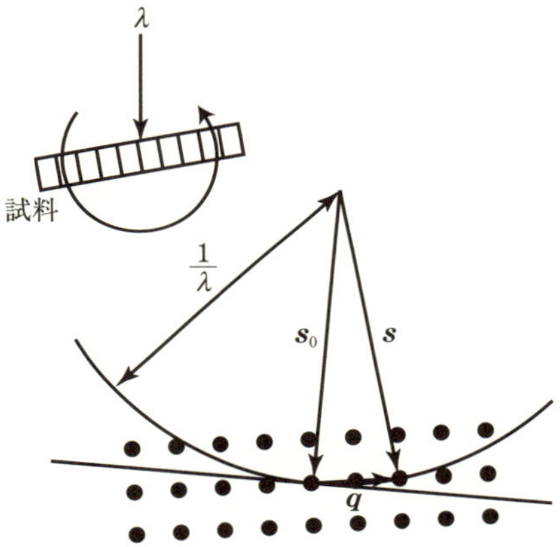

図1　試料の回転と逆格子との関係

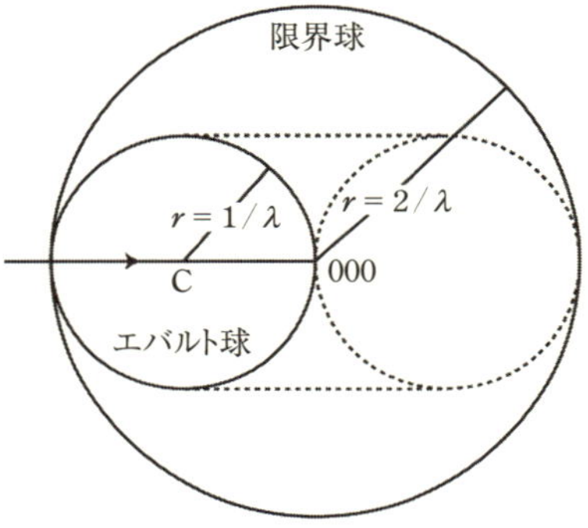

図2　試料の回転と限界球との関係

波長 λ の入射波によって観測可能な逆格子点は，図2の000を中心に半径 $2/\lambda$ の球に入り，次の条件を満たす場合である（図3参照）．この球を限界球（limiting sphere）と呼ぶ．

$$\frac{1}{d_{hkl}} \leq \frac{2}{\lambda} \tag{1}$$

結晶面の向きが異なる結晶試料の場合，その数に対応する逆格子点が逆格子空間に存在するので，エバルト球と重なり，強度を観測できる機会は増えると考えられる．小さな結晶粒が沢山あり，同時にそれらの結晶粒の面方位が無秩序な方向を向いている場合，逆格子点は特定の空間位置ではなく，000を中心にランダムな方位に描かれることになる．すなわち，逆格子は原点を中心に半径 $1/d_{hkl}$ の球はエバルト球と重なる確率が高くなり，多くの回折強度が観測できる（**図3**参照）．このことが，微細な粉末結晶試料について，ゴニオメータで強度測定を行う基礎となっている．

参考：入射X線の波長が変わる場合，例えば λ_1 および λ_2 のX線を使用した場合の相関関係を，**図4**に入射波のベクトルの終点は逆格子の原点であることを考慮して示す．半径 $1/\lambda_1$ および $1/\lambda_2$ のエバルト球と重なる逆格子点について，エバルト球の中心からそれぞれの逆格子点の向きに強度が検出できる．もし入射X線の波長が $\lambda_{\min}$ から $\lambda_{\max}$ に連続的に変化する場合は，連続的なエバルト球が存在することに対応するので，強度観測の確率は極めて高くなる．

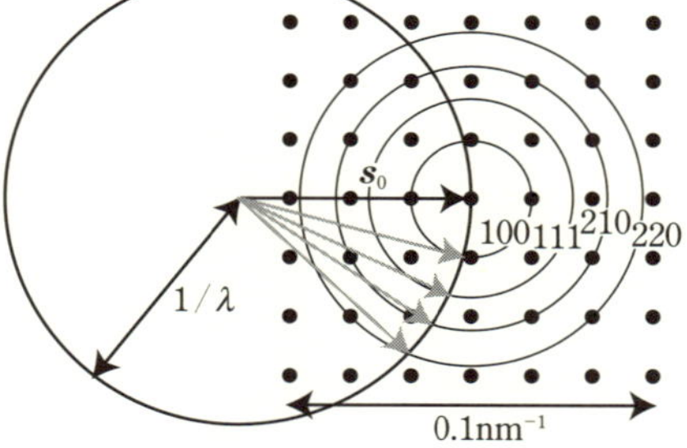

図 3　入射 X 線の波長と限界球
非常に多くの結晶が存在する場合
(多結晶試料)

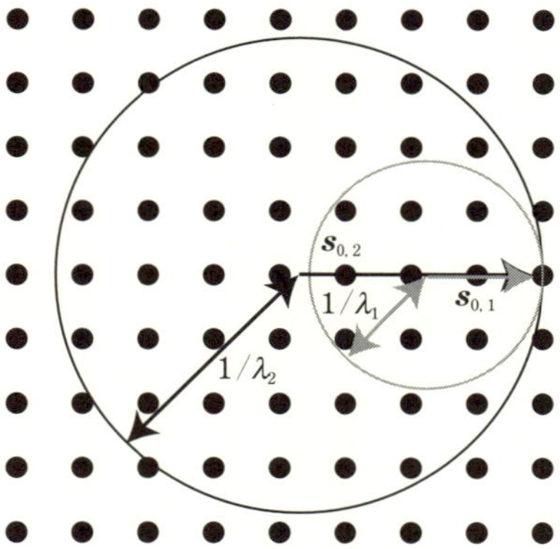

図 4　入射波ベクトルの終点と逆格子の原点との関係
波長が異なる 2 種類の X 線が同時に入射した場合

問題 5.8

波動光学の基礎と位置づけられる，光が小さな孔(or スリット)を通過する現象に関するホイヘンス(Huygens)の原理およびそれを数学的に扱うキルヒホッフ(Kirchhoff)の回折理論について説明せよ．

解　小さな孔(or スリット)が開いた板に対して，**図 1**(a)に示すように垂直に平面波をあてた場合，孔を中心に球面波が拡がって伝播してゆく．小さな孔が複数あいていれば，それぞれの項を中心に球面波が拡がり，板から一定距離だけ離れれば，波が重なり合う干渉が認められる．孔の間隔が異なればそれに対応した干渉が認められることになる．

一方，大きな孔についても，小さな孔が隣り合ってつながっていると見なして，波の現象を一般的に扱う方法が，いわゆるホイヘンスの原理である．この光学現象について，光源 $\mathrm{P_0}$ から距離 $\boldsymbol{l}_0$ に位置する小さな孔($\mathrm{d}x$, $\mathrm{d}y$ を持つ小さな格子を想定)を通り，この小さな孔から発生する球面波の挙動を距離 $\boldsymbol{l}$ にある点 P で観測する．これを数学的に扱った方法が，キルヒホッフの回折理論である．具体的に検討するため，**図 2** を設定する．板は xy 面にあり，原点からベクトル $\boldsymbol{r}$ で与えられる位置に小さな孔があるとする．入射波は，図 2 の z 軸の負の方向から板に当たり，$\boldsymbol{r}$ の関数 $g(\boldsymbol{r}) = g(x, y, z = 0)$ の位置で定義できる微小面積 $\mathrm{d}\boldsymbol{r} = \mathrm{d}x \cdot \mathrm{d}y$ に当たった波が変

調を受ける．例えば，孔が開いていれば $g(\boldsymbol{r})=1$，閉じていれば $g(\boldsymbol{r})=0$ のように考えれば，$g(\boldsymbol{r})=1$ のとき孔 $\mathrm{d}\boldsymbol{r}$ を中心に球面波を発生することを表現できる．この波を原点からの距離 $|\boldsymbol{l}'|$，$\mathrm{d}\boldsymbol{r}$ からベクトル $\boldsymbol{l}$ で与えられる点 P で観測した場合を考える．

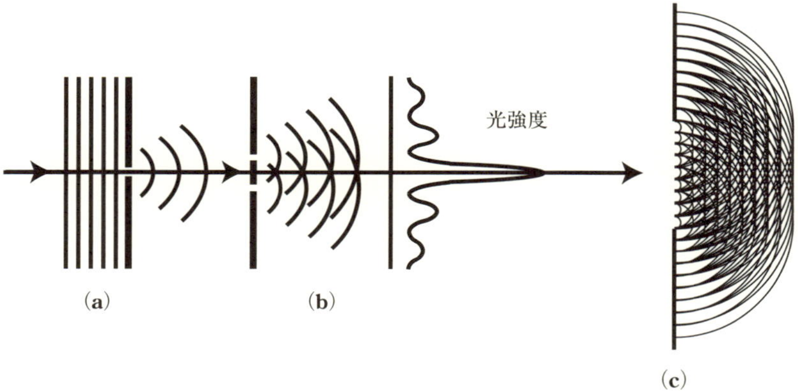

図 1　(a)入射波(平面波)と 1 つの小さな孔で発生する球面波，(b)2 つの小さな孔による干渉効果と対応する強度分布，(c)大きな孔における波の干渉効果のイメージ

図 2 に示すとおり，点 P は x, y および z 軸と α, β および γ の角度を持つ位置とする．キルヒホッフ理論によれば，光源から出た波 $\Psi_0(\boldsymbol{l}_0)$ が $\mathrm{d}\boldsymbol{r}$ に到達し，これを通過した後，点 P に到達する波に対する寄与 $\mathrm{d}\Psi(\mathrm{P})$ は次式で与えられる．

$$\mathrm{d}\Psi(\mathrm{P}) = is_0\Phi\cdot\frac{e^{-2\pi i s_0|\boldsymbol{l}|}}{|\boldsymbol{l}|}g(\boldsymbol{r})\cdot\Psi_0(\boldsymbol{l}_0)\mathrm{d}\boldsymbol{r} \tag{1}$$

$$\Phi = \frac{\cos(\boldsymbol{n}, \boldsymbol{l}_0) - \cos(\boldsymbol{n}, \boldsymbol{l})}{2} \tag{2}$$

ここで，$\boldsymbol{n}$ は**図 3** に示すように $(\mathrm{d}x\cdot\mathrm{d}y)$ で定義される微小面積において，観測点 P 側に向いている法線ベクトルで，$(\boldsymbol{n}, \boldsymbol{l}_0)$ および $(\boldsymbol{n}, \boldsymbol{l})$ はそれぞれのベクトルのなす角度を表す．また，図 3 から明らかなように光源 P_0，孔 $\mathrm{d}\boldsymbol{r}$ および観測点 P が直線上に近い配置の場合は $\Phi=1$ となる．

光源から出た波 $\Psi_0(\boldsymbol{l}_0)$ の位相は，x, y 面内に設定された散乱体中の微小面積 $(\mathrm{d}x\cdot\mathrm{d}y)$ すべてにおいて等しいと考えてよいので $\Psi_0(\boldsymbol{l}_0)=1$ とする．また，$\boldsymbol{l}=\boldsymbol{r}-\boldsymbol{l}'$ の関係(図 2 参照)から式(1)の積分，すなわち点 P で観測する波の振幅は次式で与えられる．

$$\Psi(\mathrm{P}) = i s_0 \int \frac{e^{-2\pi i s_0 |\boldsymbol{l}|}}{|\boldsymbol{r}-\boldsymbol{l}'|} \cdot \Phi g(\boldsymbol{r}) \mathrm{d}\boldsymbol{r} \tag{3}$$

$|\boldsymbol{l}| = |\boldsymbol{r}-\boldsymbol{l}'|$ は，微小面積 $(\mathrm{d}x \cdot \mathrm{d}y)$ が設定された散乱体(板)の中で場所を変えるのに対応し，波長 λ に比べて大きく変わる．したがって，式(3)の指数関数で表される部分は激しく振動することが予想される．これに対して分母部分の $1/|\boldsymbol{r}-\boldsymbol{l}'|$ は，単調な変化しか示さず，Φ も設定された散乱体の条件では一定と見なしてよいと考えられる．これを考慮すれば式(3)は，次式のように簡略化できる．

$$\Psi(\mathrm{P}) = \frac{i s_0 \Phi}{|\boldsymbol{l}|} \int e^{-2\pi i s_0 |\boldsymbol{l}|} g(\boldsymbol{r}) \mathrm{d}\boldsymbol{r} \tag{4}$$

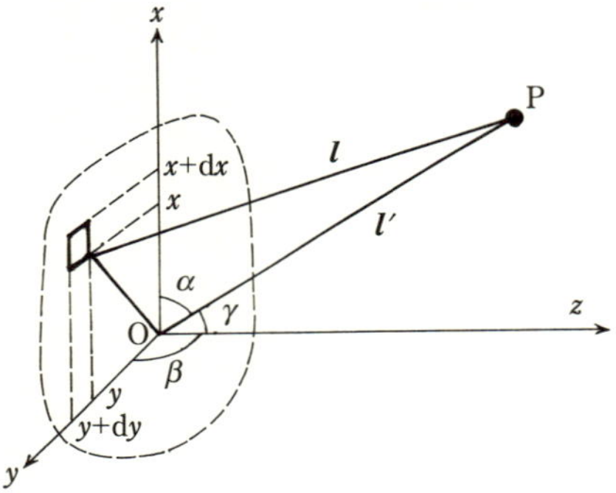

図2　xy 面内の微小面積 $\mathrm{d}\boldsymbol{r}$ と観測点Pの位置関係

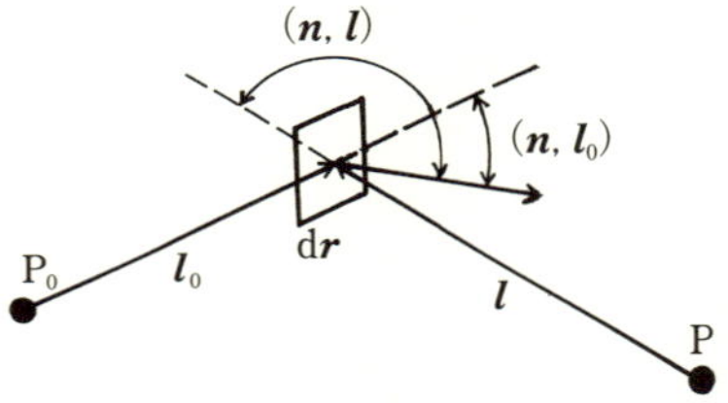

図3　法線ベクトルと光源，孔および観測点との相互位置関係

観測点Pの座標を $(x_\mathrm{P}, y_\mathrm{P}, z_\mathrm{P})$ とする．また，前述のように微小面積 $\mathrm{d}\boldsymbol{r}$，すなわち，散乱体の座標は (x, y, o) で表せることを考慮すれば，次式の関係を得る(図2参照)．

$$\left.\begin{aligned} |\boldsymbol{l}|^2 &= (x_\mathrm{P}-x)^2+(y_\mathrm{P}-y)^2+z_\mathrm{P}^2 \\ |\boldsymbol{l}'|^2 &= x_\mathrm{P}^2+y_\mathrm{P}^2+z_\mathrm{P}^2 \end{aligned}\right\} \tag{5}$$

$$\left.\begin{aligned} |\boldsymbol{l}|^2 &= |\boldsymbol{l}'|^2-2(x_\mathrm{P}x+yy_\mathrm{P})+x^2+y^2 \\ &= |\boldsymbol{l}'|^2\left\{1-2\frac{x_\mathrm{P}x+yy_\mathrm{P}}{|\boldsymbol{l}'|^2}+\frac{x^2+y^2}{|\boldsymbol{l}'|^2}\right\} \end{aligned}\right\} \tag{6}$$

$$|\boldsymbol{l}| = |\boldsymbol{l}'| \cdot \sqrt{1-2\frac{x_\mathrm{P}x+yy_\mathrm{P}}{|\boldsymbol{l}'|^2}+\frac{x^2+y^2}{|\boldsymbol{l}'|^2}} \tag{7}$$

$|\boldsymbol{l}'|$ は，x および y の絶対値に比べ，十分大きい．すなわち $|\boldsymbol{l}'| \gg |x|, |\boldsymbol{l}'| \gg |y|$ の関係が成立することから，次の近似式を得る．

$$
\left.\begin{aligned}
|\boldsymbol{l}| &= |\boldsymbol{l}'| - x\frac{x_{\mathrm{P}}}{|\boldsymbol{l}|} - y\frac{y_{\mathrm{P}}}{|\boldsymbol{l}|} \\
&= |\boldsymbol{l}'| - x\cdot\cos\alpha - y\cdot\cos\beta
\end{aligned}\right\} \tag{8}
$$

$g(\boldsymbol{r})\mathrm{d}\boldsymbol{r}$ は $g(x, y)\mathrm{d}x\cdot\mathrm{d}y$ で表されることを考慮するとともに，式(8)の関係を式(4)に適用して整理する．

$$
\Psi(\mathrm{P}) = \frac{i\boldsymbol{s}_0\Phi}{|\boldsymbol{l}'|}e^{-2\pi i\boldsymbol{s}_0|\boldsymbol{l}'|}\int g(x, y)\,e^{2\pi i\boldsymbol{s}_0(x\cos\alpha + y\cos\beta)}\mathrm{d}x\cdot\mathrm{d}y \tag{9}
$$

式(9)の積分の外に繰り出された項を定数 C とおく．また入射波の単位ベクトル $\boldsymbol{s}_0$ を用いて，x 軸，y 軸成分を表せば，

$$
\left.\begin{aligned}
\boldsymbol{s}_x &= \boldsymbol{s}_0\cos\alpha = \frac{\cos\alpha}{\lambda} \\
\boldsymbol{s}_y &= \boldsymbol{s}_0\cos\beta = \frac{\cos\beta}{\lambda}
\end{aligned}\right\} \tag{10}
$$

したがって，式(9)は次式で表される．

$$
\Psi(\boldsymbol{s}_x, \boldsymbol{s}_y) = C\int g(x, y)\,e^{2\pi i(x\cdot\boldsymbol{s}_x + y\cdot\boldsymbol{s}_y)}\mathrm{d}x\cdot\mathrm{d}y \tag{11}
$$

ここで，$\Psi(x, y)$ は $g(\boldsymbol{s}_x, \boldsymbol{s}_y)$ の二次元フーリエ変換に相当する．また，式(11)は，式(12)のように表すこともできる．

$$
\Psi(\boldsymbol{s}_x, \boldsymbol{s}_y) = C\int g(x, y)\,e^{2\pi i\left(x\cdot\frac{\cos\alpha}{\lambda} + y\cdot\frac{\cos\beta}{\lambda}\right)}\mathrm{d}x\cdot\mathrm{d}y \tag{12}
$$

問題 5.9

幅 L だけ開口しているスリットが一次元的に間隔(周期) d で m 個並んでいる場合に生ずる回折強度を求めよ．

解　題意を模試的に表せば**図 1** のとおりである．また，スリットの開口部の表現は，x 軸に周期 d で m 個並んでいる場合，次式で与えられる．

$$
g(x) = \left\{\begin{array}{ll}
1 & (j-1)d \leq x \leq (j-1)d + L \\
0 & (j-1)d + L < x < jd \\
 & \quad (j = 1, 2, \cdots m)
\end{array}\right\} \tag{1}
$$

散乱振幅 Ψ の導出には，キルヒホッフの回折理論で与えられる次式を応用する(問題 5.8 参照)

$$
\Psi(\mathrm{P}) = C\int g(x, y)\,e^{2\pi i\boldsymbol{s}_0(x\cdot\cos\alpha + y\cdot\cos\beta)}\mathrm{d}x\cdot\mathrm{d}y \tag{2}
$$

なお，式(2)を使うに際しては，定数 C を省略し，$\alpha + \beta = \dfrac{\pi}{2}$ で $g(x, y)$ は一次元なので $g(x)$ とする．

$$\Psi(\mathrm{P}) = C\int_{-\infty}^{\infty} g(x)e^{2\pi i s_0 x\cdot\cos\alpha}\mathrm{d}x \tag{3}$$

$$= \int_0^L 1\cdot e^{2\pi i s_0 x\cdot\cos\alpha}\mathrm{d}x + \int_d^{d+L} 1\cdot e^{2\pi i s_0 x\cos\alpha}\mathrm{d}x$$

$$+\int_{2d}^{2d+L} 1\cdot e^{2\pi i s_0 x\cdot\cos\alpha}\mathrm{d}x + \cdots + \int_{(m-1)d}^{(m-1)d+L} 1\cdot e^{2\pi i s_0 x\cos\alpha}\mathrm{d}x \tag{4}$$

式(4)は，次のように整理できる．

$$\Psi(\mathrm{P}) = \sum_{j=1}^{m}\int_{(j-1)d}^{(j-1)d+L} e^{2\pi i x\cdot\cos\alpha}\mathrm{d}x \tag{5}$$

$\alpha+\beta = \dfrac{\pi}{2}$，$\boldsymbol{s}_0\cos\alpha = \dfrac{\cos\alpha}{\lambda} = \dfrac{\sin\gamma}{\lambda}$ であることを利用する(問題5.8図2参照)

$$\Psi(\mathrm{P}) = \sum_{j=1}^{m}\int_{(j-1)d}^{(j-1)d+L} e^{2\pi i x\frac{\sin\gamma}{\lambda}}\mathrm{d}x \tag{6}$$

また，$\boldsymbol{s}_0$ は波数であり $1/\lambda$ に等しいことを利用し，同時に $\boldsymbol{t} = 2\pi\boldsymbol{s}_0\sin\gamma$ とおけば式(6)は次式のように整理できる．

$$\Psi(\mathrm{P}) = \sum_{j=1}^{m}\int_{(j-1)d}^{(j-1)d+L} e^{itx}\mathrm{d}x \tag{7}$$

$\displaystyle\int e^{kx}\mathrm{d}x = \frac{e^{kx}}{k}$ を利用する積分であるが，式(7)の定積分の和を，以下の方法で見積る．

$$T = \sum_{j=1}^{m}\left(\int_{(j-1)d}^{(j-1)d+L} e^{itx}\mathrm{d}x\right) = \left[\frac{e^{itx}}{it}\right]_0^L + \left[\frac{e^{itx}}{it}\right]_d^{d+L}$$

$$+\left[\frac{e^{itx}}{it}\right]_{2d}^{2d+L} + \cdots + \left[\frac{e^{itx}}{it}\right]_{(j-1)d}^{(j-1)d+L} \tag{8}$$

$$itT_1 = e^{itL} + e^{it(d+L)} + e^{it(2d+L)} + \cdots + e^{it\{(j-1)d+L\}} \tag{9}$$

$$= e^{itL}\{1+e^{itd}+e^{2itd}+e^{3itd}+\cdots+e^{(j-1)itd}\} \tag{10}$$

$$itT_2 = 1+e^{itd}+e^{2itd}+e^{3itd}+\cdots+e^{(j-1)itd} \tag{11}$$

式(10)の右辺の｛ ｝と式(11)は，初項1，公比 e^{itd} とする等比数列になっている．等比数列 $\{\boldsymbol{a}_m\} = \boldsymbol{a}_0+\boldsymbol{a}_0\boldsymbol{r}+\boldsymbol{a}_0\boldsymbol{r}^2+\cdots+\boldsymbol{a}\boldsymbol{r}^{m-1}$ において，第 $\boldsymbol{n}$ 項までの部分和 $\boldsymbol{S}_n$ は次式で与えられることを利用すれば，式(11)の和として次式を得る．

$$\boldsymbol{S}_n = \frac{\boldsymbol{a}_0(1-\boldsymbol{r}^m)}{1-\boldsymbol{r}} = itT_2 = \frac{1\cdot(1-e^{itdm})}{1-e^{itd}} \tag{12}$$

積分値は，$T = \dfrac{1}{it}(T_1-T_2)$ で与えられる．

$$T = \frac{1}{it}(e^{itL}T_2 - T_2) = \frac{1}{it}T_2(e^{itL}-1) \tag{13}$$

式(12)を式(13)に代入すれば積分値は，式(14)で与えられる．

$$T = \left(\frac{e^{itL}-1}{it}\right)\left(\frac{1-e^{itdm}}{1-e^{itd}}\right) \tag{14}$$

一方，指数関数と三角関数との関係，$e^{ix}-e^{-ix} = 2i\sin x$ を利用する．

$$e^{ix}-1 = 2\left(\frac{e^{i\frac{x}{2}}-e^{-i\frac{x}{2}}}{2}\right)e^{i\frac{x}{2}} = 2i\sin\left(\frac{x}{2}\right)\cdot e^{i\frac{x}{2}} \tag{15}$$

$$\frac{tdm}{2} = m\pi d\cdot \boldsymbol{s}_0 \sin\gamma,\ \frac{td}{2} = \pi d\cdot \boldsymbol{s}_0 \sin\gamma,\ \frac{tL}{2} = \pi L\cdot \boldsymbol{s}_0 \sin\gamma \tag{16}$$

式(15)および式(16)を用いて式(14)を整理すれば，式(7)の解として次式を得る．

$$\Psi(\mathrm{P}) = \frac{2i\sin(\pi L\cdot \boldsymbol{s}_0\sin\gamma)}{i\,2\pi \boldsymbol{s}_0\sin\gamma}e^{i\frac{tL}{2}}\times\frac{-2i\sin(m\pi d\cdot \boldsymbol{s}_0\sin\gamma)\cdot e^{i\frac{tdm}{2}}}{-2i\sin(\pi d\cdot \boldsymbol{s}_0\sin\gamma)\cdot e^{i\frac{td}{2}}} \tag{17}$$

$$= \frac{L\sin(\pi L\cdot \boldsymbol{s}_0\sin\gamma)}{\pi L\boldsymbol{s}_0\sin\gamma}\cdot\frac{\sin(m\pi d\cdot \boldsymbol{s}_0\sin\gamma)}{\sin(\pi d\cdot \boldsymbol{s}_0\sin\gamma)}\cdot e^{i\frac{tL}{2}}\cdot e^{i(m-1)\frac{td}{2}} \tag{18}$$

式(18)の第1項はスリット1個の寄与，第2項はスリットが間隔 d で m 個並んでいることによる寄与に相当する(第1項の L は sin 関数の括弧内と合わせるために分母・分子に導入されている)．回折強度は振幅の二乗で，共役複素数を掛けることによって求められることを考慮すれば，次式で与えられる．

$$I = |\Psi(\mathrm{P})|^2 = \left|\frac{L\sin(\pi L\cdot \boldsymbol{s}_0\sin\gamma)}{\pi L\boldsymbol{s}_0\sin\gamma}\right|^2\cdot\left|\frac{\sin(m\pi d\cdot \boldsymbol{s}_0\sin\gamma)}{\sin(\pi d\cdot \boldsymbol{s}_0\sin\gamma)}\right|^2 \tag{19}$$

式(19)の第2項はラウエ(Laue)関数と呼ばれ，この場合はスリットが間隔 d で m 個並んでいることが強度に及ぼす影響を示している．したがって，結晶において原子が規則配列している場合にも通じている．例えば，改めて $k = \pi d\cdot \boldsymbol{s}_0\sin\gamma$，式(19)の第2項を $F_L(k,m)$ とおけば，k と m の関数として次式のように表せる．

$$|F_L(k,m)|^2 = \frac{\sin^2(mk)}{\sin^2 k} \tag{20}$$

式(20)の値は k が π の整数倍(m)の場合，分母・分子がゼロとなる．すなわち，この $k = m\pi$ (m：整数)の条件は，$\pi d\cdot \boldsymbol{s}_0\sin\gamma = m\pi$，$\boldsymbol{s}_0 = 1/\lambda$ であることを思い出せば，$d\cdot\sin\gamma = m\cdot\lambda$ となる．一定間隔で並んだスリットで発生する波の位相差が波長の整数倍のとき強め合うことは，結晶の回折条件と対応する．数学の公式を利用して式(20)の $k\to m\pi$ における極限値を求めると m^2 となる．この関係を利用し，ラウエ関数を m^2 で規格化して，強度を表現すると**図2**のようになる．スリットの数 m が増えると $k = m\pi$ におけるピークが鋭くなる．一方，例えば m を一定にして，d の値を変化させてみると，d の値を2倍にすればラウエ関数の周期は半分(1/2)という逆の傾向が認められる(例えば $m = 10$ に固定し，d の値を 0.1 mm，0.2 mm，0.4 mm のように変化させて，自分で確認するとよい)．

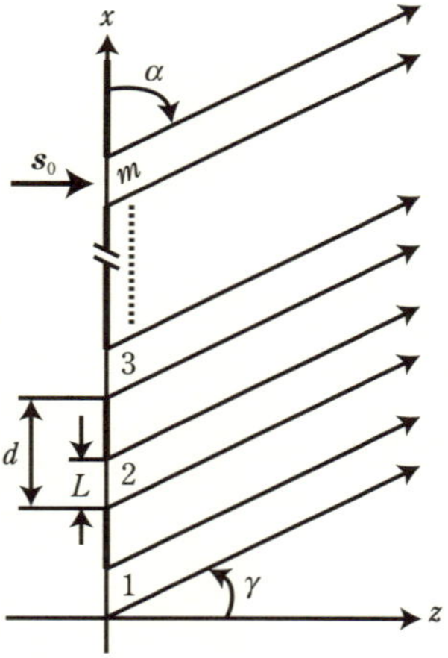

図1　一次元スリットにおける回折

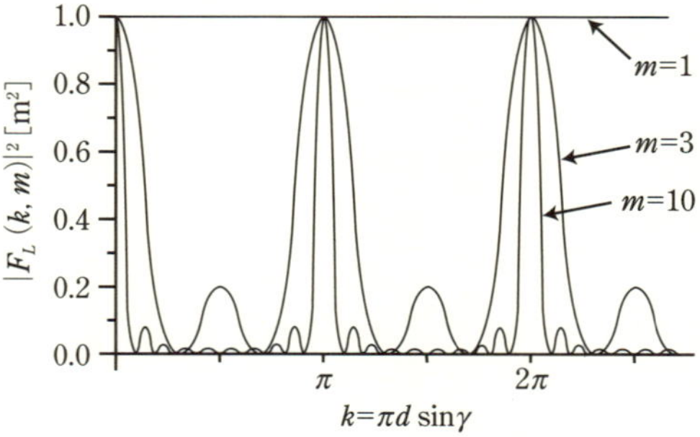

図2　規格化したラウエ関数の例

問題 5.10

電磁波であるX線の周期的振動は，電場と磁場によって決まる偏光状態にあるといわれている．このような電磁波の偏光について説明せよ．

解　電磁波の示す周期的振動は電界と磁界で，伝播挙動は**図1**のように xy 平面について，電界ベクトル $\boldsymbol{E}$ および磁界ベクトル $\boldsymbol{H}$ が互いに直交する関係を持って，x 方向に伝わる．X線の場合，通常電場のみを考える．X線が図1の挙動をとって伝播し，電場の周期的変化が xy 平面に限られる場合，このX線は面偏光(plane-polarized wave)しているという．

面偏光した波の電場 $\boldsymbol{E}$ は時間に対して一定でなく，図1のように x 軸方向の距離 x の関数として周期的変化をとる．この様子は正弦曲線を描くと仮定すれば次式で与えられる．

$$\varphi = A\cos 2\pi(\nu t + \delta) \qquad (1)$$

ここで，A は波の振幅，ν は振動数，t は時間，δ は位相である．波長(λ)と振動数(ν)とは，光の速度 c を使って，$\lambda = c/\nu$ の関係にある．なお，波長(λ)は一定の時間 t における電場 $\boldsymbol{E}$ の x に対する変化が一周期する単位に相当する．波を扱う場合，この周期性が最も重要な点である．

電場の変化 $\varphi(y, t)$ は，角振動数(あるいは角周波数)を用いる次式も利用される．

$$\varphi_1(x,\ t) = \boldsymbol{e}_y A_y \cdot e^{i(\omega t - kx + \delta_y)} \qquad (2)$$

ここで，$\boldsymbol{e}_y$ は y 軸方向の単位ベクトル，ω は角振動数で $\omega = 2\pi\nu$，$\boldsymbol{k}$ は波数で $k = (2\pi)/\lambda$ で与えられる（波数としては $s = 1/\lambda$ を用いる場合も多いので，波を表す式の場合，定義に注意する）．

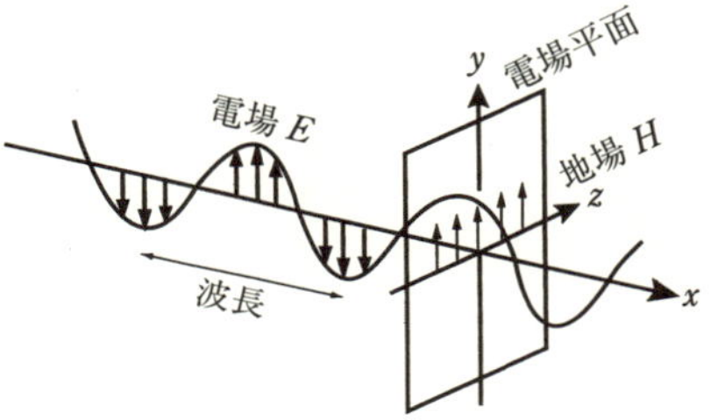

図 1　*xy* 面内で偏向した *x* 方向に進む X 線

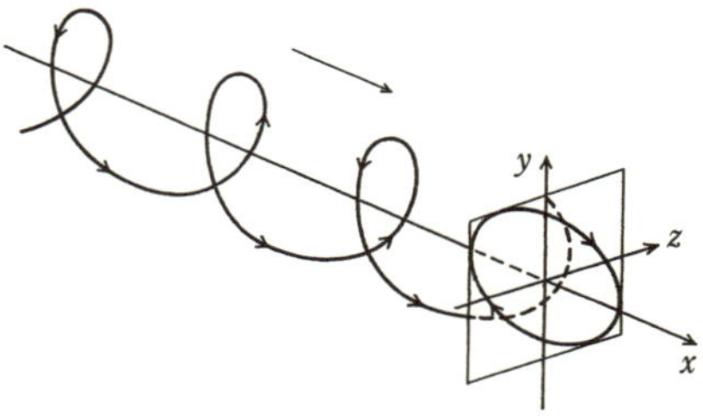

図 2　楕円偏向の伝播

式(2)は，波の振動方向が *xy* 平面に限られる場合のみを対象とした記述である．より一般的には，共通の角振動数 ω と波動ベクトル $\boldsymbol{k}$ を持つ波が x 方向に進み，互いに直交する *xy* 面および *yz* 面で振動する状態を扱う必要がある．したがって，次式で表される z 軸成分も考慮する．

$$\varphi_2(x, y) = \boldsymbol{e}_z A_z e^{i(\omega - kx + \delta z)} \tag{3}$$

式(2)および式(3)の δ_y と δ_z は，それぞれの波の y 成分，z 成分における初期位相である．この 2 つの波が重ね合わされた場合における電場の変化 $\varphi(y, t)$ は，

$$\varphi(x, t) = (\boldsymbol{e}_y A_y e^{i\delta y} + \boldsymbol{e}_z A_z e^{i\delta z})\, e^{i(\omega t - kx)} \tag{4}$$

位相について $\delta = \delta_z - \delta_y$ とすれば，φ_2 の波は φ_1 の波に比べて δ の値分だけ正の側に進んでいることを示唆する．また，実際の電場の変化は，複素数表示における実数部によって表されるので，それぞれの成分は次式で与えられる．

$$\left.\begin{aligned} \varphi_y &= A_y \cos(\omega t - kx + \delta_y) \\ \varphi_z &= A_z \cos(\omega t - kx + \delta_z) \end{aligned}\right\} \tag{5}$$

時刻 t を固定して，*xy* 面および *yz* 面を振動しながら伝播する電場ベクトルの先端の軌跡は，$0 < \delta < \pi$ の場合について**図 2** のように波の進行方向に右ネジのらせんとなり，その周期は λ で表される．*yz* 面についてこの軌跡を眺めると，楕円として観測される．この挙動を示す（電磁）波を，「右回りの楕円偏光」という．この楕円は式(5)で与えられる成分との間に次式の関係を有する．

$$\left(\frac{\varphi_y}{A_y}\right)^2 + \left(\frac{\varphi_z}{A_z}\right)^2 - 2\left(\frac{\varphi_y}{A_y}\right)\left(\frac{\varphi_z}{A_z}\right)\cos\delta = \sin^2\delta \tag{6}$$

位相 δ が，$\pi < \delta < 2\pi$ になると「左回りの楕円偏光」になる．楕円の形は，$\tan\alpha = A_y/A_z$ と δ で決まる．この点の理解の一助として**図 3** に $\tan\alpha = 1.3$ の場合

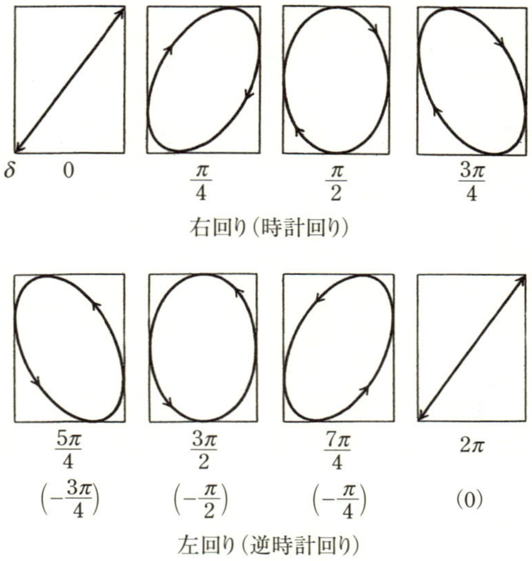

図3　観測者から眺めた偏光状態

について δ を0から 2π まで変化させた楕円偏光の形を示す（詳細は，鶴田匡夫：応用光学，培風館(1990)などに与えられている）．

参考：楕円偏光について，長半径 a，短半径 b および長軸と Z 軸のなす角を $\phi\,(0 \leq \phi \leq \pi)$ とした場合の相互関係を下記に示す（**図4** 参照）．

$$\left.\begin{aligned} & a^2+b^2 = A_y^2+A_z^2 \\ & \tan\alpha = \frac{A_y}{A_z} \quad \left(0 \leq \alpha \leq \frac{\pi}{2}\right) \end{aligned}\right\} \tag{7}$$

$$\left.\begin{aligned} & \tan 2\phi = \tan 2\alpha \cdot \cos\delta \quad (\delta = \delta_z - \delta_y) \\ & \sin 2\xi = \sin 2\alpha \cdot \sin\delta \quad (\delta = \delta_z - \delta_y) \end{aligned}\right\} \tag{8}$$

$$\tan\xi = \pm\frac{b}{a} \quad \left(-\frac{\pi}{4} \leq \xi \leq \frac{\pi}{4}\right) \tag{9}$$

右回り：正符号，左回り：負符号，$\tan\xi$ を楕円率という．

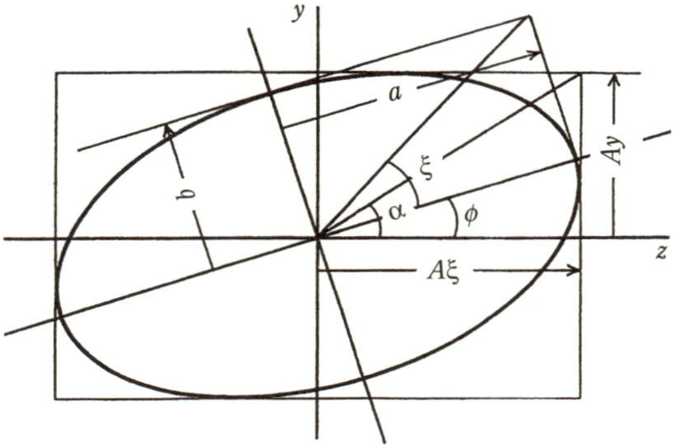

図 4 楕円偏光の表示について

問題 5.11

2 原子分子によって構成される気体の散乱強度を与える関係式を求めよ．

解 まず，各原子は互いに相関を持たずランダムに動いている単原子からなる気体を考える．このような状態では，それぞれの原子から散乱されたX線は互いに干渉しないので，得られる散乱強度は，個々の原子の散乱能 $f(\boldsymbol{q})$ の単なる和として考えてよい．

$$I = \sum_{1}^{N} |f(\boldsymbol{q})|^2 = N|f(\boldsymbol{q})|^2 \tag{1}$$

しかし，$\boldsymbol{m}$ の位置から見た $\boldsymbol{n}$ 番目の原子の座標を $\boldsymbol{r}_{mn}$ として，N 個の原子すべての和を考える次式の表現がより一般的である．

$$I = \sum_{n}\sum_{m} |f(\boldsymbol{q})|^2 e^{-2\pi i \boldsymbol{q}\cdot\boldsymbol{r}_{mn}} \tag{2}$$

$$= N|f(\boldsymbol{q})|^2 (1 + \sum_{n\neq m} e^{-2\pi i \boldsymbol{q}\cdot\boldsymbol{r}_{mn}}) \tag{3}$$

式(3)において，原子間に相関がなければ指数項はゼロで，式(3)は式(1)に等しくなる．

2 原子分子が距離 d で直線状に連結している場合を想定し，しかも動き回っておらず，**図 1** の中央に示す関係が成立する場合を考える．ここで $\boldsymbol{d}$ は，原子の相互の位置関係を表すベクトル，$\boldsymbol{R}$ は原点から分子の中心に向かうベクトルに相当する．この場合は開口部 d のスリットからの回折における散乱振幅(問題 5.8, 5.9 参照)と同様に扱える．すなわち散乱振幅 $F(\boldsymbol{q})$ は，$-d/2$ と $d/2$ の間についてデルタ関数で与えられる分布関数のフーリエ変換である．

$$F(\boldsymbol{q}) = \int_{-\infty}^{\infty} e^{-2\pi iqx}\left\{\delta\left(x-\frac{d}{2}\right)+\delta\left(x+\frac{d}{2}\right)\right\}dx \tag{4}$$

$$= e^{i\pi qd} + e^{-i\pi qd} = 2\cos(\pi qd) \tag{5}$$

したがって，散乱能 $f(\boldsymbol{q})$ を有する原子2個からなる2原子分子の散乱振幅 $G(\boldsymbol{q})$ は，次式で与えられる．

$$G(\boldsymbol{q}) = f(\boldsymbol{q})\cdot 2\cos(\pi\boldsymbol{q}\cdot\boldsymbol{d}) \tag{6}$$

ここで，$\boldsymbol{d}$ は2つの原子の相互の位置関係を表すベクトルである．図1より散乱波の振幅についてベクトル $\boldsymbol{q}$ の向きに関する分布を算出すると，位相項に相当する $e^{-2\pi i\boldsymbol{q}\cdot\boldsymbol{R}}$ が現れるが，分子の向きなどには無関係なので省略する．図1で，ベクトル $\boldsymbol{d}$ および $\boldsymbol{q}$ の向き，例えば，互いに平行か，あるいは垂直の関係を持つかによって $G(\boldsymbol{q})$ の値は異なる．しかし，実際の2原子分子からなる気体中で分子は激しく運動しているので，散乱強度は $|G(\boldsymbol{q})|^2$ の時間平均と考えることが妥当である．時間平均を＜ ＞で表すと，次の関係式を得る．

$$I(\boldsymbol{q}) = N<|G(\boldsymbol{q})|^2> = N|f(q)|^2\cdot 4<\cos^2(\pi\boldsymbol{q}\cdot\boldsymbol{d})> \tag{7}$$

分子の方向は完全にランダムで，どの方向も散乱ベクトルに対して同じ確率で分布すると想定される．これは，2つの原子の相互の位置関係を表すベクトル $\boldsymbol{d}$ の終点は，半径 d_0 の球面に同じ確率で存在するとして(**図2**参照)等方的に分布する $\boldsymbol{d}$ および $\boldsymbol{q}\cdot\boldsymbol{d}$ の関係を算出することに対応する．したがって，式(7)の時間平均は，次式で表すことができる．

$$\langle\cos^2(\pi\boldsymbol{q}\cdot\boldsymbol{d})\rangle = \frac{1}{4\pi d_0^2}\int_0^{2\pi} d_0\mathrm{d}\phi\int_0^{\pi}\cos^2(\pi\boldsymbol{q}\cdot\boldsymbol{d})\,d_0\sin\theta\,\mathrm{d}\theta \tag{8}$$

$$= \frac{2\pi d_0\times d_0}{4\pi d_0^2}\int_0^{\pi}\cos^2(\pi qd cos\theta)\sin\theta\,\mathrm{d}\theta \tag{9}$$

$$= \frac{1}{2}\left\{1+\frac{\sin(2\pi qd)}{2\pi qd}\right\} \tag{10}$$

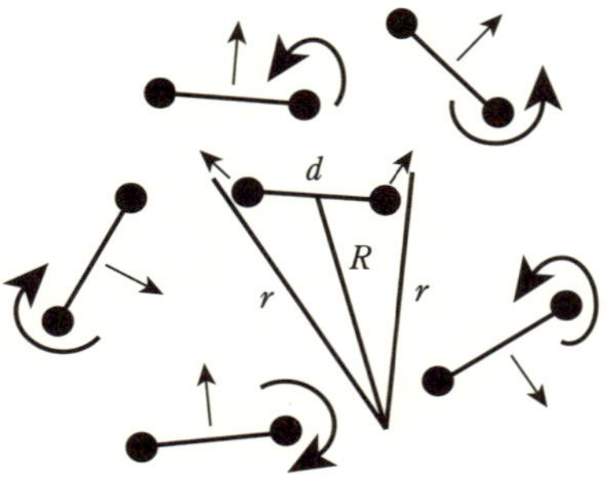

図1　2原子分子気体の構造模型

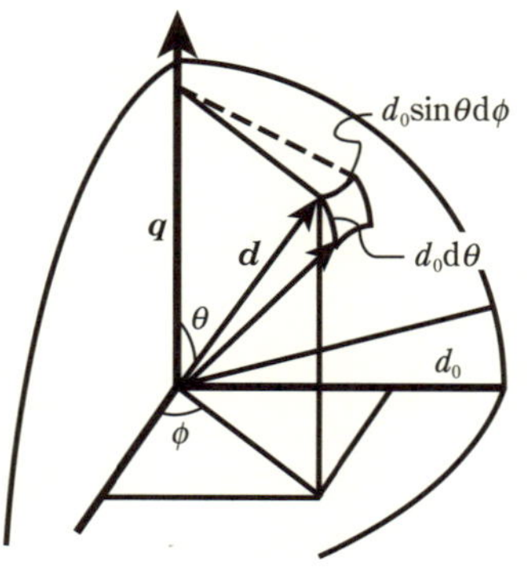

図2　等方的に分布する $\boldsymbol{d}$ および $\boldsymbol{d}\cdot\boldsymbol{q}$ の関係

ここで，極座標で表した図 2 における 2 つのベクトルの内積は，$\boldsymbol{q}\cdot\boldsymbol{d} = qd\cos\theta$ で表される．式(10)を式(7)に適用すれば，2 原子分子によって構成される気体の散乱強度を表す式として次式を得る．

$$I(q) = N|f(q)|^2\cdot 2\left\{1+\frac{\sin(2\pi qd)}{2\pi qd}\right\} \tag{11}$$

参考：$\cos\theta = x \quad \longrightarrow \quad -\sin\theta \mathrm{d}\theta = \mathrm{d}x$

$\cos(\pi) = -1,\ \cos(0) = 1$

$$\int_a^b f(x)\mathrm{d}x = -\int_b^a f(x)\mathrm{d}x$$

$$\cos^2\frac{\alpha}{2} = \frac{1}{2}(1+\cos\alpha)$$

$$\int_0^\pi \cos^2(\pi qd\cos\theta)\sin\theta\mathrm{d}\theta = -\int_1^{-1}\cos^2(\pi qdx)\mathrm{d}x = \int_{-1}^{1}\cos^2\left(\frac{2\pi qdx}{2}\right)\mathrm{d}x$$

$$= 2\int_0^1 \frac{1}{2}\{1+\cos(2\pi qdx)\}\mathrm{d}x = \left[x+\frac{\sin(2\pi qdx)}{2\pi qdx}\right]_0^1 = 1+\frac{\sin 2\pi qd}{2\pi qd}$$

問題 5.12

多原子分子からの回折を表す下記のデバイの式を導出せよ．

$$I(\boldsymbol{q}) = \sum_m\left[f_m^2+\sum_{n\neq m} f_m f_n\frac{\sin(2\pi\boldsymbol{q}\cdot\boldsymbol{r}_{mn})}{2\pi\boldsymbol{q}\cdot\boldsymbol{r}_{mn}}\right]$$

解　2 原子分子気体の散乱強度で認められるように，いくつかの原子で構成される散乱体の集合からの散乱強度は，それぞれの散乱体の散乱振幅の和の二乗で与えられる．このような場合を一般的に扱うため n 番目の原子の位置を表すベクトルを $\boldsymbol{r}_n$，散乱振幅を $f_n(\boldsymbol{q})$ と表せば，散乱強度 $I(\boldsymbol{q})$ は次式で与えられる．

$$I(\boldsymbol{q}) = G(\boldsymbol{q})^*G(\boldsymbol{q}) \tag{1}$$

$$= \sum_m e^{2\pi i\boldsymbol{q}\cdot\boldsymbol{r}_{mn}} f_m^*(\boldsymbol{q})\cdot\sum_n e^{-2\pi i\boldsymbol{q}\cdot\boldsymbol{r}_{mn}} f_n(\boldsymbol{q}) \tag{2}$$

$$= \sum_m\sum_n f_m^*(\boldsymbol{q})f_n(\boldsymbol{q})e^{-2\pi i\boldsymbol{q}\cdot(\boldsymbol{r}_n-\boldsymbol{r}_m)} \tag{3}$$

$$= \sum_m\sum_n f_m^*(\boldsymbol{q})f_n(\boldsymbol{q})e^{-2\pi i\boldsymbol{q}\cdot\boldsymbol{r}_{mn}} \qquad (\because\quad \boldsymbol{r}_{mn} = \boldsymbol{r}_n-\boldsymbol{r}_m) \tag{4}$$

いくつかの原子で構成される散乱体の相関を表すベクトル $\boldsymbol{r}_{mn}$ と波数ベクトル $\boldsymbol{q}$ を含む式(4)の指数項については，2 原子分子気体の場合と同様に，時間平均をとる．

$$\langle e^{-2\pi i\boldsymbol{q}\cdot\boldsymbol{r}_{mn}}\rangle = \frac{1}{4\pi}\int_0^{2\pi}\mathrm{d}\phi\int_0^\pi e^{-2\pi iqr_{mn}\cdot\cos\theta}\sin\theta\mathrm{d}\theta \tag{5}$$

$$= \frac{1}{2}\int_{-1}^{1} e^{-2\pi iqr_{mn}x}\mathrm{d}x \tag{6}$$

$$= \frac{\sin(2\pi q r_{mn})}{2\pi q r_{mn}} \tag{7}$$

ここでは，$t = 2\pi q r_{mn}$ とおいて，次の関係を利用している．

$$\int_{-1}^{1} e^{-itx}\,dx = \left[\frac{e^{-itx}}{-it}\right]_{-1}^{1} = \frac{e^{it} - e^{-it}}{it} = \frac{2i\sin t}{it}$$

式(4)および式(7)の関係より，散乱強度は $m \times n = N^2$ の項の和として次式で与えられる．

$$I(\boldsymbol{q}) = \sum_{m}^{N}\sum_{n}^{N} f_m f_n \frac{\sin(2\pi q r_{mn})}{2\pi q r_{mn}} \tag{8}$$

式(8)をデバイの式と呼ぶ．また，式(8)の括弧内が分子の相関を反映する項で，通常干渉関数という．例えば，1種類の原子で距離が d だけ離れた2原子分子からの散乱強度は，全原子数を N(すなわち分子数は $N/2$)とすると，次式で与えられる．

$$I(\boldsymbol{q}) = Nf^2\left\{1 + (N-1)\frac{\sin(2\pi q d)}{2\pi q d}\right\} \tag{9}$$

問題 5.13

X線管球で発生させた特性X線を利用するX線回折実験で，入射側にモノクロメータをおいた場合の偏光因子は，次式で与えられることを示せ．

$$P = \frac{1 + \cos^2 2\theta_{\mathrm{M}} \cos^2 2\theta}{1 + \cos^2 2\theta_{\mathrm{M}}}$$

ここで，θ は試料の回折角，θ_{M} はモノクロメータの回折角である．

解 入射側にモノクロメータを配置したディフラクトメータを用いる測定では，**図1**のようにX線管球から発生した特性X線は，最初にモノクロメータで回折され，次に，試料で回折される．試料の回折角を 2θ，モノクロメータの回折角を $2\theta_{\mathrm{M}}$ とし，さらにX線の進行方向に垂直で，散乱ベクトルを含む面(あるいは，ディフラクトメータに平行な面)に含まれる方向を y 方向，面に垂直な方向を x 方向とする．

モノクロメータで回折されたX線の振幅 Ex'，Ey' は，それぞれ入射X線の振幅 Eox，Eoy を用いて，次式で表される．

$$\left.\begin{aligned} &Ex' = Eox \\ &Ey' = Eoy \cos 2\theta_M \\ &\langle E'^2\rangle = \langle Ex'^2\rangle + \langle Ey'^2\rangle = \langle Eox^2\rangle + \langle Eoy^2\rangle \cos^2 2\theta_{\mathrm{M}} \end{aligned}\right\} \tag{1}$$

X線管球から発生した特性X線は偏光していないので，次式の関係が与えられる．

$$\frac{1}{2}\langle Eo^2\rangle = \langle Eox^2\rangle = \langle Eoy^2\rangle \tag{2}$$

式(2)の関係を考慮して $\langle Eox^2\rangle$ および $\langle Eoy^2\rangle$ 項を $\langle Eo^2\rangle$ で表し，強度式に書き換

えると，

$$I' = KI_0\left(\frac{1+\cos^2 2\theta_M}{2}\right) \tag{3}$$

ここで，K は定数，I_0 は入射 X 線の強度である．
同様に，結晶で回折された X 線の振幅を導出すると，以下のとおりである．

$$\left.\begin{aligned} Ex'' &= Ex' = Eox \\ Ey'' &= Ey'\cos 2\theta = Eoy\cos 2\theta\cos 2\theta_M \\ \langle E''^2\rangle &= \langle Ex''^2\rangle + \langle Ey''^2\rangle = \langle Eox^2\rangle + \langle Eoy^2\rangle\cos^2 2\theta\cos^2 2\theta_M \end{aligned}\right\} \tag{4}$$

強度式は，次式で与えられる．

$$I'' = KI_0\left(\frac{1+\cos^2 2\theta\cos^2 2\theta_M}{2}\right) \tag{5}$$

式(3)から I_0 を I' で表して，式(5)に代入すると，次式の関係を得る．

$$I'' = I'\left(\frac{1+\cos^2 2\theta_M\cos^2 2\theta}{1+\cos^2 2\theta_M}\right) \tag{6}$$

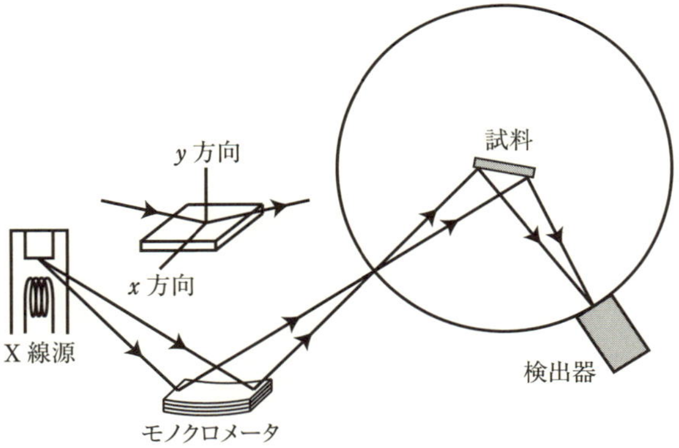

図 1　入射側に結晶モノクロメータを使用する場合(模式図)

問題 5.14

閃亜鉛鉱(ZnS)の構造因子に及ぼす X 線異常分散項の影響について，以下の問いに答えよ．なお，Zn および S 原子の X 線原子散乱因子は f_{Zn}，f_S，異常分散項の実数部および虚数部はそれぞれ f'_{Zn}，f''_{Zn}，および f'_S，f''_S とする．また，閃亜鉛鉱中の Zn 原子の位置は，0 0 0，0 1/2 1/2，1/2 0 1/2，1/2 1/2 0 であり，S 原子の位置は，1/4 1/4 1/4，1/4 3/4 3/4，3/4 1/4 3/4，3/4 3/4 1/4 である．

（1）　Zn と S の X 線異常分散項を考慮して，構造因子 F_{hkl}，および $|F_{hkl}|^2$ を

表す関係式を求めよ．

（2） 回折ピーク hkl が 111 と $\bar{1}\,\bar{1}\,\bar{1}$ の場合における構造因子を求めよ．

（3） Cu-Kα 線に対する異常分散項の値は，$f'_{\mathrm{Zn}} = -1.6$，$f''_{\mathrm{Zn}} = 0.68$，$f'_{\mathrm{S}} = 0.32$，$f''_{\mathrm{S}} = 0.56$ である．$hkl = 111$ と $\bar{1}\,\bar{1}\,\bar{1}$ に関する構造因子 $|F_{hkl}|^2$ の値を，具体的に算出せよ．

（4） 閃亜鉛鉱における 111 と $\bar{1}\,\bar{1}\,\bar{1}$ からの回折強度の変化を算出せよ．

（5） 閃亜鉛鉱で強度が変化する理由を説明せよ．

解

（1） 閃亜鉛鉱の構造因子は，以下のとおりである(問題 3.13 参照)．

$$F_{hkl} = \left\{f_{\mathrm{Zn}}+f'_{\mathrm{Zn}}+if''_{\mathrm{Zn}}+(f_{\mathrm{S}}+f'_{\mathrm{S}}+if''_{\mathrm{S}})e^{i\pi\left(\frac{h+k+l}{2}\right)}\right\}(1+e^{i\pi(h+k)}+e^{i\pi(k+l)}+e^{i\pi(l+h)})$$

$$|F_{hkl}|^2 = \left\{f_{\mathrm{Zn}}+f'_{\mathrm{Zn}}+if''_{\mathrm{Zn}}+(f_{\mathrm{S}}+f'_{\mathrm{S}}+if''_{\mathrm{S}})e^{i\pi\left(\frac{h+k+l}{2}\right)}\right\}(1+e^{i\pi(h+k)}+e^{i\pi(k+l)}+e^{i\pi(l+h)})$$
$$\times\left\{f_{\mathrm{Zn}}+f'_{\mathrm{Zn}}-if''_{\mathrm{Zn}}+(f_{\mathrm{S}}+f'_{\mathrm{S}}-if''_{\mathrm{S}})e^{-i\pi\left(\frac{h+k+l}{2}\right)}\right\}(1+e^{-i\pi(h+k)}+e^{-i\pi(k+l)}+e^{-i\pi(l+h)})$$

（2） 111 および $\bar{1}\,\bar{1}\,\bar{1}$ の構造因子を見積ると，以下のとおりである．

$hkl = 111$ の場合，

$$F_{111} = 4\{(f_{\mathrm{Zn}}+f'_{\mathrm{Zn}}+f''_{\mathrm{S}})-i(f_{\mathrm{S}}+f'_{\mathrm{S}}-f''_{\mathrm{Zn}})\}$$
$$|F_{111}|^2 = 16\{(f_{\mathrm{Zn}}+f'_{\mathrm{Zn}}+f''_{\mathrm{S}})^2+(f_{\mathrm{S}}+f'_{\mathrm{S}}-f''_{\mathrm{Zn}})^2\}$$

$hkl = \bar{1}\,\bar{1}\,\bar{1}$ の場合，

$$F_{\bar{1}\bar{1}\bar{1}} = 4\{(f_{\mathrm{Zn}}+f'_{\mathrm{Zn}}-f''_{\mathrm{S}})+i(f_{\mathrm{S}}+f'_{\mathrm{S}}+f''_{\mathrm{Zn}})\}$$
$$|F_{\bar{1}\bar{1}\bar{1}}|^2 = 16\{(f_{\mathrm{Zn}}+f'_{\mathrm{Zn}}-f''_{\mathrm{S}})^2+(f_{\mathrm{S}}+f'_{\mathrm{S}}+f''_{\mathrm{Zn}})^2\}$$

（3） $\left(\dfrac{\sin\theta}{\lambda}\right)^2 = \dfrac{h^2+k^2+l^2}{4a^2}$ の関係から 111 および $\bar{1}\,\bar{1}\,\bar{1}$ の場合 $\left(\dfrac{\sin\theta}{\lambda}\right) = \dfrac{\sqrt{3}}{2a}$ となるので，付録 9 の格子定数の値を用いれば，$\left(\dfrac{\sin\theta}{\lambda}\right) = \dfrac{\sqrt{3}}{2\times 5.4109} = 0.16\ \mathrm{A}^{-1}$ となる．したがって，付録 3 から原子散乱因子を求めると，$f_{\mathrm{Zn}} = 24.16$，$f_{\mathrm{S}} = 11.86$ が得られる．異常分散項の値を含め，数値を(2)で得た関係式に代入すると，

$$|F_{111}|^2 = 16\{(24.16-1.6+0.56)^2+(11.86+0.22-0.68)^2\} = 10669$$
$$|F_{\bar{1}\bar{1}\bar{1}}|^2 = 16\{(24.16-1.6-0.56)^2+(11.86+0.32+0.68)^2\} = 10390$$

（4） $\dfrac{|F_{111}|^2-|F_{\bar{1}\bar{1}\bar{1}}|^2}{|F_{111}|^2} = \dfrac{279}{10699} = 0.026$

したがって，2.6％の差が現れることを示唆している．

（5） 中心対称性を持たないため，両者の回折強度が異なる．

問題 5.15

Cu_3Au は単位格子当たり，1個の Cu_3Au を含む立方格子である．規則相で Au の位置は 000，Cu の位置は $\frac{1}{2}\frac{1}{2}0$，$\frac{1}{2}0\frac{1}{2}$，$0\frac{1}{2}\frac{1}{2}$．これに対して不規則相では同じ位置を Au と Cu が無秩序に占有する．これは統計的に $\frac{1}{4}$Au と $\frac{3}{4}$Cu であることと等価である．

（1）規則相に対する F を求めよ．

（2）不規則相に対する F を求めよ．

（3）2つの相において，F が等しくなる条件を求めよ．

（4）Cu, Au に対して，異常分散項 f', f'' を考えて規則相の F^2 を求めよ．

解

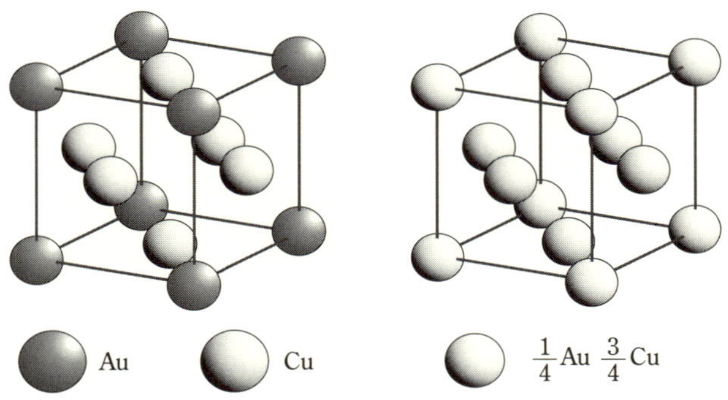

図 1　規則相（左）および不規則相（右）の模式図

（1）規則相

Au：1個　000

Cu：3個　$\frac{1}{2}\frac{1}{2}0$，$\frac{1}{2}0\frac{1}{2}$，$0\frac{1}{2}\frac{1}{2}$

$$F = f_{Au} + f_{Cu}[e^{\pi i(h+k)} + e^{\pi i(k+l)} + e^{\pi i(l+h)}]$$

（i）h, k, l 偶数奇数非混合

$\cos \to +1$，$\sin \to 0$（$h+k, k+l, l+h$：すべて偶数）

$$F = f_{Au} + 3f_{Cu}$$

（ii）h, k, l 偶数奇数混合

$\cos \to -1$，$\sin \to 0$（$h+k, k+l, l+h$：いずれか2つが奇数）

$$F = f_{\mathrm{Au}} - f_{\mathrm{Cu}}$$

（2）　不規則相

平均化された Au-Cu 原子の原子散乱因子

$$f_{av} = \frac{1}{4}f_{\mathrm{Au}} + \frac{3}{4}f_{\mathrm{Cu}}$$

$$\therefore \quad F = f_{av}\left[1 + e^{\pi i(h+k)} + e^{\pi i(k+l)} + e^{\pi i(l+h)}\right]$$

（i）　h, k, l 偶数奇数非混合

$\cos \to 1$，$\sin \to 0$（$h+k$, $k+l$, $l+h$：すべて偶数）

$$F = f_{\mathrm{Au}} + 3f_{\mathrm{Cu}}$$

（ii）　h, k, l 偶数奇数混合

$\cos \to -1$，$\sin \to 0$（$h+k$, $k+l$, $l+h$：いずれか2つが奇数）

$$F = 0$$

（3）　F が等しくなる反射：h, k, l が偶数奇数非混合の場合

F が異なる反射：h, k, l が偶数奇数混合の場合

（4）　規則相 F^2

（i）　偶数奇数非混合

$$\begin{aligned} F^2 = &(f^{\mathrm{o}}_{\mathrm{Au}} + f'_{\mathrm{Au}})^2 + (f''_{\mathrm{Au}})^2 \\ &+6[(f^{\mathrm{o}}_{\mathrm{Au}} + f'_{\mathrm{Au}})\cdot(f^{\mathrm{o}}_{\mathrm{Cu}} + f'_{\mathrm{Cu}}) + f''_{\mathrm{Au}}\cdot f''_{\mathrm{Cu}}] \\ &+9[(f^{\mathrm{o}}_{\mathrm{Cu}} + f'_{\mathrm{Cu}})^2 + (f''_{\mathrm{Cu}})^2] \end{aligned}$$

（ii）　偶数奇数混合

$$\begin{aligned} F^2 = &(f^{\mathrm{o}}_{\mathrm{Au}} + f'_{\mathrm{Au}})^2 + (f''_{\mathrm{Au}})^2 \\ &-2[(f^{\mathrm{o}}_{\mathrm{Au}} + f'_{\mathrm{Au}})\cdot(f^{\mathrm{o}}_{\mathrm{Cu}} + f'_{\mathrm{Cu}}) + f''_{\mathrm{Au}}\cdot f''_{\mathrm{Cu}}] \\ &+(f^{\mathrm{o}}_{\mathrm{Cu}} + f'_{\mathrm{Cu}})^2 + (f''_{\mathrm{Cu}})^2 \end{aligned}$$

問題 5.16

$\dfrac{\sin^2(\pi NQd)}{\sin^2(\pi Qd)}$ の形式で表されるラウエ関数について，d=0.3 nm の場合を例に，下記の問いに答えよ．

（1）　ラウエ関数がピークを与える条件，ピークの最大値，および主ピークの周りに小さなピークが現れる理由について説明せよ．

（2）　N=20 の場合について，主ピークの周囲に現れる第2ピークの高さはどの程度になるか算出せよ．

解　(1)　ラウエ関数において，N は単位格子の数，d は面間隔，Q は波数ベクトルに対応する．$x = \pi Qd$ とおくと，$x = n\pi$（n は整数）のとき，ラウエ関数の分母・分子ともゼロになる．この極限値については，以下のように求めることができる．

$$\lim_{x\to n\pi}\left\{\frac{\sin^2(Nx)}{\sin^2 x}\right\} = \lim_{x\to n\pi}\left\{\frac{2N\sin(Nx)\cdot\cos(Nx)}{2\sin x\cdot\cos x}\right\} \tag{1}$$

$$= \lim_{x\to n\pi}\frac{2N\times\frac{1}{2}\{\sin(2Nx)\}}{2\times\frac{1}{2}\{\sin(2x)\}} \tag{2}$$

$$= \lim_{x\to n\pi}\frac{N\sin(N\cdot 2x)}{\sin 2x} = N^2 \tag{3}$$

ここでは，以下の関係を利用している．

$$\sin(at)\cdot\cos(bt) = \frac{1}{2}\{\sin(a+b)t + \sin(a-b)t\}$$

$$\lim_{t\to 0}\frac{\sin t}{t} = \lim_{t\to 0}\frac{t}{\sin t} = 1$$

$$\lim_{t\to 0}\frac{\sin bt}{\sin at} = \lim_{t\to 0}\frac{\sin bt}{bt}\cdot\frac{at}{\sin at}\cdot\frac{b}{a} = 1\cdot 1\cdot\frac{b}{a} = \frac{b}{a}$$

したがって，x がゼロ，π，2π，3π などのとき，N^2 の値(ピーク)を持つ．ラウエ関数はこの特徴を利用して，N^2 の値で規格化して示す場合も多い．

N の値そのものはピークの幅，すなわち逆格子点近傍で拡がるピークの鋭さを規定し，N の値が大きいほどピーク幅が狭くなる．言い換えると，ピーク幅は，対応する方向に存在する単位格子の数に比例する．一方，$d = 0.3$ nm の場合，逆格子空間上において $Q = 3.33\ \mathrm{nm}^{-1}$ の間隔でピークが観測されることになる．また，Q および d は逆空間および実空間を表す変数に対応するので，互いに逆数の関係にある．例えば，大きな d の値に対して小さな波数ベクトル間隔，小さな d の値に対して大きな波数ベクトル間隔でピークを与えることを示唆する．

主ピークの周りに小さなピークが現れる理由については，極端な例であるが試料が単位格子 3 個で構成される場合 ($N = 3$) を考える．**図 1** に示すように，2 つのピークの間に観測される小さなピークは，両端の 2 つの単位格子からの波の位相に対し，

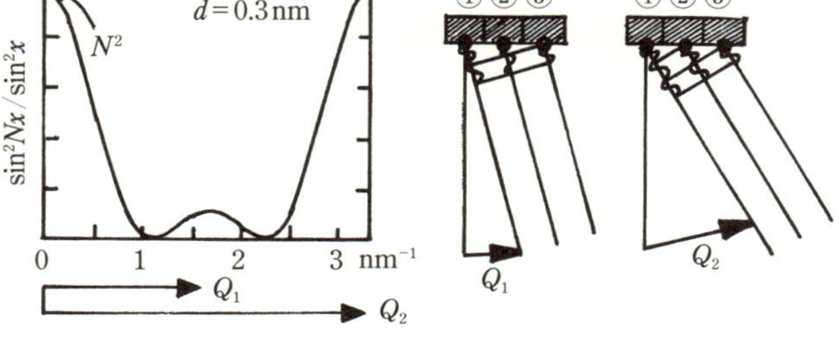

図 1　$N = 3$ の場合におけるラウエ関数に現れるピーク構造とその要因

中央の単位格子からの波の位相が π だけずれたこと，すなわち試料中の単位格子から発生する波の部分的な干渉効果に伴う現象である．

（2）$N = 20$ の場合について，ラウエ関数を算出し，図示すれば**図 2** のとおりである．なお，主ピークの高さは $N^2 = 400$ である．この結果，第 2 ピークの高さは 18.7 であり，主ピークの高さの約 4.7%に相当する．

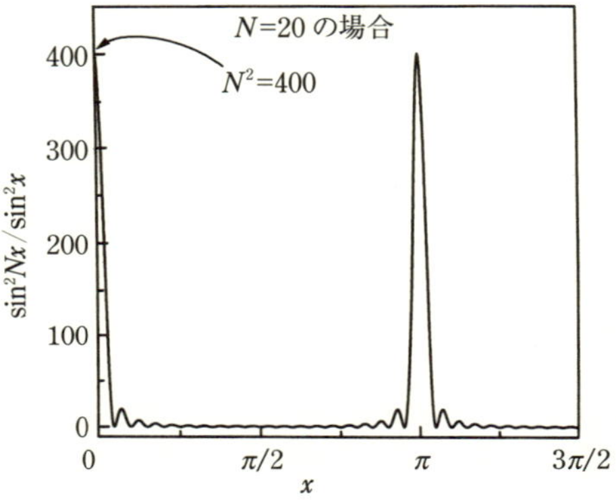

図 2　$N = 20$ の場合のラウエ関数の変化

問題 5.17

関数 $y = \dfrac{\sin^2 Nx}{\sin^2 x}$ は，$x = 0$ の近傍で $y = N^2 \dfrac{\sin^2 \phi}{\phi^2}$ で近似できる．ここで，$\phi = Nx$ である．

（1）この関数で与えられるピークの最大値の半分における幅を表す式を求めよ．

（2）ピーク部分の面積を求めるとともに，ピークの最大値，ピークの最大値の半分における幅およびピーク部分の面積の N に対する依存性を示せ．

解　（1）ピークの最大値の半分における幅(半値幅)を，**図 1** を参考に求める．

$$y = N^2 \frac{\sin^2 \phi}{\phi^2}$$

$x = 0$ では $y = N^2$，$y = \dfrac{N^2}{2}$ となる ϕ を求める．

$$N^2 \frac{\sin^2 \phi}{\phi^2} = \frac{N^2}{2}$$

$$\sin^2 \phi - \frac{\phi^2}{2} = 0$$

$$\left(\sin\phi+\frac{\phi}{\sqrt{2}}\right)\left(\sin\phi-\frac{\phi}{\sqrt{2}}\right)=0$$

$x=0$ の近傍では，ϕ も 0 に近いので $\sin\phi$ と ϕ は同符号であり，$\sin\phi+\dfrac{\phi}{2}\neq 0$ である．

したがって，$\sin\phi-\dfrac{\phi}{\sqrt{2}}=0$. ここで，$\sin\phi=x-\dfrac{x^3}{3!}$ で近似すると

$$\phi-\frac{\phi^3}{6}-\frac{\phi}{2}=0$$

$$\frac{\phi^2}{6}-\left(\frac{\sqrt{2}-1}{\sqrt{2}}\right)=0$$

$$\phi^2=3\sqrt{2}(\sqrt{2}-1)=6-3\sqrt{2}$$

$$\phi=\pm\sqrt{6-3\sqrt{2}}$$

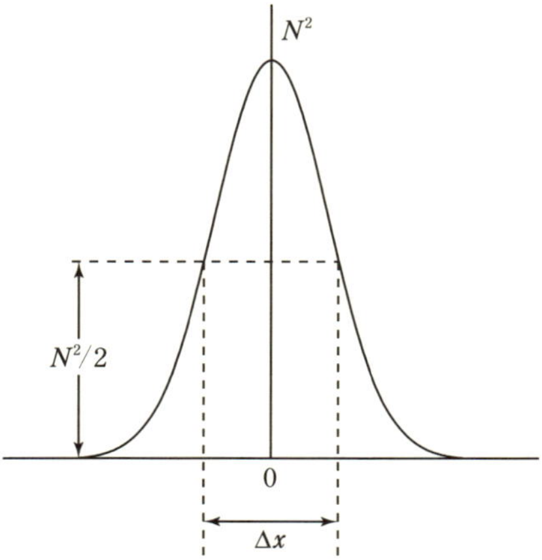

図 1　回折ピークとの半値幅(模式図)

よって，$x=\pm\dfrac{\sqrt{6-3\sqrt{2}}}{N}$ となり，求める幅 Δx は $\Delta x=\dfrac{2\sqrt{6-3\sqrt{2}}}{N}$ となる．

（2）　ピークの面積を**図 2** を参考に求める．

$y=N^2\dfrac{\sin^2 Nx}{\sin^2 x}=0$ となる x を求める．

$$\frac{\sin^2 Nx}{x^2}=0 \text{ より } \sin Nx=0$$

$$x=\frac{m\pi}{N}\ (m \text{ は整数})$$

x がゼロの近傍では，$m=\pm1$ として $x=\pm\dfrac{\pi}{N}$ となる．またこの場合，$\phi=\pm\pi$ である．

一方，$\phi=Nx$ の定義から $\mathrm{d}x=\dfrac{\mathrm{d}\phi}{N}$ と表せるので，ピークの面積を与える次式の関係を得る．

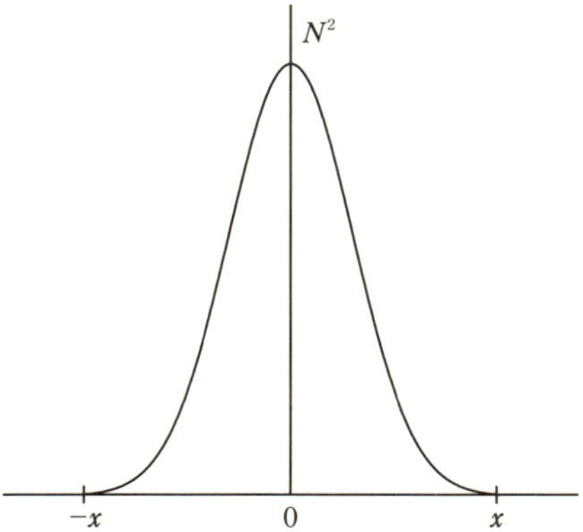

図 2　回折ピークの模式図

$$\int_{-\pi/N}^{\pi/N}N^2\frac{\sin^2 Nx}{N^2x^2}\mathrm{d}x=\int_{-\pi}^{\pi}N^2\frac{\sin^2\phi}{\phi^2}\frac{\mathrm{d}\phi}{N}=2N\int_0^{\pi}\frac{\sin^2\phi}{\phi^2}\mathrm{d}\phi$$

参考：$\int_0^{\pi} \frac{\sin^2\phi}{\phi^2} d\phi$ は，N に無関係の定数である．

以上の結果より，半値幅は N^{-1} に比例するのに対し，ピーク面積は N に比例する．一方，ピークの最大値は $x = 0 (\phi = 0)$ の場合に得られ，次式の関係がある．

$$\lim_{\phi \to 0} N^2 \frac{\sin^2\phi}{\phi^2} = N^2 \lim_{\phi \to 0} \left(\frac{\sin\phi}{\phi}\right)^2 = N^2$$

したがって，ピークの最大値は N^2 に依存する．

問題 5.18

粉末結晶試料の回折実験について，単位面積当たり質量 M' の薄い板状試料から透過法により測定する場合について，以下の問いに答えよ．

（1）　初期ビームと散乱ビームは試料面に対して等しい角度を取り，初期ビームの強度が，$I_0 A_0 = P_0$ で表される場合，試料から距離 R の散乱円の単位長さ当たりの強度 P' を表す関係式を求めよ．

（2）　P' が最大となる M' の値を求めよ．

なお，有効照射体積 V からの積分強度 P は，次式で与えられる．

$$P = I_0 \left(\frac{e^4}{m_e^2 c^4}\right) \frac{V\lambda^3 p F^2}{4 v_a^2} \left(\frac{1+\cos^2 2\theta}{2\sin\theta}\right)$$

ここで，λ は波長，p は多重度因子，F は構造因子，v_a は単位格子の体積である．また，括弧は，偏光していない入射X線に対する小さな単結晶のローレンツ偏光因子である．

解　（1）　試料から距離 R の位置にあるデバイリングの円周は $2\pi R \sin\theta$ である．したがって，次式が成立する．

$$P' = \frac{P}{2\pi R \sin\theta} = \frac{I_0}{16\pi R} \left(\frac{e^4}{m_e^2 c^4}\right) \frac{V\lambda^3 p F^2}{v_a^2} \left(\frac{1+\cos^2 2\theta}{\sin\theta}\right)$$

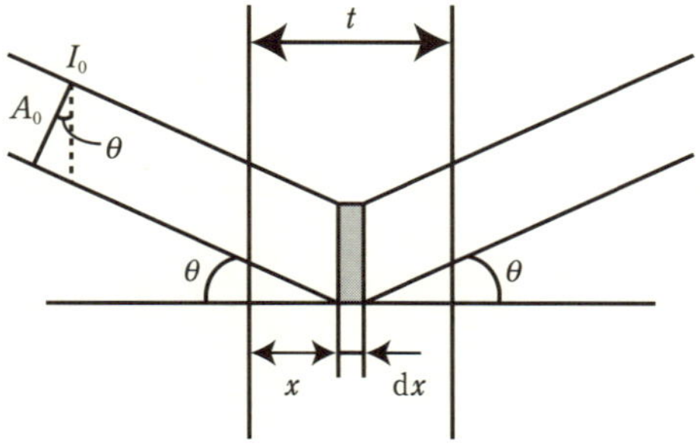

図 1　対称透過法における幾何学的条件

ここで，薄い板状試料の有効照射体積 V は，**図 1** に示す関係を参考にすれば，次式で置き換えることができる．

$$V = \int_{t=1}^{t} e^{(-\mu t \sec\theta)} A_0 \sec\theta dx = A_0 \sec\theta dx\, e^{(-\mu t \sec\theta)}$$

よって

$$P' = \frac{I_0 A_0}{16\pi R}\left(\frac{e^4}{m_e^2 c^4}\right)\frac{\lambda^3 p F^2}{v_a^2}\left(\frac{1+\cos^2 2\theta}{\cos\theta \sin^2\theta}\right) t e^{(-\mu t \sec\theta)}$$

tは，試料の単位面積当たりの質量 M' と密度 ρ_0 より $t = \dfrac{M'}{\rho_0}$ と置き換えられるから

$$P' = \frac{P_0}{16\pi R}\left(\frac{e^4}{m_e^2 c^4}\right)\frac{\lambda^3 p F^2}{v_a^2}\left(\frac{1+\cos^2 2\theta}{\cos\theta \sin^2\theta}\right)\frac{M'}{\rho_0} e^{-\frac{\mu M'}{\rho_0}\sec\theta}$$

（2）　$g = \dfrac{M'}{\rho_0} e^{-\frac{\mu M'}{\rho_0}\sec\theta}$ とおくと，P' が最大となるのは g が最大となる場合である．したがって，g の微分がゼロの条件を求めればよい．

$$\begin{aligned} g' &= \frac{1}{\rho_0} e^{-\frac{\mu M'}{\rho_0}\sec\theta} - \frac{\mu M'}{\rho_0}\sec\theta\, e^{-\frac{\mu M'}{\rho_0}\sec\theta} \\ &= \frac{1}{\rho_0}\left(1 - \frac{\mu M'}{\rho_0}\sec\theta\right) e^{-\frac{\mu M'}{\rho_0}\sec\theta} \end{aligned}$$

この関係より，$M' = \dfrac{\rho_0}{\mu \sec\theta}$ のとき P' は最大値となる．ただし，実際にこの関係から M' を制御することは簡単ではない．

第 6 章

結晶の対称性解析と International Table の利用法

原子が周期的に規則正しく三次元配列した結晶の幾何学は，対称性で特徴づけられる．対称性については，例えば一次元で確認された基本的事項は，二次元，三次元にも拡張できる．

三次元の原子配列における周期性を，繰り返し操作によって重ね合わせることができる対称操作の種類のことを，対称の要素と呼ぶ．この対称の要素には，鏡映（m, reflection）および回転（n, rotation）に，反転（i, inversion）および回反（$\bar{n}$, rotary inversion）を加えた 4 つがある．反転は反像と呼ばれることもあり，対称中心（center of inversion）を基軸に反転する操作で生ずる要素である．一方，回反は，回転反像と呼ばれることもあり，ある軸の周りに 360°/n 回転した後，軸上の 1 点を対称中心として反転操作の組み合わせで生じる要素である．

回反操作は，**図 6.1** に示すように反転（$\bar{1}$ で表す）を含めると 2, 3, 4, 6 の回反軸（それぞれ，$\bar{2}, \bar{3}, \bar{4}, \bar{6}$ で表す）がある．ただし，1 回回反は反転（i），2 回回反は鏡映（m），

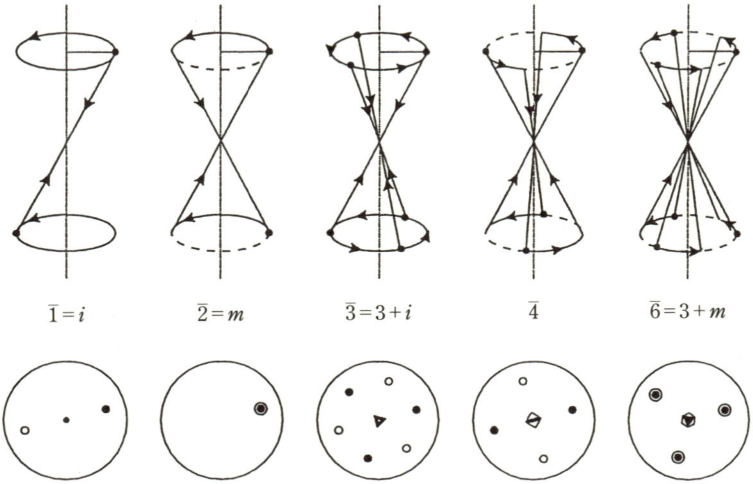

図 6.1　回反操作の例

3回回反軸($\bar{3}$)は，3回回転軸(3)と反転(i)との組み合わせ，6回回反軸($\bar{6}$)は，3回回転軸(3)と2回回転軸(2)との組み合わせで表されるので，独立な要素からは除く．すなわち，三次元の原子配列における周期性を繰り返し操作によって重ね合わせることができる独立な対称操作の種類は，反転(i)，鏡映(m)，回転(1, 2, 3, 4, 6)および回反($\bar{4}$)の8種類である．これらの8種類の対称要素から導かれる構造について，平行移動(並進操作)を繰り返すことで結晶構造の周期的配列全体を表現できる．言い換えると結晶構造の記述には，対称操作に並進操作を加える手法が採用されている．

1つは，並進移動とその方向に平行な回転軸の操作を合成した対称要素の「らせん」である．このらせん軸(screw axis)は n_m で表され，その操作は n 回転軸で1回の操作をするごとに回転軸方向に基本ベクトルの大きさの(m/n)倍だけ並進させる．**図 6.2** に，可能ならせん軸をまとめて示す．もう1つは，鏡面に平行な方向に並進操

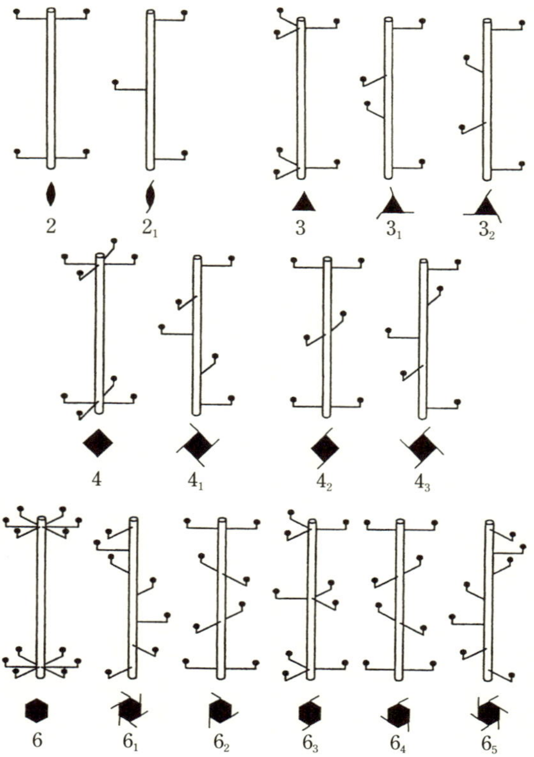

図 6.2　可能ならせん軸

作を組み合わせる「映進(glide, reflection and translation)」である．映進面は，鏡面操作に対して並進操作(a/2 並進)が $\boldsymbol{a}$ 軸に平行な方向に加わった場合を，軸映進面 a という．同様に，軸映進面 b および c がある．また，対角方向の並進による対角映進面 n がある．さらに，体心方向の 1/4 平行移動による並進しながらできるダイヤモンド映進面 d を加え，全部で 5 種類ある．結晶は，3 つの軸の長さ a, b, c とそれら 3 つの軸のなす角 α, β, γ によって，7 つの結晶系に分類できるが，各結晶系が示す対称要素の情報も含めて整理すると，**表 6.1** のとおりである．

一方，三次元の周期的配列を持つ実在の結晶の対称性は，前述の 8 種類の対称要素の組み合わせで決まり，その種類は 32 あることが知られている．この 32 種類の組み合わせを「点群」と呼ぶ．回転軸の次数を基礎に 32 の点群を整理すれば，すべての結晶は 7 種類の結晶系のいずれかに分類できる．また，結晶内の周期的配列を対称に

表 6.1 7 種類の結晶系に関する分類と含まれる対称要素

結晶系	単位格子の形	最低限の対称要素	結晶系に分類された点群	回転軸の数 2	3	4	6	鏡面の数
三斜晶系 (triclinic)	$a \neq b \neq c$ $\alpha \neq \beta \neq \gamma \neq 90°$	対称軸，鏡面を持たない	$1, \bar{1}$	0	0	0	0	0
単斜晶系 (monoclinic)	$a \neq b \neq c$ $\alpha = \gamma = 90°$ $\beta \neq 90°$	1 本の 2 回回転軸または鏡面	$2, m, 2/m$	1	0	0	0	1
斜方晶系 (orthorhombic)	$a \neq b \neq c$ $\alpha = \beta = \gamma = 90°$	互いに直交する 3 本の 2 回回転軸	$222, mm2, mmm$	3	0	0	0	3
正方晶系 (tetragonal)	$a = b \neq c$ $\alpha = \beta = \gamma = 90°$	4 回回転軸または 4 回回反軸	$4, \bar{4}, 4/m, 422, 4mm, \bar{4}2m, 4/mmm$	4	0	1	0	5
立方晶系 (cubic)	$a = b = c$ $\alpha = \beta = \gamma = 90°$	4 本の 3 回回転軸	$23, m3, 432, \bar{4}3m$ $m3m$	6	4	3	0	9
三方晶系 (trigonal)	$a = b \neq c$ $\alpha = \beta = 90°$ $\gamma = 120°$ または $a = b = c$ $\alpha = \beta = \gamma \neq 90°$	1 本の 3 回回転軸	$3, \bar{3}, 32, 3m, \bar{3}m$	3	1	0	0	3
六方晶系 (hexagonal)	$a = b \neq c$ $\alpha = \beta = 90°$ $\gamma = 120°$	1 本の 6 回回転軸	$6, \bar{6}, 6/m$ $622, 6mm, \bar{6}m2, 6/mmm$	6	0	0	1	7

よって，具体的には，「鏡映」，「回転」，「反転」，「回反」という 4 種類の対称操作と 11 種類のらせん軸，5 種類の「映進面の並進操作」を組み合わせ，すべての可能な結晶系について検討すると，三次元空間で周期的に規則正しく配列した原子の幾何学的配置は，230 種類に分類できる．これを「空間群」と呼ぶ．言い換えると，三次元空間で周期的に配列した原子の幾何学的配列は無限にあるのではなく，わずか 230 種類の可能性の 1 つとして表すことができる．また，実在結晶はこれらの 230 種類の空間群に平均的に分布しているのではなく，むしろ偏在しており，現在でもなお所属する結晶が確認されていない空間群もある．**表 6.2** に，結晶系と点群および空間群のまとめを示す．

個々の空間群の対称操作と，それによって導かれる等価な配列位置などの詳しい情報は，国際結晶学連合(International Union of Crystallography)が提示する表記法を用いて "International Table for X-ray Crystallography Vol. A(1983)" に収録されているので，必要に応じて利用すればよい．国際結晶学連合が提示している空間群表記は，ヘルマン–モーガンの表記に準拠しており，その基本は，まずブラベー格子の記号(P, F, I, A, B, C, R)，続いて点群対称を記載する．例えば，$P2_1/c$ は，空間格子が単純格子で，2_1 らせん軸と直行する映進面があることを示す．ただし，空間群の表記は，可能な限り簡略化した方法を採用しているので，記号と結晶系との関係を十分理解するには慣れが必要である．

なお，実在結晶に比較的よく現れる 24 種類の空間群に限定し，記号の説明を含む空間群利用の手引きが簡潔に記された教育用テキスト(T. Hahn(editor)：International Tables for Crystallography, Brief Teaching Edition of Volume A Space-group Symmetry, Kluwer Academic Publishers, Dordrecht, Holland(1989))があるので，利用するとよい．International Tables for Crystallography(略して International Table と呼ぶことが多い)は，空間群の対称性を中心にまとめられた Vol. A のみでなく，逆空間・構造因子・フーリエ変換や逆空間における対称性，電子線回折，中性子回折を含む構造解析法の詳細などについてまとめられた Vol. B，試料の準備方法 X 線，電子線，中性子線の性質，吸収・散乱因子などの数表，試料の準備法，格子定数の決定法，構造の精密化の方法などについてまとめられた Vol. C がある．目的に応じて，適宜利用するとよい．

表6.2　晶系と点群および空間群

結晶系	点群	空間群
三斜晶系	1	$P1$
(triclinic)	$\bar{1}$	$P\bar{1}$
単斜晶系	2	$P2, P2_1, C2$
	m	Pm, Pc, Cm, Cc
(monoclinic)	$2/m$	$P2/m, P2_1/m, C2/m, P2/c, P2_1/c, C2/c$
斜方晶系	222	$P222, P222_1, P2_12_12, P2_12_12_1, C222_1, C222, F222, I222, I2_12_12_1$
(orthorhombic)	$mm2$	$Pmm2, Pmc2_1, Pcc2, Pma2_1, Pca2_1, Pnc2_1, Pmn2_1, Pba2, Pna2_1, Pnn2,$
		$Cmm2, Cmc2_1, Ccc2, Amm2, Abm2, Ama2,$
		$Aba2, Fmm2, Fdd2, Imm2, Iba2, Ima2$
	mmm	$Pmmm, Pnnn, Pccm, Pban, Pmma, Pnna,$
		$Pmna, Pcca, Pbam, Pccn, Pbcm, Pnnm, Pmmn, Pbcn, Pbca, Pnma,$
		$Cmcm, Cmca, Cmmm, Cccm, Cmma, Ccca, Fmmm, Fddd,$
		$Immm, Ibam, Ibca, Imma$
正方晶系	4	$P4, P4_1, P4_2, P4_3, I4, I4_1$
	$\bar{4}$	$P\bar{4}, I\bar{4}$
	$4/m$	$P4/m, P4_2/m, P4/n, P4_2/n, I4/m, I4_1/a$
(tetragonal)	422	$P422, P42_12, P4_122, , P4_12_12, P4_222, P4_22_12$
		$P4_322, P4_32_12, I422, I4_122$
	$4mm$	$P4mm, P4bm, P4_2cm, P4_2nm, P4cc, P4nc,$
		$P4_2mc, P4_2bc, I4mn, I4cm, I4_1md, I4cd$
	$\bar{4}2m$	$P\bar{4}2m, P\bar{4}2c, P\bar{4}2_1m, P\bar{4}2_1c, P\bar{4}m2, P\bar{4}c2,$
		$P\bar{4}b2, P\bar{4}n2, I\bar{4}m2, I\bar{4}c2, I\bar{4}2m, I\bar{4}2d$
	$4/mmm$	$P4/mmm, P4/mcc, P4/nbm, P4/nnc, P4/mbm,$
		$P4/mnc, P4/nmm, P4/ncc, P4_2/mmc, P4_2/mcm,$
		$P4_2/nbc, P4_2/nnm, P4_2/mbc, P4_2/mnm, P4_2/nmc,$
		$P4_2/ncm, I4/mmm, I4/mcm, I4_1/amd, I4_1/acd$
三方晶系-	3	$P3, P3_1, P3_2, R3$
六方晶系	$\bar{3}$	$P\bar{3}, R\bar{3}$
	32	$P312, P321, P3_112, P3_121, P3_212, P3_221, R32$
(trigonal-	$3m$	$P3m1, P31m, P3c1, P31c, R3m, R3c$
hexagonal)	$\bar{3}m$	$P\bar{3}1m, P\bar{3}1c, P\bar{3}m1, P\bar{3}c1, R\bar{3}m, R\bar{3}c$
	6	$P6, P6_1, P6_5, P6_3, P6_2, P6_4$
	$\bar{6}$	$P\bar{6}$
	$6/m$	$P6/m, P6_3/m$
	622	$P622, P6_122, P6_522, P6_222, P6_422, P6_322$
	$6mm$	$P6mm, P6cc, P6_3cm, P6_3mc$
	$\bar{6}m$	$P\bar{6}2m, P\bar{6}c2, P\bar{6}2m, P\bar{6}2c,$
	$6/mmm$	$P6/mmm, P6/mcc, P6_3/mcm, P6_3/mmc$
立方晶系	23	$P23, F23, I23, P2_13, I2_13$
	$m\bar{3}$	$Pm\bar{3}, Pn\bar{3}, Fm\bar{3}, Fd\bar{3}, Im\bar{3}, Pa\bar{3}, Ia\bar{3}$
(cubic)	432	$P432, P4_232, F432, F4_132, I432, P4_332, P4_132, I4_132$
	$\bar{4}3m$	$P\bar{4}3m, F\bar{4}3m, I\bar{4}3m, P\bar{4}3n, F\bar{4}3c, I\bar{4}3d$
	$m\bar{3}m$	$Pm\bar{3}m, Pn\bar{3}n, Pm\bar{3}n, Pn\bar{3}m, Fm\bar{3}m, Fm\bar{3}c,$
		$Fd\bar{3}m, Fd\bar{3}c, Im\bar{3}m, Ia\bar{3}d$

問題と解法6

問題 6.1

結晶の周期配列における対称性を検討する上で重要な要素である，らせん軸および映進面について説明せよ．

解 結晶の三次元的周期配列は，無限に続く場合を考えるので，例えば，1つの点の周囲で行う対称操作によって元の位置に戻るという操作に対して，1周期の操作で戻る場合と，数周期離れた別の格子点で元の位置に戻る場合が同じとなり，区別できない．したがって，1つの点の周囲で行う対称要素の定義に，並進操作とその方向に平行な回転軸の操作を合成した「らせん軸(screw axis)」を導入する必要がある．らせん軸は，n_mで表され，その操作は，回転軸で1回の操作をするごとにn回転軸方向に基本ベクトルの大きさの(m/n)倍だけ並進操作を行う．具体例として，**図1**に2回回転軸と2回らせん軸との関係を示す．2回らせん軸(2_1)とは，2回回転軸と同じように長軸の周囲で180° 回転した後，回転軸方向に半周期だけ並進操作を加え，再度同じ操作を繰り返すと元の位置ではなく，1周期回転軸方向に並進した格子点と同位を示す場合である．3回らせん軸では，120° 回転した後，回転軸方向に1/3周期だけ並進操作を加えるが，**図2**に示すとおり，右回りと左回りのらせんがあるので，これらを区別するため，3回らせん軸は，右回り(3_1)と左回り(3_2)と記述する．同様に3種類の4回らせん軸，5種類の6回らせん軸がある(問題 6.2，表1参照)．

映進面(glide plane)とは，鏡面に対で映し，鏡面と平行な軸方向に並進する操作が

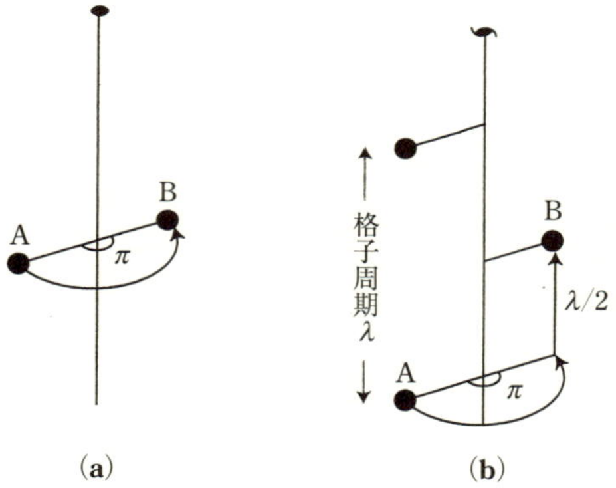

図1 (a)2回回転軸対称，(b)2回らせん軸対称

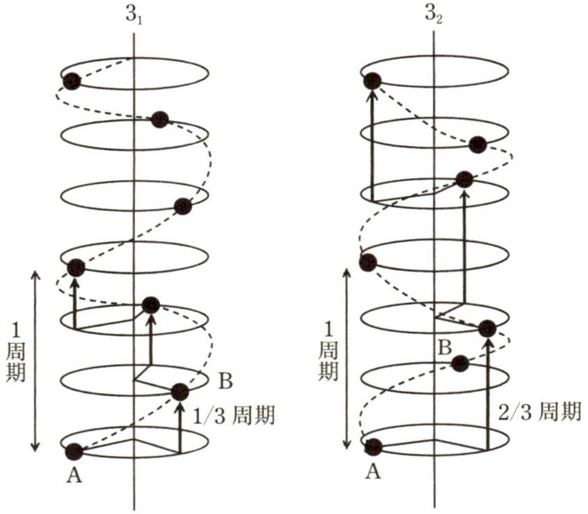

図2　3回らせん軸対称

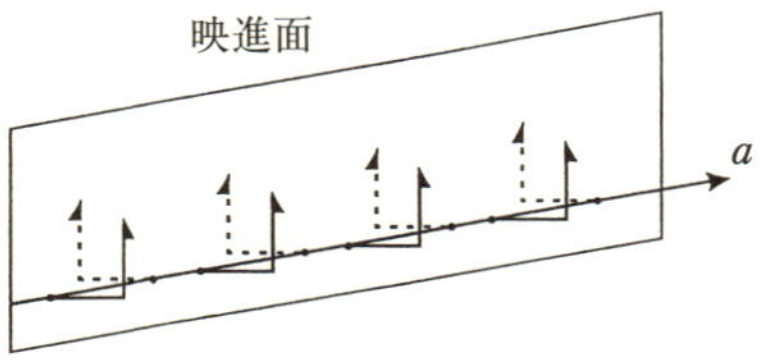

図3　映進操作の例（$\boldsymbol{a}$ 軸方向に $a/2$ 周期進んでは鏡面操作で面の反対に移動するという操作を繰り返して同位しつつ進む場合）

加わる場合で，鏡面操作に対して並進操作（$a/2$ 並進）が $\boldsymbol{a}$ 軸に平行な方向に加わった場合（**図3**参照）を，軸映進面 a という．同様に，軸映進面 b および c がある．また，対角方向の並進による対角映進面 n がある．さらに，体心方向の 1/4 平行移動による並進を伴うダイヤモンド映進面 d を加え，5種類がある．これらの映進面に関する記号および符号を鏡面を含めてまとめると，**表1**のとおりである．

表 1　映進面の記号および符号

記号	対称面	符号 投影面に直交	符号 投影面に平行	映進の内容
m	鏡面(反射面)			投影面からの高さ(z)を示す場合，例えば $z=1/4$ のときは 1/4 と付記する
a, b	軸映進面			[100]に $a/2$；[010]に $b/2$；<100> に $a/2$ または $b/2$
c			な　し	z 軸に $c/2$；または菱面体の軸では[111]に$(a+b+c)/2$
n	対角映進面			$(a+b)/2$，$(b+c)/2$，$(c+a)/2$；あるいは正方，立方では$(a+b+c)/2$ の場合もある
d	ダイヤモンド映進面			$(a\pm b)/4$，$(b\pm c)/4$，$(c\pm a)/4$；正方，立方では$(a\pm b\pm c)/4$ の場合もある

問題 6.2

結晶は，三次元の周期配列を持ち，その周期性(結晶格子)が通常扱う範囲では無限に続くことが特徴である．この結晶の幾何学を特徴づける対称性について，結晶で許される「対称要素」という視点で説明せよ．

解　ある格子点を回転させたり，一定距離だけ平行移動させたりして動かしたとき，格子点相互の位置関係が動かす前後で全く区別がつかない場合に，その動かし方を「対称操作」という．また，このような対称操作を行ったとき，それ自身に戻る格子点がある場合を「対称要素」という．この対称要素(の起点)としては，点，線および面が考えられ，それぞれの対称操作を「反転」，「回転」および「鏡映」という．回転は，軸の周りの対称操作で理解が容易である．反転操作の場合に動かない点を対称中心(あるいは対称心)という．一方，鏡映操作は，対象とする面に垂直な 2 回軸の周りで 180 度回転したあと反転した場合と同じである．同様に，反転操作を他の回転軸と組み合わせて表すことが可能で，このような操作を「回反」という．したがって，反転は，1 回回反ということもできる．これらの事項を踏まえ，結晶の対称性を要約すれば，以下のとおりである．

原子配列に周期性を持つ結晶中で許される対称要素は，まず併進を含まない「回転と回反」の要素は，1，2，3，4，6 の回転軸，反転(i で表す)および 2，3，4，6 の回反軸(それぞれ，$\bar{2}, \bar{3}, \bar{4}, \bar{6}$ で表す)の 10 種類がある．ただし，独立な要素としては 3

回回反軸($\bar{3}$)および，6回回反軸($\bar{6}$)を除く8種類である．

一方，並進を含む場合は，回転とその軸方向への並進を持つ「らせん軸」，鏡映面とそれに平行な並進を持つ「映進面」を考える必要がある．結晶中でこれらの要素を表すためには，それらの位置とともに軸方向，並進方向を規定する必要があり，具体的には**表1**に示す11種類のらせん軸と5つの映進面の並進操作の組み合わせが認められる．

表1　併進を含む対称要素

記　号	対称要素	図の上の記号	併　進
2_1	2回らせん		$c/2$, $a/2$ または $b/2$
3_1	3回らせん		$c/3$
3_2			$2\,c/3$
4_1	4回らせん		$c/4$
4_2			$2\,c/4$
4_3			$3\,c/4$
6_1	6回らせん		$c/6$
6_2			$2\,c/6$
6_3			$3\,c/6$
6_4			$4\,c/6$
6_5			$5\,c/6$
a, b	軸映進面		紙面に平行な併進($a/2$, $b/2$ など)
c			紙面に垂直な併進($c/2$ など)
n	対角映進面		$(a+b)/2$ など
d	ダイヤモンド映進面		$(a+b)/4$ など

一方，**図1**の例のように，ある点を中心に何回か対称操作すると，元に戻ることが確認できる．このように，結晶における周期的配列をある点の周りの対称操作(図2参照)，1点の周囲で対称が群を構成する組み合わせを「点群」という．言い換えると，点群とは8種類の対称要素を組み合わせで表現できる対称性のことで，三次元の周期的配列を持つ結晶について32種類あることがわかっている．

点群について，要点を整理すると以下のとおりである．

1. 回転のみを対称要素とする点群(5種類)
2. 回反軸のみを対称要素とする点群(5種類)
3. n回回転軸と2回の回転軸とが直交している点群(4種類)
4. n回回転軸と垂直な鏡映面を持つ点群(3種類)．3回軸に垂直な対称面がある場合は，回反軸のみを対称要素とする点群に含まれるので除く．
5. n回回転軸に平行な鏡映面を持つ点群(4種類)
6. 点群222，32，422，622に，n回回転軸に垂直に鏡映面像を入れた点群(4種

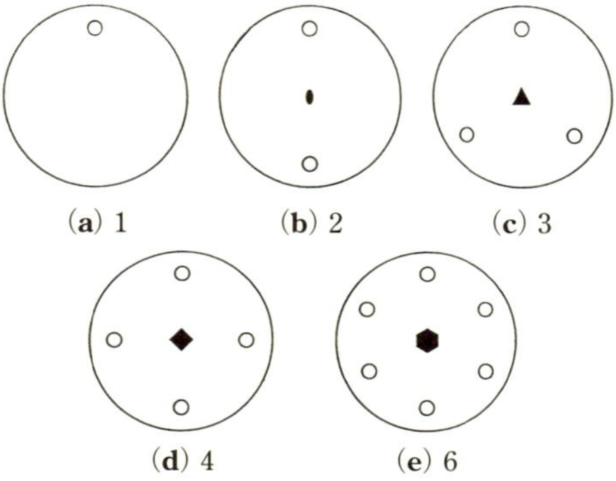

図1　回転のみを対称要素とする点群

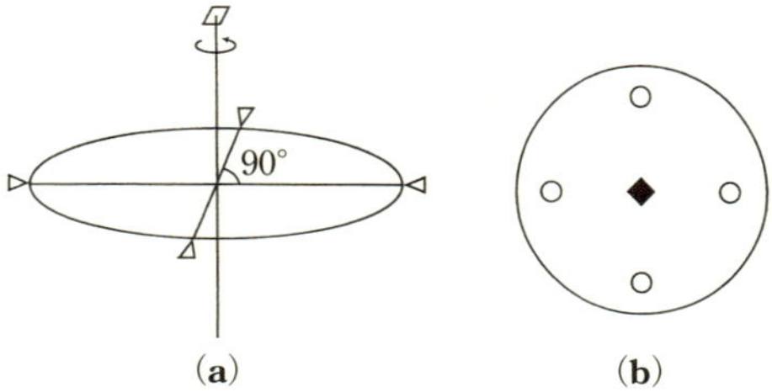

図2　4回回転軸(a)とその表記(b)との対応例

類)

7. 点群 222，32 に，紙面に平行な 2 つの 2 回回転軸のなす角度を二等分する鏡映面を入れた点群(2 種類)
8. 4 本の 3 回回転軸が互いに四面体角(109.471°)をなして交わっている点群(1 種類)と八面体角(70.529°)をなして交わっている点群(1 種類)
9. 点群 23，432 に，いくつかの鏡映面を入れてできる点群(3 種類)

この 32 通りの点群の表し方には，シェーンフリース(Shönflies)の表記とヘルマン-モーガン(Herman-Mauguin)の表記の 2 種類があり，これらの相互関係は**表 2** に示すとおりである．結晶学では，ヘルマン-モーガンの表記が使われる．ただし，対称性の高い組み合わせの場合，簡略記号を用いる．例えば，4 回軸と 3 回軸および 2 回軸を組み合わせた立方体を表記する点群 $4\bar{3}2$ において，最高の対称性は，4 回軸に垂直に対する鏡面 $4/m$，3 回回反軸 $\bar{3}$，および 2 回軸に垂直に対する鏡面 $2/m$ となるので，本来の表記は $4/m\bar{3}2/m$ となる．しかし，通常，$m\bar{3}m$ の省略形を使う．

表 2　32 種の点群対称とその表記法：
ヘルマン–モーガンとシェーンフリース法

ヘルマン–モーガン法	シェーンフリース法	ヘルマン–モーガン法	シェーンフリース法
1	C_1	$\overline{3}$	C_{3i}
$\overline{1}$	C_i	32	D_3
2	C_2	$3m$	C_{3v}
m	C_s	$\overline{3}m$	$D_{3\alpha}$
$2/m$	C_{2h}	6	C_6
222	D_2	$\overline{6}$	D_{3h}
$mm2$	C_{2v}	$6/m$	C_{6h}
mmm	D_{2k}	622	D_6
4	C_4	$6mm$	C_{6v}
$\overline{4}$	S_4	$\overline{6}m2$	D_{3h}
$4/m$	C_{4h}	$6/mmm$	D_{6h}
422	D_4	23	T
$4mm$	C_{4v}	$\overline{m}3$	T_h
$\overline{4}2m$	$D_{2\alpha}$	432	O
$4/mmm$	D_{4h}	$\overline{4}3m$	T_α
3	C_3	$m\overline{3}m$	O_h

問題 6.3

結晶の構造解析に，空間群という数学的な考え方が利用されている．空間群について，単斜晶系の空間格子を例に説明せよ．

解　32 種類の点群を，回転軸の次数を基礎に整理すると，すべての結晶は 7 種類の結晶系のいずれかに分類できる．さらに，結晶内の周期的配列を，鏡映，回転，反転，回反という 4 種類の対称操作と 11 種類のらせん軸，5 種類の映進面の並進操作を組み合わせ，すべての可能な結晶系について検討した結果，原子の幾何学的配置は，230 種類(「空間群」と呼ぶ)に分類できることがわかっている．この 230 種類という組み合わせ数は，構造解析とは無関係に，数学的に厳密に証明されている．言い換えると，結晶の規則配列の種類は，230 種類のどれか 1 つで表現できることになる．

例えば，単斜晶系の空間格子は，単位格子に 1 個の格子点しか含まない単純格子(P)および a 軸と b 軸で決まる C 面の中心に格子点がある一面心格子(C)がある．点群対称は 2, m および $2/m$ で，これにらせん軸と映進面(この場合は c 映進面)を付加することになるので，$2_1, c, 2_1/m, 2/c$ および $2_1/c$ の5種類が加わる．これらを考慮すると，単斜晶系の空間格子 P および C に対して，以下の13種類の組み合わせが可能となる．

P：$P2$，Pm，$P2/m$，$P2_1$，Pc，$P2_1/m$，$P2/c$，$P2_1/c$　（8種類）

C：$C2$，Cm，$C2/m$，Cc，$C2/c$　（5種類）

なお，2回回転軸の間に必ず2回らせん軸が現れるので，C について 2_1 の対称を除いてある．他の結晶系についても同様の組み合わせを検討すればよいが，実際の作業としては，かなり複雑である．この点は，数学の課題として扱われ，すでに答え(230種類に限られること)が出ているので，この結果を利用する．この230種類の空間群については，International Table, Volume A に，対称要素，単位格子における等価位置などを示す図表とともに，構造解析に好都合な種々の情報が収録されているので，利用するとよい．

問題 6.4

対象物質の構造がどの空間群に所属するかを決める場合に，指標として重要なラウエ群(Laue group)について，説明せよ．

解　ラウエ群とは，32種類の点群の中で，対称中心を持つ11種類の点群のことで，これはラウエ写真などの回折実験によって得られる結晶の対称性は，結晶中における対称中心の有無にかかわらず，すべて対称中心を持つように観測されることに由来する．

X線構造解析により結晶の対称性を求める場合，観測できるのは逆格子の情報なので，まず逆格子の対称性を求め，その情報を基に結晶の対称性を得ることになる．結晶(実格子)の回転軸は逆格子の回転軸になり，逆格子点の重みの分布は，通常，対称中心を持つので，逆格子に現れる点群は対称中心を持つ点群，すなわちラウエ群のいずれかであると考えることが出発点となる．このことから，ラウエ群の対称要素および等価位置は，X線構造解析における極めて重要な基礎情報である．**図1**に，ラウエ群の対称要素および等価位置の配置を投影で示す．この図では，対称中心を通る球面を考え，対称要素がこの球面を切る場所をマークし，このマークを球の赤道面上に真上から投影したものに相当する．等価位置の配置は，巴形のマークで示され，この巴形の上面を白，下面を黒として表している．なお，赤道面上に鏡映面がある場合は，上下が反対になった2つの巴形マークが投影面上で重なり合うが，このような重なりは，白と黒のマークを重ねた形で図示する．また，ラウエ群と晶系との関係は，**表1**の(ブラベー格子などの関連情報を含む)とおりである．

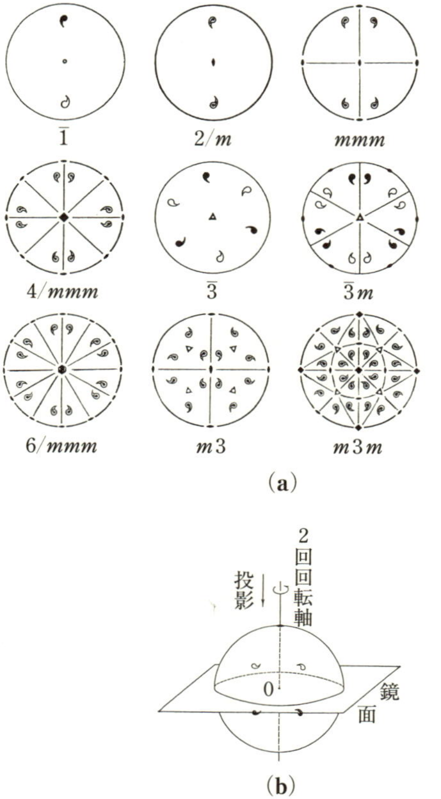

図 1　(a)ラウエ群の対称要素および等価位置．太い円周：紙面上にある鏡面，円周以外の線は鏡面と球の切り口の投影．(b)$2/m$ の投影例

表 1 3 次元の結晶系，ブラベー格子，結晶点群，ラウエ群

crystal family		結晶系 crystal system	結晶軸の定義	ブラベー格子 Bravais lattices	結晶点群 crystallographic point groups	ラウエ群
三斜晶 triclinic	a	三斜晶系 triclinic	なし	aP 単純格子	1	$\bar{1}$
単斜晶 monoclinic	m	単斜晶系 monoclinic	b 軸が直交軸の場合 $\alpha=\gamma=90°$	mP 単純格子 $mS(mC, mA, mI)$ 底心格子	$2, m$	$2/m$
			c 軸が直交軸の場合 $\alpha=\beta=90°$	mP 単純格子 $mS(mA, mB, mI)$ 底心格子		
斜方晶 orthorhombic	o	斜方晶系 orthorhombic	$\alpha=\beta=\gamma=90°$	oP 単純格子 $oS(oC, oA, oB)$ 底心格子 oI 体心格子 oF 面心格子	$222, mm2$	mmm
正方晶 tetragonal	t	正方晶系 tetragonal	$a=b$ $\alpha=\beta=\gamma=90°$	tP 単純格子 tI 体心格子	$4, \bar{4}$ $422, 4mm,$ $\bar{4}2m$	$4/m$ $4/mmm$
六方晶 hexagonal	h	三方晶系 trigonal	六方晶軸 (hexagonal axis) を 選択した場合 $a=b$ $\alpha=\beta=90°$ $\gamma=120°$	hP 単純格子	3 $32, 3m$	$\bar{3}$ $\bar{3}m$
			菱面体晶軸 (rhombohedral axis) を 選択した場合 $a=b=c, \alpha=\beta=\gamma$	hR 単純格子		
		六方晶系 hexagonal	$a=b$ $\alpha=\beta=90°$ $\gamma=120°$	hP 単純格子	$6, \bar{6}$ $622, 6mm,$ $\bar{6}2m$	$6/m$ $6/mmm$
立方晶 cubic	c	立方晶系 cubic	$a=b=c$ $\alpha=\beta=\gamma=90°$	cP 単純格子 cI 体心格子 cF 面心格子	23 $432, \bar{4}3m$	$m\bar{3}$ $m\bar{3}m$

問題 6.5

空間群 *Pnma* の軸名を同じ単位格子内で変更した場合について，ヘルマン-モーガンの表記による記号の変化を示せ．同様に，空間群 $Pna2_1$ の場合についても示せ．

解　標準となる軸 $\boldsymbol{abc}$ を基準として，$\boldsymbol{abc} \to \boldsymbol{b\bar{a}c} \to \boldsymbol{\bar{c}\bar{a}b} \to \boldsymbol{\bar{c}ba} \to \boldsymbol{bca} \to \boldsymbol{a\bar{c}b}$ と変化させた場合，以下のとおりである．この場合，原点を左上のコーナーにとって，$\boldsymbol{a}$ 軸を水平，$\boldsymbol{b}$ 軸を垂直，$\boldsymbol{c}$ 軸を紙面に垂直に右手系で定義することに注意する．

$$\boldsymbol{abc} \to \boldsymbol{b\bar{a}c} \to \boldsymbol{\bar{c}\bar{a}b} \to \boldsymbol{\bar{c}ba} \to \boldsymbol{bca} \to \boldsymbol{a\bar{c}b}$$

$$Pnma \to Pmnb \to Pbnm \to Pcmn \to Pmcn \to Pnam$$

$$Pna2_1 \to Pbn2_1 \to P2_1nb \to P2_1cn \to Pc2_1n \to Pn2_1a$$

上記の，*Pnma* の結晶軸 $\boldsymbol{abc}$ を $\boldsymbol{abc} \to \boldsymbol{\bar{c}\bar{a}b}$ のように置き換え，変換後の空間群表記が *Pbnm* になる例は，**図 1** の関係として表すことができる．なお，結晶軸を変えると原子座標 (x, y, z) のみでなく，逆格子軸 $(\boldsymbol{a}^*, \boldsymbol{b}^*, \boldsymbol{c}^*)$，反射指数 (hkl)，格子点 (u, v, w) なども変わる．International Tables，Volume A の p.70–79 には，各結晶系における軸変換に関する情報が変換マトリックスとして与えられているので，この変換マトリックスについて，補足する．

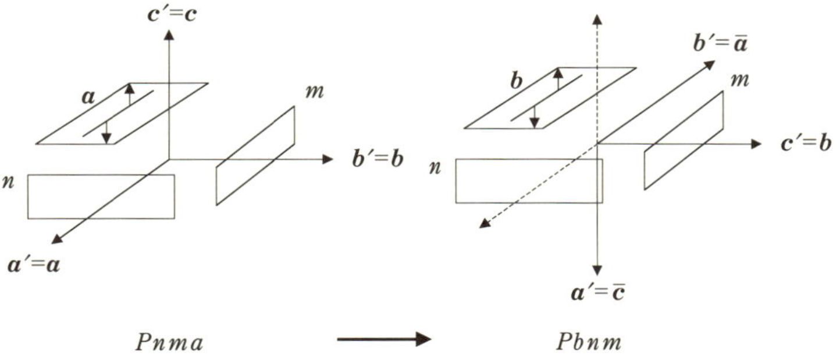

図 1　*Pnma* の結晶軸 $\boldsymbol{abc}$ を $\boldsymbol{\bar{c}\bar{a}b}$ に置き換え，空間群表記が *Pbnm* になる例

結晶軸 $\boldsymbol{a}, \boldsymbol{b}, \boldsymbol{c}$ を $\boldsymbol{a}', \boldsymbol{b}', \boldsymbol{c}'$ に変換する 3 行・3 列のマトリックス $\boldsymbol{P}$ は，行マトリックス $(\boldsymbol{a}, \boldsymbol{b}, \boldsymbol{c})$ を用いて，次式で与えられる．

$$(\boldsymbol{a}', \boldsymbol{b}', \boldsymbol{c}') = (\boldsymbol{a}, \boldsymbol{b}, \boldsymbol{c})\boldsymbol{P} \tag{1}$$

反射指数 $(h\ k\ l)$ も，同様に変換される．

$$(h', k', l') = (h, k, l)\boldsymbol{P} \tag{2}$$

$\boldsymbol{P}$ の逆マトリックスを $\boldsymbol{Q}(=\boldsymbol{P}^{-1})$ とすれば，原子座標，逆格子軸および格子点の

変換は，列マトリックス (x, y, z)，$(\boldsymbol{a}^*, \boldsymbol{b}^*, \boldsymbol{c}^*)$，および (u, v, w) を用いて次式で与えられる．

$$\left.\begin{array}{l}(x', y', z) = (x, y, z)\boldsymbol{Q}\\(\boldsymbol{a}^*, \boldsymbol{b}^*, \boldsymbol{c}^*) = (\boldsymbol{a}^*, \boldsymbol{b}^*, \boldsymbol{c}^*)\boldsymbol{Q}\\(u', v', w') = (u, v, w)\boldsymbol{Q}\end{array}\right\} \quad (3)$$

空間群の軸名を同じ単位格子内で変更する場合の一般論を補足する．空間群の記号は，*Pnma* のように通常4個の記号で表され，結晶軸の方向に対して，それぞれの対称要素がどのような関係にあるかを示す．言い換えると，空間群の記号は結晶軸の選び方に依存する．ただし，比較的高い対称性の晶系では，軸の持つ意味が明確なので，結晶軸の選び方に伴う空間群表記の違いはあまり生じない．また，三斜晶系は軸に関する対称要素がないので空間群の表記は，$P1$ および $P\overline{1}$ のみである．結晶軸の選び方に空間群表記が依存するのは，主として単斜晶系あるいは斜方(直方)晶系である．単斜晶系では，$\boldsymbol{b}$ 軸を固定すると，他の軸の選択は二次元の面内に限られるので，$P2_1/c$，$P2_1/a$ および $P2_1/n$ で与えられる3種類の表記が同一の空間群であることを理解することは，比較的容易である．これに対して，3本の直交する軸からなる斜方(直方)晶系は，軸の選び方に任意性はないものの，名前の付け方は，$\boldsymbol{a}$ 軸の選び方が3種類，$\boldsymbol{a}$ 軸を固定した後 $\boldsymbol{b}$ 軸の選び方が2種類で，右手系に限定しても組み合わせは6種類となる．しかし，空間群の記号で軸に関係する表記は3つで，第1は底面心を表す記号，第2は軸または面を示す記号の現れる順序，第3は映進面の進む方向である．したがって，これらの要件を軸変換に従って変えればよい．例えば，空間に固定した3軸の方向を1，2，3，この3軸の方向にそれぞれ $\boldsymbol{a}, \boldsymbol{b}, \boldsymbol{c}$ の名前をつけて，組み合わせを考えれば，**表1** に示す6通りが得られる．

表1　斜方晶系における結晶軸の変換

	1	2	3	3*m*31
(1)	$\boldsymbol{a}$	$\boldsymbol{b}$	$\boldsymbol{c}$	*Cmca*
(2)	$\boldsymbol{a}$	$-\boldsymbol{c}$	$-\boldsymbol{b}$	*Bmab*
(3)	$\boldsymbol{b}$	$\boldsymbol{c}$	$\boldsymbol{a}$	*Abma*
(4)	$\boldsymbol{b}$	$-\boldsymbol{a}$	$-\boldsymbol{c}$	*Ccmb*
(5)	$\boldsymbol{c}$	$\boldsymbol{a}$	$\boldsymbol{b}$	*Bbcm*
(6)	$\boldsymbol{c}$	$-\boldsymbol{b}$	$-\boldsymbol{a}$	*Acam*

仮に，表1のケース(1)の場合を *Cmca* と表記し，前の方から順に，空間格子の記号，対称要素1の記号，対称要素2の記号，対称要素3の記号とする．このケース(1)に付した記号 *Cmca* は仮の表記で，軸の名前の付け方に依存するので，固定軸のを1，2，3に関連する記号 3*m*31 を，表1の右上端に記す．このように設定すれば，

6通りの変化は順次決まり，表1の右端の欄の表記が得られる．例えばケース(3)は，軸3が $\boldsymbol{a}$ で与えられるので空間格子は A，対称要素1は $\boldsymbol{a}$ 軸に対する映進面の方向で b，対称要素2は $\boldsymbol{b}$ 軸が軸1と一致するので，そのまま m，対称要素3は $\boldsymbol{c}$ 軸に対する映進面の方向で a となるので，表記は $Abma$ となる．

いずれにしても，各結晶系における軸変換に関する情報は，International Table を必用に応じてこれらを利用する．

問題 6.6

空間群 $Pnma$ について，International Tables for Crystallography Volume A では，下記の情報が与えられている．要点を説明せよ．

$Pnma$	D_{2h}^{16}	mmm	Orthorhombic
No. 62	$P\ 2_1/n\ 2_1/m\ 2_1/a$		Patterson symmetry $Pmmm$

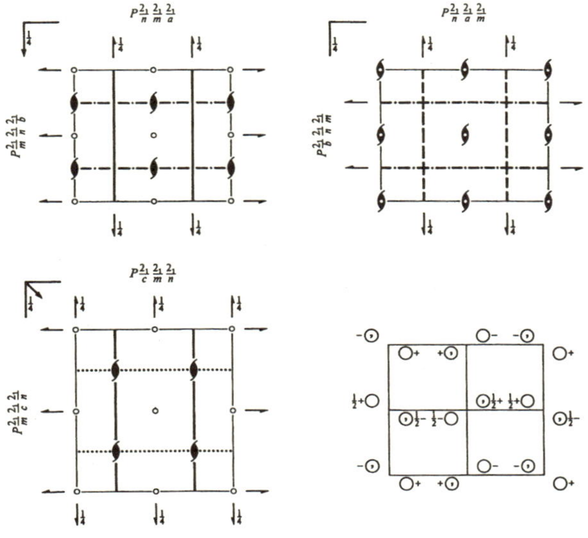

Origin at $\bar{1}$ **on 1 2_1 1**

Asymmetric unit $0 \le x \le \frac{1}{2}$; $0 \le y \le \frac{1}{4}$; $0 \le z \le 1$

Symmetry operations

(1) 1　(2) $2(0,0,\frac{1}{2})$ $\frac{1}{4},0,z$　(3) $2(0,\frac{1}{2},0)$ $0,y,0$　(4) $2(\frac{1}{2},0,0)$ $x,\frac{1}{4},\frac{1}{4}$

(5) $\bar{1}$ 0,0,0　(6) a $x,y,\frac{1}{4}$　(7) m $x,\frac{1}{4},z$　(8) $n(0,\frac{1}{2},\frac{1}{2})$ $\frac{1}{4},y,z$

Generators selected (1); $t(1,0,0)$; $t(0,1,0)$; $t(0,0,1)$; (2); (3); (5)

Positions

Multiplicity Wyckoff letter, Site symmetry			Coordinates				Reflection conditons
							General:
8	d	1	(1) x,y,z	(2) $\bar{x}+\frac{1}{2},\bar{y},z+\frac{1}{2}$	(3) $\bar{x},y+\frac{1}{2},\bar{z}$	(4) $x+\frac{1}{2},\bar{y}+\frac{1}{2},\bar{z}+\frac{1}{2}$	$0kl$: $k+l=2n$
			(5) $\bar{x},\bar{y},\bar{z}$	(6) $x+\frac{1}{2},y,\bar{z}+\frac{1}{2}$	(7) $x,\bar{y}+\frac{1}{2},z$	(8) $\bar{x}+\frac{1}{2},y+\frac{1}{2},z+\frac{1}{2}$	$hk0$: $h=2n$
							$h00$: $h=2n$
							$0k0$: $k=2n$
							$00l$: $l=2n$
							Special: as above, plus
4	c	$.m.$	$x,\frac{1}{4},z$	$\bar{x}+\frac{1}{2},\frac{3}{4},z+\frac{1}{2}$	$\bar{x},\frac{3}{4},\bar{z}$	$x+\frac{1}{2},\frac{1}{4},\bar{z}+\frac{1}{2}$	no extra conditions
4	b	$\bar{1}$	$0,0,\frac{1}{2}$	$\frac{1}{2},0,0$	$0,\frac{1}{2},\frac{1}{2}$	$\frac{1}{2},\frac{1}{2},0$	hkl : $h+l, k=2n$
4	a	$\bar{1}$	$0,0,0$	$\frac{1}{2},0,\frac{1}{2}$	$0,\frac{1}{2},0$	$\frac{1}{2},\frac{1}{2},\frac{1}{2}$	hkl : $h+l, k=2n$

Symmetry of special projections

Along [001] $p2gm$	Along [100] $c2mn$	Along [010] $p2gg$
$\boldsymbol{a}'=\frac{1}{2}\boldsymbol{a}$ $\boldsymbol{b}'=\boldsymbol{b}$	$\boldsymbol{a}'=\boldsymbol{b}$ $\boldsymbol{b}'=\boldsymbol{c}$	$\boldsymbol{a}'=\boldsymbol{c}$ $\boldsymbol{b}'=\boldsymbol{a}$
Origin at $0,0,z$	Origin at $x,\frac{1}{4},\frac{1}{4}$	Origin at $0,y,0$

Maximal non-isomorphic subgroups

I	**[2]**$P\ 2_1\ 2_1\ 2_1$	1;2;3;4
	[2]$P\ 1\ 1\ 2_1/a(P\ 2_1/c)$	1;2;5;6
	[2]$P\ 1\ 2_1/m\ 1(P\ 2_1/m)$	1;3;5;7
	[2]$P\ 2_1/n\ 1\ 1(P\ 2_1/c)$	1;4;5;8
	[2]$P\ n\ m\ 2_1(Pmn\ 2_1)$	1;2;7;8
	[2]$P\ n\ 2_1\ a(Pna\ 2_1)$	1;3;6;8
	[2]$P\ 2_1 m\ a(Pmc\ 2_1)$	1;4;6;7
IIa	none	
IIb	none	

Maximal isomorphic subgroups of lowest index

IIc [3]$Pnma(\boldsymbol{a}'=3\boldsymbol{a})$; [3]$Pnma(\boldsymbol{b}'=3\boldsymbol{b})$; [3]$Pnma(\boldsymbol{c}'=3\boldsymbol{c})$;

Minimal non-isomorphic supergroups

I none

II [2]$Amma$ ($Cmcm$); [2]$Bbmm$ ($Cmcm$); [2]$Ccmb$($Cmca$); [2]$Imma$; [2]$Pnmm(2\boldsymbol{a}'=\boldsymbol{a})$ ($Pmmn$); [2]$Pcma(2\boldsymbol{b}'=\boldsymbol{b})$ ($Pbam$); [2]$Pbma(2\boldsymbol{c}'=\boldsymbol{c})$ ($Pbcm$)

解　短縮形ヘルマン–モーガンの表記による空間群 *Pnma* は，ブラベー格子が単純格子(P)であること，対称要素は $2_1/n$: $\boldsymbol{a}$ 軸方向に 2_1 らせん軸とそれに垂直な対角映進面，$2_1/m$: $\boldsymbol{b}$ 軸方向に 2_1 らせん軸とそれに垂直な鏡面，$2_1/a$: $\boldsymbol{c}$ 軸方向に 2_1 らせん軸とそれに垂直な a 映進面であることを示している．シェーンフリースの表記による記号は D_{2h}^{16}，点群 *mmm*，斜方晶系(orthorhombic)であること，パターソン(Patterson)関数の空間群表記は *Pmmm* で与えられることが示されている．パターソン関数は，実測で得られる構造因子の二乗のフーリエ合成として得られる関数で，結晶内の電子密度マップを求めるのに利用される(パターソン関数の詳細は他の教科書，例えば，桜井敏雄，X 線結晶解析，裳華房(1967)を参照)．

回転軸記号が付された 3 枚の図は，3 軸方向から投影した対称要素の配置を示す．斜方晶系標準セットでは，(左上①)左上コーナーを原点として，縦 $\boldsymbol{a}$ 軸・横 $\boldsymbol{b}$ 軸の $\boldsymbol{c}$ 軸投影図，(右上②)右上コーナーを原点として，縦 $\boldsymbol{a}$ 軸・横 $\boldsymbol{c}$ 軸の $\boldsymbol{b}$ 軸投影図，(左下③)左下コーナーを原点として，縦 $\boldsymbol{c}$ 軸・横 $\boldsymbol{b}$ 軸の $\boldsymbol{a}$ 軸投影図が，右手座標系で示される．投影図には，結晶軸変換で変わる 6 個の空間群記号が示され，①，②，③の図において，横軸に記された空間群は，$\boldsymbol{abc}$(基本軸)と $\boldsymbol{a\bar{c}b}$, $\boldsymbol{\bar{c}ba}$ という軸変換に対応する *Pmnb*，*Pbnm*，*Pmcn* である．また，縦軸の空間群は，$\boldsymbol{b\bar{a}c}$, $\boldsymbol{\bar{c}\bar{a}b}$, $\boldsymbol{bca}$ という軸変換に対応する *Pmnb*，*Pbnm*，*Pmcn* が示されている．なお，対称要素記号の横の 1/4 という数字は，投影方向における単位格子内の高さを表している．

右下④の図は，左上と同じ投影における等価位置(equivalent position)を表しており，一般位置の原子が，単位格子内でどのような配列をとるかという情報を提供する．○または⊙は等価点を示す記号で，○と⊙は互いに鏡像の関係にある．○の横の $+$，$-$，$\frac{1}{2}+$，$\frac{1}{2}-$ は，その等価点の投影方向における座標で，この場合は，$+z$，$-z$，$\frac{1}{2}+z$，$\frac{1}{2}-z$ を意味している．その他，与えられている情報を要約すれば，以下のとおりである．

origin(原点)：空間群表で採用した原点を示す．International Table では原則として対称中心を持つ空間群では，対称中心の位置を，対称中心のない空間群では最も対称性の高い席対称(site symmetry)の位置を原点とする．

asymmetic unit(非対称単位)：単位格子中の独立な領域が *Pnma* では $0 \leq x \leq \frac{1}{2}$, $0 \leq y \leq \frac{1}{4}$, $0 \leq z \leq 1$ であることを示す．

symmetry operations(対称操作)：対称操作に関係した対称要素とその位置を示す．空間群 *Pnma* では等価点 8 個に対称操作(1)から(8)までが対応する．

generators(生成元)：座標 x, y, z から一般位置のすべての等価点を生成するのに必要な対称操作を与える．例えば，(1)の $t(1, 0, 0)$，$t(0, 1, 0)$，$t(0, 0, 1)$ は，一般位置の(1)に記述されている座標 x, y, z を $\boldsymbol{a}$ 軸，$\boldsymbol{b}$ 軸，$\boldsymbol{c}$ 軸方向へ1周期移動する並進操作を示す．

Wyckoff positions(ワイコフ位置)：ワイコフ位置は，席対称を考慮する場合における等価点の情報を示し，結晶内位置の集合と定義されている．具体的には，以下の(a)から(e)の情報が一般位置と特殊位置とに分類されて，空間群表に記述されている．

（a）　multiplicity(多重度)：ワイコフ位置における多重度のことで，単位格子内にある等価点の数で，一般位置の多重度は，その空間群が属する点群の位数(order)に等しい．一方，特殊位置の多重度は，一般位置の多重度の除数で与えられる．例えば，特殊位置4cにおける等価点の数は，一般等価位置の1/2である．すなわち，一般位置の多重度8に対して，特殊位置の多重度は4である(一般等価位置が2個重なることで，1つの特殊位置に対応する)．なお，結晶面について使用していた多重度とは，意味が異なっている．

（b）　Wyckoff letter(ワイコフ記号)：情報の整理の都合上付けられた記号である．通常，席対称の高い順に，特殊位置の欄の一番下を a とし，一般位置までをアルファベット順に遡る形で記号を付す．例えば，空間群 $Pnma$ における原子位置は，一般位置が $8d$，特殊位置が順に $4c, 4b, 4a$ である．

（c）　site symmetry(席対称)：原子位置がもっている対称性のことで，空間群 $Pnma$ では，4個の原子が8個の対称中心位置を占める占め方は2通りあり，特殊位置 $4a$ と $4b$ が対応する．また，$4c$ の特殊位置には鏡面対称(m)がある．なお，対称の方向性を明確にするため，$.m.$ のように，無関係な軸方向をドットで示す(この $.m.$ では b 軸に垂直な鏡面対称が存在することに対応する)．

（d）　cordinates(原子座標)：平行六面体を単位格子にとって $\boldsymbol{a}$，$\boldsymbol{b}$，$\boldsymbol{c}$ 軸に対応した座標を x,y,z とする．この単位格子の長さを1に規格化する．空間群 $Pnma$ では，1個の原子が存在すると，単位格子内に，必ず8個の原子が，以下の座標点に存在する．(x, y, z)，$\left(-x+\frac{1}{2}, -y, z+\frac{1}{2}\right)$，$\left(-x, y+\frac{1}{2}, -z\right)$，$\left(x+\frac{1}{2}, -y+\frac{1}{2}, -z+\frac{1}{2}\right)$，$(-x, -y, -z)$，$\left(x+\frac{1}{2}, y, -z+\frac{1}{2}\right)$，$\left(x, -y+\frac{1}{2}, z\right)$$\left(-x+\frac{1}{2}, y+\frac{1}{2}, z+\frac{1}{2}\right)$．ここで，$-x$ は $\bar{x}$ のことである．

（e）　reflection conditions(反射の条件)：消滅則に関する情報が，一般位置に原子がある場合について与えられている．例えば，$0kl$:$k+l=2n$(n は整数)は，$0kl$ に対応する面の反射に対し，$k+l$ が奇数の場合は結晶構造因子がゼロで，偶数の場合はゼロでないことを示す．一方，原子が特殊位置にのみある場合に，一般位置に関する消滅則に加えて現れる消滅則が，special(特殊)として，ワイコフ記号ごとにリストアップされている．例えば，原子が $4a$ 位置にのみあれば，$h+l$ が奇数または k が奇

数の場合に，結晶構造因子がゼロとなる．

その他，symmetry of special projections（特殊投影における対称性）は，二次元空間群に対応する情報で，例えば，ゼロ層の二次元強度データを用いて逆格子面に垂直な方向に関する結晶構造の投影をしたい場合に利用する．各空間群表には，Along の後に与えられている投影方向に対して，垂直な面への 3 種類の投影が与えられている．結晶系が，三斜，単斜および斜方晶系では $\boldsymbol{c}$ 軸，$\boldsymbol{a}$ 軸および $\boldsymbol{b}$ 軸方向，正方晶系では $\boldsymbol{c}$ 軸，$\boldsymbol{a}$ 軸および [110] 方向，六方晶系では $\boldsymbol{c}$ 軸，$\boldsymbol{a}$ 軸および [210] 方向，三方晶系では [111]，[1$\bar{1}$0]，[2$\bar{1}\bar{1}$] 方向，立方晶系では [001]，[111] および [110] 方向に投影される．また，投影方向に続いて，空間群の投影で生成する面群に関する情報が，ヘルマン–モーガン記号（ここでは $p2gm$）で与えられる．その次の行は，面群の基本軸 a', b' との関係が，さらにその次の行には，面群の原点（ここでは，空間群の単位格子座標で 0,0,z）が示されている．

問題 6.7

単位格子の $\boldsymbol{a}_3$ 軸に沿って 4 回回転対称軸，4_1 および 4_2 らせん軸がそれぞれ存在する 3 種類の場合について，構造因子 F_{hkl}，および $|F_{hkl}|^2$ を求め，単位格子中の 1 個の原子に関する影響を検討して，回折強度が観測できる条件を示せ．

解　1.　4 回回転対称軸を持つ単位格子中の原子位置は，x, y, z; $\bar{y}, x, z$; $\bar{x}, \bar{y}, z$; $y, \bar{x}, z$ で与えられる．この場合の構造因子 F_{hkl} および $|F_{hkl}|^2$ は，次式で与えられる．

$$\begin{aligned}F_{hkl} &= fe^{2\pi ilz}\{e^{2\pi i(hx+ky)}+e^{2\pi i(kx-hy)}+e^{-2\pi i(hx+ky)}+e^{-2\pi i(kx-hy)}\}\\ &= 2fe^{2\pi ilz}\{\cos 2\pi(hx+ky)+\cos 2\pi(kx-hy)\}\\ &= 4fe^{2\pi ilz}\cos\pi\{(h+k)x-(h-k)y\}\cos\pi\{(h-k)x+(h+k)y\}\end{aligned}$$

$$|F_{hkl}|^2 = 16f^2\cos^2\pi\{(h+k)x-(h-k)y\}\cos^2\pi\{(h-k)x+(h+k)y\}$$

したがって，4 回回転対称軸を持つ単位格子中の原子について，回折強度が観測できる条件はない．

2.　4_1らせん軸を持つ単位格子中の原子位置は，x, y, z; $\bar{y}, x, z+\dfrac{1}{4}$; $x, y, z+\dfrac{1}{2}$; $y, \bar{x}, z+\dfrac{3}{4}$ で与えられる．

$$F_{hkl} = fe^{2\pi ilz}\{e^{2\pi i(hx+ky)}+e^{i\pi l/2}e^{2\pi i(kx-hy)}+e^{i\pi l}e^{-2\pi i(hx+ky)}+e^{i3\pi l/2}e^{-2\pi i(kx-hy)}\}$$

$l=4n$ の場合

$$F_{hkl} = fe^{2\pi ilz}\{e^{2\pi i(hx+ky)}+e^{2\pi i(kx-hy)}+e^{-2\pi i(hx+ky)}+e^{-2\pi i(kx-hy)}\}$$

$$|F_{hkl}|^2 = 16f^2\cos^2\pi\{(h+k)x-(h-k)y\}\cos^2\pi\{(h-k)x+(h+k)y\}$$

4 回回転軸の場合と同様に，回折強度が観測できない条件はない．

一方，$l=4n\pm1$ の場合

$$F_{hkl} = 2fe^{2\pi ilz}\{i\sin 2\pi(hx+ky) \mp \sin 2\pi(kx-hy)\}$$
$$|F_{hkl}|^2 = 4f^2\{\sin^2 2\pi(hx+ky) + \sin^2 2\pi(kx-hy)\}$$

また，$l=4n+2$ の場合

$$F_{hkl} = 4fe^{2\pi ilz}\sin\pi\{(h+k)x-(h-k)y\}\sin\pi\{(h-k)x+(h+k)y\}$$
$$|F_{hkl}|^2 = 16f^2\sin^2\pi\{(h+k)x-(h-k)y\}\sin^2\pi\{(h-k)x+(h+k)y\}$$

面指数が $00l$ の回折ピークについて，$l=4n$ の条件でのみ回折強度が観測される．

3.　4_2 らせん軸を持つ単位格子中の原子位置は，x, y, z; $\bar{y}, x, z+\frac{1}{2}$; $\bar{x}, \bar{y}, z$; $y, \bar{x}, z+\frac{1}{2}$ で与えられる．

$$F_{hkl} = 2fe^{2\pi ilz}\{\cos 2\pi(hx+ky) + e^{i\pi l}\cos 2\pi(kx-hy)\}$$

$l=2n$ の場合

$$F_{hkl} = 2fe^{2\pi ilz}\{\cos 2\pi(hx+ky) + \cos 2\pi(kx-hy)\}$$
$$|F_{hkl}|^2 = 4f^2\{\cos 2\pi(hx+ky) + \cos 2\pi(kx-hy)\}^2$$

$l=2n+1$ の場合

$$F_{hkl} = 2fe^{2\pi ilz}\{\cos 2\pi(hx+ky) - \cos 2\pi(kx-hy)\}$$
$$|F_{hkl}|^2 = 4f^2\{\cos 2\pi(hx+ky) - \cos 2\pi(kx-hy)\}^2$$

面指数が $00l$ の回折ピークについて，$l=2n$ の条件でのみ回折強度が観測される．

問題 6.8

単斜晶系の空間格子 $P2_1/c$（単純格子で b 軸と平行の2回らせん軸を持ち，すべり面が b 軸に垂直で，すべりの大きさが $c/2$ である）について，点対称の中心など，この空間格子の対称性を図示せよ．また，一般的な位置と特別な位置を表すとともに，消滅則を求めよ．

解

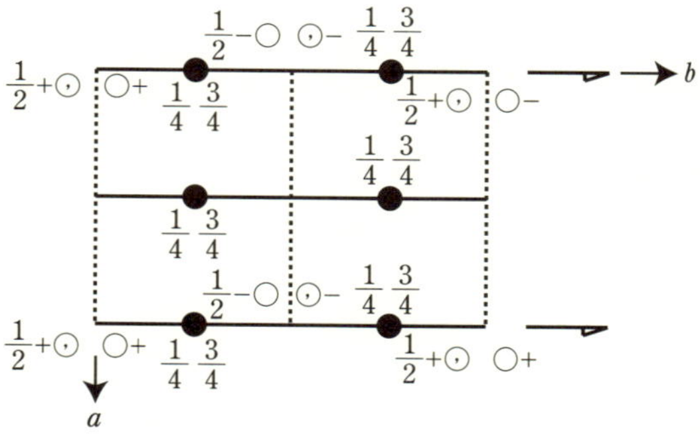

図1　単斜晶系の空間格子，黒丸：点対称の中心

2回らせん軸および映心面を**図1**のように仮定する．さらに図上に点対称の中心を黒丸で示す．この点対称の中心は，c 軸方向が $\frac{1}{4}$ または $\frac{3}{4}$ である．このうちの1つの点 $\left(0, \frac{1}{4}, \frac{1}{4}\right)$ に中心をとると，**図2**のように書ける．

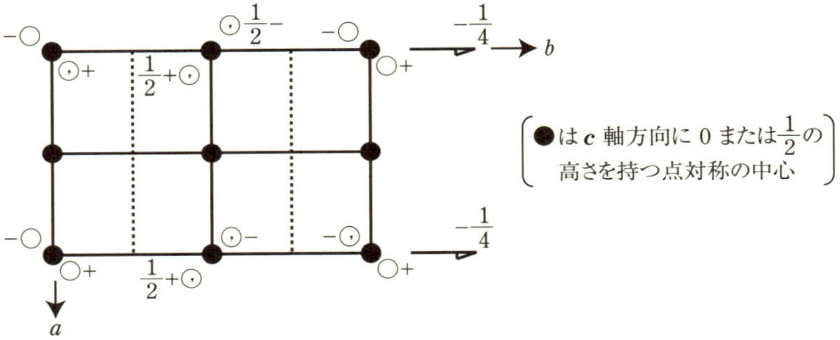

図2 $\left(0, \frac{1}{4}, \frac{1}{4}\right)$ に中心をとった場合の表現

したがって，一般的な位置は次のように表すことができる．

$$x, y, z;\ \bar{x}, \bar{y}, \bar{z};\ \bar{x}, \frac{1}{2}+y, \frac{1}{2}-z;\ x, \frac{1}{2}-y, \frac{1}{2}+z$$

さらに，特別な点としては図2の黒丸で示す点対称の中心がある．

$$(000) : \left(0\frac{1}{2}\frac{1}{2}\right),\ \left(\frac{1}{2}00\right) : \left(\frac{1}{2}\frac{1}{2}\frac{1}{2}\right)$$

$$\left(00\frac{1}{2}\right) : \left(0\frac{1}{2}0\right),\ \left(\frac{1}{2}0\frac{1}{2}\right) : \left(\frac{1}{2}\frac{1}{2}0\right)$$

消滅則は，以下のとおり求めることができる．なお，ここでは次式で与えられる三角関数の公式を利用した．

$$\begin{cases} \sin A+\sin B = 2\sin\dfrac{A+B}{2}\cos\dfrac{A-B}{2} \\ \cos A+\cos B = 2\cos\dfrac{A+B}{2}\cos\dfrac{A-B}{2} \\ \cos A-\cos B = 2\sin\dfrac{A+B}{2}\sin\dfrac{A-B}{2} \end{cases}$$

$$\frac{F}{f} = e^{2\pi i(hx+ky+lz)}+e^{2\pi i(-hx-ky-lz)} + e^{2\pi i\left\{-hx+k\left(\frac{1}{2}+y\right)+l\left(\frac{1}{2}-z\right)\right\}}+e^{2\pi i\left\{hx+\left(\frac{1}{2}-y\right)k+\left(\frac{1}{2}+z\right)l\right\}}$$

$$= \cos 2\pi(hx+ky+lz) - i\sin 2\pi(hx+ky+lz)$$

$$+\cos 2\pi(-hx-ky-lz) - i\sin 2\pi(-hx-ky-lz)$$

$$+\cos 2\pi\left\{-hx+\left(\frac{1}{2}+y\right)k+\left(\frac{1}{2}-z\right)l\right\} - i\sin 2\pi\left\{-hx+\left(\frac{1}{2}+y\right)k+\left(\frac{1}{2}-z\right)l\right\}$$

$$+\cos 2\pi\left\{hx+\left(\frac{1}{2}-y\right)k+\left(\frac{1}{2}+z\right)l\right\} - i\sin 2\pi\left\{hx+\left(\frac{1}{2}-y\right)k+\left(\frac{1}{2}+z\right)l\right\}$$

$$= 2\cos(2\pi,0)\cos 2\pi\frac{2(hx+ky+lz)}{2} + 2\cos 2\pi\frac{k+l}{2}\cos 2\pi(hx-ky+lz)$$

$$-i\sin 2\pi\frac{k+l}{2}\cos(hx-ky+lz)$$

$$= 2\cos 2\pi(hx+ky+lz) + 2\cos 2\pi\frac{(k+l)}{2}\cos 2\pi(hx-ky+lz)$$

①$k+l=2n$ のとき

$\dfrac{F}{f} = 4\cos 2\pi(hx+lz)\cos 2\pi ky$． この場合は，消滅は起こらない．

②$k+l=2n+1$ のとき

$\dfrac{F}{f} = -4\sin 2\pi(hx+lz)\sin 2\pi ky$． この場合，$h=l=0$ または $k=0$ の条件で消滅が起こる．

演習問題

第1章

1.1 Cu および Ag の X 線管球を使って K 特性 X 線を得るために必要な，管球の加速電圧（励起電圧）を算出せよ．なお，Cu および Ag の K 吸収端の波長は，それぞれ，0.1397 nm および 0.0486 nm である．

1.2 Cu-Kα 線に対するガリウムヒ素（GaAs）およびチタン酸バリウム（$BaTiO_3$）の質量吸収係数を求めよ．

1.3 空気の組成は，ほぼ 80 mass%N_2，20 mass%O_2 と見なしてよく，その密度は 1.29×10^{-3} Mg/m^3 = g/cm^3 である．厚さ 360 mm の常温，常圧の空気を Cu および Fe の Kα 線が通り抜けた場合，強度はそれぞれ何％減衰するか求めよ．

1.4 1 MeV の光子に対する Fe の原子断面積は，5.52[b] である．ここで [b] は単位バーンで，$1[\mathrm{b}] = 1\times10^{-28}[\mathrm{m}^2] = 1\times10^{-24}[\mathrm{cm}^2]$ の関係である．毎秒単位面積当たりの強度 $1\times10^{10}[\mathrm{m}^{-2}\cdot\mathrm{s}^{-1}]$ を持つ 1 MeV の X 線を Fe の板に照射した場合，単位体積（m^3）の Fe 中で毎秒どのくらいの相互作用が起こるか求めよ．なお，単位体積中で毎秒生じる相互作用数 R は，$R = \sigma N_a \Delta$ の関係で与えられる．ここで，σ は原子断面積，N_a は原子密度，Δ は毎秒単位面積当たりの強度である．

1.5 K 殻の電子が除去された場合について，元素が固有に持つ吸収端の波長 λ_K と臨界励起電圧 V_K との間にはどのような関係が成立するか述べよ．また，Mo の K 吸収端の波長は 0.06198 nm である．Mo-Kα 線の臨界励起電圧を求めよ．

1.6 光電吸収を生じ原子殻内の電子が原子から離脱して放出されるには，必ず原子の反跳を伴い，より内殻の電子の光電吸収効果の方が外殻の電子より優先する．ただし，原子の反跳エネルギーは無視できる程度に小さい．言い換えると自由電子による光電吸収は生じない．この点を運動量保存則の視点から説明せよ．

また，150 keV のエネルギーを持つ X 線を Pb 板に照射したところ，Pb 板の表面で K 殻の光電吸収が起こり，飛び出してきた光電子の速度を測定した結果 1.357×10^8 m/s であった．Pb 板の中で光電子のエネルギー損失がないと考えて，Pb の K 吸収端の値を求めよ．

1.7 水や空気など複数の元素によって構成される物質を 1 つの元素相当に置き換えると，X 線が及ぼす人体への影響などを議論する場合に便利である．このため，次式で与えられる実効元素番号 $\overline{Z}$ の値がしばしば使われる．

$$\overline{Z} = \sqrt[2.94]{a_1 Z_1^{2.94} + a_2 Z_2^{2.94} + \cdots}$$

ここで $a_1, a_2, \cdots$ は，原子番号 $Z_1, Z_2, \cdots$ の元素に属する電子の全電子数に対する割合である．水および空気の実効原子番号を求めよ．なお，空気は，重量比で窒素

75.5%，酸素 23.2%，アルゴン 1.3%で構成されるとして算出せよ．

1.8 モズレーの法則が成立するとして，W(原子番号 74)から放射される Kα 線のエネルギーを求めよ．ただし，Kα 線の発生について，遮へい定数はゼロ，リュドベリ定数は 1.097×10^7[m^{-1}] とする．

1.9 ストームの近似式が成立するとして，W 管球を管電圧 100 kV で運転した場合に 1[mAs^{-1}] 単位で単位立体角当たりに放出される特性 X 線の光子数を求めよ．ストームの近似式の比例定数は 4.25×10^8[$mAs^{-1} \cdot sr^{-1}$]，次数は 1.67 とする．なお，W の励起電圧は 69.5 keV である．また，この場合に得られる特性 X 線の平均エネルギーが 60.7 keV であった．強度を算出せよ．

1.10 100 keV のエネルギーを持つ X 線ビームを Fe 板に照射し，後方で測定したところ通過率が 0.65 であった．100 keV の X 線に対する Fe の質量吸収係数および密度は，それぞれ 0.215 cm^2/g および 7.87 g/cm^3である．Fe 板の厚さを求めよ．また，この場合，Fe 板の中で散逸したエネルギーは入射 X 線強度の 35%であることを確認せよ．

1.11 入射 X 線の強度を 50%にするのに必要な物質の厚さを半価層と呼ぶ．あるエネルギーを持つ X 線に対する Fe の半価層が 0.041[mm Fe] の場合について，入射 X 線の強度を 10%に減少させるために必要な厚さ 1/10 価層の値を求めよ．

1.12 固体物質内の電子を原子から離脱させるために必要な最小エネルギーを仕事関数と呼ぶ．X 線管球のフィラメントに使用される W について実験した結果，波長 274.3 nm の光照射の場合が限界値であった．仕事関数の値を求めよ．また，フィラメントに逆電圧をかけると電子の放出を阻止できる．W に波長 100 nm の光を照射した場合に，電子の放出を阻止するための逆電圧を算出せよ．

1.13 Mg の Kα 線および Kβ 線の波長は，それぞれ 0.9890 nm および 0.9521 nm である．この情報をもとに K 殻を基準とした場合の Mg の殻内準位について説明せよ．

第 2 章

2.1 立方格子について，$(\bar{1}10)$, $(11\bar{1})$, (102), (020), $(2\bar{2}0)$, $(11\bar{2})$ 面および $[001]$, $[100]$, $[110]$, $[210]$, $[122]$, $[1\bar{2}0]$ 方向を図示せよ．

2.2 体心立方構造および面心立方構造の最密充填面を示し，その密度を求めよ．

2.3 石墨と呼ばれるグラファイトは層状構造を持ち，炭素(C)原子が正六角形の頂点を占めている．この層状構造平面における単位格子を求めよ．

2.4 カリウム(K)は体心立方構造を示し，その格子定数は $a = 0.520$ nm である．

(a)最近接原子間距離および第 2 近接原子間距離を求めよ．

(b)最近接および第 2 近接の配位数を求めよ．

(c)結晶構造を基に密度を算出せよ．

2.5 六方稠密格子(hexagonal close-packed lattice)は，$c/a = \sqrt{8/3} = 1.633$ の場合に成立することが知られており，Mg は $c/a = 1.624$ と理想状態に近い．なお，Mg の密度およびモル質量はそれぞれ，$(1.74 \times 10^6$ g/m$^3)$ および 24.305 g である．

(a)単位格子の体積を求めよ．

(b)格子定数 a の値および最近接原子間距離を求めよ．

2.6 金属元素の代表的な結晶構造である面心立方格子，稠密立方格子および体心立方格子について，それぞれの充塡率(空隙率)を求めよ．参考として単純立方格子の充塡率も算出せよ．

2.7 CaS および MgS は，ともに NaCl 型の構造を示す．Ca^{2+} および Mg^{2+} イオンの半径はそれぞれ 0.099 nm および 0.065 nm である．一方，S^{2-} イオンの半径は 0.182 nm である．CaS および MgS 結晶における正負イオンの接触状況について説明せよ．

2.8 Al は面心立方構造で，格子定数は $a = 0.40497$ nm である．(100)，(111)面にある Al 原子間の距離を算出せよ．

2.9 配位数が小さくなると原子によって占有される体積は減少し，原子の大きさも小さくなることが予想されている．配位数が 12 から 8 に，12 から 4 に変化した場合の，原子半径の収縮の程度を算出せよ．

2.10 Fe は 1183 K(910℃)以下の温度の α 相および 1673 K(1400℃)以上の温度の δ 相は体心立方構造を，2 つの温度の間の γ 相では面心立方構造を示す．面心立方構造を示す γ 相のみが比較的大きな炭素(C)の溶解度を持つことが知られている．

(a)それぞれの構造に認められる空隙の立場から C の溶解度の違いについて説明せよ．

(b)一方，Ti は室温で六方稠密構造をとることが知られている．Ti の水素化物あるいは炭化物の形成傾向について構造の視点から説明せよ．

2.11 塩化ナトリウム(NaCl)は単位格子中に 4 分子を含むことが知られている．また，NaCl の 1 mol 当たりの分子量および 298 K における密度はそれぞれ，58.44 g および 2.164×10^6 g/m^3 である．NaCl の比容積および分子容を求めるとともに，NaCl 結晶中の Na^+ および Cl^- 間の距離を算出せよ．

2.12 臭化カリウム(KBr)は NaCl 型構造を持ち，K^+ および Br^- のイオン半径は，それぞれ 0.133 nm および 0.195 nm である．KBr の分子量は 119.00 である．

(a)イオン半径の加成性(additive property)を仮定し，KBr 結晶の格子定数および密度を求めよ．

(b)陰イオン同士が接触しないために必要な r^+/r^- 比を求めよ．

(c)K のハロゲン化物も NaCl 型構造を持つことが知られている．同じハロゲン元素について Rb 系ハロゲン化物の格子定数は，K 系に比べ約 0.028 nm 大きい．この差より Rb^+ イオンのイオン半径を求めよ．

2.13 閃亜鉛鉱(ZnS)型構造は，一方の元素が単位格子のコーナーおよび面心の位置を占め，他方の元素がダイヤモンド構造と同じ四面体配置のサイトを占める．なお，Zn^{2+} および S^{2-} のイオン半径は，それぞれ 0.074 nm および 0.184 nm である．

(a) Zn^{2+} イオンおよび S^{2-} イオンそれぞれについて最近接距離における配位数を求めよ．

(b) Zn^{2+} イオンが最近接距離にある他のイオンと形成する角度を求めよ．

(c) 正負イオンが接していると仮定し，陰イオン(S^{2-})同志が接触しないために求められる正負イオンの半径比 (r^+/r^-) を算出せよ．

(d) ZnS が NaCl 型構造をとらない理由について説明せよ．

2.14 塩化セシウム(CsCl)結晶の単位格子は，格子定数 $a = 0.4123$ nm の立方体の 8 つの頂点に Cs^+ が，立方体の中心に Cl^- が配列している．Cs^+ と Cl^- との距離および結晶の密度を求めよ．CsCl の分子量は 168.36 g である．

2.15 ZnS 型構造の最も簡単な構造はダイヤモンド型立方構造である．また，ダイヤモンド構造は，面心立方格子の単位格子中に含まれる 8 つのオクタントの中心にある四面体サイトに，1 つおきに 4 個の原子を加えた構造として説明できる．面心立方構造，ダイヤモンド構造および ZnS 型構造の相互関係についてポイントとなる点を図示して説明せよ．

注意：オクタントとは小さな立方単位格子の呼称である．

2.16 面心立方構造を持つ金属では，適度な応力が加わると (111) 面内において $[11\bar{2}]$ 方向に双晶を形成する変形が起こると予想されている．この双晶を形成して生ずる変形について，各原子の移動の様子を図示せよ．

2.17 金属元素の代表的な結晶構造である面心立方格子，六方稠密格子および体心立方格子について単位格子における原子配置を Z 軸に沿って描け．

2.18 ダイヤモンド構造および NaCl 構造について，単位格子における原子配置を，Z 軸方向の各層として描け．

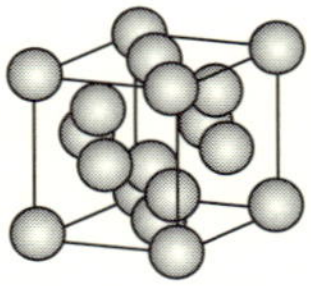
ダイヤモンド構造

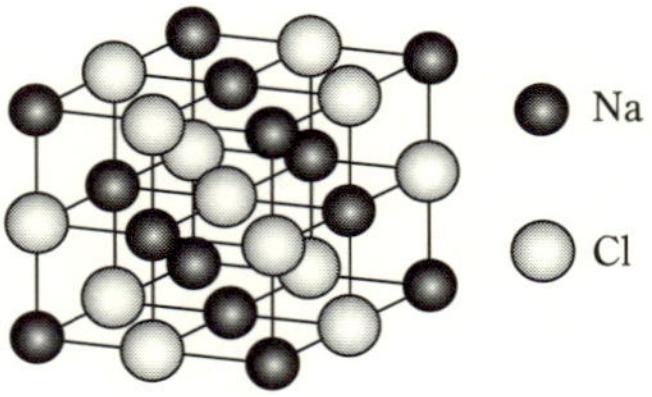

NaCl 構造

2.19 閃亜鉛鉱(ZnS)構造，ホタル石(CaF_2)構造およびルチル(TiO_2)構造について，単位格子における原子配置を Z 軸方向の各層として描け．

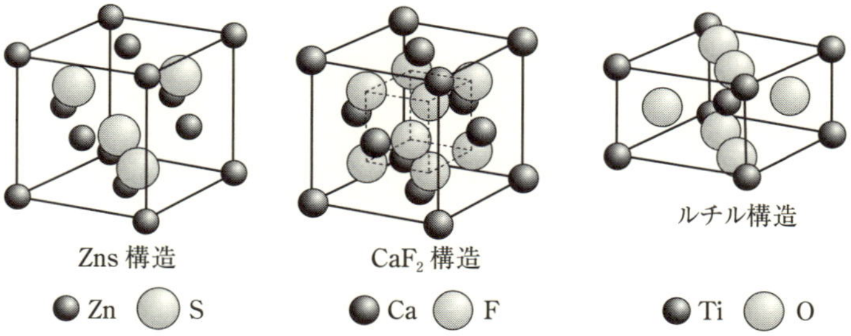

2.20 六方晶系における面を表す方法として，通常の ***hkl*** という 3 指数表示以外に ***HKiL*** という 4 指数表示を使う方法が知られている．方位についても同様な方法が用いられる．面の表現において 3 指数表示の (100), (010), (001) が等価に見えるが，(001) が他の 2 つとは等価でないことを，また (110) と $(1\bar{2}0)$ が等価であることを示せ．方位の表現において [100], [010], [001] はどの方位が等価でないかについて，4 指数表示することで示せ．また，$[10\bar{1}0]$ 方位は $(10\bar{1}0)$ 面と垂直になることを確認し図示せよ．

2.21 菱面体晶(rombohedral)と六方晶(hexagonal)との相互変換について説明せよ．

2.22 立方晶を有する結晶の(001)面あるいは(011)面に投影された標準ステレオ投影図を描け．

2.23 直交軸ならびに六方軸に相当する方向について，ステレオ投影図上に示せ．

2.24 (a)正方晶ピラミッド，および(b)正方晶両錘(tetragonal dipyramid)のステレオ投影図を示せ．なお，正方晶ピラミッドにおける特定の面の角座標についても示せ．

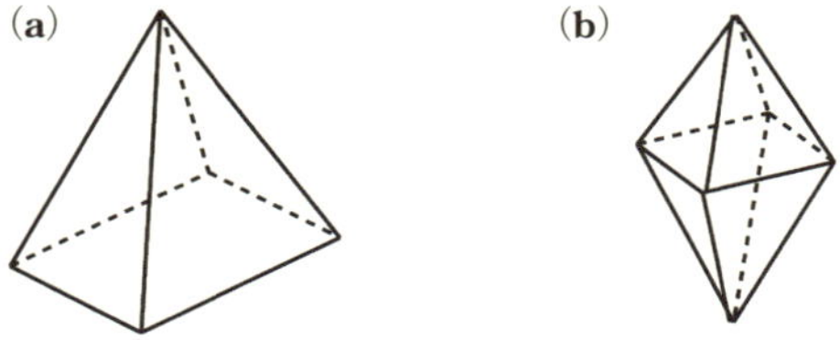

2.25 立方体の回転軸の位置を決定する方法を示せ．

第 3 章

3.1 273 K，1 m^3 の水(H_2O)に含まれる分子数および電子数を求めよ．

3.2 X 線が自由電子と衝突して角度 θ 方向の単位立体角当たりの領域内で起こ

る干渉性散乱の微分断面積 $d\sigma_e/d\Omega$ は，電子 1 個について次式で与えられる．

$$\frac{d\sigma_e}{d\Omega} = \frac{r_e}{2}(1+\cos^2\theta)\,[m^2/sr]$$

ここで r_e は古典的電子半径 $(2.8179\times10^{-15}\,m)$，単位 sr はステラジアンである．

(a) 散乱角 45° 方向に散乱される微分面積の値を単位立体角当たり，および単位散乱角当たりについて算出せよ．

(b) $d\sigma_e/d\Omega$ について，散乱角ゼロから π ラジアン (180°)π までの領域について求め，図示せよ．

3.3 100 keV のエネルギーを持ち，単位面積当たり $N_X = 2\times10^{12}[m^2]$ の X 線束が厚さ 20 mm の水層を通過する場合，非干渉性散乱によって散逸する単位面積当たりの光子数を求めよ．ただし，100 keV のエネルギーを持つ入射 X 線の非干渉性散乱断面積の 1 電子当たりの値は $\sigma_e = 70.01\times10^{-30}\,m^2$ である．

3.4 1 個の電子からの散乱強度は，距離 0.01 m のところでどの程度になるか偏光因子を無視して算出せよ．また，原子番号 12，1 mol 当たりの原子量が 24.305 g の Mg について，単位質量当たりの電子数を求め，1 g の Mg からの散乱強度は，距離 0.01 m のところで，どのくらいになるかを確認せよ．

3.5 波長 0.01 nm の X 線が自由電子と衝突し，散乱角 60° 方向に非干渉性散乱を起こした場合，散乱光子の波長を求めよ．また，その散乱光子のエネルギーを keV 単位で求めよ．

3.6 散乱角 180° の方向に非干渉性散乱を生じ，反跳電子のエネルギーは 30 keV であった．エネルギー保存則，運動量保存則が成立すると考えて散乱光子のエネルギーを算出せよ．ただし，光の速度を c，電子の運動量を p，静止質量を m_e とすると，電子の全エネルギー E との間に $\left(\frac{E}{c}\right)^2 - p^2 = (m_e c)^2$ の関係が成立するものとする．

3.7 電子のコンプトン散乱に伴う波長の変位(コンプトン波長)の値を求めよ．

3.8 水素原子の電子密度は，波動力学より次のように与えられる．

$$\rho = \frac{(e^{-2r/a})}{\pi a^2} \qquad a = 0.053\,\text{nm} = 0.53\,\text{A} \qquad \int \rho dV = 1$$

(a) $\left(\frac{\sin\theta}{\lambda}\right)$ の関数として，原子散乱因子 f および非干渉性散乱強度 $i(M)$ を導け．

(b) $\left(\frac{\sin\theta}{\lambda}\right) = 0.0, 0.2, 0.4$ のときの f および $i(M)$ の値を求めよ．

3.9 100 keV のエネルギーを持つ X 線が自由電子と衝突し，非干渉性散乱を生じた．反跳電子が放出された方向が入射 X 線の進行方向に対してゼロ(反跳角 = ゼロ)の場合について，散乱光子のエネルギーを求めよ．

ヒント：$\frac{1}{\tan\theta}$ がゼロ除算になって使えないので，$\theta \to 0$ の場合 $\phi \to 2\pi$ となることを応用する．

3.10 塩化第一銅(CuCl)は ZnS 構造を持ち，1 mol 当たりの分子量は 99.00 g，密度は 4.135×10^6 g/m^3 である．Mo-Kα 線(波長 $\lambda = 0.07107$ nm)を用いた場合，(111)面からの反射に相当する強いピークが観測される角度を求めよ．

3.11 酸化マグネシウム(MgO)のモル質量は 40.30 g，密度は 3.58×10^6 g/m^3 (298 K)であり，NaCl 構造を有する．(100)，(110)および(111)面からの散乱を生ずる$(\sin\theta/\lambda)$の値を求めるとともに，観測における状況について論ぜよ．

3.12 ウラン(U)は斜方晶で，単位格子中に 4 つの原子を含んでいる．単位格子の長さを単位として表すと，その位置 uvw は $0y\frac{1}{4}$; $0-y\frac{3}{4}$; $\frac{1}{2}\frac{1}{2}+y\frac{1}{4}$; $\frac{1}{2}\frac{1}{2}-y\frac{3}{4}$ で表される．ここで，y は任意の位置を表す．U のブラベー格子を求めよ．ついで，構造因子 F_{hkl} を求め，$|F_{hkl}|^2 = 0$ となる面指数の条件を示せ．

3.13 ホタル石 (CaF_2) 構造は，閃亜鉛鉱 (ZnS) で原子が満たされていなかった $\frac{3}{4}\frac{3}{4}\frac{3}{4}$ の位置にも原子が詰まった構造である．すなわち，Ca は 000; $\frac{1}{2}\frac{1}{2}0$; $0\frac{1}{2}\frac{1}{2}$; $\frac{1}{2}0\frac{1}{2}$ の位置を占め，F 原子は $\frac{1}{4}\frac{1}{4}\frac{1}{4}$; $\frac{3}{4}\frac{3}{4}\frac{1}{4}$; $\frac{1}{4}\frac{3}{4}\frac{3}{4}$; $\frac{3}{4}\frac{1}{4}\frac{3}{4}$; $\frac{3}{4}\frac{3}{4}\frac{3}{4}$; $\frac{1}{4}\frac{1}{4}\frac{3}{4}$; $\frac{3}{4}\frac{1}{4}\frac{1}{4}$; $\frac{1}{4}\frac{3}{4}\frac{1}{4}$ の位置を占める．この CaF_2 の構造因子 F_{hkl} を算出し，面心立方構造の構造因子 F(fcc) を用いて表せ．その結果を基に，構造因子がゼロになって回折強度が観測できない面指数および回折強度が観測できる面指数の条件を示せ．

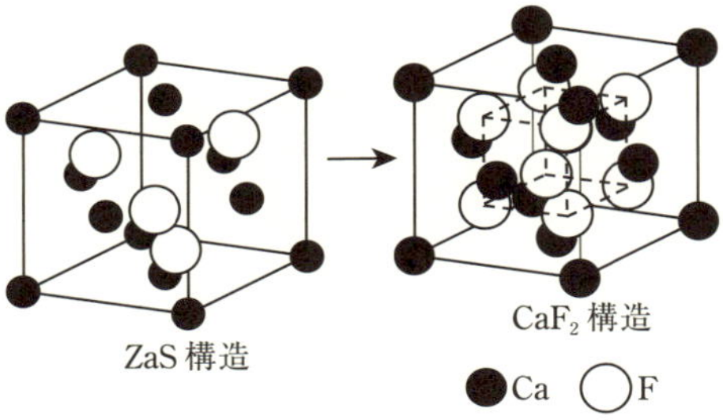

3.14 グラファイトは 000; $\frac{1}{3}\frac{2}{3}0$; $00\frac{1}{2}$; $\frac{2}{3}\frac{1}{3}\frac{1}{2}$ の位置に単位胞当たり 4 原子を含む六方晶である．構造因子は次式で与えられることを示し，構造因子が消滅する hkl を求めよ．

$$l = \text{偶数}: \qquad F = 4f\cos^2\left\{\pi\left(\frac{h+2k}{3}\right)\right\}$$

$$l = \text{奇数}: \qquad F = i2f\sin\left\{2\pi\left(\frac{h+2k}{3}\right)\right\}$$

3.15 CsCl イオン結晶の構造の特徴を示せ．また，この構造の(100)，(110)および(111)面からの回折強度について，原子散乱因子をそれぞれの元素の原子番号 Cs＝55 および Cl＝17 で近似して求めよ．

第 4 章

4.1 厚さ t の板状試料からの回折強度を対称透過法で測定する場合の吸収因子の式を導出せよ．

4.2 波長：波長 $\lambda = 0.1$ nm(1.0 A)，強度 I_0 の X 線が炭素ブロックの微小断面積 a_0 部分を通して散乱される場合，散乱 X 線を炭素ブロックから 100 mm 離れたところで観測した．この場合大きな平面を持つ炭素ブロックに入射し，$P_0 = I_0 a_0$ の関係が成立する．入射ビーム，散乱ビームは互いに 90°(それぞれブロック面と 45°)をなし，電子の散乱は古典論に従うとして，適切な近似を導入して観測される強度 I を I / P_0 の値として求めよ．なお，炭素ブロックの密度は 2.27×10^6 g/m^3，$\lambda = 0.1$ nm $= 1.0$ A の X 線に対する線吸収係数は 1.30 cm^3/g である．

4.3 Cu の膨張係数は，16.6×10^{-6}/K(°C) である．もし，Cu の格子定数を 293 K(°C) において，±0.00001 nm の精度で求めたい場合，熱膨張による誤差を避けるためには試料の温度管理をどの程度にする必要があるか算出せよ．

4.4 Al の室温における格子定数は，a=0.4049 nm，デバイ温度因子は，$B_T = 8.825\times10^{-3}$ nm^2 である．Cu-Kα 線を用いる X 線散乱強度測定実験で，111，311 および 420 からの回折ピークについて，室温の強度は絶対零度における強度に対して，何％程度になるか算出せよ．

4.5 デバイ-シェーラーカメラを用いて，非常に小さい体積の粉末結晶試料に関する回折パターンが，試料から距離 D の位置に，入射 X 線に対して垂直に置かれた平板フィルム上で記録された．平板フィルム上の散乱円の単位長さ当たりの強度 P' を D の関数として求めよ．

4.6 Cu-Kα 線 ($\lambda_{Cu} = 0.1542$ nm) を使用した実験において，2 つの金属試料について，X 線回折パターン(**図 A, B**)およびそれに関連するデータ(**表 A, B**)を得た．回折パターンの特徴等を踏まえて解析し，結晶構造を確定し格子定数を求めよ．

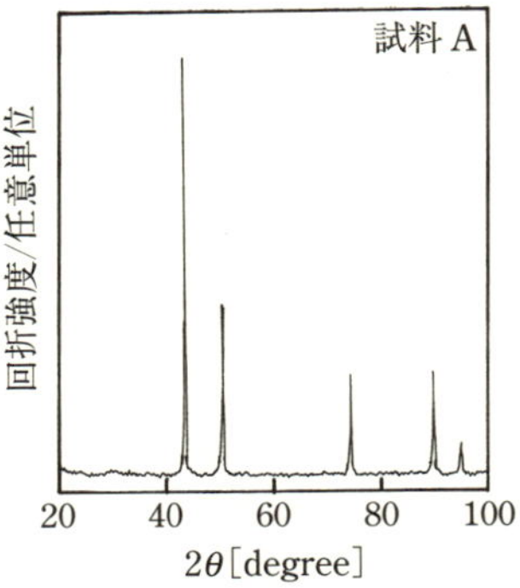

図 A　試料 A の回折パターン

表 A　試料 A の回折データ

	2θ	d [A]	I/I_0
1	43.16	2.0761	100
2	50.28	1.8148	48
3	73.97	1.2816	26
4	89.86	1.0917	24
5	95.05	1.0453	7

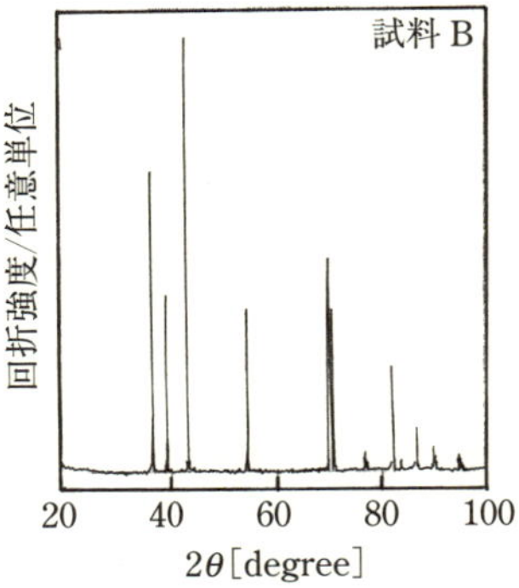

図 B　試料 B の回折パターン

表 B　試料 B の回折データ

	2θ	d [A]	I/I_0
1	36.30	2.4751	53
2	38.97	2.3114	40
3	43.22	2.0935	100
4	54.32	1.6890	37
5	70.07	1.3430	48
6	70.61	1.3341	35
7	77.04	1.2380	6
8	82.11	1.1739	26
9	83.70	1.1556	4
10	86.53	1.1249	16
11	89.90	1.0913	11
12	94.92	1.0464	6

4.7 Cu-Kα 線 ($\lambda_{Cu} = 0.1542$ nm) を使用して，単相と考えられる未知の試料に関するX線回折パターン(**図 A, B**)および関連するデータ(**表 A, B**)を得た．ハナワルト法を用いて同定せよ．

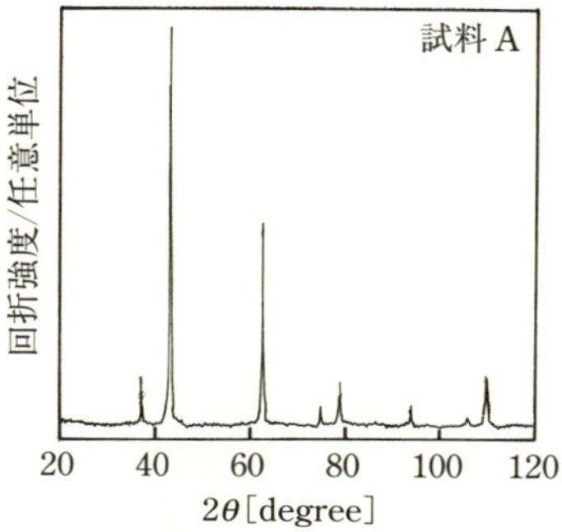

図 A　試料 A の回折パターン

表 A　試料 A の回折データ

	2θ	d [A]	I/I_0
1	36.90	2.436	20
2	42.77	2.114	100
3	62.14	1.494	55
4	74.50	1.274	5
5	78.51	1.218	15
6	93.95	1.055	5
7	105.74	0.967	2
8	109.92	0.942	15

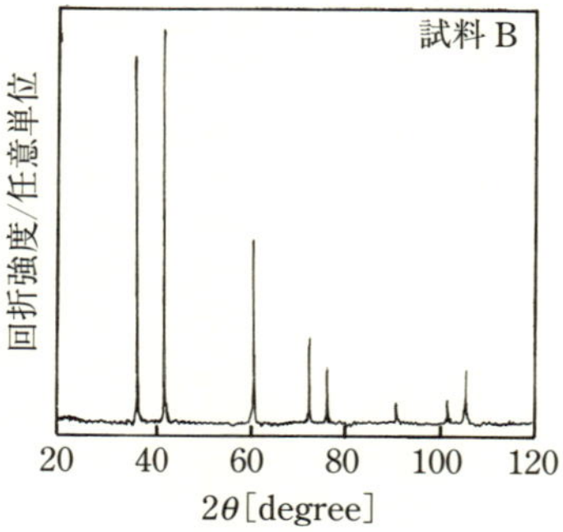

図 B　試料 B の回折パターン

表 B　試料 B の回折データ

	2θ	d [A]	I/I_0
1	35.91	2.501	85
2	41.74	2.164	100
3	60.45	1.532	60
4	72.33	1.307	35
5	76.05	1.252	20
6	90.77	1.083	10
7	101.68	0.994	15
8	105.47	0.969	25

4.8 Cu-Kα 線 ($\lambda_{Cu} = 0.1542$ nm) を使用して，未知の試料に関する X 線回折パターン(**図 A**)および関連するデータ(**表 A**)を得た．ハナワルト法を用いて試料を同定せよ．

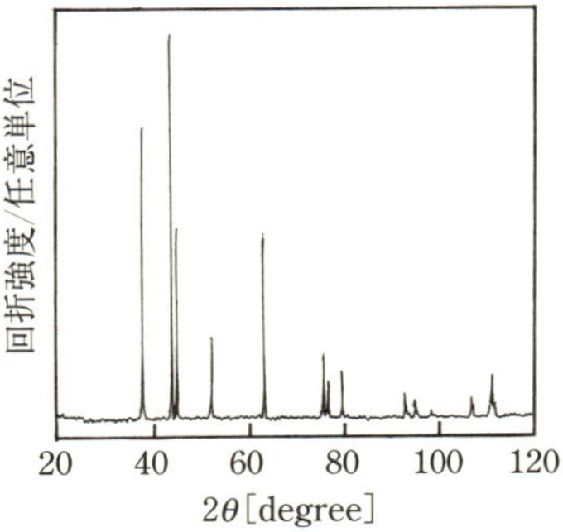

図 A 未知試料の回折パターン

表 A 未知試料の回折データ

	2θ	d [A]	I/I_0
1	37.32	2.410	70
2	43.34	2.088	100
3	44.53	2.035	60
4	51.92	1.761	30
5	62.89	1.478	55
6	75.38	1.261	15
7	76.31	1.248	10
8	79.40	1.207	10
9	92.76	1.065	10
10	94.97	1.046	5
11	98.33	1.019	5
12	107.34	0.957	5
13	111.10	0.935	15

4.9 Cu-Kα 線 ($\lambda_{Cu} = 0.1542$ nm) を使用して未知の試料に関する X 線回折パターン(**図 A**)および関連するデータ(**表 A**)を得た．ハナワルト法を用いて試料を同定せよ．

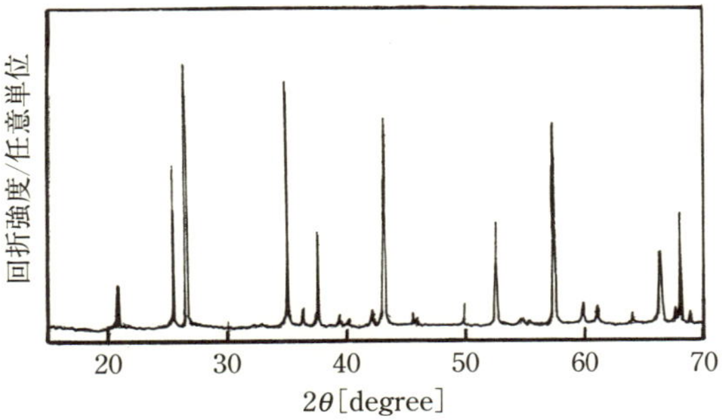

図 A 未知試料の回折パターン

表 A 未知試料の回折データ

	2θ	d [A]	I/I_1		2θ	d [A]	I/I_1
1	20.80	4.271	17	13	50.25	1.816	10
2	25.59	3.482	62	14	52.54	1.742	41
3	26.66	3.344	100	15	54.88	1.673	3
4	35.16	2.553	95	16	55.31	1.661	2
5	36.56	2.458	7	17	57.42	1.605	80
6	37.77	2.382	36	18	59.96	1.543	8
7	39.46	2.284	5	19	61.32	1.512	7
8	40.27	2.240	1	20	64.10	1.453	2
9	42.42	2.131	6	21	66.51	1.406	28
10	43.36	2.087	90	22	67.71	1.384	4
11	45.78	1.982	2	23	68.21	1.375	40
12	46.15	1.967	2	24	68.44	1.371	3

4.10 Si(結晶系：ダイヤモンド格子)の粉末試料について，Cu-Kα 線を用いた回折実験を行い，高角度領域について(440)，(531)，(620)および(533)面に対応する Kα_1 および Kα_2 が分離した 8 つの回折ピークを**図 A** のように観測し，散乱角として**表 A** の結果を得た．これらのデータを解析し，外挿法を用いて格子定数を求めよ．

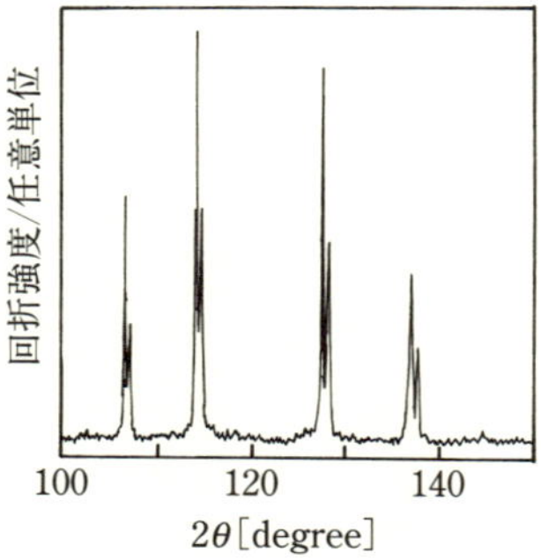

図 A 高角度における Si の回折パターン

表 A Si の回折データ

	Radiation	2θ [degree]
1	Kα_1	106.71
2	Kα_2	107.11
3	Kα_1	114.10
4	Kα_2	114.56
5	Kα_1	127.55
6	Kα_2	128.13
7	Kα_1	136.92
8	Kα_2	137.67

Cu-Kα_1 = 0.154056 nm
Cu-Kα_2 = 0.154439 nm

4.11 冷間加工した Al 試料について Cu-Kα_1(λ = 0.15406 nm) による回折実験を行ったところ，(111)，(200)，(220)および(311)面に対応する回折ピークに高さの減少と拡がりを観測し，各ピークの半価幅(FWHM)の値として**表 A** の結果を得た．一方，比較のため十分焼鈍して歪みを除去した Al 試料について同様の実験を行ったところ，対応する 4 つのピークの値は**表 B** のとおりであった．これらの結果より，冷間加工試料における結晶子の大きさの平均値を求めよ．

表 A　加工試料の回折データ

	hkl	2θ [degree]	FWHM [degree]
1	111	38.47	0.188
2	200	44.72	0.206
3	220	65.13	0.269
4	311	78.27	0.303

表 B　焼鈍試料の回折データ

	hkl	2θ [degree]	FWHM [degree]
1	111	38.47	0.102
2	200	44.70	0.065
3	220	65.10	0.089
4	311	78.26	0.091

4.12　MgO と CaO の粉末結晶の混合試料について，Cu-Kα 線（$\lambda = 0.1542$ nm）を利用した回折実験を行い，**図 A** のように明瞭に分離した複数の回折ピークを得た．予備的な解析の結果，MgO の(111)面と CaO の(200)面の回折ピークは $2\theta = 37°$ 付近で重なり区分できないが，他の回折ピークはそれぞれの成分に帰着できることが確認された．そこでこれらの回折ピークの積分強度を測定し，**表 A** の結果を得た．これらの値を利用して MgO および CaO 含有量を求めよ．

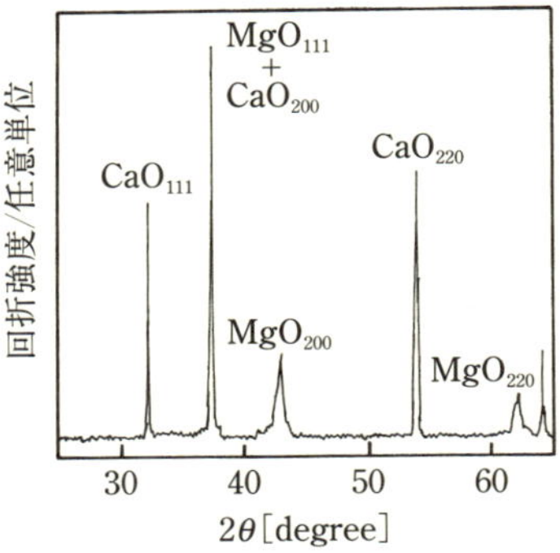

図 A　MgO＋CaO 混合試料の回折パターン

表 A　MgO＋CaO 混合試料の回折データ

	2θ [degree]	積分強度 *I*	*hkl*
1	32.18	73.9	CaO(111)
2	37.17	—	MgO(111) + CaO(200)
3	42.90	123.1	MgO(200)
4	53.85	106.0	CaO(220)
5	62.27	74.5	MgO(220)
6	64.16	—	CaO(311)

4.13　Cu を含む Si 粉末結晶の混合試料について Cu-Kα 線（$\lambda = 0.1542$ nm）を利用した回折実験を行い，**図 A** のように明瞭に分離した 4 つの回折ピークを得た．予備的な解析の結果，Si の(111)および(220)面と Cu の(111)および(200)面の回折ピークであることが判明した．そこでこれらの回折ピークの積分強度を測定し，**表 A** の結果を得た．直接法を利用して，Cu および Si の含有量を求めよ．

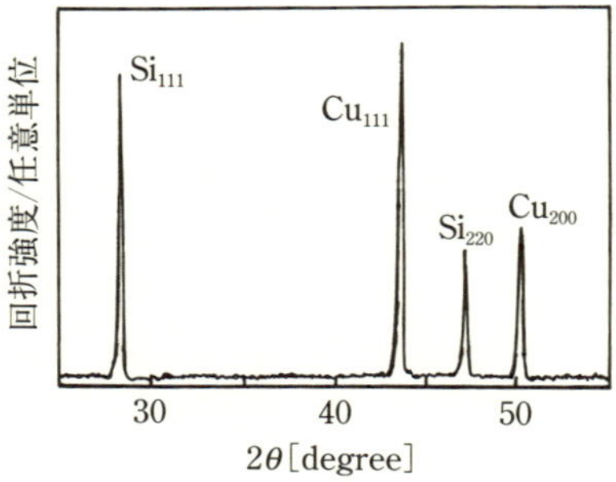

図 A　Cu＋Si 混合試料の回折パターン

表 A　Cu＋Si 混合試料の回折データ

	2θ [degree]	積分強度 *I*	*hkl*
1	28.40	162.3	Si(111)
2	43.28	359.7	Cu(111)
3	47.31	87.2	Si(220)
4	50.43	120.4	Cu(200)

4.14 鉄鋼生産プロセスで排出されるスラグは，ガラス相中に複数の元素を固溶するメリライト結晶が共存する．このスラグをボールミルで粉砕すると，**図 A** のように散乱角 32° 付近に観測されるメリライト結晶の(211)面に対応する回折ピークが大きく変化する．この回折ピークの拡がり(半価幅)がすべて結晶子の大きさの変化に起因するとして，**表 A** の結果に基づいて，結晶子の変化量を算出せよ．

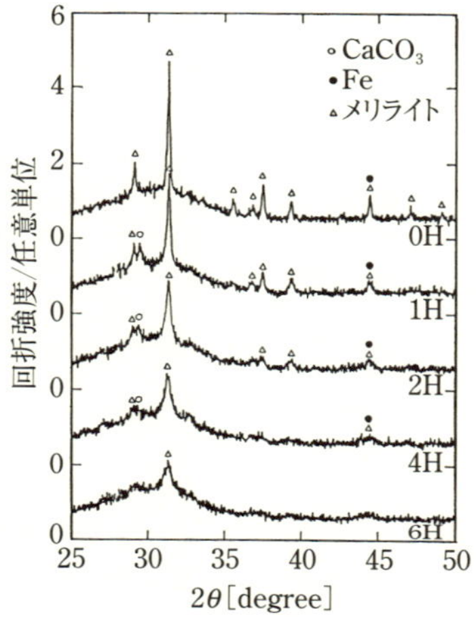

図 A　水冷スラグの回折パターン

表 A　水冷スラグ中のメリライトの回折データ

粉砕時間 [hour]	メリライト(211)	
	2θ [degree]	FWHM [degree]
0	31.24	0.059
1	31.25	0.105
2	31.27	0.272
4	31.30	0.319
6	31.31	0.483

(Cu-Kα ＝ 0.1542 nm)

第5章

5.1 *XY* の直交座標系において，点 O から各座標の正の向きにとった単位ベクトルをそれぞれ $\boldsymbol{e}_x$ および $\boldsymbol{e}_y$ とする．O から点 P_1 および P_2 に向かうベクトルの座標が

$P_1(x_1, y_1)$ および $P_2(x_2, y_2)$ で与えられる場合に，点 P_1 および P_2 の間を $m:n$ の比に分割する点の座標 $P(x, y)$ を表す関係式を求めよ.

5.2 XY の直交座標系において，1つの方向を持つ直線が X 軸の正の向きとなす角度を θ とすれば，Y 軸の正の向きとなす角度は $\left(\frac{\pi}{2}-\theta\right)$ となるので，それぞれの方向余弦は，$\lambda=\cos\theta$，$\mu=\cos\left(\frac{\pi}{2}-\theta\right)=\sin\theta$ で与えられる．この場合，$m=\frac{\mu}{\lambda}=\frac{\sin\theta}{\cos\theta}=\tan\theta$ を，この直線の方向係数という．方向係数が m_1 および m_2 で与えられる2つの直線 $\boldsymbol{q}_1$ および $\boldsymbol{q}_2$ が直交する場合の方向係数ならびに方向余弦が示す条件について示せ.

5.3 ある2次元格子が基本ベクトル $\boldsymbol{a}=2\boldsymbol{e}_x$，$\boldsymbol{b}=\boldsymbol{e}_x+2\boldsymbol{e}_y$ で表される．逆格子の基本ベクトル A^* および B^* を求めよ.

5.4 逆格子ベクトル $\boldsymbol{b}_1$ の大きさは(100)面の面間隔の逆数に等しいことを示せ.

5.5 実格子 $\boldsymbol{a}_1$ と $\boldsymbol{a}_2$ は紙面上にあり，$\boldsymbol{a}_3$ は紙面に垂直とする．これらの実格子の値が，$|\boldsymbol{a}_1|=3.0$, $|\boldsymbol{a}_2|=2.0$, $|\boldsymbol{a}_3|=1.0$，$\boldsymbol{a}_1$ と $\boldsymbol{a}_2$ とのなす角度 $\alpha_{12}=60°$ の場合，実格子 $\boldsymbol{a}_1$ と $\boldsymbol{a}_2$ を描き，定義に基づいて実格子との方位関係を正確に守って逆格子 $\boldsymbol{b}_1$ と $\boldsymbol{b}_2$ を描け．ミラー指数 hkl の定義から(110), (210), (310)を実格子上に描き，さらに $\boldsymbol{H}_{hkl}=h\boldsymbol{b}_1+k\boldsymbol{b}_2+l\boldsymbol{b}_3$ の定義から $\boldsymbol{H}_{110}$, $\boldsymbol{H}_{210}$, $\boldsymbol{H}_{310}$ を逆格子上に示せ.

5.6 結晶学的方向は $\boldsymbol{A}_{uvw}=u\boldsymbol{a}_1+v\boldsymbol{a}_2+w\boldsymbol{a}_3$ により表され，hkl 面に垂直な方向は，$\boldsymbol{H}_{hkl}=h\boldsymbol{b}_1+k\boldsymbol{b}_2+l\boldsymbol{b}_3$ で表される．$\boldsymbol{A}_{uvw}$ と $\boldsymbol{H}_{hkl}$ のなす角を ϕ とした場合，斜方晶系に対して，$\cos\phi$ を $u, v, w, h, k, l, a_1, a_2, a_3$ を用いて表せ.

5.7 面心立方晶では単純格子として三方(菱面体)格子を，六方晶では単純格子として(単純)斜方晶格子をとることができることが知られている．このような異なる単位格子を用いて定義される物理的に同一あるいは同等な面に関する変換について，逆格子ベクトルは物理的に1つしかないことを利用して，必要な関係式を求めよ.

5.8 面心立方格子について，逆格子空間における基本(並進)ベクトルを求めよ．また，面心立方格子の第1ブリルアンゾーンを示せ.

5.9 結晶からの散乱において最も強い散乱振幅を得る条件は，散乱角が逆格子ベクトルに一致する場合であることを利用して，ブラッグの条件およびラウエの条件を表す式を求めよ.

5.10 実空間格子の総和を表す次式は，ベクトル $\boldsymbol{q}$ が逆格子ベクトルに等しい場合に限りゼロでないことを示せ.

$$G(\boldsymbol{q})=\sum_n e^{-2\pi i\boldsymbol{q}\cdot\boldsymbol{r}_n}$$

5.11 $\frac{\sin\theta}{\lambda}$ の非常に小さな値において，原子散乱因子 f，非弾性散乱強度 $i(M)$

は，ともに $\dfrac{\sin\theta}{\lambda}$ の放物線関数であることを示せ．

5.12 電子が外部からの十分なエネルギーを得て，量子力学的固有状態間の遷移を起こす場合がある．この現象は入射X線のエネルギーが各元素に固有の吸収端近傍の場合に生じ，異常散乱(あるいは共鳴散乱とも呼ばれる)現象として知られている．この現象を，減衰項を持つ調和振動子とX線との相互作用と考えて，原子散乱因子 f の変化について説明せよ．

5.13 フラウンホーファー(Fraunhofer)回折と呼ばれる，幅 L だけ開口している一次元スリットからの回折現象について，スリットから一定以上の距離 R だけ離れた点Pにおける回折強度を求めて説明せよ．

5.14 a および b の間隔で周期的に(x 方向に m 回，y 方向に n 回)に並んだ二次元格子で生ずる回折強度を求めよ．なお，m および n は十分大きな値とする．

5.15 各格子点が $\boldsymbol{r}_n = n\boldsymbol{a}$($n$：整数)で表される位置に同じ散乱中心が並んだ一次元結晶がある．この一次元結晶の散乱振幅 G は，$G = \sum e^{-n\boldsymbol{a}\cdot\boldsymbol{q}}$ に比例し，m 個の格子点の和は次式で与えられる．散乱強度 I を求めよ．

$$G = \sum_{m=0}^{m-1} e^{-in\boldsymbol{a}\cdot\boldsymbol{q}} = \frac{1-e^{-im(\boldsymbol{a}\cdot\boldsymbol{q})}}{1-e^{-i(\boldsymbol{a}\cdot\boldsymbol{q})}}$$

この一次元結晶の散乱強度の最大値は，$\boldsymbol{a}\cdot\boldsymbol{q}$ が 2π の整数倍のときに得られる．$\boldsymbol{q}$ を少し変化させ $\boldsymbol{a}\cdot\boldsymbol{q} = 2\pi h + \delta\,(\delta > 0)$ で表される場合について，強度がゼロを示す最小の δ の値を求めよ．

5.16 四塩化炭素 (CCl_4) は，炭素(C)を中心に4個の塩素(Cl)が正四面体の位置に配置する分子で構成されることが知られている．この2種類の合計5個の原子が構成する分子を散乱体とする集合からの散乱強度の近似式を，デバイの式を応用して求めよ．

5.17 格子定数 a=0.25 nm の単純立方格子が，各⟨100⟩方向にそれぞれ N_1a, N_2a, N_3a 個並んだ斜方体単結晶における回折を想定し，単位格子数の値が下記の3種類の場合における逆格子の特徴を説明せよ．

(a) $N_1 = N_2 = N_3 = 10^4$

(b) $N_1 = N_2 = 10^4$，$N_3 = 10$(薄膜試料の逆格子)

(c) $N_1 = 10^4$，$N_2 = N_3 = 10$(細い糸状の試料の逆格子)

5.18 ホタル石 (CaF_2) は，単位格子当たり4個の CaF_2 を含む面心立方格子で，Ca は000に，F は $\frac{1}{4}\frac{1}{4}\frac{1}{4}$，$\frac{3}{4}\frac{3}{4}\frac{3}{4}$ に位置し，他の位置は面心の並進によって与えられる．

(a)構造因子 F を求めよ．

(b)格子定数 $a = 0.5463$ nm として $\dfrac{\sin\theta}{\lambda}$ の値を求め，付録3の f の値から111,

222 反射に対する F^2 を求めよ.

(c) Ca に対して，異常分散項 f, f'' を含む F^2 を求めよ.

第6章

6.1 斜方晶系に属する空間群 *Pbcn* の軸名を同じ単位格子内で変変更した場合について，ヘルマン-モーガンの表記による記号の変化を示せ. 同様に，斜方晶系の空間群 *Cmca* の場合についても示せ.

6.2 $C2/c$ (No.15，*c* 軸をユニーク軸にとった場合) および $P2_12_12_1$ (No.19) で表される一般位置 x, y, z に対称操作を施した場合に得られる等価な位置の座標を示せ.

6.3 実在結晶に比較的頻繁に現れる空間群 $P2_1/c$ について，International Tables for Crystallography Volume A では，下記の情報が与えられている. 要点を説明せよ.

$P2_1/c$	C_{2h}^5	$2/m$	Monoclinic
No. 14	$P12_1/c1$		Patterson symmetry $P12/m1$

UNIQUE AXIS *b*, CELL CHOICE 1

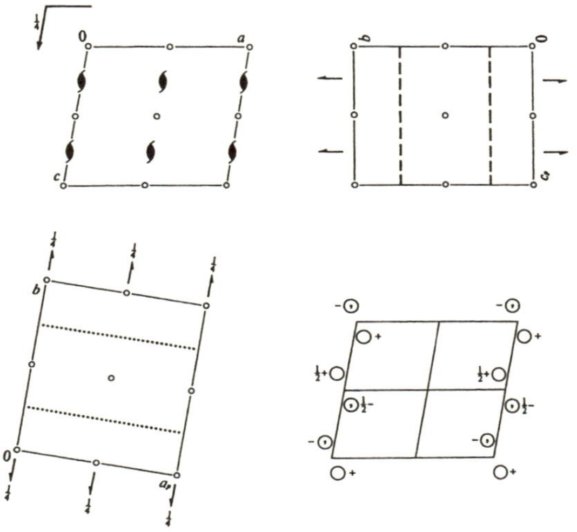

Origin at $\bar{1}$

Asymmetric unit　$0 \leq x \leq 1$;　$0 \leq y \leq \frac{1}{4}$;　$0 \leq z \leq 1$

Symmetry operations

(1) 1　(2) $2(0,\frac{1}{2},0)$　$0,y,\frac{1}{4}$　(3) $\bar{1}$　$0,0,0$　(4) c　$x,\frac{1}{4},z$

Generators selected (1); $t(1,0,0)$; $t(0,1,0)$; $t(0,0,1)$; (2); (3)

Positions

Multiplicity, Wyckoff letter, Site symmetry	Coordinates	Reflection conditons
		General:
4 e 1	(1) x, y, z (2) $\bar{x}, y+\frac{1}{2}, \bar{z}+\frac{1}{2}$ (3) $\bar{x}, \bar{y}, \bar{z}$ (4) $x, \bar{y}+\frac{1}{2}, z+\frac{1}{2}$	$h0l$: $l=2n$ $0k0$: $k=2n$ $00l$: $l=2n$
		Special: as above, plus
2 d $\bar{1}$	$\frac{1}{2},0,\frac{1}{2}$ $\frac{1}{2},\frac{1}{2},0$	hkl : $k+l=2n$
2 c $\bar{1}$	$0,0,\frac{1}{2}$ $0,\frac{1}{2},0$	hkl : $k+l=2n$
2 b $\bar{1}$	$\frac{1}{2},0,0$ $\frac{1}{2},\frac{1}{2},\frac{1}{2}$	hkl : $k+l=2n$
2 a $\bar{1}$	$0,0,0$ $0,\frac{1}{2},\frac{1}{2}$	hkl : $k+=2n$

Symmetry of special projections

Along [001] $p2gm$	Along [100] $p2gg$	Along [010] $p2$
$\boldsymbol{a}'=\boldsymbol{a}$ $\boldsymbol{b}'=\boldsymbol{b}$	$\boldsymbol{a}'=\boldsymbol{b}$ $\boldsymbol{b}'=\boldsymbol{c}_p$	$\boldsymbol{a}'=\frac{1}{2}\boldsymbol{c}$ $\boldsymbol{b}'=\boldsymbol{a}$
Origin at $0,0,z$	Origin at $x,0,0$	Origin at $0,y,0$

Maximal non-isomorphic subgroups

I	**[2]**P 1 c 1 (Pc, 7)	1;4
	[2]P 1 2_1 1($P2_1$,4)	1;2
	[2]$P\bar{1}$ (2)	1;3
IIa	none	
IIb	none	

Maximal isomorphic subgroups of lowest index

IIc [2]$p12_1/c1$ ($\boldsymbol{a}'=2\boldsymbol{a}$ or $\boldsymbol{a}'=2\boldsymbol{a}, \boldsymbol{c}'=2\boldsymbol{a}+\boldsymbol{c}$) ($p2_1/c$,14);
[3]$p12_1/c1$ ($\boldsymbol{b}'=3\boldsymbol{b}$) ($p2_1/c$,14)

Minimal non-isomorphic supergroups

I [2]$Pnna$ (52); [2]$Pmna$ (53); [2]$Pcca$ (54); [2]$Pbam$ (55); [2]$Pccn$ (56);
[2]$Pbcm$ (57); [2]$Pnnm$ (58); [2]$Pbcn$ (60);
[2]$Pbca$ (61); [2]$Pnma$ (62); [2]$Cmce$ (64)

II [2]$A12/m1$($C2/m$,12); [2]$C12/c1$($C2/c$,15); [2]$I12/c1$($C2/c$,15);
[2]$P12_1/m1$($\boldsymbol{c}'=\frac{1}{2}\boldsymbol{c}$)($p2_1/m$,11);
[2]$P12/c1$($\boldsymbol{b}'=\frac{1}{2}\boldsymbol{b}$)($p2/c$,13)

6.4 (100)面を映進面とし，(100)面上にある $c/2$ の映進操作が構造因子 F_{hkl}，および $|F_{hkl}|^2$ に及ぼす影響について検討し，回折強度が観測できる条件を示せ．

6.5 消滅則を用いて並進操作を含むらせん軸，あるいは映進面を判定する方法について説明せよ．

6.6 ルチル形の酸化チタン (TiO_2) は，以下の位置に原子があり，単位格子当たり 2 個の TiO_2 を含む正方晶系である．

$$\mathrm{Ti}:000:\frac{1}{2}\frac{1}{2}\frac{1}{2}$$

$$\mathrm{O}:uu0:-u-u0:\frac{1}{2}-u\ u+\frac{1}{2}\frac{1}{2}:u+\frac{1}{2}\frac{1}{2}-u\frac{1}{2}$$

(a)等価な格子点を考えた場合の構造因子 F を求めよ．

(b) u に関わらず，F が消滅するのはどのような条件の場合か．

(c)ブラベー格子は，単純正方あるいは体心正方のどちらか．

6.7 もし入射ビームが面 $h_1k_1l_1$ の組で反射されるなら，反射光を別の面 $h_2k_2l_2$ の組で反射される方向に合わせることが可能である．

(a) 2 番目の反射光の向きは次の関係にある面 $h_3k_3l_3$ の組で直接反射されるのと等しいことを示せ．

$$h_3 = h_1 + h_2,\quad k_3 = k_1 + k_2,\quad l_3 = l_1 + l_2$$

(b) Cu-Kα ($\lambda = 0.1542$ nm) を用い $(\bar{1}\bar{1}1)$ と $(h_2k_2l_2)$ との 2 回反射によりダイヤモンド ($a = 0.3567$ nm) から，(222) 疑似反射を与えることが可能である．このような $h_2k_2l_2$ 面を求めよ．また，入射ビームの方向を 3 つの直交軸 $a_1a_2a_3$ における S_0 の方向余弦で示せ．

6.8 ルチル形の酸化チタン (TiO_2) の結晶構造として，以下の情報が与えられている．これらを利用して，(a)透視図，および(b) $(x, y, 0)$ 面における投影図を描け．また，ステレオ投影図についても示せ．

格子	基本原子位置	空間群	原子位置		
正方晶 P	Ti : 0 0 0		a	Ti : 0 0 0	
$a = 0.459$ nm	$\frac{1}{2}\frac{1}{2}\frac{1}{2}$			$\frac{1}{2}\frac{1}{2}\frac{1}{2}$	
	O : 0.3, 0.3, 0	$P4_2/mnm$	f	O : $x, x, 0$	
$c = 0.296$ nm	0.8, 0.2, $\frac{1}{2}$			$\frac{1}{2}+x, \frac{1}{2}-x, \frac{1}{2}$	$x = 0.3$
	0.2, 0.8, $\frac{1}{2}$			$\frac{1}{2}-x, \frac{1}{2}+x, \frac{1}{2}$	
	0.7, 0.7, 0			$\bar{x}, \bar{x}, 0$	

6.9 単位格子当たり 8 個の原子を含む斜方晶構造を持つある元素の空間群対称性は，次の位置に原子が配置されている．

$$
\begin{array}{llllll}
0, & u, & v; & \frac{1}{2}, & \frac{1}{2}-u, & v; \\
0, & -u, & -v; & \frac{1}{2}, & \frac{1}{2}+u, & -v; \\
\frac{1}{2}, & u, & \frac{1}{2}-v; & 0, & \frac{1}{2}-u, & \frac{1}{2}+v; \\
\frac{1}{2}, & -u, & \frac{1}{2}-v; & 0, & \frac{1}{2}+u, & \frac{1}{2}-v;
\end{array}
$$

この元素の粉末結晶に関するディフラクトメータを用いた回折実験により，単位長さ当たりの強度 P' を得た．この4つの回折ピークの任意単位における $\frac{P'}{(f^2e^{-2M}LP)}$ の値を以下の表に示す．ここで，f は原子散乱因子，e^{-2M} は温度因子，LP はローレンツ偏光因子である．

hkl	$\frac{P'}{(f^2e^{-2M}LP)}$
002	0.44
004	2.42
111	7.56
113	0.84

(a) 次の条件における構造因子 F を求め，F が u と v の値に無関係に消滅するかについて検討せよ．

$h+k$ ＝ 偶数(even)　　$h+k$ ＝ 奇数(odd)

(b) $v=0.0$ から $v=0.25$ の範囲で，v の関数として 002 と 004 に対する $\frac{F^2}{64f^2}$ をプロットせよ．また，2つの可能な v の値を求めよ．

(c) 111 と 113 のデータから，v の値を求めよ．

(d) 002 および 111 の情報を用いて，u の近似値を求めよ．なお，002 および 111 面の多重度因子はそれぞれ 2 および 8 である．

6.10 ステレオ投影図上で，$\overline{5}$ および $\overline{10}$ の回反操作(rotary inversion)を示せ．

演習問題解答

第 1 章

1.1 加速電圧(励起電圧)は 8.98 kV 以上が必要.

1.2 $\left(\frac{\mu}{\rho}\right)_{\mathrm{GaAs}} = 68.62[\mathrm{cm^2/g}]$, $\left(\frac{\mu}{\rho}\right)_{\mathrm{BaTiO_3}} = 234.8[\mathrm{cm^2/g}]$

1.3 約 32%(Cu-Kα 線), 約 54%(Fe-Kα 線)

1.4 $R = 4.69\times10^{11}[\mathrm{m^{-2}s^{-1}}]$

1.5 $V_{\mathrm{K}}[\mathrm{kV}] = \dfrac{1.240}{\lambda_{\mathrm{K}}[\mathrm{nm}]}$, Mo-K$\alpha$ 線について, $V_{\mathrm{K}} = 20.01[\mathrm{kV}]$

1.6 $E_{\mathrm{K}}^{\mathrm{Pb}} = 88[\mathrm{keV}]$

1.7 水 : $\overline{Z} = 7.42$, 空気 : $\overline{Z} = 7.64$

1.8 55.9 keV

1.9 光子数 I_{K} : $1.28\times10^{11}[\mathrm{mAs^{-1}\cdot sr^{-1}}]$, 強度 I : $1.24\times10^{-3}[\mathrm{J/mAs\cdot sr}]$

1.10 透過率 $I/I_0 = 0.65$ から, Fe 板の厚さ x を求め, ついで, Fe 板中で散逸したエネルギを I_{R} と吸収の式を用いて, $I_{\mathrm{R}} = 0.35\,I_0$ の関係を確認.

1.11 0.14 mm

1.12 仕事関数 : 4.52 eV, 逆電圧 V_{i} : 7.88 V

1.13 L 殻は 1290 eV, M 殻はそれよりさらに 48 eV 高い準位.

第 2 章

2.1 省略

2.2 bcc : 1.06, fcc : 1.16

2.3 正六角形の中心を結んだ場合にできる菱形.

2.4 (a) $r_1 = 0.450$ nm, $r_2 = 0.520$ nm, (b) $n_1 = 8$ 個, $n_2 = 6$ 個, (c) 密度 : $0.923\times10^6\ \mathrm{g/m^3}$

2.5 (a) $46.39\times10^{-30}\ \mathrm{m^3}$, (b) $a = 0.3207$ nm, $r_1 = a$

2.6 fcc : 0.7405, hcp : 0.7405, bcc : 0.6802, simple cubic : 0.5236

2.7 S^{2-} イオン 6 個が接して配列する場合に生ずる隙間の大きさは 0.075 nm, この値に比べて Mg^{2+} イオンのサイズは小さいので, S^{2-} イオン配列の安定化に不向き.

2.8 (100) 面 : 0.2864 nm および 0.4050 nm, (111) 面 : 0.2864 nm

2.9 異なる配位数で配列する場合の充填率を考える. 配位数が 12 から 8 に変化した場合の収縮率 : 73.2%, 配位数が 12 から 4 に変化した場合の収縮率 : 22.5%

2.10 (a) fcc 構造 : 四面体空隙直径 0.107 nm (0.414 r), 八面体空隙直径 0.058

nm(0.225 r)
bcc 構造：四面体空隙直径 0.072 nm(0.291 r)．炭素原子の大きさ(0.14〜0.15 nm)．この値から，fcc 構造の四面体空隙への侵入が容易．

(b)理想状態における六方稠密格子(hcp)の空隙は，fcc 構造の場合と同一．

2.11 分子容：27.005×10^{-6}(m^3/mol)，距離：0.2819 nm

2.12 (a) $a = 0.656$ nm，$\rho = 2.80 \times 10^6$ g/m^3，(b) $r^+/r^- = 0.414$，(c) Rb^+ イオンのイオン半径：0.147 nm

2.13 (a) 4，(b) $\theta = 109.48°$，(c) $r^+/r^- = 0.225$，(d) ZnS におけるイオン半径比は 0.402，Zn^{2+} イオンの大きさが NaCl 型構造の空隙に入り得る最大球の陽イオン半径に比べ小さく，S^{2-} イオン同士が接触して構造が不安定．

2.14 距離：0.3571 nm，密度：3.989×10^6 g/m^3

2.15 省略

2.16 面心立方構造の金属を冷間加工した後に焼鈍下場合に生ずる「焼きなまし双晶」では，2/3 程度の原子位置はそのまま変化させず，双晶の (111) 層が [$11\bar{2}$] 方向に均一なずり動きをすると考えるのみで，各層が双晶面の距離に比例する量だけ移動することを説明可能．

2.17 省略

2.18 省略

2.19 省略

2.20

3 指数表示	⇔	4 指数表示	3 軸表示	⇔	4 軸表示
(*hkl*)		(*HKiL*)	[*uvw*]		[*UVtW*]
($10\bar{1}0$)		($10\bar{1}0$)	[100]		[$2\bar{1}\bar{1}0$]
(010)		($01\bar{1}0$)	[010]		[$\bar{1}2\bar{1}0$]
(001)		(0001)	[001]		[0001]
($1\bar{2}0$)		($1\bar{2}10$)			
(110)		($11\bar{2}0$)			

2.21 菱面体晶の指数(hkl)面と六方晶の指数($HK \cdot L$)との間に，$-H+K+L = 3k$(k：整数)の関係が成立．逆に($-H+K+L$)が 3 の整数倍でなければ対象は六方晶．

2.22 省略

2.23 省略

2.24 省略

2.25 晶帯の極(回)と晶帯円は互いに垂直であること，晶帯の極間の角度は，2 つの晶帯円の面間の角度 ε に等しいことを利用．

第3章

3.1 分子数：3.34×10^{28} [個/m^3]，電子数：3.34×10^{29} [個/m^3]

3.2 (a) $\dfrac{d\sigma_e}{d\Omega} = 5.96\times10^{-30}$ [m^2/sr]．$d\Omega = 2\pi\sin\theta d\theta$ の関係を利用し，単位散乱角当たりの微分断面積を算出 ($\sin 45° = 0.7071$)．$\dfrac{d\sigma_e}{d\Omega} = 2.65\times10^{-30}$ [m^2/rad]

(b) 単位立体角当たりの微分断面積の値を種々の角度 θ で算出．

θ [degree]	$\cos^2\theta$	$\frac{d\sigma_e}{d\Omega}$	θ [degree]	$\cos^2\theta$	$\frac{d\sigma_e}{d\Omega}$
0	1.0	7.94×10^{-30}	100	0.030	4.09×10^{-30}
30	0.750	6.95×10^{-30}	130	0.413	5.61×10^{-30}
90	0	3.97×10^{-30}	180	1.0	7.94×10^{-30}

これらの結果を図示(散乱角が 90° 方向の値は，ゼロまたは 180° 方向の値の半分)

3.3 厚さ 20 mm の水層の電子数を N_e，演習問題 1.7 の有効原子番号を利用する．非干渉性散乱によって散逸する単位面積当たりの光子数 N_{ip} は，$N_{ip} = \sigma_e\cdot N_e\cdot N_x = 6.95\times10^9\ \mathrm{m}^{-2}$

3.4 1 個の電子による散乱強度，$I_e = 7.95\times10^{-26} I_0$，電子数を考慮した Mg 1 g からの電子の散乱強度，$I'_e = 1.51 I_0$，入射 X 線強度と同程度で十分観測可能．

3.5 $\lambda = 0.0112$ nm，$E = 110.7$ keV

3.6 $E = 73.815$ keV

3.7 $\Delta\lambda = 0.002426(1-\cos 2\theta)$ nm

3.8 (a) 水素原子は電子を 1 個しか持たない ($a = 0.53$ A，$k = 4\pi\sin\theta/\lambda$)

$$f = f_e = \frac{16}{(a^2k^2+4)^2} = \frac{1}{\{1+(1.06\pi\sin\theta/\lambda)^2\}^2}$$

$$i(M) = 1-f_e^2 = 1-\frac{1}{\{1+(1.06\pi\sin\theta/\lambda)^2\}^4}$$

(b)

$\sin\theta/\lambda$	f 計算値	$i(M)$ 計算値
0.0	1.0	0
0.2	0.48	0.77
0.4	0.13	0.98

3.9 $E = h\nu = 71.7$[keV]

3.10 $\theta = 6.52$[degree]

3.11 (100)面：$0.119\times10^{10}\,\mathrm{m}^{-1}$，(110)面：$0.168\times10^{10}\,\mathrm{m}^{-1}$，(111)面：$0.206\times10^{10}\,\mathrm{m}^{-1}$．***hkl*** が混合であれば散乱は消失．***hkl*** が非混合でも散乱能が異なる 2 種類の元素が配置していることの考慮が必要．

3.12 $F^2 = 4f_U{}^2\left\{1+\cos\left(\frac{\pi(h+k)}{2}\right)\right\}\times\{1+\cos\pi(-4yk+l)\}$

構造因子がゼロになる面指数は，$h+k$ が奇数の場合．

3.13 $F = \left[f_{\mathrm{Ca}}+2f_{\mathrm{F}}\cos\frac{\pi}{2}(h+k+l)\left\{2\cos\frac{\pi}{2}(h+k+l)-1\right\}\right]F(\mathrm{fcc})$

h, k, l	$h+k+l$	F	
偶数奇数混合	—	0	消滅条件
偶数奇数非混合	$4n$	$4(f_{\mathrm{Ca}}+2f_{\mathrm{F}})$	回折条件
〃	$4n\pm1$	$4f_{\mathrm{Ca}}$	回折条件
〃	$4n\pm2$	$4(f_{\mathrm{Ca}}-2f_{\mathrm{F}})$	回折条件

3.14 構造因子 F がゼロになる条件：$l = 2n+1$，$h+2k = 3n$ の場合．

3.15 $|F_{100}|^2 = (55-17)^2 = 38^2$，$|F_{111}|^2 = (55-17)^2 = 38^2$，$|F_{110}|^2 = (55+17)^2 = 72^2$

第 4 章

4.1 $A = \dfrac{\sec\theta}{e^{-\mu_s t_s(1-\sec\theta)}}$

4.2 強度 I_0 の X 線が平板試料により散乱された場合の強度 I を表す式を，単位質量中の電子数を n として与えられた条件下で吸収等を考慮し，かつ $P_0 = I_0 a_0$ の関係を利用して算出．

$$\frac{I}{P_0} = \frac{e^4}{m_e^2 c^4}\frac{1}{R^2}\left(\frac{1+\cos^2 2\theta}{2}\right)n\frac{1}{2\mu} = 2.02\times10^{-5}\,\mathrm{cm}^{-1}$$

4.3 $\Delta T = \pm1.67\,\mathrm{K}$

4.4 デバイ温度因子 M_T をミラー指数および格子定数で表す式を求め，e^{-2M_T} を算出．111：92.3%，311：74.4%，420：58.4%

4.5 $P' = \dfrac{I}{2\pi D\tan 2\theta} = \dfrac{I_0}{2\pi D}|F|^2 p\left(\dfrac{1+\cos^2 2\theta}{\sin^2\theta\cos\theta\tan 2\theta}\right)$

4.6 省略

4.7 省略

4.8 省略

4.9 省略

データベースの 3 つの d 値のみでなく，強度順に収録されている合計 8 つの d の値を利用．ハナワルト法を利用する場合，相対強度の順序より d の値を優先．

4.10 $a = 0.54305\,\mathrm{nm}$(算術平均値)，$a = 0.54302\,\mathrm{nm}$(最小二乗法)

4.11 ホールの方法を利用する．93 nm(図的解析)，110 nm(最小二乗法)

4.12 $(220)_{\mathrm{CaO}}$ と $(220)_{\mathrm{MgO}}$ について：

$$\frac{c_{\mathrm{CaO}}}{c_{\mathrm{MgO}}} = \frac{I_{\mathrm{CaO}}}{I_{\mathrm{MgO}}} \times \frac{R_{\mathrm{MgO}}}{R_{\mathrm{CaO}}} = \frac{106.0}{74.5} \times \frac{0.97\times10^7}{1.34\times10^7} = 1.030,\ c_{\mathrm{MgO}} = 0.49,\ c_{\mathrm{CaO}} = 0.51$$

4.13 $(111)_{\mathrm{Cu}}$ と $(111)_{\mathrm{Si}}$ について：

$$\frac{c_{\mathrm{Cu}}}{c_{\mathrm{Si}}} = \frac{I_{\mathrm{Cu}}}{I_{\mathrm{Si}}} \times \frac{R_{\mathrm{Si}}}{R_{\mathrm{Cu}}} = \frac{359.7}{162.3} \times \frac{1.74\times10^7}{16.87\times10^7} = 0.228,\ c_{\mathrm{Si}} = 0.81,\ c_{\mathrm{Cu}} = 0.19$$

4.14 $B_{\mathrm{r}} = 2\Delta\theta(\mathrm{FWHM}) = \dfrac{0.9\lambda}{\varepsilon\cos\theta} \longrightarrow \varepsilon = \dfrac{0.9\lambda}{B_{\mathrm{r}}\cos\theta}$

粉砕時間 [hour]	2θ [degree]	$\cos\theta$	ε [μm]
1	31.25	0.9630	0.095
2	31.27	0.9630	0.031
4	31.30	0.9629	0.026
6	31.31	0.9629	0.017

第5章

5.1 $x = \dfrac{nx_1+mx_2}{m+n}$，$y = \dfrac{ny_1+my_2}{m+n}$

5.2 直線 $\boldsymbol{q}_1$ と $\boldsymbol{q}_2$ のなす角度：$\cos\theta = \lambda_1\lambda_2+\mu_1\mu_2$　2つの直線が直交する条件は，$\cos\theta = 0$ の場合，すなわち，$\lambda_1\lambda_2+\mu_1\mu_2 = 0$．2つの直線の方向係数が，それぞれ $m_1 = \dfrac{\mu_1}{\lambda_1}$ および $m_2 = \dfrac{\mu_2}{\lambda_2}$ で表される場合，方向係数が m_1 および m_2 で与えられる2つの直線が直交する条件：$1+m_1m_2 = 0$.

5.3 $A^* = \dfrac{\boldsymbol{b}\times\boldsymbol{c}}{\boldsymbol{a}\cdot(\boldsymbol{b}\times\boldsymbol{c})} = \dfrac{2\boldsymbol{e}_x-\boldsymbol{e}_y}{4} = \dfrac{1}{2}\boldsymbol{e}_x-\dfrac{1}{4}\boldsymbol{e}_y$，$B^* = \dfrac{\boldsymbol{c}\times\boldsymbol{a}}{\boldsymbol{a}\cdot(\boldsymbol{b}\times\boldsymbol{c})} = \dfrac{2\boldsymbol{e}_y}{4} = \dfrac{1}{2}\boldsymbol{e}_y$

5.4 $|\boldsymbol{b}_1| = \left|\dfrac{\boldsymbol{a}_2\times\boldsymbol{a}_3}{\boldsymbol{a}_1\cdot(\boldsymbol{a}_2\times\boldsymbol{a}_3)}\right| = \dfrac{|\boldsymbol{a}_2\times\boldsymbol{a}_3|}{|\boldsymbol{a}_1||\boldsymbol{a}_2\times\boldsymbol{a}_3|\cos\theta} = \dfrac{1}{a_1\cos\theta} \longrightarrow \dfrac{1}{d_{100}}$

5.5 $\boldsymbol{b}_1 = \dfrac{\boldsymbol{a}_2\times\boldsymbol{a}_3}{\boldsymbol{a}_1\cdot\boldsymbol{a}_2\times\boldsymbol{a}_3} = \dfrac{1}{3\sqrt{3}}\left(\sqrt{3}, -1, 0\right)$，$\boldsymbol{b}_2 = \dfrac{\boldsymbol{a}_3\times\boldsymbol{a}_1}{\boldsymbol{a}_1\cdot\boldsymbol{a}_2\times\boldsymbol{a}_3} = \dfrac{1}{3\sqrt{3}}(0, 3, 0)$

5.6 $$\cos\phi = \frac{hu+kv+lw}{\left[\dfrac{h^2}{a_1^2}+\dfrac{k^2}{a_2^2}+\dfrac{l^2}{a_3^2}\right]^{\frac{1}{2}}[u^2a_1^2+v^2a_2^2+w^2a_3^2]^{\frac{1}{2}}}$$

5.7 単純単位格子の面を(hkl)，六方晶単位格子の面を(HKL)とし，例えば，ベクトル $\boldsymbol{A}$ は単純格子のベクトルとの間に，$\boldsymbol{A} = m_{11}\boldsymbol{a}+m_{12}\boldsymbol{b}+m_{13}\boldsymbol{c}$ の関係があるとする．したがって，$m_{11}h+m_{12}k+m_{13}l = H$ の関係が成立．これらをまとめれば，

$$\begin{pmatrix} H \\ K \\ L \end{pmatrix} = \Delta \begin{pmatrix} h \\ k \\ l \end{pmatrix} = \begin{pmatrix} m_{11} m_{12} m_{13} \\ m_{21} m_{22} m_{23} \\ m_{31} m_{32} m_{33} \end{pmatrix} \begin{pmatrix} h \\ k \\ l \end{pmatrix}$$

5.8 面心立方格子の第1ブリルアンゾーンは，8枚の正六角形の面 {111} と6枚の正方形の面 {002} からなる14面体で，体心立方格子のウイグナー-ザイツ単位格子と同一.

5.9 散乱ベクトルを $\boldsymbol{q}$，逆格子ベクトルを H_{hkl} とすれば，十分な強度が観測できる条件は，$\boldsymbol{q} = H_{hkl}$ で与えられる．この式の両辺の絶対値をとると次式の関係が成立.

$$|\boldsymbol{q}| = |H_{hkl}| \longrightarrow \frac{2\sin\theta}{\lambda} = \frac{1}{d_{hkl}} \qquad \therefore \quad 2d_{hkl}\sin\theta = \lambda(\text{ブラッグの条件})$$

5.10 十分大きな実空間格子では，任意のベクトル $\boldsymbol{r}_n$ として与えられた式の総和について，$\boldsymbol{r}'_n = \boldsymbol{r}_n + \boldsymbol{n}$ と置き換えても変わらないことを利用.

5.11 テーラー展開を利用し，$\dfrac{\sin\theta}{\lambda}$ の非常に小さい領域で原子散乱因子 f_n が $f_n \approx 1-2\left\{\left(\dfrac{2\pi a_n \sin\theta}{\lambda}\right)^2\right\}$ で近似できることを利用.

5.12 異常散乱項は次式で与えられる（詳細は，例えば，R. W. James：Optical principles of the Diffraction of X-rays, G. Bell & Sons, London (1954) 参照).

$$f'(\omega) = -\frac{1}{2}\int\left(\frac{\mathrm{d}g_{oj}}{\mathrm{d}\omega_{jo}}\right)\omega_{jo}\left\{\frac{\omega_{jo}-\omega}{(\omega_{jo}-\omega)^2+\gamma_{oj}^2/4}+\frac{\omega_{jo}+\omega}{(\omega_{jo}+\omega)^2+\gamma_{oj}^2/4}\right\}\mathrm{d}\omega_{jo} \qquad (1)$$

$$f''(\omega) = \frac{1}{2}\int\left(\frac{\mathrm{d}g_{oj}}{\mathrm{d}\omega_{jo}}\right)\omega_{jo}\frac{\gamma_{oj}/2}{(\omega_{jo}-\omega)^2+\gamma_{oj}^2/4}\mathrm{d}\omega_{jo} \qquad (2)$$

ここで，添え字の o および j は，X線の散乱に関わる電子の初期状態と j 番目の散乱状態を，γ_{oj} は o と j 番目の状態の重畳幅を示す．g_{oj} は，固有振動の重率と呼ばれ，原子内の電子が持つ固有振動の分布関数に該当．関数 $(\mathrm{d}g_{oj}/\mathrm{d}\omega_{jo})$ を算出する方法はいくつかあるが，現状では相対論効果を導入した Cromer-Liberman の計算結果が，最も高精度である．特性線について International Tables に集録（広いエネルギー（波長）領域のデータベース例：SCM Database：http://www.tagen.tohoku.ac.jp/general/building/iamp/database/scm/index.html 参照).

5.13 波の進行方向のベクトルと z 軸とのなす角度を γ，入射波の単位ベクトルを $\boldsymbol{s}_0$ で表すと，回折強度 I_P は次式で与えられる.

$$I_P = L^2 \cdot \left\{\frac{\sin(\pi L \cdot \boldsymbol{s}_0 \sin\gamma)}{\pi L \cdot \boldsymbol{s}_0 \sin\gamma}\right\}^2$$

5.14 x 方向に周期 $\boldsymbol{a}$，y 方向に周期 $\boldsymbol{b}$ の繰り返しで表される点に，各方向の波数ベクトル $\boldsymbol{s}_x \cdot \boldsymbol{s}_y$ で表現できる小さなスリットがあり，その点のみで生じる回折の強度

Iを算出.

$$I = \left|\frac{\sin(m\pi \boldsymbol{s}_x \cdot \boldsymbol{a})}{\sin(\pi \boldsymbol{s}_x \cdot \boldsymbol{a})}\right|^2 \cdot \left|\frac{\sin(n\pi \boldsymbol{s}_y \cdot \boldsymbol{b})}{\sin(\pi \boldsymbol{s}_y \cdot \boldsymbol{b})}\right|^2$$

5.15 散乱強度Iは，Gと複素共役の関係にあるG^*の積

$$I = G^*G = \frac{\sin^2\left\{\frac{1}{2}m(\boldsymbol{a}\cdot\boldsymbol{q})\right\}}{\sin^2\left\{\frac{1}{2}(\boldsymbol{a}\cdot\boldsymbol{q})\right\}}$$

$\boldsymbol{a}\cdot\boldsymbol{q} = 2\pi h + \delta(\delta > 0)$とおいて，分子のsin関数を考慮，$\delta > 0$で最小の値は，$\frac{m}{2}\delta = \pi$の場合.

5.16 $I(\boldsymbol{q}) = f_{\mathrm{C}}^2 + 4f_{\mathrm{Cl}}^2 + 12f_{\mathrm{Cl}}^2 \dfrac{\sin(2\pi \boldsymbol{q}\boldsymbol{r}_{Cl-Cl})}{2\pi \boldsymbol{q}\boldsymbol{r}_{\mathrm{Cl\text{-}Cl}}} + 8f_{\mathrm{C}}f_{\mathrm{Cl}} \dfrac{\sin(2\pi \boldsymbol{q}\boldsymbol{r}_{\mathrm{C\text{-}Cl}})}{2\pi \boldsymbol{q}\boldsymbol{r}_{\mathrm{C\text{-}Cl}}}$

5.17 ラウエ関数を用いて回折ピークの形状を議論する．例えばピークを示す条件はQaが2πの整数倍であり，はじめてゼロになる条件は$Qa = 2\pi n + 2\pi/N$（nは整数）の関係を満たす場合．$N = 10^4$の場合，$Q = 2.513\times10^{-3}\,\mathrm{nm}^{-1}$，$N=10$の場合，$Q = 2.513\,\mathrm{nm}^{-1}$．逆格子ベクトルの大きさは，$hkl$面の面間隔$d_{hkl}$の逆数に等しいので，$a = 0.25$ nmの場合は4 nm^{-1}であることを踏まえて検討.

5.18

(a) $F = \left[f_{\mathrm{Ca}} + 2f_{\mathrm{F}}\cos\frac{\pi}{2}(h+k+l)\left\{2\cos^2\frac{\pi}{2}(h+k+l) - 1\right\}\right]$
$\times\{1+\cos\pi(h+k)+\cos\pi(h+l)+\cos\pi(l+h)\}$

(b) $F_{111}^2 = 16f_{\mathrm{Ca}}^2$，$F_{222}^2 = 16(f_{\mathrm{Ca}} - 2f_{\mathrm{F}})^2$，$F_{111}^2 = 16\times15.43^2 = 3809$　($f_{\mathrm{Ca}} = 15.43$)
$F_{222}^2 = 16\times(11.24 - 2\times4.76)^2 = 47$　($f_{\mathrm{Ca}} = 11.24$，$f_{\mathrm{F}} = 4.76$)

(c) 混合指数の場合$F = 0$，非混合指数の場合は次式

$$F^2 = 16\left[\left\{f_{0\mathrm{Ca}} + f'_{\mathrm{Ca}} + 2f_{\mathrm{F}}\cos\frac{\pi}{2}(h+k+l)\left(2\cos^2\frac{\pi}{2}(h+k+l) - 1\right)\right\}^2 + f''^2_{\mathrm{Ca}}\right]$$

第6章

6.1 $\boldsymbol{abc}$を基準として，$\boldsymbol{cab} \to \boldsymbol{bca} \to \boldsymbol{a\bar{c}b} \to \boldsymbol{ba\bar{c}} \to \boldsymbol{\bar{c}ba}$と変化させた場合について検討.

6.2 省略

6.3 省略

6.4 $F_{hkl} = fe^{2\pi i(ky+lz)}(e^{2\pi ihx} + e^{i\pi l}e^{-2\pi ihx})$

$l = 2n$の場合：$|F_{hkl}|^2 = 4f^2\cos^2 2\pi hx$，$l = 2n+1$の場合：$|F_{hkl}|^2 = 4f^2\sin^2 2\pi hx$

面指数が$0kl$の回折ピークについて，$l = 2n$の条件でのみ強度が観測可能.

6.5 原点を通ってb軸に平行に2_1らせん軸がある場合の構造因子：

$$F(hkl) = \sum_{j=1}^{N/2} f_i[\exp\{2\pi i(hx_j + ky_j + lz_j)\} + \exp\left\{2\pi i\left(-hx_j + ky_j - lz_j + \frac{k}{2}\right)\right\}$$

h と l がゼロの場合を考慮した場合，$F(0k0) = \sum_{j=1}^{n/2} f_i \exp(2\pi iky_j) + \{1+\exp(\pi ik)\}$

この場合，消滅する指数の条件として以下の情報が得られる．

$$\left.\begin{aligned} F(0k0) &= 2\sum_{j=1}^{N/2} f_i \exp(2\pi iky_j) \quad && k = 2n \\ F(0k0) &= 0 && k = 2n+1 \end{aligned}\right\}$$

この関係は，2_1 らせん軸があれば (0k0) の回折ピークについて，らせん軸方向の指数 k が奇数の回折ピークが消滅することを表す．他のらせん軸あるいは映進面についても同様に検討可能．映進面対称では，映進面に垂直な軸方向の指数がゼロで，並進する軸方向の指数が奇数の場合に回折ピークが消滅．

6.6

(a)

$$F = f_{\mathrm{Ti}}\left[1 + e^{2\pi i\left(\frac{h+k+l}{2}\right)}\right] + f_{\mathrm{O}}\left[e^{2\pi i(uh+uk)} + e^{2\pi i(-uh-uk)} + e^{2\pi i\left(\frac{h+k+l}{2} - uh + uk\right)} + e^{2\pi i\left(\frac{h+k+l}{2} + uh - uk\right)}\right]$$

等価な格子点を考慮した場合の消滅則条件は，ブラベー格子が単純正方であることを示唆

(b)　(i) $h+k+l = 2n$，$F = f_{\mathrm{Ti}} + f_{\mathrm{O}}[2\cos 2\pi u(h+k) + 2\cos 2\pi u(h-k)] \neq 0$

(ii) $h+k+l = 2n+1$，$F = f_{\mathrm{O}}[2\cos 2\pi u(h+k) - 2\cos 2\pi u(h-k)] \neq 0$

ただし，$h+k+l = 2n+1$，h あるいは k がゼロの場合，$F = 0$

(c) 与えられた原子位置に関する構造因子：

$$F = \left[1 + e^{2\pi i\left(\frac{h+k+l}{2}\right)}\right][f_{\mathrm{Ti}} + f_{\mathrm{O}}\{e^{2\pi i(uh+uk)} + e^{2\pi i(-uh-uk)}\}]$$

(i) $h+k+l = 2n$

$$F = 2[f_{\mathrm{Ti}} + f_{\mathrm{O}}\{e^{2\pi i(uh+uk)} + e^{2\pi i(-uh-uk)}\}]$$

(ii) $h+k+l = 2n+1$，$F = 0$，与えられた原子位置で表される構造のブラベー格子は体心正方．

6.7　(a) それぞれの面における入射および反射ベクトルについてブラッグの条件を考え，それらの和もブラッグの条件が成立することを考慮．

(b) (a) の結果より，$2 = -1 + h_2$，$2 = -1 + k_2$，$2 = -1 + l_2$．したがって $(h_2k_2l_2) = (331)$

直交軸 $a_1a_2a_3$ において $(\bar{1}\,\bar{1}\,1)$ 面の式は，$\dfrac{a_1}{-a} + \dfrac{a_2}{-a} + \dfrac{a_3}{a} = 1$，$a_1 + a_2 - a_3 + a = 0$

同様に (331) 面：$3a_1 + 3a_2 + a_3 - a = 0$，(222) 面：$2a_1 + 2a_2 + a_3 - a = 0$

S_0 の方向余弦を x, y, z とすると，$\dfrac{a_1}{x} + \dfrac{a_2}{y} + \dfrac{a_3}{z}$，$x^2 + y^2 + z^2 = 1$．また，$S_0$ と $(\bar{1}\,\bar{1}\,1)$ 面のなす角度を θ_1 としてブラッグの条件を満たすことを考慮すれば，

$$\sin\theta_1 = \frac{\lambda}{2d_{(\bar{1}\bar{1}1)}} = \frac{x+y-z}{\sqrt{3}} \quad \longrightarrow \quad x+y-z = \frac{3}{2a}\lambda \tag{1}$$

S_0 と(222)面についても同様な手続きで関係を求める.

$$2x+2y+2z = \frac{6\lambda}{a} \tag{2}$$

式(1)および式(2)より, $z = \frac{3}{4a}\lambda$, $x+y = \frac{9}{4a}\lambda$, $a=0.3567$ nm および $\lambda = 0.1542$ nm と $x^2+y^2+z^2 = 1$ の関係を用いて, (x, y, z) を求める.

$(x, y, z) = (0.946, 0.027, 0.324)$ および $(0.027, 0.946, 0.324)$

6.8 省略

6.9 (a)与えられた原子位置より F を求める.

$$F = f\left\{1+e^{2\pi i\left(\frac{h}{2}+\frac{l}{2}\right)}\right\}\left\{e^{2\pi i(uk+vl)}+e^{-2\pi i(uk+vl)}+e^{2\pi i\left\{\frac{h}{2}+\left(\frac{1}{2}-u\right)k+vl\right\}}+e^{\left\{\frac{h}{2}+\left(\frac{1}{2}+u\right)k-vl\right\}}\right\}$$

$$= 2f\{1+\cos\pi(h+l)\}\{\cos 2\pi(uk+vl)+\cos\pi(h+k)\cos 2\pi(uk-vl)\}$$

(i) $h+k$ = 偶数(even)の場合

$$F = 2f\{1+\cos\pi(h+l)\}\{\cos 2\pi(uk+vl)+\cos 2\pi(uk-vl)\}$$

(ii) $h+k$ = 奇数(odd)の場合

$$F = 2f\{1+\cos\pi(h+l)\}\{\cos 2\pi(uk+vl)-\cos 2\pi(uk-vl)\}$$

F は $h+l$ = 奇数の場合, u, v に関係なく消滅.

(b) $00l$ かつ l = 偶数の場合の構造因子は次式となる.

$$F = 2f\{1+\cos\pi l\}\{\cos 2\pi vl-\cos(-2\pi vl)\} = 8f\cos 2\pi vl$$

したがって, $\frac{F^2}{64f^2} = \cos^2 2\pi vl$

$l = 2$ および $l = 4$ の場合について, プロットして図を描く. 表に与えられた実験値より, 002 および 004 の強度比は $\frac{2.42}{0.44} = 5.5$ であるから, 図中で比が 5.5 となる v の値を求める. $v = 0.098$ および 0.152

(c) 111, 113 面に対応する構造因子 : $F_{111} = 8f\cos 2\pi u\cos 2\pi v$, $F_{113} = 8f\cos 2\pi u\cos 6\pi v = 8f\cos 2\pi u(4\cos^3 2\pi v-3\cos 2\pi v)$ したがって,

$\left(\frac{F_{111}}{8f}\right)^2 = \cos^2 2\pi u\cdot\cos^2 2\pi v$, $\left(\frac{F_{113}}{8f}\right)^2 = \cos^2 2\pi u\cdot(4\cos^3 2\pi v-3\cos 2\pi v)^2$

表に与えられた実験値より, 111 と 113 の回折ピークの強度比 $\frac{0.84}{7.56} = 0.111$ の関係を利用して, 次式の関係を導出.

$$\frac{\left(\frac{F_{113}}{8f}\right)^2}{\left(\frac{F_{111}}{8f}\right)^2} = \frac{(4\cos^3 2\pi v-3\cos 2\pi v)^2}{\cos^2 2\pi v} = (4\cos^2 2\pi v-3)^2 = 0.111$$

これを解いて，$v = 0.098$

(d) 互いに近接するピーク 002 と 111 面の強度について，多重度因子を p，実験定数を K として考えると 002 面について，次式が成立．

$$\frac{P'_{002}}{(f^2e^{-2M}LP)} = Kp\left(\frac{F_{002}}{8f}\right)^2$$
$$= K\times 2\cos^2 4\pi v = 0.22K \qquad (\because \quad v = 0.098)$$
$$= 0.44 \longrightarrow K = 2.0$$

002 と 111 面の回折ピークについて，散乱因子，ローレンツ偏光因子，温度因子が等しいと仮定すれば，次式が成立．

$$\frac{P'_{111}}{(f^2e^{-2M}LP)} = Kp\left(\frac{F_{111}}{8f}\right)^2 = Km\cos^2 2\pi u\cos^2 2\pi v$$
$$= 2.0\times 8\cos^2(2\pi\times 0.098)\cos^2 2\pi u = 10.7\cos^2 2\pi u$$
$$= 7.56$$

これを解くと $u = 0.091$

6.10 省略

付録 1　基本単位と主たる物理定数

SI：Le Systèmac Internation d'Unitès

SI 基本単位

長さ	メートル	m
質量	キログラム	kg
時間	秒	s
電流	アンペア	A
熱力学温度	ケルビン	K
物質量	モル	mol

固有の名称を持つ SI 組立単位

量	名称・記号		他の単位との関係	
振動数	ヘルツ	Hz		s^{-1}
力	ニュートン	N		$m \cdot kg \cdot s^{-2}$
圧力，応力	パスカル	Pa	N/m^2	$m^{-1} \cdot kg \cdot s^{-2}$
エネルギー 仕事，熱量	ジュール	J	$N \cdot m$	$m^2 \cdot kg \cdot s^{-2}$
仕事率，放射束	ワット	W	J/s	$m^2 \cdot kg \cdot s^{-3}$
電気量，電荷	クーロン	C	$A \cdot s$	$s \cdot A$
電圧，電位	ボルト	V	W/A	$m^2 \cdot kg \cdot s^{-3} \cdot A^{-1}$
電気容量	ファラド	F	C/V	$m^{-2} \cdot kg^{-1} \cdot s^2 \cdot A^2$
電気抵抗	オーム	Ω	V/A	$m^2 \cdot kg \cdot s^{-3} \cdot A^{-2}$
放射能	ベクレル	Bq		s^{-1}
吸収線量	グレイ	Gy	J/kg	$m^2 \cdot s^{-2}$
線量当量	シーベルト	Sv	J/kg	$m^2 \cdot s^{-2}$
平面角	ラジアン	rad		
立体角	ステラジアン	sr		

時間に分(min)・時(h)，平面角に度(°)・分(′)・秒(″)，体積にリットル(l, L)，質量にトン(t)などが一般に SI 単位と併用される．

基礎定数表（1986 年調整値*）

量	記号	数値	単位	
			SI	CGS
真空中の光の速さ	c	2.997925	10^{8} m/s	10^{10} cm/s
プランク定数	h	6.6260	10^{-34} J·s	10^{-27} erg·s
アヴォガドロ定数	N_{A}	6.02217	10^{23}/mol	10^{23}/mol
原子質量単位(amu)*	u	1.66054	10^{-27} kg	10^{-24} g
万有引力定数	G	6.67259	10^{-11} m^{3}/s^{2}·kg	10^{-8} cm^{3}/s^{2}·g
真空の透磁率	μ_0	$4\pi = 12.56637$	10^{-7} H/m	—
真空の誘電率	ε_0	8.854188	10^{-12} F/m	—
電気素量	e	1.60219	10^{-19} C	10^{-20} emu
		4.80320	—	10^{-10} esu
ファラデー定数	F	9.64853	10^{4} C/mol	10^{3} emu/mol
電子の静止質量	m_{e}	9.10956	10^{-31} g	10^{-28} g
電子の比電荷	e/m_{e}	1.7588	10^{11} C/kg	10^{7} emu/g
古典電子半径	r_{e}	2.81794	10^{-15} m	10^{-13} cm
電子のコンプトン波長	λ_{e}	2.42631	10^{-12} m	10^{-10} cm
陽子の静止質量	m_{p}	1.67262	10^{-27} kg	10^{-24} g
	$m_{\mathrm{p}}/m_{\mathrm{e}}$	1836.15	—	—
微細構造定数	α	7.29735	10^{-3}	10^{-3}
	α^{-1}	137.036	—	—
リュードベリ定数	R_{∞}	1.09737	10^{7}/m	10^{5}/cm
ボーア半径	a_0	5.29177	10^{-11} m	10^{-9} cm
気体定数	R	8.31451	J/mol·K	10^{7} erg/mol·K
標準状態†理想気体の体積	V_{m}	22.414	10^{-3} m^{3}/mol	10^{3} cm^{3}/mol
ボルツマン定数	k_{B}	1.38062	10^{-23} J/K	10^{-16} erg/K
シュテファン-ボルツマン定数	σ	5.67051	10^{-8} W/m^{2}·K^{4}	10^{-5} erg/s·cm^{2}·K^{4}

*：^{12}C 原子の質量の 12 分の 1，†：温度 273.15 K，圧力 101325 Pa（1 atm）

特別な分野で SI と併用される単位

量	記号	数値	単位	
			SI	CGS
電子ボルト	eV	1.60219	10^{-19} J	10^{-12} erg
オングストローム	A*		0.1 nm＝10^{-10} m	10^{-8} cm
バーン	b		10^{-28} m^{2}	

*　アンペアと混同しないように Å を用いる場合もある

付録 2　元素の原子量，密度，デバイ特性温度（Θ）および質量吸収係数

特性線の種類	波長 (Å)	1 Hydrogen	2 Helium	3 Lithium	4 Beryllium	5 Boron	6 Carbon	7 Nitrogen	8 Oxygen
	原子量	1.0079	4.0026	6.941	9.0122	10.811	12.011	14.0067	15.9994
	密度	8.375E-05	1.664E-04	0.533	1.86	2.47	2.27	1.165E-03	1.332E-03
	Θ(K)			344	1440		2230		
Cr $K\alpha$	2.2910	4.12E-01	4.98E-01	1.30E+00	3.44E+00	7.59E+00	1.50E+01	2.47E+01	3.78E+01
Cr $K\beta_1$	2.0849	4.05E-01	4.25E-01	1.01E+00	2.59E+00	5.69E+00	1.12E+01	1.86E+01	2.84E+01
Fe $K\alpha$	1.9374	4.00E-01	3.81E-01	8.39E-01	2.09E+00	4.55E+00	8.99E+00	1.49E+01	2.28E+01
Fe $K\beta_1$	1.7566	3.96E-01	3.35E-01	6.63E-01	1.58E+00	3.39E+00	6.68E+00	1.10E+01	1.70E+01
Co $K\alpha$	1.7903	3.97E-01	3.43E-01	6.93E-01	1.67E+00	3.59E+00	7.07E+00	1.17E+01	1.80E+01
Co $K\beta_1$	1.6208	3.93E-01	3.07E-01	5.55E-01	1.27E+00	2.67E+00	5.24E+00	8.66E+00	1.33E+01
Cu $K\alpha$	1.5418	3.91E-01	2.92E-01	5.00E-01	1.11E+00	2.31E+00	4.51E+00	7.44E+00	1.15E+01
Cu $K\beta_1$	1.3922	3.88E-01	2.68E-01	4.12E-01	8.53E-01	1.73E+00	3.33E+00	5.48E+00	8.42E+00
Mo $K\alpha$	0.7107	3.73E-01	2.02E-01	1.98E-01	2.56E-01	3.68E-01	5.76E-01	8.45E-01	1.22E+00
Mo $K\beta_1$	0.6323	3.70E-01	1.97E-01	1.87E-01	2.29E-01	3.09E-01	4.58E-01	6.45E-01	9.08E-01

特性線の種類	波長 (Å)	9 Fluorine	10 Neon	11 Sodium	12 Magnesium	13 Aluminium	14 Silicon	15 Phosphorus	16 Sulfur
	原子量	18.9984	20.1797	22.9898	24.305	26.9815	28.0855	30.9738	32.066
	密度	1.696E-03	8.387E-04	0.966	1.74	2.70	2.33	1.82(yellow)	2.09
	Θ(K)		75	158	400	428	645		
Cr $K\alpha$	2.2910	5.15E+01	7.41E+01	9.49E+01	1.26E+02	1.55E+02	1.96E+02	2.30E+02	2.81E+02
Cr $K\beta_1$	2.0849	3.89E+01	5.61E+01	7.21E+01	9.62E+01	1.18E+02	1.51E+02	1.77E+02	2.17E+02
Fe $K\alpha$	1.9374	3.13E+01	4.52E+01	5.82E+01	7.78E+01	9.59E+01	1.22E+02	1.44E+02	1.77E+02
Fe $K\beta_1$	1.7566	2.33E+01	3.38E+01	4.37E+01	5.85E+01	7.23E+01	9.27E+01	1.09E+02	1.35E+02
Co $K\alpha$	1.7903	2.47E+01	3.58E+01	4.62E+01	6.19E+01	7.64E+01	9.78E+01	1.15E+02	1.42E+02
Co $K\beta_1$	1.6208	1.83E+01	2.66E+01	3.45E+01	4.63E+01	5.73E+01	7.36E+01	8.70E+01	1.07E+02
Cu $K\alpha$	1.5418	1.58E+01	2.29E+01	2.97E+01	4.00E+01	4.96E+01	6.37E+01	7.55E+01	9.33E+01
Cu $K\beta_1$	1.3922	1.16E+01	1.69E+01	2.20E+01	2.96E+01	3.68E+01	4.75E+01	5.64E+01	6.98E+01
Mo $K\alpha$	0.7107	1.63E+00	2.35E+00	3.03E+00	4.09E+00	5.11E+00	6.64E+00	7.97E+00	9.99E+00
Mo $K\beta_1$	0.6323	1.19E+00	1.69E+00	2.17E+00	2.92E+00	3.64E+00	4.73E+00	5.67E+00	7.11E+00

特性線の種類	波長 (Å)	17 Chlorine	18 Argon	19 Potassium	20 Calcium	21 Scandium	22 Titanium	23 Vanadium	24 Chromium
	原子量	35.4527	39.948	39.0983	40.078	44.9559	47.867	50.9415	51.9961
	密度	3.214E-03	1.663E-03	0.862	1.53	2.99	4.51	6.09	7.19
	Θ(K)		92	91	230	360	420	380	630
Cr $K\alpha$	2.2910	3.16E+02	3.42E+02	4.21E+02	4.90E+02	5.16E+02	5.90E+02	7.47E+01	8.68E+01
Cr $K\beta_1$	2.0849	2.44E+02	2.66E+02	3.28E+02	3.82E+02	4.03E+02	4.44E+02	4.79E+02	6.70E+01
Fe $K\alpha$	1.9374	2.00E+02	2.18E+02	2.70E+02	3.14E+02	3.32E+02	3.58E+02	3.99E+02	4.92E+02
Fe $K\beta_1$	1.7566	1.52E+02	1.67E+02	2.07E+02	2.42E+02	2.56E+02	2.77E+02	3.09E+02	3.85E+02
Co $K\alpha$	1.7903	1.61E+02	1.76E+02	2.18E+02	2.55E+02	2.69E+02	2.91E+02	3.25E+02	4.08E+02
Co $K\beta_1$	1.6208	1.22E+02	1.34E+02	1.66E+02	1.95E+02	2.06E+02	2.27E+02	2.50E+02	2.93E+02
Cu $K\alpha$	1.5418	1.06E+02	1.16E+02	1.45E+02	1.70E+02	1.80E+02	2.00E+02	2.19E+02	2.47E+02
Cu $K\beta_1$	1.3922	7.95E+01	8.75E+01	1.09E+02	1.29E+02	1.37E+02	1.52E+02	1.66E+02	1.85E+02
Mo $K\alpha$	0.7107	1.15E+01	1.28E+01	1.62E+01	1.93E+01	2.08E+01	2.34E+01	2.60E+01	2.99E+01
Mo $K\beta_1$	0.6323	8.20E+00	9.14E+00	1.16E+01	1.38E+01	1.49E+01	1.68E+01	1.87E+01	2.15E+01

密度の単位：Mg/m^3

特性線の種類	波長 (Å)	25 Manganese	26 Iron	27 Cobalt	28 Nickel	29 Copper	30 Zinc	31 Gallium	32 Germanium
	原子量	54.9381	55.845	58.9332	58.6934	63.546	65.39	69.723	72.61
	密度	7.47	7.87	8.8	8.91	8.93	7.13	5.91	5.32
	Θ(K)	410	470	445	450	343	327	320	374
Cr $K\alpha$	2.2910	9.75E+01	1.13E+02	1.24E+02	1.44E+02	1.53E+02	1.71E+02	1.83E+02	1.99E+02
Cr $K\beta_1$	2.0849	7.53E+01	8.69E+01	9.60E+01	1.12E+02	1.18E+02	1.32E+02	1.42E+02	1.55E+02
Fe $K\alpha$	1.9374	6.16E+01	7.10E+01	7.85E+01	9.13E+01	9.68E+01	1.08E+02	1.16E+02	1.27E+02
Fe $K\beta_1$	1.7566	3.75E+02	5.43E+01	6.00E+01	6.98E+01	7.40E+01	8.27E+01	8.86E+01	9.69E+01
Co $K\alpha$	1.7903	3.93E+02	5.72E+01	6.32E+01	7.35E+01	7.80E+01	8.71E+01	9.34E+01	1.02E+02
Co $K\beta_1$	1.6208	3.06E+02	3.42E+02	4.81E+01	5.60E+01	5.94E+01	6.64E+01	7.12E+01	7.78E+01
Cu $K\alpha$	1.5418	2.70E+02	3.02E+02	3.21E+02	4.88E+01	5.18E+01	5.79E+01	6.21E+01	6.79E+01
Cu $K\beta_1$	1.3922	2.07E+02	2.32E+02	2.48E+02	2.79E+02	3.92E+01	4.38E+01	4.70E+01	5.14E+01
Mo $K\alpha$	0.7107	3.31E+01	3.76E+01	4.10E+01	4.69E+01	4.91E+01	5.40E+01	5.70E+01	6.12E+01
Mo $K\beta_1$	0.6323	2.38E+01	2.71E+01	2.96E+01	3.40E+01	3.57E+01	3.93E+01	4.15E+01	4.46E+01

特性線の種類	波長 (Å)	33 Arsenic	34 Selenium	35 Bromine	36 Krypton	37 Rubidium	38 Strontium	39 Yttrium	40 Zirconium
	原子量	74.9216	78.96	79.904	83.8	85.4678	87.62	88.9059	91.224
	密度	5.78	4.81	3.12 (liq.)	3.488E-03	1.53	2.58	4.48	6.51
	Θ(K)	282	90		72	56	147	280	291
Cr $K\alpha$	2.2910	2.19E+02	2.34E+02	2.60E+02	2.77E+02	3.03E+02	3.28E+02	3.58E+02	3.86E+02
Cr $K\beta_1$	2.0849	1.70E+02	1.82E+02	2.02E+02	2.15E+02	2.36E+02	2.56E+02	2.79E+02	3.00E+02
Fe $K\alpha$	1.9374	1.39E+02	1.49E+02	1.65E+02	1.76E+02	1.93E+02	2.10E+02	2.29E+02	2.47E+02
Fe $K\beta_1$	1.7566	1.06E+02	1.14E+02	1.27E+02	1.35E+02	1.48E+02	1.61E+02	1.76E+02	1.91E+02
Co $K\alpha$	1.7903	1.12E+02	1.20E+02	1.33E+02	1.42E+02	1.56E+02	1.70E+02	1.85E+02	2.00E+02
Co $K\beta_1$	1.6208	8.55E+01	9.16E+01	1.02E+02	1.09E+02	1.19E+02	1.30E+02	1.42E+02	1.54E+02
Cu $K\alpha$	1.5418	7.47E+01	8.00E+01	8.90E+01	9.52E+01	1.04E+02	1.13E+02	1.24E+02	1.39E+02
Cu $K\beta_1$	1.3922	5.65E+01	6.05E+01	6.74E+01	7.21E+01	7.90E+01	8.59E+01	9.40E+01	1.01E+02
Mo $K\alpha$	0.7107	6.61E+01	6.95E+01	7.56E+01	7.93E+01	8.51E+01	9.06E+01	9.70E+01	1.63E+01
Mo $K\beta_1$	0.6323	4.82E+01	5.08E+01	5.55E+01	5.84E+01	6.30E+01	6.72E+01	7.21E+01	7.61E+01

特性線の種類	波長 (Å)	41 Niobium	42 Molybdenun	43 Technetium	44 Ruthenium	45 Rhodium	46 Palladium	47 Silver	48 Cadmium
	原子量	92.9064	95.94	[99]	101.07	102.9055	106.42	107.8682	112.411
	密度	8.58	10.22	11.50	12.36	12.42	12.00	10.50	8.65
	Θ(K)	275	450		600	480	274	225	209
Cr $K\alpha$	2.2910	4.16E+02	4.42E+02	4.74E+02	5.01E+02	5.36E+02	5.63E+02	6.02E+02	6.26E+02
Cr $K\beta_1$	2.0849	3.25E+02	3.45E+02	3.70E+02	3.92E+02	4.20E+02	4.41E+02	4.72E+02	4.90E+02
Fe $K\alpha$	1.9374	2.67E+02	2.84E+02	3.05E+02	3.23E+02	3.46E+02	3.63E+02	3.89E+02	4.05E+02
Fe $K\beta_1$	1.7566	2.05E+02	2.19E+02	2.35E+02	2.49E+02	2.67E+02	2.81E+02	3.01E+02	3.13E+02
Co $K\alpha$	1.7903	2.16E+02	2.30E+02	2.47E+02	2.62E+02	2.80E+02	2.95E+02	3.16E+02	3.29E+02
Co $K\beta_1$	1.6208	1.66E+02	1.76E+02	1.90E+02	2.01E+02	2.16E+02	2.27E+02	2.43E+02	2.53E+02
Cu $K\alpha$	1.5418	1.45E+02	1.54E+02	1.66E+02	1.76E+02	1.89E+02	1.99E+02	2.13E+02	2.22E+02
Cu $K\beta_1$	1.3922	1.10E+02	1.17E+02	1.26E+02	1.34E+02	1.44E+02	1.51E+02	1.63E+02	1.69E+02
Mo $K\alpha$	0.7107	1.77E+01	1.88E+01	2.04E+01	2.17E+01	2.33E+01	2.47E+01	2.65E+01	2.78E+01
Mo $K\beta_1$	0.6323	8.10E+01	1.38E+01	1.49E+01	1.58E+01	1.70E+01	1.80E+01	1.94E+01	2.02E+01

密度の単位：Mg/m^3

特性線の種類	波長 (Å)	49 Indium	50 Tin	51 Antimony	52 Tellurium	53 Iodine	54 Xenon	55 Caesium	56 Barium
	原子量	114.818	118.71	121.76	127.6	126.9045	131.29	132.9054	137.327
	密度	7.29	7.29	6.69	6.25	4.95	5.495E-03	1.91(263K)	3.59
	Θ(K)	108	200	211	153		64	38	110
Cr $K\alpha$	2.2910	6.63E+02	6.91E+02	7.23E+02	7.40E+02	7.96E+02	7.21E+02	7.60E+02	5.70E+02
Cr $K\beta_1$	2.0849	5.19E+02	5.42E+02	5.70E+02	5.85E+02	6.31E+02	6.52E+02	6.86E+02	6.45E+02
Fe $K\alpha$	1.9374	4.28E+02	4.47E+02	4.71E+02	4.83E+02	5.22E+02	5.40E+02	5.69E+02	5.86E+02
Fe $K\beta_1$	1.7566	3.32E+02	3.47E+02	3.65E+02	3.74E+02	4.08E+02	4.22E+02	4.46E+02	4.61E+02
Co $K\alpha$	1.7903	3.49E+02	3.64E+02	3.83E+02	3.94E+02	4.25E+02	4.40E+02	4.65E+02	4.80E+02
Co $K\beta_1$	1.6208	2.69E+02	2.81E+02	2.96E+02	3.04E+02	3.30E+02	3.43E+02	3.63E+02	3.76E+02
Cu $K\alpha$	1.5418	2.36E+02	2.47E+02	2.59E+02	2.67E+02	2.88E+02	2.99E+02	3.17E+02	3.25E+02
Cu $K\beta_1$	1.3922	1.80E+02	1.88E+02	1.98E+02	2.04E+02	2.20E+02	2.29E+02	2.43E+02	2.52E+02
Mo $K\alpha$	0.7107	2.95E+01	3.10E+01	3.27E+01	3.38E+01	3.67E+01	3.82E+01	4.07E+01	4.23E+01
Mo $K\beta_1$	0.6323	2.16E+01	2.26E+01	2.39E+01	2.47E+01	2.68E+01	2.80E+01	2.98E+01	3.10E+01

特性線の種類	波長 (Å)	57 Lanthanum	58 Cerium	59 Praseodymium	60 Neodymium	61 Promethium	62 Samarium	63 Europium	64 Gadolinium
	原子量	138.9055	140.115	140.9077	144.24	[145]	150.36	151.965	157.25
	密度	6.17	6.77	6.78	7.00		7.54	5.25	7.87
	Θ(K)	142							200
Cr $K\alpha$	2.2910	2.25E+02	2.38E+02	2.38E+02	2.51E+02	2.94E+02	2.79E+02	3.09E+02	2.98E+02
Cr $K\beta_1$	2.0849	7.44E+02	4.94E+02	1.88E+02	1.98E+02	2.32E+02	2.21E+02	2.44E+02	2.35E+02
Fe $K\alpha$	1.9374	6.18E+02	5.61E+02	4.48E+02	4.55E+02	1.94E+02	2.04E+02	2.03E+02	1.95E+02
Fe $K\beta_1$	1.7566	4.83E+02	5.10E+02	5.39E+02	4.92E+02	5.88E+02	1.63E+02	4.08E+02	1.53E+02
Co $K\alpha$	1.7903	5.07E+02	5.35E+02	5.65E+02	5.05E+02	4.00E+02	1.76E+02	4.19E+02	1.61E+02
Co $K\beta_1$	1.6208	3.95E+02	4.17E+02	4.41E+02	4.57E+02	4.82E+02	3.54E+02	4.80E+02	3.35E+02
Cu $K\alpha$	1.5418	3.48E+02	3.68E+02	3.90E+02	4.04E+02	4.26E+02	4.34E+02	4.34E+02	4.03E+02
Cu $K\beta_1$	1.3922	2.66E+02	2.82E+02	2.99E+02	3.10E+02	3.28E+02	3.35E+02	3.52E+02	3.60E+02
Mo $K\alpha$	0.7107	4.49E+01	4.77E+01	5.07E+01	5.30E+01	5.63E+01	5.78E+01	6.09E+01	6.26E+01
Mo $K\beta_1$	0.6323	3.29E+01	3.49E+01	3.72E+01	3.88E+01	4.13E+01	4.24E+01	4.47E+01	4.60E+01

特性線の種類	波長 (Å)	65 Terbium	66 Dysprosium	67 Holmium	68 Erbium	69 Thulium	70 Ytterbium	71 Lutetium	72 Hafnium
	原子量	158.9253	162.5	164.9303	167.26	168.9342	173.04	174.967	178.49
	密度	8.27	8.53	8.80	9.04	9.33	6.97	9.84	13.28
	Θ(K)		210				120	210	252
Cr $K\alpha$	2.2910	3.32E+02	3.25E+02	3.47E+02	3.52E+02	3.86E+02	3.87E+02	4.31E+02	4.25E+02
Cr $K\beta_1$	2.0849	2.63E+02	2.57E+02	2.72E+02	2.78E+02	3.05E+02	3.04E+02	3.39E+02	3.34E+02
Fe $K\alpha$	1.9374	2.19E+02	2.14E+02	2.28E+02	2.32E+02	2.53E+02	2.51E+02	2.80E+02	2.77E+02
Fe $K\beta_1$	1.7566	1.71E+02	1.68E+02	1.78E+02	1.82E+02	1.96E+02	1.96E+02	2.18E+02	2.16E+02
Co $K\alpha$	1.7903	1.80E+02	1.76E+02	1.87E+02	1.91E+02	2.06E+02	2.06E+02	2.29E+02	2.27E+02
Co $K\beta_1$	1.6208	3.60E+02	1.38E+02	1.46E+02	1.49E+02	1.59E+02	1.59E+02	1.78E+02	1.76E+02
Cu $K\alpha$	1.5418	3.21E+02	3.62E+02	1.29E+02	1.32E+02	1.40E+02	1.42E+02	1.56E+02	1.55E+02
Cu $K\beta_1$	1.3922	3.76E+02	3.87E+02	4.02E+02	4.17E+02	1.08E+02	1.08E+02	1.21E+02	1.20E+02
Mo $K\alpha$	0.7107	6.58E+01	6.83E+01	7.13E+01	7.44E+01	7.79E+01	8.04E+01	8.40E+01	8.69E+01
Mo $K\beta_1$	0.6323	4.83E+01	5.02E+01	5.24E+01	5.48E+01	5.74E+01	5.93E+01	6.19E+01	6.41E+01

密度の単位：Mg/m^3

特性線の種類	波長 (Å)	73 Tantalum	74 Tungsten	75 Rhenium	76 Osmium	77 Iridium	78 Platinum	79 Gold	80 Mercury
原子量		180.9479	183.84	186.207	190.23	192.217	195.08	196.9665	200.59
密度		16.67	19.25	21.02	22.58	22.55	21.44	19.28	13.55
Θ(K)		240	400	430	500	420	240	165	71.9
Cr $K\alpha$	2.2910	4.32E+02	4.57E+02	5.01E+02	4.99E+02	5.20E+02	5.41E+02	5.51E+02	5.41E+02
Cr $K\beta_1$	2.0849	3.39E+02	3.61E+02	3.94E+02	3.92E+02	4.11E+02	4.23E+02	4.34E+02	4.16E+02
Fe $K\alpha$	1.9374	2.83E+02	3.01E+02	3.27E+02	3.27E+02	3.40E+02	3.57E+02	3.61E+02	3.39E+02
Fe $K\beta_1$	1.7566	2.20E+02	2.34E+02	2.57E+02	2.55E+02	2.65E+02	2.61E+02	2.79E+02	2.60E+02
Co $K\alpha$	1.7903	2.31E+02	2.46E+02	2.68E+02	2.68E+02	2.78E+02	2.76E+02	2.95E+02	2.73E+02
Co $K\beta_1$	1.6208	1.79E+02	1.91E+02	2.09E+02	2.09E+02	2.16E+02	2.14E+02	2.29E+02	2.16E+02
Cu $K\alpha$	1.5418	1.58E+02	1.68E+02	1.87E+02	1.84E+02	1.91E+02	1.88E+02	2.01E+02	1.88E+02
Cu $K\beta_1$	1.3922	1.22E+02	1.30E+02	1.43E+02	1.42E+02	1.48E+02	1.45E+02	1.55E+02	1.41E+02
Mo $K\alpha$	0.7107	9.04E+01	9.38E+01	9.74E+01	1.00E+02	1.04E+02	1.07E+02	1.12E+02	1.15E+02
Mo $K\beta_1$	0.6323	6.67E+01	6.92E+01	7.19E+01	7.41E+01	7.70E+01	7.97E+01	8.29E+01	8.54E+01

特性線の種類	波長 (Å)	81 Thallium	82 Lead	83 Bismuth	84 Polonium	85 Astatine	86 Radon	87 Francium	88 Radium
原子量		204.3833	207.2	208.9804	[210]	[210]	[222]	[223]	[226]
密度		11.87	11.34	9.80			4.40 (liq., 211K)		
Θ(K)		78.5	105	119					
Cr $K\alpha$	2.2910	5.97E+02	6.43E+02	6.66E+02	6.91E+02	6.80E+02	7.34E+02	7.58E+02	7.43E+02
Cr $K\beta_1$	2.0849	4.87E+02	5.07E+02	5.24E+02	5.44E+02	5.33E+02	5.76E+02	5.97E+02	5.85E+02
Fe $K\alpha$	1.9374	4.03E+02	4.20E+02	4.34E+02	4.52E+02	4.44E+02	4.77E+02	4.93E+02	4.87E+02
Fe $K\beta_1$	1.7566	3.14E+02	3.27E+02	3.39E+02	3.54E+02	3.45E+02	3.73E+02	3.84E+02	3.80E+02
Co $K\alpha$	1.7903	3.31E+02	3.43E+02	3.55E+02	3.70E+02	3.63E+02	3.92E+02	4.03E+02	3.98E+02
Co $K\beta_1$	1.6208	2.57E+02	2.67E+02	2.76E+02	2.88E+02	2.82E+02	3.04E+02	3.12E+02	3.10E+02
Cu $K\alpha$	1.5418	2.26E+02	2.35E+02	2.44E+02	2.54E+02	2.48E+02	2.67E+02	2.77E+02	2.73E+02
Cu $K\beta_1$	1.3922	1.75E+02	1.81E+02	1.88E+02	1.96E+02	1.86E+02	2.05E+02	2.13E+02	2.10E+02
Mo $K\alpha$	0.7107	1.18E+02	1.22E+02	1.26E+02	1.32E+02	1.17E+02	1.08E+02	8.70E+01	8.80E+01
Mo $K\beta_1$	0.6323	8.79E+01	9.08E+01	9.41E+01	9.83E+01	1.02E+02	1.01E+02	1.04E+02	1.08E+01

特性線の種類	波長 (Å)	89 Actinium	90 Thorium	91 Protactinium	92 Uranium	93 Neptunium	94 Plutonium	95 Americium	96 Curium
原子量		[227]	232.0381	231.0359	238.0289	[237]	[239]	[243]	[247]
密度			11.72		19.05		19.81		
Θ(K)			163		207				
Cr $K\alpha$	2.2910	7.39E+02	7.68E+02	7.38E+02	7.66E+02	8.00E+02	7.60E+02	7.95E+02	8.12E+02
Cr $K\beta_1$	2.0849	6.18E+02	5.09E+02	5.82E+02	6.17E+02	6.30E+02	6.00E+02	6.27E+02	6.40E+02
Fe $K\alpha$	1.9374	5.30E+02	4.85E+02	4.82E+02	5.28E+02	5.52E+02	4.98E+02	5.81E+02	5.90E+02
Fe $K\beta_1$	1.7566	4.44E+02	3.89E+02	3.75E+02	4.00E+02	4.10E+02	3.89E+02	4.07E+02	4.21E+02
Co $K\alpha$	1.7903	4.61E+02	4.06E+02	3.94E+02	4.20E+02	4.30E+02	4.08E+02	4.26E+02	4.37E+02
Co $K\beta_1$	1.6208	3.81E+02	3.48E+02	3.06E+02	3.26E+02	3.35E+02	3.17E+02	3.33E+02	3.43E+02
Cu $K\alpha$	1.5418	3.17E+02	3.06E+02	2.71E+02	2.88E+02	3.14E+02	2.80E+02	3.22E+02	3.38E+02
Cu $K\beta_1$	1.3922	2.85E+02	2.19E+02	2.08E+02	2.22E+02	2.27E+02	2.16E+02	2.27E+02	2.32E+02
Mo $K\alpha$	0.7107	9.08E+01	9.65E+01	1.01E+02	1.02E+02	4.22E+01	3.99E+01	4.81E+01	4.90E+01
Mo $K\beta_1$	0.6323	1.10E+02	9.87E+01	1.19E+02	7.49E+01	1.25E+02	1.29E+02	1.31E+02	1.34E+02

密度の単位：Mg/m^3

付録 3　原子散乱因子

$\frac{\sin\theta}{\lambda}$[A^{-1}]	0.0	0.1	0.2	0.3	0.4	0.5	0.6	0.7	0.8	0.9
H	1	0.81	0.48	0.25	0.13	0.07	0.04	0.03	0.02	0.01
He	2	1.88	1.46	1.05	0.75	0.52	0.35	0.24	0.18	0.14
Li	3	2.2	1.8	1.5	1.3	1.0	0.8	0.6	0.5	0.4
Be	4	2.9	1.9	1.7	1.6	1.4	1.2	1.0	0.9	0.7
B	5	3.5	2.4	1.9	1.7	1.5	1.4	1.2	1.2	1.0
C	6	4.6	3.0	2.2	1.9	1.7	1.6	1.4	1.3	1.16
N	7	5.8	4.2	3.0	2.3	1.9	1.65	1.54	1.49	1.39
O	8	7.1	5.3	3.9	2.9	2.2	1.8	1.6	1.5	1.4
F	9	7.8	6.2	4.45	3.35	2.65	2.15	1.9	1.7	1.6
Ne	10	9.3	7.5	5.8	4.4	3.4	2.65	2.2	1.9	1.65
Na	11	9.65	8.2	6.7	5.25	4.05	3.2	2.65	2.25	1.95
Mg	12	10.5	8.6	7.25	5.95	4.8	3.85	3.15	2.55	2.2
Al	13	11.0	8.95	7.75	6.6	5.5	4.5	3.7	3.1	2.65
Si	14	11.35	9.4	8.2	7.15	6.1	5.1	4.2	3.4	2.95
P	15	12.4	10.0	8.45	7.45	6.5	5.65	4.8	4.05	3.4
S	16	13.6	10.7	8.95	7.85	6.85	6.0	5.25	4.5	3.9
Cl	17	14.6	11.3	9.25	8.05	7.25	6.5	5.75	5.05	4.4
A	18	15.9	12.6	10.4	8.7	7.8	7.0	6.2	5.4	4.7
K	19	16.5	13.3	10.8	9.2	7.9	6.7	5.9	5.2	4.6
Ca	20	17.5	14.1	11.4	9.7	8.4	7.3	6.3	5.6	4.9
Sc	21	18.4	14.9	12.1	10.3	8.9	7.7	6.7	5.9	5.3
Ti	22	19.3	15.7	12.8	10.9	9.5	8.2	7.2	6.3	5.6
V	23	20.2	16.6	13.5	11.5	10.1	8.7	7.6	6.7	5.9
Cr	24	21.1	17.4	14.2	12.1	10.6	9.2	8.0	7.1	6.3
Mn	25	22.1	18.2	14.9	12.7	11.1	9.7	8.4	7.5	6.6
Fe	26	23.1	18.9	15.6	13.3	11.6	10.2	8.9	7.9	7.0
Co	27	24.1	19.8	16.4	14.0	12.4	10.7	9.3	8.3	7.3
Ni	28	25.0	20.7	17.2	14.6	12.7	11.2	9.8	8.7	7.7
Cu	29	25.9	21.6	17.9	15.2	13.3	11.7	10.2	9.1	8.1
Zn	30	26.8	22.4	18.6	15.8	13.9	12.2	10.7	9.6	8.5
Ga	31	27.8	23.3	19.3	16.5	14.5	12.7	11.2	10.0	8.9
Ge	32	28.8	24.1	20.0	17.1	15.0	13.2	11.6	10.4	9.3
As	33	29.7	25.0	20.8	17.7	15.6	13.8	12.1	10.8	9.7
Se	34	30.6	25.8	21.5	18.3	16.1	14.3	12.6	11.2	10.0
Br	35	31.6	26.6	22.3	18.9	16.7	14.8	13.1	11.7	10.4

（つづく）

$\frac{\sin\theta}{\lambda}$[A^{-1}]	0.0	0.1	0.2	0.3	0.4	0.5	0.6	0.7	0.8	0.9
Kr	36	32.5	27.4	23.0	19.5	17.3	15.3	13.6	12.1	10.8
Rb	37	33.5	28.2	23.8	20.2	17.9	15.9	14.1	12.5	11.2
Sr	38	34.4	29.0	24.5	20.8	18.4	16.4	14.6	12.9	11.6
Y	39	35.4	29.9	25.3	21.5	19.0	17.0	15.1	13.4	12.0
Zr	40	36.3	30.8	26.0	22.1	19.7	17.5	15.6	13.8	12.4
Nb	41	37.3	31.7	26.8	22.8	20.2	18.1	16.0	14.3	12.8
Mo	42	38.2	32.6	27.6	23.5	20.8	18.6	16.5	14.8	13.2
Tc	43	39.1	33.4	28.3	24.1	21.3	19.1	17.0	15.2	13.6
Ru	44	40.0	34.3	29.1	24.7	21.9	19.6	17.5	15.6	14.1
Rh	45	41.0	35.1	29.9	25.4	22.5	20.2	18.0	16.1	14.5
Pd	46	41.9	36.0	30.7	26.2	23.1	20.8	18.5	16.6	14.9
Ag	47	42.8	36.9	31.5	26.9	23.8	21.3	19.0	17.1	15.3
Cd	48	43.7	37.7	32.2	27.5	24.4	21.8	19.6	17.6	15.7
In	49	44.7	38.6	33.0	28.1	25.0	22.4	20.1	18.0	16.2
Sn	50	45.7	39.5	33.8	28.7	25.6	22.9	20.6	18.5	16.6
Sb	51	46.7	40.4	34.6	29.5	26.3	23.5	21.1	19.0	17.0
Te	52	47.7	41.3	35.4	30.3	26.9	24.0	21.7	19.5	17.5
I	53	48.6	42.1	36.1	31.0	27.5	24.6	22.2	20.0	17.9
Xe	54	49.6	43.0	36.8	31.6	28.0	25.2	22.7	20.4	18.4
Cs	55	50.7	43.8	37.6	32.4	28.7	25.8	23.2	20.8	18.8
Ba	56	51.7	44.7	38.4	33.1	29.3	26.4	23.7	21.3	19.2
La	57	52.6	45.6	39.3	33.8	29.8	26.9	24.3	21.9	19.7
Ce	58	53.6	46.5	40.1	34.5	30.4	27.4	24.8	22.4	20.2
Pr	59	54.5	47.4	40.9	35.2	31.1	28.0	25.4	22.9	20.6
Nd	60	55.4	48.3	41.6	35.9	31.8	28.6	25.9	23.4	21.1
Pm	61	56.4	49.1	42.4	36.6	32.4	29.2	26.4	23.9	21.5
Sm	62	57.3	50.0	43.2	37.3	32.9	29.8	26.9	24.4	22.0
Eu	63	58.3	50.9	44.0	38.1	33.5	30.4	27.5	24.9	22.4
Gd	64	59.3	51.7	44.8	38.8	34.1	31.0	28.1	25.4	22.9
Tb	65	60.2	52.6	45.7	39.6	34.7	31.6	28.6	25.9	23.4
Dy	66	61.1	53.6	46.5	40.4	35.4	32.2	29.2	26.3	23.9
Ho	67	62.1	54.5	47.3	41.1	36.1	32.7	29.7	26.8	24.3
Er	68	63.0	55.3	48.1	41.7	36.7	33.3	30.2	27.3	24.7
Tm	69	64.0	56.2	48.9	42.4	37.4	33.9	30.8	27.9	25.2
Yb	70	64.9	57.0	49.7	43.2	38.0	34.4	31.3	28.4	25.7

（つづく）

$\frac{\sin\theta}{\lambda}$ [A^{-1}]	0.0	0.1	0.2	0.3	0.4	0.5	0.6	0.7	0.8	0.9
Lu	71	65.9	57.8	50.4	43.9	38.7	35.0	31.8	28.9	26.2
Hf	72	66.8	58.6	51.2	44.5	39.3	35.6	32.3	29.3	26.7
Ta	73	67.8	59.5	52.0	45.3	39.9	36.2	32.9	29.8	27.1
W	74	68.8	60.4	52.8	46.1	40.5	36.8	33.5	30.4	27.6
Re	75	69.8	61.3	53.6	46.8	41.1	37.4	34.0	30.9	28.1
Os	76	70.8	62.2	54.4	47.5	41.7	38.0	34.6	31.4	28.6
Ir	77	71.7	63.1	55.3	48.2	42.4	38.6	35.1	32.0	29.0
Pt	78	72.6	64.0	56.2	48.9	43.1	39.2	35.6	32.5	29.5
Au	79	73.6	65.0	57.0	49.7	43.8	39.8	36.2	33.1	30.0
Hg	80	74.6	65.9	57.9	50.5	44.4	40.5	36.8	33.6	30.6
Tl	81	75.5	66.7	58.7	51.2	45.0	41.1	37.4	34.1	31.1
Pb	82	76.5	67.5	59.5	51.9	45.7	41.6	37.9	34.6	31.5
Bi	83	77.5	68.4	60.4	52.7	46.4	42.2	38.5	35.1	32.0
Po	84	78.4	69.4	61.3	53.5	47.1	42.8	39.1	35.6	32.6
At	85	79.4	70.3	62.1	54.2	47.7	43.4	39.6	36.2	33.1
Rn	86	80.3	71.3	63.0	55.1	48.4	44.0	40.2	36.8	33.5
Fr	87	81.3	72.2	63.8	55.8	49.1	44.5	40.7	37.3	34.0
Ra	88	82.2	73.2	64.6	56.5	49.8	45.1	41.3	37.8	34.6
Ac	89	83.2	74.1	65.5	57.3	50.4	45.8	41.8	38.3	35.1
Th	90	84.1	75.1	66.3	58.1	51.1	46.5	42.4	38.8	35.5
Pa	91	85.1	76.0	67.1	58.8	51.7	47.1	43.0	39.3	36.0
U	92	86.0	76.9	67.9	59.6	52.4	47.7	43.5	39.8	36.5
Np	93	87	78	69	60	53	48	44	40	37
Pu	94	88	79	69	61	54	49	44	41	38
Am	95	89	79	70	62	55	50	45	42	38
Cm	96	90	80	71	62	55	50	46	42	39
Bk	97	91	81	72	63	56	51	46	43	39
Cf	98	92	82	73	64	57	52	47	43	40

付録4 立方晶系と六方晶系のミラー指数

立方					六方	
$h^2+k^2+l^2$	hkl				h^2+hk+k^2	hk
	単純	面心	体心	ダイヤモンド		
1	100				1	10
2	110		110		2	
3	111	111		111	3	11
4	200	200	200		4	20
5	210				5	
6	211		211		6	
7					7	21
8	220	220	220	220	8	
9	300, 221				9	30
10	310		310		10	
11	311	311		311	11	
12	222	222	222		12	22
13	320				13	31
14	321		321		14	
15					15	
16	400	400	400	400	16	40
17	410, 322				17	
18	411, 330		411, 330		18	
19	331	331		331	19	32
20	420	420	420		20	
21	421				21	41
22	332		332		22	
23					23	
24	422	422	422	422	24	
25	500, 430				25	50
26	510, 431		510, 431		26	
27	511, 333	511, 333		511, 333	27	33
28					28	42
29	520, 432				29	
30	521		521		30	
31					31	51
32	440	440	440	440	32	
33	522, 441				33	
34	530, 433		530, 433		34	
35	531	531		531	35	
36	600, 442	600, 442	600, 442		36	60
37	610				37	43
38	611, 532		611, 532		38	
39					39	52
40	620	620	620	620	40	
41	621, 540, 443				41	
42	541		541		42	
43	533	533		533	43	61
44	622	622	622		44	
45	630, 542				45	
46	631		631		46	
47					47	
48	444	444	444	444	48	44
49	700, 632				49	70, 53
50	710, 550, 543		710, 550, 543		50	
51	711, 551	711, 551		711, 551	51	
52	640	640	640		52	62
53	720, 641				53	
54	721, 633, 552		721, 633, 552		54	
55					55	
56	642	642	642	642	56	
57	722, 544				57	71
58	730		730		58	
59	731, 553	731, 553		731, 553	59	

付録5　単位格子の体積および面間角

単位格子の体積

単位格子の体積 V は，次式から求められる．

立方：　$V = a^3$

正方：　$V = a^2c$

六方：　$V = \dfrac{\sqrt{3}\,a^2c}{2} = 0.866a^2c$

三方：　$V = a^3\sqrt{1-3\cos^2\alpha+2\cos^3\alpha}$

斜方：　$V = abc$

単斜：　$V = abc\sin\beta$

三斜：　$V = abc\sqrt{1-\cos^2\alpha-\cos^2\beta-\cos^2\gamma+2\cos\alpha\cos\beta\cos\gamma}$

単位格子における面間角

面間隔 d_1 の面 $(h_1k_1l_1)$ と面間隔 d_2 の面 $(h_2k_2l_2)$ との間の角 ϕ は，次式から求められる（V は単位格子の体積）．

立方：
$$\cos\phi = \frac{h_1h_2+k_1k_2+l_1l_2}{\sqrt{(h_1^2+k_1^2+l_1^2)(h_2^2+k_2^2+l_2^2)}}$$

正方：
$$\cos\phi = \frac{\dfrac{h_1h_2+k_1k_2}{a^2}+\dfrac{l_1l_2}{c^2}}{\sqrt{\left(\dfrac{h_1^2+k_1^2}{a^2}+\dfrac{l_1^2}{c^2}\right)\left(\dfrac{h_2^2+k_2^2}{a^2}+\dfrac{l_2^2}{c^2}\right)}}$$

六方：
$$\cos\phi = \frac{h_1h_2+k_1k_2+\dfrac{1}{2}(h_1k_2+h_2k_1)+\dfrac{3a^2}{4c^2}l_1l_2}{\sqrt{\left(h_1^2+k_1^2+h_1k_1+\dfrac{3a^2}{4c^2}l_1^2\right)\left(h_2^2+k_2^2+h_2k_2+\dfrac{3a^2}{4c^2}l_2^2\right)}}$$

三方：
$$\cos\phi = \frac{a^4d_1d_2}{V^2}[\sin^2\alpha(h_1h_2+k_1k_2+l_1l_2) + (\cos^2\alpha-\cos\alpha)(k_1l_2+k_2l_1+l_1h_2+l_2h_1+h_1k_2+h_2k_1)]$$

斜方：
$$\cos\phi = \frac{\dfrac{h_1h_2}{a^2}+\dfrac{k_1k_2}{b^2}+\dfrac{l_1l_2}{c^2}}{\sqrt{\left(\dfrac{h_1^2}{a^2}+\dfrac{k_1^2}{b^2}+\dfrac{l_1^2}{c^2}\right)\left(\dfrac{h_2^2}{a^2}+\dfrac{k_2^2}{b^2}+\dfrac{l_2^2}{c^2}\right)}}$$

単斜：
$$\cos\phi = \frac{d_1d_2}{\sin^2\beta}\left[\frac{h_1h_2}{a^2}+\frac{k_1k_2\sin^2\beta}{b^2}+\frac{l_1l_2}{c^2}-\frac{(l_1h_2+l_2h_1)\cos\beta}{ac}\right]$$

三斜：
$$\cos\phi = \frac{d_1d_2}{V^2}[S_{11}h_1h_2+S_{22}k_1k_2+S_{33}l_1l_2 + S_{23}(k_1l_2+k_2l_1)+S_{13}(l_1h_2+l_2h_1)+S_{12}(h_1k_2+h_2k_1)]$$

$$S_{11} = b^2c^2 \sin^2 \alpha$$
$$S_{22} = a^2c^2 \sin^2 \beta$$
$$S_{33} = a^2b^2 \sin^2 \gamma$$
$$S_{12} = abc^2(\cos \alpha \cos \beta - \cos \gamma)$$
$$S_{22} = a^2bc(\cos \beta \cos \gamma - \cos \alpha)$$
$$S_{13} = ab^2c(\cos \gamma \cos \alpha - \cos \beta)$$

付録 6　温度因子計算のための数値

x の関数としての $\phi(x) = \dfrac{1}{x}\displaystyle\int_0^x \dfrac{\xi}{e^\xi - 1}\mathrm{d}\xi \qquad x = \dfrac{\Theta}{T}$，$\Theta$：デバイ特性温度

x	.0	.1	.2	.3	.4	.5	.6	.7	.8	.9
0	1.000	0.975	0.951	0.928	0.904	0.882	0.860	0.839	0.818	0.797
1	0.778	0.758	0.739	0.721	0.703	0.686	0.669	0.653	0.637	0.622
2	0.607	0.592	0.578	0.565	0.552	0.539	0.526	0.514	0.503	0.491
3	0.480	0.470	0.460	0.450	0.440	0.431	0.422	0.413	0.404	0.396
4	0.388	0.380	0.373	0.366	0.359	0.352	0.345	0.339	0.333	0.327
5	0.321	0.315	0.310	0.304	0.299	0.294	0.289	0.285	0.280	0.276
6	0.271	0.267	0.263	0.259	0.255	0.251	0.248	0.244	0.241	0.237

7より大きい x における $\phi(x)$ の値は，$(1.642/x)$ で十分に近似できる．また，各種元素のデバイ特性温度 Θ は，代表的な値について原子量，密度などとともに付録2に収録した．

（C. Kittel：*Introduction to Solid State Physics*, 6th Edition, John Wiley & Sons, New York (1986), p.110）

付録 7 最小二乗法の一般的手順

$(x_1, y_1), (x_2, y_2) \cdots\cdots (x_n, y_n)$ の n 個の実験点があり，x と y は $y = a + bx$ の関係を持っている場合，最小二乗法により a および b を求めるための標準方程式は次式で与えられる．

$$\sum y = \sum a + b \sum x \tag{1}$$

$$\sum xy = a \sum x + b \sum x^2 \tag{2}$$

具体的には以下の 4 つの手順をとって，n 個の実験点に最適な直線 $y = a + bx$ を与える係数 a および b を求める．

(i) 与えられた実験点を代入する

$$\left.\begin{aligned} y_1 &= a + bx_1 \\ y_2 &= a + bx_2 \\ &\vdots \\ y_n &= a + bx_n \end{aligned}\right\} \tag{3}$$

(ii) a の係数(ここでは 1)を掛けて総和をとることで式(1)の関係を算出する．

$$\begin{aligned} y_1 &= a + bx_1 \\ y_2 &= a + bx_2 \\ &\vdots \\ y_n &= a + bx_n \\ \hline \sum^{n} y &= \sum a + b \sum x \end{aligned} \tag{4}$$

(iii) b の係数を掛けて総和をとることで式(2)の関係を算出する．

$$\begin{aligned} x_1y_1 &= x_1a + bx_1^2 \\ x_2y_2 &= x_2a + bx_2^2 \\ &\vdots \\ x_ny_n &= x_na + bx_n^2 \\ \hline \sum^{n} xy &= a \sum x + b \sum x^2 \end{aligned} \tag{5}$$

(iv) 式(4)および式(5)を同時に満足する a および b を求める．

付録 8　SI 単位の接頭語およびギリシャ語のアルファベット

SI 単位の接頭語

名　称	記 号	大きさ	名　称	記 号	大きさ
エクサ (exa)	E	10^{18}	デシ (deci)	d	10^{-1}
ペタ (peta)	P	10^{15}	センチ (centi)	c	10^{-2}
テラ (tera)	T	10^{12}	ミリ (milli)	m	10^{-3}
ギガ (giga)	G	10^{9}	マイクロ (micro)	μ	10^{-6}
メガ (mega)	M	10^{6}	ナノ (nano)	n	10^{-9}
キロ (kilo)	k	10^{3}	ピコ (pico)	p	10^{-12}
ヘクト (hecto)	h	10^{2}	フェムト (femto)	f	10^{-15}
デカ (deca)	da	10	アト (atto)	a	10^{-18}

ギリシャ語のアルファベット

A, α ……	Alpha	N, ν ……	Nu
B, β ……	Beta	Ξ, ξ ……	Xi
Γ, γ ……	Gamma	O, o ……	Omicron
Δ, δ ……	Delta	Π, π ……	Pi
E, ε ……	Epsilon	P, ρ ……	Rho
Z, ζ ……	Zeta	Σ, σ ……	Sigma
H, η ……	Eta	T, τ ……	Tau
$\Theta, \vartheta, \theta$ ……	Theta	Υ, υ ……	Upsilon
I, ι ……	Iota	Φ, φ, ϕ ……	Phi
K, κ ……	Kappa	X, χ ……	Chi
Λ, λ ……	Lambda	Ψ, ψ ……	Psi
M, μ ……	Mu	Ω, ω ……	Omega

付録 9　主な元素および化合物の結晶系と格子定数

元　素	結　晶　系	格　子　定　数	
Al	fcc	$a = 0.40497$ nm	
α-Al_2O_3	六方(コランダム型)	$a = 0.4763$ nm	$c = 1.3003$ nm
Au	fcc	$a = 0.40786$ nm	
CaO	NaCl	$a = 0.48105$ nm	
CaF_2	ZnS	$a = 0.5463$ nm	
Cr	bcc	$a = 0.28847$ nm	
CsCl	CsCl	$a = 0.4123$ nm	
Cu	fcc	$a = 0.36148$ nm	
CuCl	ZnS	$a = 0.54057$ nm	
Cu_2O	CsCl(酸化銅型)	$a = 0.42696$ nm	
Fe　α	bcc	$a = 0.28665$ nm	
γ	fcc	$a = 0.36469$ nm	
δ	bcc	$a = 0.29323$ nm	
K	bcc	$a = 0.5247$ nm	
Mg	hcp	$a = 0.32095$ nm	$c = 0.52107$ nm
MgO	NaCl	$a = 0.42112$ nm	
Mo	bcc	$a = 0.31469$ nm	
NaCl	NaCl	$a = 0.56406$ nm	
NaF	NaCl	$a = 0.4620$ nm	
Ni	fcc	$a = 0.35239$ nm	
NiO	NaCl	$a = 0.41769$ nm	
Pt	fcc	$a = 0.39240$ nm	
Si	ダイヤモンド	$a = 0.54309$ nm	
SiO_2　α-石英	(菱面体)	$a = 0.4913$ nm	$c = 0.5405$nm
β-石英	(六方)	$a = 0.501$ nm	$c = 0.547$ nm
トリディマイト	(六方)	$a = 0.503$ nm	$c = 0.822$ nm
α-クリストバライト	(六方)	$a = 0.4973$ nm	$c = 0.6926$ nm
Ti	hcp	$a = 0.29512$ nm	$c = 0.46845$nm
TiC	NaCl	$a = 0.43186$ nm	
TiO_2	CsCl(ルチル型)	$a = 0.45929$ nm	$c = 0.29591$nm
W	bcc	$a = 0.31653$ nm	
Zn	hcp	$a = 0.26650$ nm	$c = 0.49470$ nm
β-ZnS	ZnS	$a = 0.54109$ nm	

これらのデータは，下記文献より抜粋した.

B. D. Cullity：Elements of X-ray Diffraction (2nd Edition), Addison-Wesley (1978).
F. S. Galasso：Structure and Properties of Inorganic Solids, Pergamon Press (1970).

索　　引

材料学シリーズ　監修者

堂山昌男	小川恵一	北田正弘
東京大学名誉教授	横浜市中央図書館館長	東京芸術大学教授
帝京科学大学名誉教授	元横浜市立大学学長	工学博士
Ph. D., 工学博士	Ph. D.	

著者略歴　**早稲田嘉夫**（わせだ　よしお）

1968年　名古屋工業大学工学部金属工学科卒業
1973年　東北大学大学院工学研究科博士課程修了（工学博士）
1986年　東北大学選鉱製錬研究所教授
2007年　東北大学多元物質科学研究所フェロー　現在に至る

松原英一郎（まつばら　えいいちろう）

1977年　京都大学工学部冶金学科卒業
1984年　Northwestern University 大学院博士課程修了（Ph. D.）
1999年　東北大学金属材料研究所教授
2005年　京都大学大学院工学研究科教授　現在に至る

篠田　弘造（しのだ　こうぞう）

1993年　東北大学工学部資源工学科卒業
1998年　東北大学大学院工学研究科博士課程修了（博士(工学)）
2005年　東北大学大学院環境科学研究科講師
2007年　東北大学多元物質科学研究所准教授　現在に至る

2008年 4月 30日　第1版発行

検印省略

材料学シリーズ

演習X線構造解析の基礎
必修例題とその解き方

著　者©　早稲田　嘉夫
　　　　　松原　英一郎
　　　　　篠田　弘造
発行者　内田　学
印刷者　山岡　景仁

発行所　株式会社　**内田老鶴圃**　〒112-0012 東京都文京区大塚3丁目34番3号
電話（03）3945-6781(代)・FAX（03）3945-6782

印刷・製本/三美印刷 K. K.

Published by UCHIDA ROKAKUHO PUBLISHING CO., LTD.
3-34-3 Otsuka, Bunkyo-ku, Tokyo, Japan

U. R. No. 564-1

ISBN 978-4-7536-5632-5 C3042